천의 말

현저히 줄이고 있습니다. 또한 모국어로 설명하는 과학 교양서와 교과서 들이 안고 있는 문제점을 건강하게 해결하려고 노력한 흔적이 뚜렷합니다. 한글로 씌어 있는 과학 입문서나 교양서적은 많지만, 그들 대부분이 실제 학교에서 배우는 교과서와 비교할 때 여러모로 간극이 큽니다. 그뿐만 아니라 중 · 고교 교과서와 대학 교과서 사이의 차이도 큽니다. 중 · 고교 과학 교과서는 양과 질 모든 측면에서 수준이 너무 낮고, 대학에서 사용하는 교과서는 기계적인 번역서 수준의 불친절함이 여전합니다. 그 사이를 메워 줄 무엇인가가 필요합니다. 이 책은 그에 대한 실질적 희망을 던져 주고 있습니다. 또 하나, 화학은 보이지 않는 미시적 세계에 대한 이해를 통해 일상적으로 경험하는 현상을 설명하는 학문입니다. 책 곳곳에 들어 있는 크기 스케일과 비유는 보이지 않는 미시 물질에 대한 입체적인 감을 잡는 데 무시할 수 없는 도움을 줍니다. 화학 용어 및 표기의 유래를 통한 설명도 할아버지가 손자에게 말해 주는 이야기처럼 편안함을 줍니다. 이 모두가 독자를 위한 배려입니다.

과학 커뮤니케이션을 이야기할 때 사람들은 흔히 어려운 과학을 쉽게 말해 주면 좋겠다고 합니다. 중 · 고교 교과서도 비슷한 맥락의 요구가 큽니다. 당연하다는 듯이 과학에 대한 분량과 깊이를 줄입니다. 그러나 무작정 쉬운 게 정말 쉬운 걸까요? 혹시 자세히 말해 주지 않는 것이 더 어렵게 만드는 것은 아닐까요? 어렵고 별 재미 없던 것도 실은, 알고 나면 쉽고 흥미가 생길 수 있는 법입니다. 지루한 설명만 아니라면, 무조건 내용을 줄이기보다 오히려 충분히 많은 내용을 깊게 알려주는 것이 낫다고 생각합니다. 이 책의 미덕은, 내용이 적지 않음에도 불구하고 지루하게 느껴지지 않는다는 점입니다. 앞에서 언급한 특징 때문입니다. 중 · 고교 학생들, 화학을 전공으로 하지 않지만 화학을 배우는 대학생들, 화학에 관심이 있거나 화학이 필요한 일반인들 모두에게 도움이 될 것 같습니다.

요즘 화학을 일컬어 '과학의 중심'이라는 말이 세계적으로 회자되고 있습니다. 19세기와 20세기에 걸쳐 구축된 물리학적 토대를 바탕으로 우리를 둘러싼 물질 세계에 대한 이해와 활용을 비로소 실현시켜 주는 주인공이 바로 화학이기 때문입니다. 비록 현재 화학 교과서에 소개되고 있는 지식에 우리나라 화학이 기여한 바는 매우 적지만, 급속히 부상하고 있는 대한민국 화학계의 위상을 고려하면 미래의 화학 교과서에서는 다를 수 있습니다. 이 책은 적절한 깊이와 시야를 바탕으로 한 매개체로서 시민의 과학 수준을 높이는 데 일익을 담당할 것으로 보입니다. 이를 원동력으로 삼아 우리나라의 화학이 21세기 과학의 주역으로 자랑스럽게 교과서에 등장하기를 염원합니다.—정택동(서울 대학교 화학부 교수)

추천의 말

저는 여인형 교수님께서 집필하신 『여인형의 화학 공부』를 읽으며 교수님의 인자하고 유쾌한 인품이 바로 화학과 대중에 대한 사랑에서 비롯된 것임을 알 수 있었습니다. 화학 내용을 처음 접하는 학생이나 일반인들이 자칫 흥미를 잃을 수도 있는 내용을 다루실 때도, 교수님께서 직접 재미있는 이야기를 들려주시는 것같이 세심하게 표현하셨습니다. 또한 곳곳에서 중요한 내용을 발견한 화학자와 관련된 역사를 소개하셨고, 비유를 들어 개념을 기술하신 부분 등을 통해 독자들이 이해를 잘 할 수 있도록 해 주셨습니다.

비법처럼 가지고 계셨던 각종 '암기법'을 공개하신 부분에서는 교수님의 화학에 대한 애정뿐만 아니라, 화학 내용을 일반인들에게 잘 전달하기 위한 열정이 얼마나 크신지를 알 수 있었습니다. 화학 내용으로부터 인간사와 인간 관계를 연결시켜 해석하신 부분에서는 여인형 교수님께서 30여 년 동안 강의하시며 쌓아 오신 내공을 잘 느낄 수 있었습니다. 특히, 전기 화학 내용 등에서는 우리가 평소 잘 모르고 있거나, 오해하고 있던 개념을 명쾌하게 설명해 주신 점이 특히 좋았습니다.

학부생을 대상으로 일반 화학을 강의해 오고 있는 저 자신에게도 이 책은 아주 많은 도움이 되었고, 앞으로 강의할 때 많은 참고를 할 예정입니다. 이 책을 읽고 많은 사람이 화학 내용에 대해 바른 이해를 가질 수 있을 것이라 기대하며, 『여인형의 화학 공부』를 많은 분에게 적극 추천합니다.

끝으로, 항상 후배들에게 격려를 아끼지 않으셨던 여인형 교수님의 따스한 말씀을 깊이 간직하며 여 교수님께 큰 감사 인사를 드립니다.—옥강민(서강 대학교 화학과 교수)

여인형의 화학 공부

여인형의 화학 공부

완전히 새로운
화학 입문

여인형

머리말

국어로 읽는 화학

코로나19가 한창 유행하던 2020년 12월 어느 날, 국립 묘지 둘레길을 아내와 걷고 있었습니다. 그 길을 거의 다 걷고 나서 내려올 무렵 국립 묘지에 모셔진 수많은 애국자의 묘와 비석을 보면서 문득 한 가지 생각이 스쳐 지나갔습니다. '이곳에 잠들어 계신 순국 선열들께서는 나라를 위해 자신의 목숨을 바치셨는데…….' 그 순간부터 '나는 내 주변과 사회를 위해서 무엇을 했나?'라는 질문이 머리를 떠나지 않았습니다.

고민하던 끝에 내린 결론은 그동안 사회와 주변에서 받은 수많은 혜택에 조금이라도 보답할 길은 책을 써서 화학의 재미를 공유하는 일뿐이라는 것이었고, 그때부터 원고를 정리하기 시작했습니다. 사실 동국 대학교에서 학생들을 함께 가르쳤고, 교육에 특히 관심이 많으셨던 김홍범 교수님과 재직할 때부터 주변에서 볼 수 있는 쉬운 화학 반응들로 구성된 우리말 교과서를 써 보려는 계획을 세운 적이 있었습니다. 다만 그 계획은 은퇴할 때까지도 실행에 옮기지는 못했습니다. 만약 쉽게 읽고 배울 수 있는 우리말 화학책을 낼 수 있다면 그동안 가르쳐 주신 훌륭한 스승님들께 보답하는 것은 물론, 화학계에서 받았던 많은 도움을 갚지는 못해도 다음 세대에게 일부라도 돌려주는 일이라고 생각하며 책을 쓰기 시작했습니다.

화학은 처음으로 과학을 배우는 중 · 고등학생에게 소개하기가 쉽지 않은 분야입니다. 다양한 색깔과 소리, 빛을 내는 화학 반응으로 잠깐 호기심을 끌 수는 있겠지만, 상상력과 이해력이 필요하기 때문에 많은 학생이 어려워합니다. 더구나 세상에는 엄청나게 다양한 화학 물질이 있고 이를 설명하는 법칙과 이론도 그만큼 많습니다. 그것을 공부하다 보면 화학이 좋아서 화학과에 온 대학생조차도 흥미를 잃고 졸업과 취업을 위한 수단으로 변하는 경우가 다반사입니다. 매일 보고 느끼는 일상의 화학 반응으로 화학의 느낌을 전하는 책을 쓰는 것은 오랫동안 꿈꾸어 왔던 일이지만, 현충원 둘레 길에서 갑자기 떠오른 생각이 촉매 역할을 했습니다.

대학교에서 가르칠 때 학생들이 영어 원서나 우리말 번역서로 공부하며 힘들어하는 모습을 많이 보았습니다. 원서로 화학을 이해하려면 책에 등장하는 수많은 외국어 단어와 화학 술어 때문에 노력을 몇 배로 들여야 합니다. 문장을 해석하고 외국어로 된 화학 용어의 개념을 익히는 과정에만 많은 시간이 필요합니다. 국어로 출간된 화학책일지라도 많은 책에서 번역이 공동으로 이루어져 문장과 표현이 조금씩 차이가 나는 맹점도 있습니다. 설명할 때 예시로 드는 모형 혹은 비유는 문화의 차이로 내용을 파악하기가 더욱 어렵습니다. 화학에 흥미를 느끼려면 문장 해석보다 그 내용을 이해하고 상상하는 데 더 큰 노력과 시간을 쓸 수 있어야 합니다.

그런 면에서 볼 때 미국, 독일, 일본 같은 선진국의 예비 화학자들은 자국어로 출판된 책으로 공부하는 이점이 많습니다. 굳이 외국어를 읽고 해석할 필요가 없으니 내용 이해에 쏟는 노력과 시간이 훨씬 많을 것이고, 그것은 화학에 대한 흥미로 이어지리라고 충분히 예상할 수 있습니다. 화학의 중요 원리를 우리말로 쉽게 풀어 써 준다면 화학을 이해하고 공부하는 데 더 많은 시간을 쓸 수 있으리라 생각합니다. 그것은 화학에 흥미를 느끼고 공부하려는 마음이 생길 계기로 이어질 것입니다. 대중이 화학에 발을 들여놓기부터가 어렵다고 느낀다면, 이 학문이 유용하고 필요하고 흥미롭다고 주장하는 화학자의 호소도 설득력을 잃을 것이기 때문입니다.

'술이부작(述而不作)'이라는 공자님 말씀이 있습니다. 옛일을 따라 기록했을 뿐 창작은 하지 않았다는 뜻입니다. 이 책의 내용과 책을 쓴 저의 자세가 그렇습니다. 저는 단지 과거부터 전해 오던 내용과 강의를 통해서 얻은 지식을 다듬고 정리해서 책으로 엮었을 뿐입니다. 그러나 틀린 내용과 해석에 대한 책임은 오롯이 저의 몫입니다. 왜냐하면 그것은 제 이해와 설명의 부족이 가장 큰 원인이기 때문입니다. 부디 이 책이 많이 읽혀서 화학을 처음 공부하는 학생들이 흥미를 갖기를 바랍니다. 학생도 읽을 수 있도록 많이 노력했으며, 일반 독자들은 책에 나오는 예를 보면서 이제부터라도 화학을 느끼기를 바라고 있습니다.

원래 처음에 제가 생각했던 책의 제목은 『국어로 읽는 화학』이었습니다. 이 책의 내용이 화학 공부를 시작하는 중 · 고등학생과 대학생, 그리고 생활하며 마주치는 물질에 궁금증이 많은 일반인에게 화학을 소개하는 것이며, 한글을 읽을 수 있다면 화학 공부를 시작할 수 있다는 생각으로 제안했던 것입니다.

그런데 편집부와 논의 과정에서 『여인형의 화학 공부』로 바뀌었습니다. "여인형이 누군데?"라고 묻는다면 질문자 못지않게 저도 난감합니다. 간략히 소개하면 저는 대학교에서 30년 이상 화학을 가르쳤고, 국가 평생 교육 진흥원의 한국형 온라인 공개 강좌(K-MOOC)에서 "삶은 화학 물질과의 소통이다."라는 제목으로 대학생과 일반인을 위한 교양 화학을 강의했으며, 학생과 일반인을 위한 화학책을 몇 권 출판했습니다. 또한 현재는 화학 블로그를 운영하며 네이버를 비롯한 대중 매체에 칼럼을 쓰며 전국 초 · 중 · 고등학교와 도서관에서 강연을 통한 교육 기부 활동을 통해 화학을 홍보하는 은퇴한 화학자입니다.

"아는 만큼 더 잘 보인다."라는 속담은 화학도 마찬가지입니다. 그러므로 화학의 기본이라도 알게 된다면 자연 공간이라는 전시장에 펼쳐진 수많은 작품(물질)과 그것의 변화를 보고 이해할 수 있는 눈을 갖게 되는 셈입니다. 또한 삶 자체가 화학과 분리해서 생각할 수 없음을 알게 된다면 세상을 보는 눈이 변할 것이고, 생활하면서 마주치는 물질은 물론 우주 만물이 전부 화학 물질이라는 사실을 이해한다면 조금 더 화학을 공부하고 싶다는 충동이 일어나지 않을까요?

책을 내면서 가까운 이웃에게 신세를 많이 졌습니다. 책의 난이도와 설명의 수준이 궁금해서 초벌 원고를 읽어 달라고 부탁했습니다. 고등학교 이후에 화학 공부를 해 본 적이 없다는 교육 기부 활동가 김정렬 님, 초등학교에서 과학을 가르친 경험이 있는 장학사 류연정 선생님, 전자의 특성과 관련된 원고의 일부를 검토해 준 서강 대학교 물리학과 박영재 명예 교수님, 양자 화학에 대한 원고의 부분 검토 및 문답으로 내용을 바로잡아 정리할 수 있도록 도움을 준 고려 대학교 화학과 전승준 명예 교수님께 감사드립니다. 최종 원고를 검토하고 도움말과 함께 추천의 글을 써 주신 박해천 선생님(화학), 허병두 선생님(국어), 장혜영 교수님(유기 화학, 아주 대학교), 옥강민 교수님(무기 화학, 서강 대학교), 정택동 교수님(분석 화학, 서울 대학교)께도 감사의 인사를 드립니다. 마지막으로 책의 내용에 대한 필자의 계획과 내용 설명을 꾸준히 경청해 주고 격려해 준 아내 모선일과 출판을 도운 ㈜사이언스북스 편집부에 고마운 마음을 전합니다.

여인형

차례

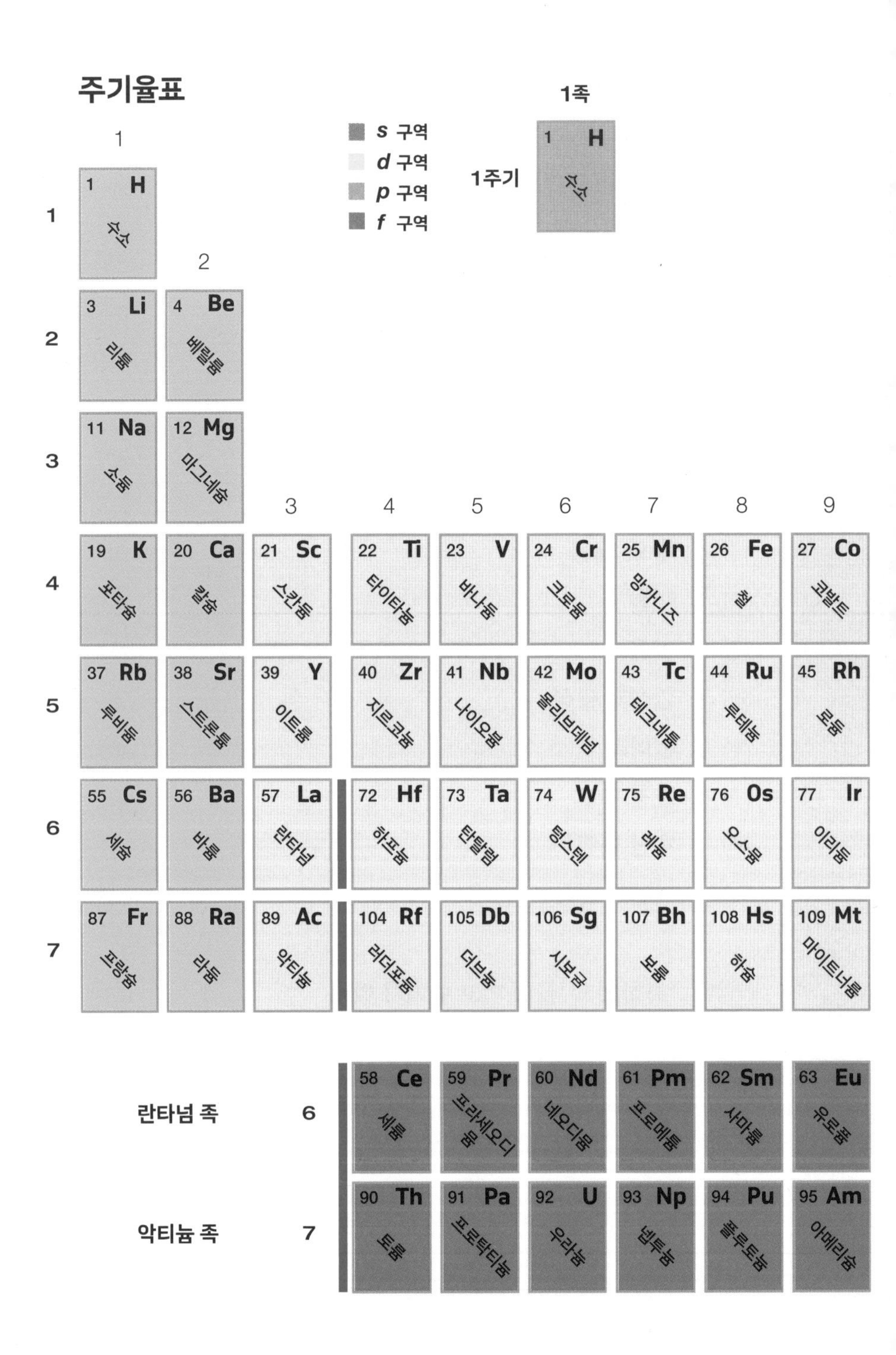

주기율표
1족
s 구역
d 구역
p 구역
f 구역
1주기
1 H 수소
1 H 수소
3 Li 리튬
4 Be 베릴륨
11 Na 소듐
12 Mg 마그네슘
19 K 포타슘
20 Ca 칼슘
21 Sc 스칸듐
22 Ti 타이타늄
23 V 바나듐
24 Cr 크로뮴
25 Mn 망가니즈
26 Fe 철
27 Co 코발트
37 Rb 루비듐
38 Sr 스트론튬
39 Y 이트륨
40 Zr 지르코늄
41 Nb 나이오븀
42 Mo 몰리브데넘
43 Tc 테크네튬
44 Ru 루테늄
45 Rh 로듐
55 Cs 세슘
56 Ba 바륨
57 La 란타넘
72 Hf 하프늄
73 Ta 탄탈럼
74 W 텅스텐
75 Re 레늄
76 Os 오스뮴
77 Ir 이리듐
87 Fr 프랑슘
88 Ra 라듐
89 Ac 악티늄
104 Rf 러더포듐
105 Db 더브늄
106 Sg 시보귬
107 Bh 보륨
108 Hs 하슘
109 Mt 마이트너륨
란타넘 족
58 Ce 세륨
59 Pr 프라세오디뮴
60 Nd 네오디뮴
61 Pm 프로메튬
62 Sm 사마륨
63 Eu 유로퓸
악티늄 족
90 Th 토륨
91 Pa 프로트악티늄
92 U 우라늄
93 Np 넵투늄
94 Pu 플루토늄
95 Am 아메리슘

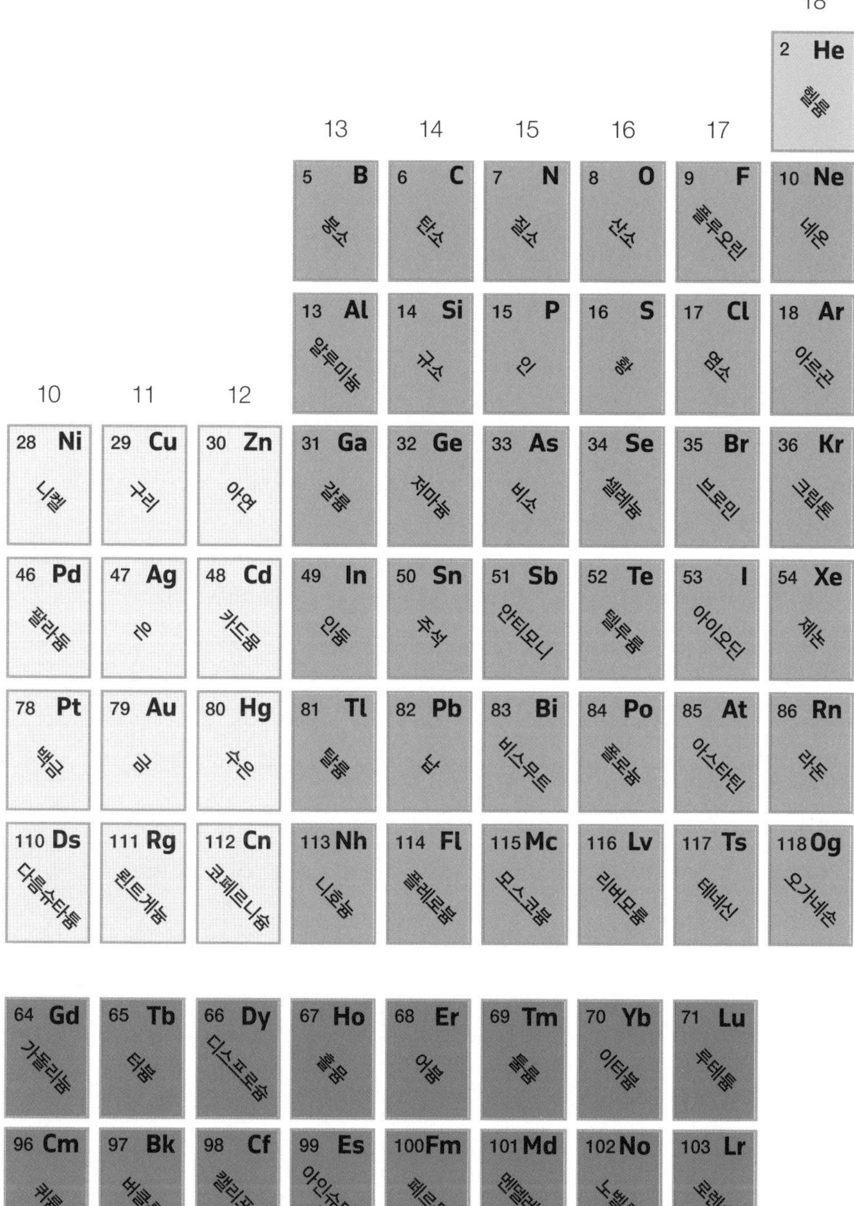

18
2 He 헬륨
13
14
15
16
17
5 B 붕소
6 C 탄소
7 N 질소
8 O 산소
9 F 플루오린
10 Ne 네온
13 Al 알루미늄
14 Si 규소
15 P 인
16 S 황
17 Cl 염소
18 Ar 아르곤
10
11
12
28 Ni 니켈
29 Cu 구리
30 Zn 아연
31 Ga 갈륨
32 Ge 저마늄
33 As 비소
34 Se 셀레늄
35 Br 브로민
36 Kr 크립톤
46 Pd 팔라듐
47 Ag 은
48 Cd 카드뮴
49 In 인듐
50 Sn 주석
51 Sb 안티모니
52 Te 텔루륨
53 I 아이오딘
54 Xe 제논
78 Pt 백금
79 Au 금
80 Hg 수은
81 Tl 탈륨
82 Pb 납
83 Bi 비스무트
84 Po 폴로늄
85 At 아스타틴
86 Rn 라돈
110 Ds 다름슈타튬
111 Rg 뢴트게늄
112 Cn 코페르니슘
113 Nh 니호늄
114 Fl 플레로븀
115 Mc 모스코븀
116 Lv 리버모륨
117 Ts 테네신
118 Og 오가네손
64 Gd 가돌리늄
65 Tb 터븀
66 Dy 디스프로슘
67 Ho 홀뮴
68 Er 어븀
69 Tm 툴륨
70 Yb 이터븀
71 Lu 루테튬
96 Cm 퀴륨
97 Bk 버클륨
98 Cf 캘리포늄
99 Es 아인슈타이늄
100 Fm 페르뮴
101 Md 멘델레븀
102 No 노벨륨
103 Lr 로렌슘

일러두기

이 책은 미래에 화학을 공부하려는 고등학생, 대학교 전공 과목에서 화학이 필요한 대학생, 화학 물질에 관심이 있어 화학과 '케미' 쌓기를 원하는 일반인, 중 · 고등학교 과학(특히 화학) 선생님을 위한 것입니다. 처음에는 화학을 처음 배우는 고등학교 1, 2학년을 위한 책으로 기획했지만, 필요한 내용을 조금씩 추가하다 보니 난이도가 계획보다 높아졌습니다. 그러나 화학을 처음 접하는 학생이라도 어렵지 않게 읽을 수 있는 내용도 있습니다. 특정 교과목을 배우기 시작했을 때 낯선 용어와 내용이 많아 힘들지만, 그래도 어느 정도는 이해할 수 있는 것과 마찬가지입니다.

화학은 국제적으로 통용되는 공통 언어입니다. 하나의 언어를 배우는 과정은 쉽지도 않고 기간도 오래 걸립니다. 마찬가지로 화학을 배우는 데도 시간과 노력이 많이 필요한 것은 분명합니다. 그러나 간단한 용어와 기초 개념에 익숙해지는 것만으로도 자연과 생활에서 마주하는 많은 물질을 이해할 수 있기에 노력을 쏟을 가치가 있는 일이라고 생각합니다. 많은 학생이 시작 단계에서 화학은 이해하기 힘들고 어렵다고 느끼곤 합니다. 하지만 그렇게 처음부터 심리적 장벽을 쌓아 놓고 있다면 누구도 도와줄 수가 없으며, 무슨 공부가 되었든 간에 뛰어넘을 수 없는 장애물로 작용할 것입니다.

이 책은 화학 공부에 대한 활성화 에너지의 크기(장애물의 높이)를 줄여서 독자의 이해를 도우려고 노력한 결과물입니다. 따라서 되도록 우리말로 대화하듯이 화학과 물질을 이해하는 데 필요한 용어와 내용을 설명하려고 했습니다. 책의 내용과 순서도 기존의 화학책과는 전혀 다른 형식과 아이디어로 구성했습니다. 또한 중간중간에 필자의 경험에서 얻고, 아이디어로 만든 화학 공부에 필요한 암기법, 일상에서 마주하는 화학 물질과 현상을 함께 소개하고 있습니다.

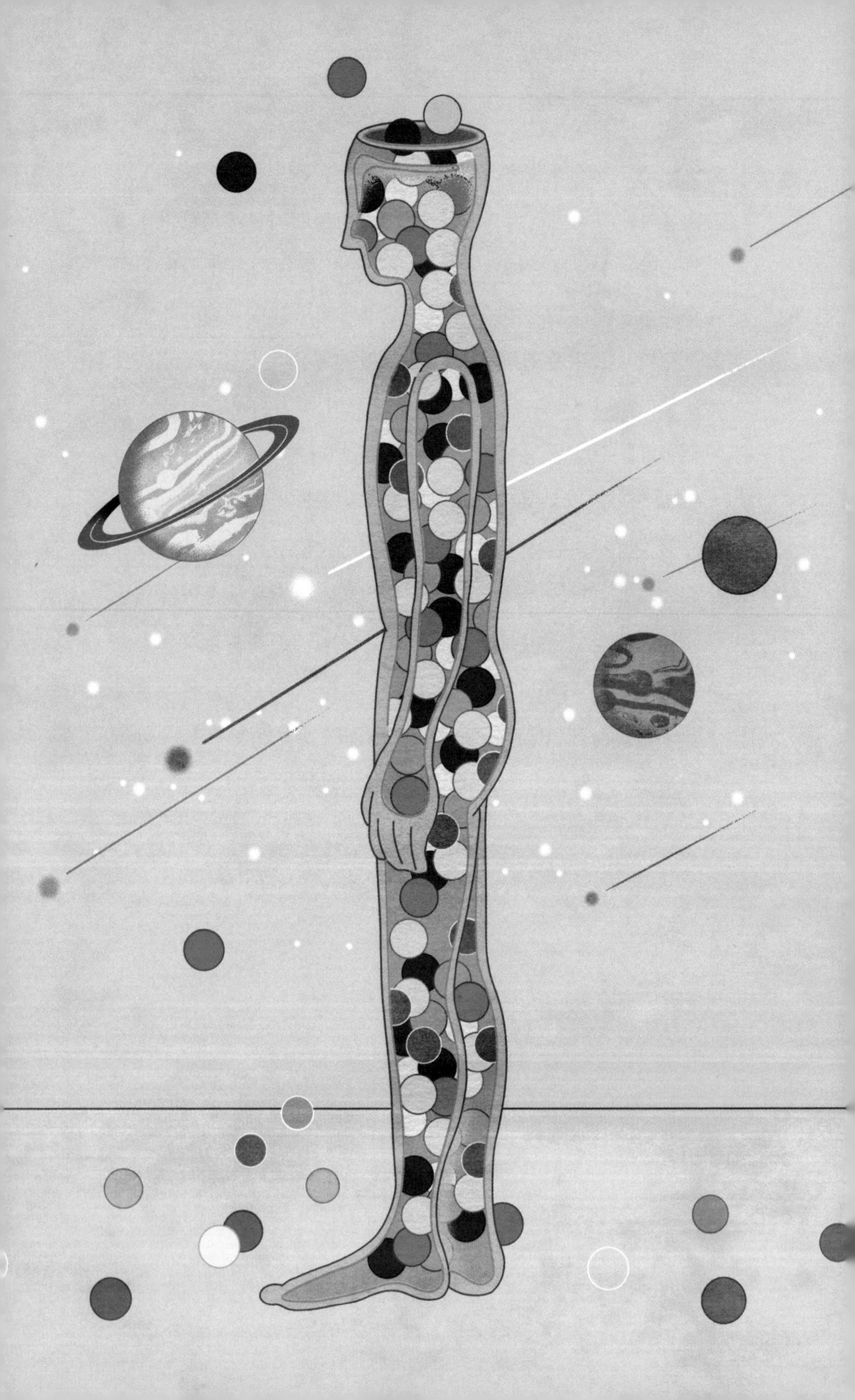

1장 화학이란 무엇인가?

과학이 자연을 알아 가는 것에서 시작해 설명이 가능한 합리적인 해석으로 이어지려면 일정한 규칙을 따라 진행되어야 합니다. 그러므로 가설, 이론, 원리, 법칙에 대한 정의와 설명은 모든 자연 과학 분야에서 필요합니다. 1장에서는 자연이 만들어 내는 여러 현상을 인간의 눈으로 이해하고, 그것을 해석하는 과정에서 필요한 단계들을 간략하게 정리했습니다. 또한 화학을 처음으로 배우는 학생에게 필요할 화학의 역할과 기능에 대한 저자의 의견이 포함되어 있습니다. 그것은 인간 활동과 화학의 연관성을 통해서 "왜 모든 길은 화학으로 통할까?"라는 질문에 대한 매우 간략한 설명이기도 합니다.

가설, 모형, 이론, 원리, 법칙

모든 자연 과학과 마찬가지로 화학의 기본은 자연 관찰입니다. 즉 자연이 만들어 내는 변화를 보고 해석하는 것입니다. 관찰의 범위는 맨눈으로 보지 못하는 미물부터, 상상으로만 그려 낼 수 있는 우주의 경계까지 매우 넓습니다. 자연을 관찰해서 얻은 결과를 설명하고 해석하기 위해서 과학자들은 먼저 하나의 **가설**(hypothesis)을 세웁니다. 잘 세운 가설에는 아직 관찰되지 않은 것까지 내다 볼 힘이 있어서 '예언'이라고 할 수도 있습니다. 단지 그 예언은 맞을 수도, 틀릴 수도 있습니다. 관찰되지 않은 존재를 미루어 짐작하는 것이니까요. 특정한 조건에서 매번 같은 것을 관찰하고, 반복된 실험에서 같은 결과를 얻는 관찰 및 결과의 **재현성**(reproducibility)이 있어야 그 가설은 타당함을 인정받습니다. 가설은 자연이 드러내는 사실에 인간의 관찰과 생각을 더하고, 한정된 증거를 이용해 자연의 속내를 설명할 수 있다고 하는 주장인 것입니다. 가설을 반박하는 증거가 발견되면 가설의 존재 가치는 사라지게 됩니다.

가설이 진실일 가능성이 매우 넓은 범위에서 받아들여지면 과학자들은 현상을 더 정확하고 정밀하게 설명할 수 있는 **이론**(theory)을 만듭니다. 일반적으로 이론이라고 부르는 것들은 확인이 가능한 문제들에 대한 해답으로 생각됩니다. 따라서 그것을 이용하면 많은 자연 현상을 설명할 수 있게 됩니다. 그 과정에서 이론을 정확하고 정밀하게 설명할 수 있는 대표적인 **모형**(model)을 설정하는 것은 흔한 일입니다.

이론은 제한된 조건과 가정하에서 진실인 경우가 대부분입니다. 이론과 전혀 맞지 않는 사례가 나오면 그 이론과 함께 모형도 받아들여지지 않습니다. 이론은 자연 현상을 설명하는 기준이 될 수 있기에 아직 관찰되지 않은 비밀을 들여다볼 수 있도록 안내하는 것이 가능합니다. 그러나 과학으로 검증이 불가능하다면 그것 역시 공허한, 말 그대로 이론일 뿐입니다. 과학이 자연 현상에 대한 관찰을 이해하고 설명하는 수단이라는 점에서 볼 때, 이론이 쓸모없는 상상에 불과한 경우도 있다는 뜻입니다. 화학에서 **분자 오비탈 이론**(molecular orbital theory)을 비롯한 많은 이론은 그것에 적합한 가정과 조건 범위 안에서 분자의 특성과 결합을 설명할 수 있기 때문에 받아들여지고 있습니다.

원리(principle)는 여러 개념 사이의 관계를 일반화한 것으로 **법칙**(law)보다는 제한적이지만, 자연 현상을 설명하고 적용하는 수단으로 사용됩니다. 원리는 이론으로 설명이 가능하며 관찰을 통해 얻은 수많은 자연 현상의 결과에 법칙과 다름없이 매우 잘 들어맞습니다. 그것은 원리가 제한된 범위 안에서 법칙과 동일한 지위를 누릴 수 있다는 의미입니다. 예를 들어 원자론이 세상에 나오기 이전에 자연이 공기, 불, 흙, 물로 이루어져 있다는 **4원소설**(the four elements of matter)은 널리 받아들여졌습니다. 화학에서 많이 사용되는 **르 샤틀리에의 원리**(Le Chatelier's principle)는 **동적 평형**(dynamic equilibrium)에 있는 화학 반응이 자극받으면 새로운 평형 상태로 이동한다는 것인데, 일반적인 화학 반응에 적용 가능하며 법칙과 다름이 없습니다.

법칙은 자연 관찰의 결과에 대해서 헌법과 같은 지위를 누립니다. 예를 들어 알베르트 아인슈타인(Albert Einstein, 1879~1955년)의 질량-에너지 등가 법칙($E=mc^2$)은 지금까지도 물질 세계에 적용할 수 있는 자연 법칙입니다. 또한 모든 행성은 별을 중심으로 타원형 궤도를 돌고 있다는 요하네스 케플러(Johannes Kepler, 1571~1630년)의 법칙은 행성의 움직임을 관찰한 내용과 정확히 일치합니다. 물질이 만들어질 때 한 **원소**(element)의 일정량과 결합하는 다른 원소의 양은 일정한 정수비가 된다는 **배수 비율 법칙**(law of multiple proportions) 역시 화학 반응과 화학 물질에 적용되는 법칙입니다.

왜 모든 길은 화학으로 통할까?

화학은 한마디로 **물질**(matter)과 **에너지**(energy)의 모든 것을 다루는 학문으로, 그 범위는 무지하게 넓고 깊습니다. 물질은 물론 정신마저 화학적 방법으로 조절이 가능하다고 생각하는 저는 "우주 만물이 화학으로 통한다."라고 주장하고 있습니다. 저보다 먼저 이런 생각을 했던 화학자, 또는 공감하는 화학자가 많이 있으리라고 생각합니다.

우주의 모든 공간에는 어느 곳에든 물질이 있습니다. 거꾸로 우주는 대부분 빈 공간이라는 의견을 가진 과학자도 있습니다. 현재 우주의 평균 질량 밀도는 cm^3당 $9.9 \times 10^{-30}g$이라고 합니다. $1m^3$의 부피에 **양성자**(proton)가 약 6개 정도 있는 셈이니, 비어 있다고 하는 말도 맞습니다. 그러나 이론상으로만 가능한 완벽한 진공이 아니라면 적어도 상당히 많은 **입자**(particle)가 있게 마련이므로 우주의 어딘가에는 항상 물질이 있다는 주장도 틀리지는 않습니다. 그러므로 물질을 품고 있는 우주는 물질과 에너지를 다루는 화학을 벗어날 수가 없습니다.

우리 몸 또한 화학 물질입니다. 우리가 알고 있는 피부, 혈액, 그리

그림 1.1. "모든 길은 화학으로 통한다."

고 모든 장기를 구성하는 원자의 종류는 얼마 되지 않지만, 특성에 따라서 다양하게 결합해 수많은 분자를 만들어 냅니다. 결국 인간의 몸은 분자인 단백질, 효소, 유전 정보를 담고 있는 **리보 핵산**(ribonucleic acid)의 조합으로 이루어진 화학 물질의 집합체라고 보아도 틀리지 않습니다. 그러므로 인체는 똑같거나 혹은 아주 비슷한 특성을 가진 화학 물질들이 제대로 작동하고 있는 멋진 거대 건축물에 비유할 수 있습니다. 사람이 각자 다양한 성격과 특성을 갖게 된 까닭은 인체를 구성하는 화학 물질의 종류 및 조합, 양의 차이뿐만 아니라 정신을 좌우하는 물질의 양과 비율도 다르기 때문입니다.

우리는 병에 걸리면 병원에서 의사의 진단을 받아 처방전을 들고 약국에 가서 약을 삽니다. 약도 화학 물질입니다. 직접 병을 낫게 하는 치료제도 있고, 면역으로 자연 치유가 될 때까지 불편하고 고통스러운 증상만 완화해 주는 약도 있습니다. 약은 자연산 화학 물질을 추출하거나 또는 자연에 없는 새로운 화학 물질을 합성해서 만들어집니다. 고혈압 조절제, 당뇨 치료제, 고지혈증 완화제 등이 모두 인간의 필요로 만들어진 화학 물질입니다. 자연에 없는 새로운 물질을 만들어 내는 창조 작업은 다른 자연 과학과 구별되는 화학만의 특징이기도 합니다. 인류가 만든 최고의 베스트셀러 약인 진통제 아스피린은 살리실산($C_7H_6O_3$) 유도체(derivative)입니다. 처음에는 자연 원료를 이용해서 만들었지만, 지금은 화학의 힘으로 제약 회사의 공장에서 생산되고 있습니다. 아스피린은 심장 질환 혹은 심장 수술을 한 사람들에게 장기간 처방되기도 합니다. 아스피린에 혈전 형성을 막아 주는 부수적 효과가 있기 때문입니다. 그런 목적으로 사용되는 아스피린에는 진통제보다 유효 성분의 양이 훨씬 적습니다.

우리가 매일 채소와 과일로 섭취하는 비타민 C의 화학 이름은 아스코르브산($C_6H_8O_6$)입니다. 비타민 C가 부족할 때 치료를 안 하면 죽음에까지 이르는 무서운 괴혈병에 걸리게 됩니다. 아스코르브산(ascorbic acid)이라는 이름의 어원은 괴혈병(라틴 어로는 scorbutus)에 부정의 의미가 있는 접두사 아(a)를 붙인 것으로, '괴혈병을 막는'이라는 뜻이 담겨 있습니다. 괴혈병은 과거 오랜 항해에서 신선한 채소와 과일을 먹지 못한 선원들을 괴롭히고 죽음으로 몰았던 무서운 질병이었습니다. 비타민 C의 기능과 역할을 이해한 뒤로는 이제 괴혈병으로 목숨을 잃는 경우는 없습니다. 그런데 비타민 C는 사람의 몸에서 합성되지 않기 때문에, 음식으로 반드시 섭취해야 하는 필수 화학 물질입니다. 지금은 음식으로 비타민 C를 공급받지 못해도 화학 공장에서 생산된 합성 비타민 C를 먹을 수 있습니다. 합성 비타민 C 분자는 **포도당**(glucose)을 원료로 만든 것이며, 자연산 비타민 C와 기능과 역할이 똑같습니다.

노화 혹은 대사 이상으로 비롯되는 고지혈증은 혈관에 문제를 일으킵니다. 고지혈증의 원인인 콜레스테롤은 무조건 나쁜 것이라기보다는 그중에서도 고밀도 콜레스테롤과 저밀도 콜레스테롤이 있어 그 비율이 중요하며, 농도가 너무 높거나 또는 너무 낮아도 문제가 됩니다. 혈관에서 나쁜 콜레스테롤과 중성 지방(triglyceride, TG)의 농도를 낮추는 약은 화학 물질이며, 혈액 속의 당분 수치를 낮추는 당뇨 치료제 **인슐린**(insulin)도 화학 물질입니다. 인슐린은 췌장에서 생산되는 단백질로, 우리 몸에서 중요한 역할을 하는 자연산 호르몬입니다. 단백질은 아미노산들이 사슬을 이루어 만들어지는 거대 분자를 말하는데, 인슐린은 아미노산 51개로 구성되어 있습니다. 인슐린을 구성하는 아미노산들의 종류 및 연결된 순서와 전체 구조를 밝혀낸 화학자 프레더릭 생어(Frederick Sanger, 1918~2013년)는 1958년 노벨 화학상을 받았습니다. (그림 1.2) 인슐린의 구조를 알아내면 실험실과 화학 공장에서 만들 수 있습니다. 몸에 주사하면 자연산과 똑같이 혈당 수치를 낮추어 줍니다. 이 역시 제약 회사에서 만든 화학 물질입니다.

그림 1.2. 프레더릭 생어. 인슐린의 분자 구조를 밝혀낸 화학자.

저는 사람의 정신에도 화학 물질이 한몫한다고 생각합니다. 신경 세포(neuron)와 신경 세포, 신경 세포와 근육 사이에서 신호를 전달하는 화학 물질인 **신경 조절 물질**(neuromodulator)이 몸에서 생산되고 소비되기 때문입니다. 그것들의 균형이 맞지 않으면 정신에 문제가 발생합니다. 예를 들어 조현병(정신 분열증), 우울증도 몸에 꼭 필요한 도파민, 세로토닌과 같은 신경 조절 물질의 불균형에서 시작됩니다. 우울증과 조현병 치료제는 사람의 정신 상태를 바로 잡아 주는 화학 물질인 것입니다.

화학 물질의 특징 중 하나는 물질의 변환에 에너지 변화가 항상 따른다는 것입니다. 하나의 물질이 다른 물질로 화학 변화를 하려면 반드시 결합이 끊어지고 새로운 결합이 형성되어야 합니다. 같은 원자로 구성된 물질이라도 결합의 종류가 다르면 전혀 다른 특성을 나타냅니다. 예를 들어 흑연과 다이아몬드는 둘 다 탄소 원자로 구성되어 있지만, 탄소 원자끼리 이루는 결합의 종류가 다르기에 전혀 다른 특성을 보입니다. 또 다른 예로는 철을 포함한 돌덩이, 철광석이 있습니다. 철광석은 철 및 산소 원자가 자연 법칙에 따라 화학 결합으로 형성된 물질입니다. 그런데 결합을 해제하고 독립된 집단으로 만들어 놓으면 인간 생활에 꼭 필요한 금속(철)과 모든 동식물의 생존에 꼭 필요한 물질(산소)이 되며, 그 둘은 각각 전혀 다른 특성을 띠게 됩니다.

물질은 서로 특성이 맞는 원자들끼리 결합한 결과물입니다. 그 결합을 끊고 새로운 결합을 만들려면 에너지가 필요합니다. 결합이 단단할수록 더 많은 에너지가 필요하겠지요? 철광석은 제철소의 용광로를 거쳐야 철이 되고, 흑연에 엄청난 온도와 압력을 가하면 다이아몬드가 만들어집니다. 그런데 에너지를 들여서 새로운 형태와 성분의 물질로 만들어 놓아도 쉽게 본래대로 돌아가는 것도 있고, 그렇지 않은 것도 있습니다. 다이아몬드가 다시 흑연이 되려면 엄청난 시간과 환경(압력 및 온도)의 변화가 있어야 합니다. 그러나 철과 산소가 재결합하는 일은 어렵지 않게 금방 일어납니다. 우리 눈으로도 쉽게 볼 수 있을 정도입니다. 철로 만든 물체 표면에 시간이 흐르면서 생기는 붉은색 녹이 바로 산화철입니다. 용광로에서 힘들게 철과 산소를 분리해 놓았더니 쉽게 다시 결합해서 산화철로 되돌아가는 것입니다. 이처럼 일부러 하지 않아도 자연스럽게 진행되는 화학 반응을 **자발적 반응**(spontaneous reaction)이라고 합니다. 다이아몬드가 흑연이 되는 속도는 엄청나게 느리지만, 철이 산화철로 변하는 자발적 반응의 속도는 빠릅니다.

이처럼 화학은 원자들이 서로 붙었다(결합) 떨어졌다(분해) 하면서 형성되는 각종 화학 물질의 종류와 특성을 이해하고 알아내며, 그 과정에 반드시 동반되는 에너지의 변화를 공부하는 과학입니다. 화학 물질은 에너지 변화에 따라서 물리적 성질이 달라집니다. 예를 들어 수증기와 얼음이 되는 물처럼 하나의 물질이라도 기체/액체/고체 3종류의 **상**(phase)으로 상호 변환이 가능하다는 뜻입니다. 그 외에도 물질이 가질 수 있는 별개의 상으로 분류되는 **플라스마**(plasma), 그리고 액체와 기체의 특성을 함께 갖는 **초임계 유체**(supercritical fluid)도 있습니다. 화학 물질의 물리적 변화까지 생각하면 변화의 정도는 그야말로 천변만화입니다. 그러므로 화학을 공부하려면 많은 시간과 인내심, 그리고 노력이 필요합니다.

이 세상 물질의 종류는 얼마나 될까요? 등록된 자료를 보면 현재 약 1억 7000만 종류의 화학 물질이 있습니다. 인간이 만든 것은 약 14만 4000개이고, 매년 2,000여 개의 화학 물질이 새로 등록됩니다. 돌이켜 보면, 인류는 화학 물질이 없이는 살 수가 없습니다. 산소, 물, 음식도 화학 물질이며, 현대인이 누리는 많은 편리한 생활에 필요한 모든 것이 화학 물질입니다. 산소의 존재를 몰라도 살 수 있듯이, 화학을 몰라도 살 수는 있습니다. 그러나 화학을 알고 이해하면서 세상을 본다면 살아가는 데 많은 도움이 될 것이며, “모든 물질과 에너지는 화학과 관련이 있다.”라고 말한다고 해도 전혀 이상하게 들리지 않을 것입니다. 이처럼 공기와 화학의 공통점을 찾으라면 “몰라도 살 수는 있지만, 없으면 삶이 불가능한 것.”이라고 할 수 있겠습니다.

화학은?

화학은 인류가 지금까지 발견한 118개 원소의 조합으로 만들 수 있는 모든 물질을 연구하고 공부하는 자연 과학의 한 분야입니다. 다른 과학 분야와 구별되는 화학만의 독특한 특징은 물질을 만든다는 것입니다. 물질은 원자, 이온, 분자, 화합물의 집합이며, 한 종류의 물질로 다양한 물체를 만들 수 있습니다. 작게는 사람의 몸부터 크게는 밤하늘의 별까지, 세상에는 물체의 종류가 엄청나게 많으며 그것을 구성하는 원자 이온, 분자, 화합물이 변환될 때는 반드시 빛에너지, 열에너지, 전기 에너지, 화학 에너지 같은 에너지의 출입이 있습니다. 물질의 특성과 양을 확인하는 작업은 물론 물질이 결합하고 분해될 때 동반하는 화학 반응의 종류와 속도, 효율을 공부하는 일 역시 화학의 범위입니다. 한마디로 화학은 물질과 물질의 변환에 따르는 에너지를 공부하는 학문입니다. 그러므로 화학은 물질을 다루는 자연 과학, 공학, 의약학, 농학, 수산학, 범죄 수사학에 이르기까지 물질을 다루는 모든 학문의 기초가 되며, 중심 과학의 역할을 하고 있습니다.

PERIODIC TABLE OF THE ELEMENTS
1 H
11 Na
19 K
8 O
34 Se
92 U

2장 자연의 알파벳

2장에서는 원소를 정리한 주기율표의 특징과 원소 배치의 구조를 설명합니다. 현재까지 발견된 118개의 원소는 우주에 존재하는 모든 물질의 기본이 되는, 자연의 알파벳과도 같습니다. 그런 원소의 개별 단위가 되는 원자는 화학 물질의 최소 부품으로서 원자핵, 양성자, 중성자, 전자와 같은 입자들로 구성됩니다. 원자들이 결합해 분자를 만들고, 화학 반응이 진행될 때 반드시 필요한 것이 전자입니다. 그러므로 궁극적으로는 전자의 특성과 행동을 이해하지 않고는 화학 물질과 화학 반응을 이해하기란 불가능합니다. 2장에서는 이와 함께 분자들의 결합과 분해를 나타내는 화학식과 화학 반응에 반드시 따르는 에너지 변화의 의미와 특징, 규약에 대해서도 설명합니다.

공간을 차지하고 **질량**(mass)이 있는 모든 것을 우리는 **물체**(object)라고 합니다. 물체는 물질을 재료로 만들어지며 다양한 형태를 갖습니다. 같은 물질을 가지고도 모양과 특성이 다른 물체를 여러 가지 만들 수 있습니다. 예를 들자면 물질인 알루미늄을 이용해 창문틀, 음료

캔, 야구 방망이, 포일처럼 모양과 용도가 다른 다양한 물체를 만드는 것입니다. 물질은 종류와 양이 다른 원소로 구성된 것(화합물)도, 1개의 원소만으로 구성된 것(순물질)도 있습니다. **원소(element)**는 한 종류의 원자로 이루어진 물질을 말하며 화학 반응으로 더 이상 순수한 물질로 변할 수 없습니다. 그러므로 순수한 물질은 한 종류의 원소로 구성되며, 그 원소를 이루는 가장 작은 단위를 **원자(atom)**라고 합니다. 오직 한 종류의 원자로만 구성된 물질도 있고, 여러 종류의 원자가 비율과 양이 다르게 섞여 구성된 물질도 있습니다. 예를 들어 다이아몬드와 흑연은 탄소 원자로만 구성된 물질이지만, 페트병의 플라스틱은 탄소, 수소, 산소 원자 들로 구성된 물질입니다.

한 종류의 원자로 이루어진 원소는 독특한 성질을 가지며 100% 순수하기 때문에 다른 종류의 원자로 구성된 원소의 특징과 완전히 달라서 확실하게 구별이 됩니다. 만약 원자 내부에서 원자핵이 서로 합쳐지거나 나뉘는 **원자핵 반응(nuclear reaction)**이 진행되면 하나의 원자는 다른 종류의 원자로 바뀝니다. 그러므로 변화된 원자들로 구성된 원소는 이전과는 전혀 다른 특성을 나타냅니다. 그러나 원자핵 반응이 일어나기 전까지 원소는 지구가 멸망해도 변하지 않습니다. 물론 원소에도 수명은 있겠지만, 인간의 몸으로 그 끝을 볼 수는 없으며 우리에게 원소의 수명은 거의 무한대에 가깝습니다. 그렇지만 인간이 만든 인공 원소, 예를 들어 시보귬(Sg)은 눈 깜짝할 새도 없이 사라지기도 합니다.

이런 원소들을 특성대로 줄 세우고 열 맞추어 표로 정리한 것이 **주**

기율표(periodic table)입니다. 그것은 현재까지 알려진 모든 원소를 가로 세로로 배열하고 정리한 표이며, 세상 만물은 이 도표에 있는 원소로 만들어집니다. 전 세계 화학자의 실험실과 연구실에 총천연색으로 인쇄되어 걸려 있는 도표이기도 합니다. 주기율표에 포함된 원소들을 왜 자연의 알파벳, 세상의 기본 도구라고 부르는지 이제부터 알게 될 것입니다. 현재까지 알려진 원소는 모두 118개이며, 그중 자연에서 형성된 원소는 92개이고 나머지는 인간이 원자핵 반응으로 만든 인공 원소입니다. 주기율표는 오랜 세월을 걸쳐서 현재의 모습을 갖추게 되었으며, 미래에 더 많은 원소가 발견되리라고 예측하는 과학자도 있습니다.

원자는 원소를 구성하는 가장 작은 단위입니다. 그 유래는 고대 그리스 어의 'a-tomos'로 더 이상 쪼갤 수 없다는 의미를 갖고 있습니다. 그러나 현대 과학은 원자를 쪼개면 그 안에 새로운 입자들이 있다는 사실을 이미 확인했습니다. 다른 과학자와 마찬가지로 화학자들은 궁금한 대상에 대해서 끝까지 추적하는 일이 몸에 밴 사람들입니다. 사람을 상대로 비밀을 캐내는 탐정과도 매우 비슷합니다. 탐정과 다른 점이라면 그 특성을 파악하고 비밀을 알아내려고 노력하는 대상이 화학 물질이라는 것입니다. 그것을 위해 때로는 밤새우는 것도 마다하지 않고, 화학 물질의 특징을 관찰하고 응용하는 일에 평생을 바쳐 몰두하는 사람들이 화학자입니다. 다른 말로 하자면 화학 물질 스토커이자 물질을 다루는 현장 노동자인 셈입니다. 그들이 다루는 물질은 자연을 그대로 모방한 것일 수도, 혹은 세상 어디에도 없었던 것일 수도 있습니다.

원자는 **양성자**(proton), **중성자**(neutron), **전자**(electron)로 이루어지며 그 개수는 원자마다 다릅니다. 원자가 고유한 특성을 지니는 이유도 양성자, 중성자, 전자의 수가 각각 다르기 때문입니다. 그 설명은 잠시 미루어 두고, 2장에서는 주기율표에서 원소들이 배열되는 특성에 대해 먼저 알아보도록 하겠습니다.

7층짜리 원소의 집

미적 감각이 탁월한 건축가가 비용은 고려하지 않고 7층짜리 아파트를 지었다고 상상해 봅시다. (그림 2.1) 각 세대가 입주되어 있는 모습이 살짝 이상하기는 하지만, 조금만 상상력을 동원하면 충분히 이해 가능한 배열입니다. 1층과 2층은 32세대, 3층과 4층에는 18세대가 입주할 수 있습니다. 5층과 6층은 8세대만 입주하도록 설계를 했습니다. 그런데 5~6층은 왼쪽 끝에 2세대가 입주한 다음 중간에 있는 10세대에 해당하는 공간은 남겨 두고 오른쪽 끝에 6세대를 배치했습니다. 맨 위층인 7층에는 왼쪽 끝과 오른쪽 끝에 각각 1세대를 배치하고 중간은 빈 곳으로 남겨 두는 디자인으로 아파트를 설계했습니다. 또한 아파트 옆에는 별도로 2층짜리 부속 건물을 두었습니다. 거기에는 1층과 2층에 들어갈 32세대 중에서 본 건물에 있는 18세대를 제외한 나머지 14세대가 들어갑니다. 아파트에 실제로 입주할 세대보다 입주

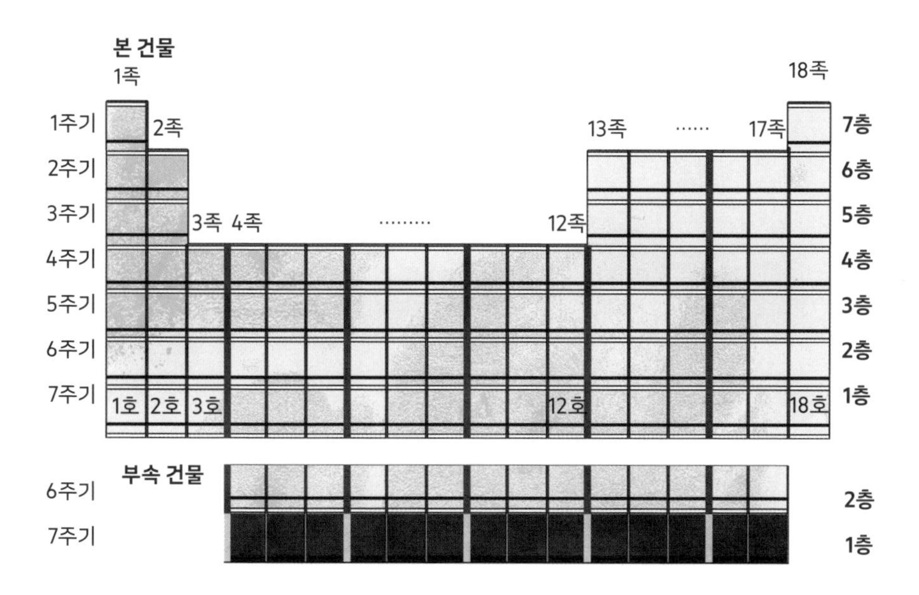

그림 2.1. 원소의 정렬. 주기율표는 118종류 원소가 각각의 특성에 따라 입주하는 7층 아파트의 입면도에 비유할 수 있다.

자격이 있는 원소가 더 많아서, 별도의 부속 건물에 입주하는 방식을 택한 것입니다. 부속 건물 1~2층에 입주한 원소 14개는 본 건물 1층과 2층에 있는 입주자 원소와 특별히 차이가 나는 것은 아닙니다. 아파트에 들어가는 순서는 제일 가벼운 원소가 들어가는 7층 1호를 시작으로, 반드시 그런 것은 아니지만 점점 더 무거워지는 순서로 들어간다고 보면 됩니다.

이 독특한 구조의 아파트에 입주할 자격이 있는 원소는 현재까지 모두 118개입니다. 집 대문에는 저마다 자신을 나타내는 문패(원소 기호)도 달려 있습니다. 문패에 적힌 이름은 모두 다르며, 원소를 발견한 과학자의 이름, 그 과학자 조국의 이름, 원소가 처음 발견된 지역의 이름 등 저마다 사연도 많고 매우 다양합니다. 이름들은 단 1개 혹은 2개의 알파벳 기호로 축약되지만, 그 안에 숨겨진 이야기가 정말 많습니다. 주기율표의 역사 및 각 원소의 발견과 특징에 얽힌 이야기는, 원소 이야기를 다룬 다른 책들을 참조하기 바랍니다.

맨 꼭대기 층인 7층의 1호에는 수소(H)가 들어갑니다. 수소 원자는 양성자 1개와 전자 1개를 가지고 있습니다. 그다음으로 같은 층에서 18호에 헬륨(He)이 있습니다. 헬륨 원자는 양성자 2개와 전자 2개가 있습니다. 7층에는 수소와 헬륨 단 2개의 원소만 들어가며, 그것들은 다른 원소보다 가볍습니다. 바로 아래층인 6층 1호의 원소는 리튬(Li)이며, 리튬 원자는 양성자 3개와 전자 3개를 가지고 있습니다. 이렇게 위층부터 아래층, 부속 건물까지 양성자가 1개씩 증가하는 순서로 모든 원소가 들어갑니다. 같은 층에서는 왼쪽에서 오른쪽으로 갈수록 양성자의 수가 1개씩 증가하며, 이 규칙은 수소부터 118번째 마지막 원소까지 그대로 유지됩니다.

간혹 무거운 원소가 한 칸 정도 앞쪽에 배치되는 예외가 발생할 때(코발트(Co)와 니켈(Ni), 텔루륨(Te)과 아이오딘(I), 아르곤(Ar)과 포타슘(K))도 있지만, 양성자의 수가 1개씩 증가하는 규칙은 그대로 유지됩니다. 예를 들어 코발트의 양성자는 27개이고 니켈의 양성자는 28개이므로 코발트가 니켈보다 앞서서 들어가지만, 질량(원자량)은 코발트가 니켈보다 큽니다. 텔루륨과 아이오딘, 아르곤과 포타슘의 경우도 마찬가지입니다.

같은 층에 입주한 원소들은 같은 **주기**(period)에 있다고 합니다. 맨 꼭대기 층이 1주기, 맨 아래층이 7주기입니다. 1주기의 원소는 수소, 헬륨으로 2개뿐입니다. 2주기와 3주기에는 각각 8개, 4주기와 5주기에는 18개씩의 원소가 있습니다. 한편 6주기와 7주기에는 32개의 원소가 자리 잡고 있습니다. 32개 원소 가운데 18개는 본 건물에, 나머지 14개는 부속 건물에 자리를 잡습니다. 입주할 가구 수에 대한 충분한 정보 없이 설계했기에 할 수 없이 부속 건물을 지어서 문제를 해결한 것이라 보면 됩니다.

양성자가 증가하는 방식으로 배열을 하다 보니 아주 재미난 특징이 관찰되었습니다. 그것은 1호 라인부터 18호 라인까지 입주한 원소들의 특성이 각 호별로 성격이 아주 비슷하다는 것입니다. 그래서 따로 이름이 붙었으며, **족**(group)이라고 합니다. 1990년대 서울 압구정동에 '오렌지족'이라고 불리는 독특한 패션의 젊은이들이 모여든 적이 있었습니다. 원소들의 특성 또한 이처럼 같은 주기의 이웃 원소보다 같은 족에 있는 원소들과 더 닮았으며, 족을 부르는 별칭도 있습니다. 알칼리족(1족), 할로겐족(17족) 비활성 기체족(18족) 등이 그것이며, 모두 원소들의 특징을 반영하고 있습니다.

한 예로, 자연 원소 발견의 역사에서 제일 나중에 나타난 18족 원소들은 모두 무뚝뚝하다는 공통된 특성이 있습니다. 그래서 **비활성 기체족**(noble gases)이라고 분류합니다. 화학 반응의 측면에서 보면 18족 원소의 원자들은 다른 족 원소의 원자들과 사귀거나 뭉치려는 일(결합 혹은 화합)조차 꺼립니다. 그것을 우리는 "반응성이 없다."라고 말합니다. 이 원소 족의 원자는 다른 원소의 원자와 화학 결합을 하지 않기 때문에 다양한 종류의 화학 물질로 변신하지 못하는 특징이 있습니다. 홀로 고고하게 자신을 지키는 원소들입니다. 이들은 대부분 실온에서 기체이며, 다른 원소와 반응해서 형성된 화합물이 더러 있기는 하지만 정말로 매우 드뭅니다. 그 외의 족들도 독특한 특성을 지니고 있지만, 그것에 대한 구체적인 내용은 나올 때마다 설명할 것입니다.

멘델레예프와 주기율표

화학자라고 해도 노벨상을 받은 화학자의 업적과 이름을 다 기억하지는 못합니다. 그러나 적어도 화학에 몸담고 있다면, 혹은 화학을 배우는 학생이라면 드미트리 멘델레예프(Dmitri Mendeleev, 1834~1907년)라는 이름을 잊을 수가 없습니다. 왜냐하면 그는 현대식 주기율표의 뼈대를 처음 독창적으로 제창한 화학자이기 때문입니다. 맨델레예프 이전의 주기율표는 그때까지 발견된 원소들을 질량이 증가하는 순서로 배열하는 형식을 갖추고 있었습니다. 그러나 지금 사용되는 주기율표는 양성자의 수가 증가하는 순서(원자 번호순)로 배열된 형식으로, 멘델레예프가 1869년 러시아 화학회에서 발표한 초안을 따르고 있습니다. 처음 그가 만든 주기율표에는 빈칸이 있었으며, 그 빈칸은 미래에 발견될 원소가 들어갈 자리였습니다. 당시까지도 과학계는 전자의 존재를 실험으로 확인하지 못하고 있었습니다. 그러나 멘델레예

그림 2.2. 현대식 주기율표의 창시자 드미트리 멘델레예프.

프는 아직 발견되지도 않은 원소들의 존재와 그 특성까지 정확히 예측했습니다. 즉 주기율표에서 빈칸으로 남아 있는 곳에 채워질 원소는 미래에 반드시 발견되리라는 것과 그것들의 특징까지 예측한 것입니다. 그는 새로 발견될 원소들이 같은 족으로 분류되는 위 주기, 아래 주기 원소들과 유사한 성질을 나타내리라는 사실을 알아차렸고, 그것들의 물리 화학적 특징까지 예언했습니다. 그의 혜안이 빛나는 부분이었습니다.

그러므로 멘델레예프는 주기율표 하면 자연스럽게 머리에 떠오르는 화학자입니다. 그러나 이런 엄청난 업적에 비해 아쉽게도 그는 노벨상은 받지 못했습니다. 노벨상을 처음으로 시상했던 해는 1901년이었으며, 그는 1834년 태어나 1907년에 생을 마쳤으니 상을 받을 기회는 있었으리라 생각됩니다. 그러나 노벨상 심사도 결국 사람이 하는 일이라 그 기준이 달랐을 수도 있었을 것입니다. 노벨상 초창기에는 수상 여부를 결정하는 일에 스웨덴 과학자의 인맥이 많이 작용했다는 사실은 노벨상의 역사를 보면 쉽게 이해할 수 있습니다. 비록 노벨상을 받지는 못했지만, 그의 이름은 아마도 인류가 지구에 존재하는 한은 남아 있을 것입니다.

주기율표의 중요성을 강조한 과학자 중에는 물리학자인 미국의 리처드 파인만(Richard Feynman, 1918~1988년)도 있습니다. 그는 인류가 멸망했을 때 다음 인류 혹은 생명에게 전해야 할 메시지를 한마디로 요약해 달라는 질문에, "모든 것은 원자로 되어 있다.(All things are made of atoms.)"라고 답했다고 합니다. 화학자라면 아마도 말도 안 하고 주기율표 한 장을 건네줬을 것 같습니다.

멘델레예프는 지독한 메모광이었다고 합니다. 새로운 아이디어가 떠오를 때마다 손에 잡히는 무엇에든 적어 두었으며, 이 기록들은 러시아 상트페테르부르크 박물관에 잘 보관되어 있습니다. 또한 그는 훌륭한 선생님이기도 했습니다. 화학을 가르치면서 학생들이 원소 기호와 특징을 잘 기억할 수 있도록 그는 각 원소에 대한 정보를 담은 카드를 여러 장 만들었고, 이것이 훗날 주기율표로 발전했습니다. 카드를 원소의 질량 순서로 정리하다 보니 그 주기성과 특징이 드러났고, 그렇게 정리된 카드들이 주기율표의 발명으로 이어졌다고 추정됩니다.

원소 기호와 원자 번호 순서대로 외우기

주기율표에서 원자 번호 20번까지는 여러분에게 익숙할 가능성이 매우 큽니다. 한 예로 사람의 몸을 구성하는 6대 원소(산소(O), 탄소(C), 수소(H), 질소(N), 칼슘(Ca), 인(P)) 가운데 원자 번호가 가장 큰 원소가 바로 원자 번호 20번 칼슘입니다. 몸에는 원자 번호가 더 큰 원소들도 있지만, 양이 매우 적습니다. 화학을 처음 배울 때 보통 원소 기호 이름 외우기가 과제로 주어지곤 합니다. 저 역시 마찬가지였는데, 심지어 두 번째 시간에 암기를 잘했는지 시험을 보았습니다. 시험에 통과하지 못해 혼이 난 기억이 아직 남아 있습니다. 생각해 보면 어떤 분야에서든 암기해 두면 공부에 도움이 될 때가 많습니다. 영어를 배우려고 해도 최소한 알파벳은 외워야 하지 않을까요? 단순 암기는 피해야 하지만, 원소의 이름과 순서를 외우는 일은 화학에서 피할 수 없는 한 부분이라고 생각합니다. 원소를 원자 번호 순서로 20번까지 외우면 이점도 있습니다. 원자 번호에 양성자와 전자의 개수 같은 중요한 정보가 담겨 있으며, 앞으로 우리와 자주 마주칠 원소들이니까요.

대학교에서 가르칠 때 저는 학생들이 주기율표를 외우기 쉽도록 암기법을 만들었습니다. 다음 그림 2.3은 주기율표 원소의 이름을 순서대로 기억할 수 있도록 제가 만든 비법을 정리한 것입니다. 독자들은 '행복한 헬리 사장님이 바베큐 식당을 오픈하는 날 소금이 필요한데 소금장수 소마알 씨가 소금(염)을 배달하겠다는 약속을 잊지 않았을까?'라는 광경을 상상하면서 읽어 보기 바랍니다.

H	**He, Li**	**Be**	**B, (Q)**	**C, N**	**O, F, Ne**
해피	헬리	베	비(큐)	코너	오픈넬

Na	**Mg**	**Al, Si**	**P, S, Cl**	**Ar, K, Ca**
소	마	알 씨	인황염(배달하는 것)	알 까?

그림 2.3. 사장님과 소금 장수. 원소 기호와 이름을 20번까지 순서대로 외울 때 도움이 되는 문구.

원소 이름과 대응하기 위해 바베큐 대신 '베비큐', 오픈(하는)날 대신 '오픈넬'로 비슷한 음의 표기를 했습니다. 또한 바베큐에 필요한 특별한 소금(인황염)을 '소금장수(소마알 씨)'가 배달하는 일을 잊지 않았을까 걱정하는 모습을 문장으로 구성해 보았습니다. 그 광경을 상상하며 문장을 기억한다면 원소 기호와 이름을 주기열표 순서대로 20번까지 기억하는 일이 그렇게 힘들지만은 않을 것입니다.

영어에 자신 있는 사람은 그림 2.4의 문장을 외우면 원소 기호를 20번까지 기억하는 데 도움이 될 것입니다. 다른 공부와 마찬가지로 화학도 외우기가 쉽지 않을 때는 이렇게 꾀를 내서 자신만의 암기법을 만드는 일이 필요합니다. 무턱대고 외우기보다는 이런 방법이 기억의 부담을 줄여 줄 수 있을 것입니다.

Handsome **He**nry

Likes **Be**er's **B**eautiful **C**olor **N**ot **O**dorous **F**oam **Ne**arby

Nagging **Mg**aggie **Al**ready **Si**ckens a **P**icky **S**oul of **Cl**assical **Ar**tist.

K(크) **Ca**(캬)!

그림 2.4. 잘생긴 헨리! 영어로 원소 기호를 20번까지 외우는 방법.

원자의 특징과 구성 요소

원자를 자세히 설명하기에 앞서 먼저 원소와 원자의 차이를 확실히 이해하는 것이 중요합니다. 원자는 원소를 구성하는 기본 단위로, 원소는 한 종류의 원자로만 이루어진 순수 물질을 뜻합니다. 원소가 반드시 원자일 필요는 없습니다. 어떤 원소는 원자들이 결합해 한 종류의 순수한 분자 혹은 화학 물질로 구성될 수도 있기 때문입니다. 원소와 원자를 구분 없이 설명할 때도 있지만, 정확히 구분하자면 둘은 다른 개념입니다.

같은 종류의 순수 원자들이 결합된 원소라도 결합 형태에 따라 특성이 다를 때도 있습니다. 원자는 같지만 결합 구조가 달라서 물리 화학적 특성이 전혀 다른 물질을 **동소체**(allotrope)라고 합니다. 예를 들어서 흑연과 다이아몬드는 모두 탄소 원자로 구성된 물질이지만, 특성은 전혀 다릅니다. 동소체들 사이는 상호 변환도 가능하며, 그때 필요한 것은 에너지입니다.

원소를 구성하는 원자들은 양(+)전하와 음(−)전하가 같아서 총 전하는 0입니다. 이를 **전기 중성**(electrical neutrality)이라고 표현합니다. 원자를 구성하는 매우 작은 입자인 양성자는 양(+)전하를, 전자는 음(−)전하를 띠고 있습니다. 중성자의 전하는 0입니다.

중성자는 원자보다도 크기가 훨씬 작은 알갱이(소립자)인 **쿼크**(quark)로 구성됩니다. 중성자를 구성하는 두 종류의 알갱이 중에 한 종류(업 쿼크)는 $+\frac{2}{3}$ 전하를, 또 다른 종류(아래 쿼크)는 $-\frac{1}{3}$ 전하를 띱니다. 그러므로 업 쿼크 1개와 다운 쿼크 2개로 만들어진 중성자의 전하는 0($=[1\times(+\frac{2}{3})+2\times(-\frac{1}{3})]$)이 됩니다. 양성자는 이와는 다르게 업 쿼크 2개와 다운 쿼크 1개로 되어 있습니다. 같은 방법으로 계산해 보면 양성자의 전하는 $+1(=[2\times(+\frac{2}{3})+1\times(-\frac{1}{3})])$이 됩니다.

전기 중성인 원자는 항상 양성자의 수와 전자의 수가 같습니다. 전자는 음의 전하(−1)를 띠는 입자이며, 양성자 혹은 중성자와는 달리 쿼크 같은 더 조그마한 알갱이로 쪼개지지 않습니다. 그러므로 전자는 진정한 **기본 입자**(elementary particle)이며, 물질의 생성과 변환에서 양성자나 중성자보다 역할이 더 큽니다. 특히 원자들이 화학 결합으로 물질을 형성할 때 전자가 항상 관여하기 때문에 물질에서 전자의 이동은 매우 중요한 사건입니다. 따라서 많은 화학자에게 주요 관심 대상은 전자의 특성과 이동, 화학 물질에서 전자의 개수 변화입니다. 그렇지만 원자핵의 분열과 융합을 다루는 화학자와 공학자들은 중성자와 양성자의 개수 변화에도 관심이 있습니다. (중성자와 양성자보다 더 작은 기본 입자인 쿼크는 유감스럽게도 화학자들의 관심 대상에서 제외되곤 합니다.)

주기율표에서 제일 처음에 자리하는 수소 원자는 양성자 1개(전하 +1)와 전자 1개(전하 −1)로 구성되며, 따라서 총 전하가 0입니다. '원자의 전하는 전기 중성이다.'라는 규칙은 나머지 원소의 원자들에도 적용이 됩니다. 모든 원자는 원자 번호와 같은 개수의 양성자를 갖고 있으므로 원자 전하가 0(중성)이 되려면 전자의 개수도 양성자의 개수와 반드시 같아야 합니다. 이때 중성자 개수의 변화는 전하 계산에 전혀 영향을 주지 않습니다. 전하가 0이기 때문입니다. 그렇지만 중성자의 개수는 원자의 질량에 영향을 줍니다. 중성자의 질량은 양성자 질량과 같아서, 전자보다 약 1,836배 무겁기 때문입니다.

1주기 18족에 있는 헬륨 원소의 원자(He)는 원자 번호가 2이므로 당연히 양성자는 2개이고 전기 중성이 되려면 전자 2개를 반드시 갖추고 있습니다. 그런데 헬륨 원자의 질량(원자량)은 4입니다. 전자는 원자의 질량 계산에 영향을 미치지 못하므로, 당연히 양성자와 동등한 질량을 갖는 중성자 2개가 더 있어야 계산이 맞아떨어집니다. 그러므로 헬륨의 원자핵은 양성자 2개와 중성자 2개로 되어 있습니다. 그래야 전기 중성이라는 규칙도, 헬륨 원자의 질량이 4라는 사실도 함께 만족할 수 있는 것입니다. 이렇게 원소의 원자 번호를 봤을 때 그 원자에는 원자 번호와 같은 수의 양성자와 전자가 있으며, 원자 질량과 원자 번호의 차이는 중성자의 수라고 읽었다면 정확히 이해한 것입니다.

하지만 이 말이 탐탁지 않은 분들도 있을지 모릅니다. 과학 시간에 같은 전하를 띤 물체 혹은 입자는 서로 반발한다고 배웠으니까요. 중성자는 전하를 띠지 않으니 문제가 되지 않겠지만, 양성자가 2개 이상인 원자는 서로 반발할 텐데 원자핵이 왜 그렇게 안정되어 있을까요? 그것은 중성자와 양성자를 묶어 주는 역할을 하는 힘, **핵력**이 있기 때문입니다. 핵력의 본질은 제가 가르칠 수 있는 영역 밖의 일이어서 구체적인 설명은 할 수가 없습니다. 그러나 간단하게 상상해 본다면 이해는 가능할 것입니다. 양성자와 중성자의 겉보기 전하는 각각 +1과 0이어도, 양성자와 중성자를 구성하는 입자(쿼크)들은 전하의 크기($\frac{2}{3}$, $\frac{1}{3}$)와 종류(+, −)가 다르며, 종류도 6개나 됩니다. 만약 원자핵이 양(+)과 음(−)의 전하를 띤 쿼크로 구성된 것이라면 원자핵의 안정성도 어느 정도까지는 정성적으로 이해할 수 있지 않을까요? 전하를 띤 쿼크들의 조합으로 안정성을 이룬다는 것입니다. 그럼에도 양성자의 수가 많고, 따라서 겉보기로는 과량의 양(+)전하를 띤 입자들이 좁은 영역에 뭉쳐 있는 무거운 원소들은 불안정하기 때문에 에너지가 큰 다른 입자와 충돌하면 비교적 쉽게 원자핵이 갈라져 결국 더 안정한 원자핵을 갖는 다른 원소로 변하게 됩니다.

원자와 원자핵의 크기 비교

전기적으로 중성인 원자의 크기는 원자 번호가 증가함에 따라서 커집니다. 중심에 양성자와 중성자로 이루어진 공 모양의 원자핵이 있고, 전자는 그 주위에서 작은 알갱이처럼 끊임없이 운동하거나 혹은 물결처럼 원자핵 주위를 맴도는 파동이라고 상상하면 얼추 맞습니다. 그때 전자들이 차지하는 공간에 비하면 원자핵의 부피는 정말 작습니다. 예를 들어 가장 작은 수소 원자의 반지름은 52.9피코미터(picometer, 기호는 pm. 1pm = 10^{-12}m = 0.000000000001m)이며, 크기가 큰 원자라 할지라도 반지름이 300pm를 넘지 않습니다. 과학에서 엄청나게 큰 수와 엄청나게 작은 수를 표기할 때는 0의 개수를 위 첨자로 적곤 합니다. 나타내려는 수가 몇백분의 1, 혹은 몇천분의 1이라면 금방 파악할 수 있습니다. 그러나 나타내려는 수가 엄청나게 크거나 혹은 작아서 0의 수가 너무 많다면 표기가 불편할 뿐만 아니라 0이 몇 개인지 알아보기도 쉽지 않습니다. 0의 수를 하나만 틀리게 세어도 본래 값의 10배 혹은 10분의 1이 되므로 문제가 심각해집니다. 이럴 때 과학자들은 흔히 10보다 큰 수를 10^n이라고 표기합니다. 여기서 n은 0의 개수입니다. 한편 10분의 1보다 작은 수는 10^{-n}이라 적습니다. 이때도 n은 0의 개수이며, 1보다 작은 수는 소수점 앞자리에 있는 0까지 포함하는 것입니다. 예를 들어 100은 10^2으로, 0.01은 10^{-2}으로 표기합니다. 화학에서 아주 흔히 사용되는 **아보가드로수**(avogadro's number)는 0이 23개나 붙는 엄청나게 큰 수($6.02214076 \times 10^{23}$)입니다.

그럼 원자의 크기는 얼마나 될까요? 예를 들어 플루오린(F) 원자의 지름은 약 100pm(100×10^{-12}m = 0.1nm = 1Å)로, 1cm 길이에 플루오린 원자가 모두 몇 개 들어갈지 계산해 보면 다음과 같습니다.

$$\frac{100 \times 10^{-12}\text{m}}{\text{원자}} \times \frac{100\text{cm}}{1\text{m}} = \frac{10^{-8}\text{cm}}{\text{원자}}$$

$$\frac{10^{-8}\text{cm}}{\text{원자}} \times [\frac{10^{8}}{10^{8}}] = \frac{1\text{cm}}{10^{8}\text{원자}}$$

$$\frac{\text{원자}}{100 \times 10^{-12}\text{m}} \times [\frac{1\text{m}}{100\text{cm}}] = \frac{\text{원자}}{10^{-8}\text{cm}}$$

$$\frac{\text{원자}}{10^{-8}\text{cm}} \times [\frac{0^{8}}{10^{8}}] = \frac{10^{8}\text{원자}}{1\text{cm}}$$

계산 결과 1cm 안에 들어갈 수 있는 플루오린 원자의 수는 10^8 (1억) 개입니다. 결국 이는 'cm당 원자 개수' 혹은 '원자 몇 개가 모여야 1cm가 될까?'를 계산하는 일과 같습니다. 앞의 식에서 첫 번째 항 $[\frac{100 \times 10^{-12}\text{m}}{\text{원자}}]$은 원자 1개의 지름이 100pm임을 나타낸 것입니다. 분모 분자가 동등한 값이므로 그것은 '1'과 같습니다. 두 번째 항 $[\frac{100\text{cm}}{1\text{m}}]$의 값도 1입니다. 왜냐하면 1m = 100cm이고, 분자와 분모가 같은 물리량이며, 단위만 다르기 때문입니다. 또한 $[\frac{10^8}{10^8}] = 1$이라는 사실은 너무도 당연합니다. 어떤 수($\frac{100 \times 10^{-12}\text{m}}{\text{원자}}$ 혹은 $\frac{\text{원자}}{100 \times 10^{-12}\text{m}}$)에 1을 곱하면 그 수가 그대로 유지됨은 초등학교 산수에도 나오는 사실입니다. 따라서 이런 계산은 최종 답의 단위(원자 개수/cm 혹은 1cm/원자 개수)에 맞도록 계속해서 1을 곱하는 일에 불과합니다. 이처럼 곱하기 1(×1) 방법으로 원하는 답의 단위를 맞추다 보면 화학에서 필요한 많은 계산이 해결됩니다. 특히 화학 물질의 양과 농도를 계산할 때도 같은 방식을 적용할 수 있습니다. 자연 과학을 전공하려는 독자라면 이 방법을 확실히 이해해야 필요한 계산을 어려움 없이 할 수 있을 것입니다. 9장에서 구체적인 예를 들어 '×1' 계산법을 자세히 설명할 것이며, 그전에도 간단한 계산이 필요한 곳에서 계속 선보일 예정입니다.

원자의 크기도 작지만, 원자핵의 크기는 더 작습니다. 원자핵의 지름은 대략 원자 지름의 10만분의 1($\frac{1}{10^5}=10^{-5}$) 정도 됩니다. 얼마나 작을지 짐작이 되나요? 감이 잘 오지 않는 독자를 위해서 지금부터 간단히 계산해 보려 합니다. 실감이 안 날 때는 가끔 상상력을 동원해서 계산하고, 그 실체를 미루어 짐작해 볼 수 있어야 합니다. 실제로 과학자들이 잘 쓰는 방법 중 하나입니다.

대한민국 서울특별시의 면적은 약 605km²입니다. 서울특별시를 하나의 원처럼 생각하면 면적 자료를 이용해서 지름을 계산해 볼 수 있습니다. (그림 2.5) 초등학생도 알고 있는 공식인 πr^2(혹은 $\pi\left(\frac{d}{2}\right)^2$, $d=2r$)을 적용해 계산해 보면 서울의 지름(d)은 약 27.76km로, 그것의 10만분의 1($\frac{1}{10^5}$)은 27.76cm입니다. (앞서 설명한 ×1 계산법으로 단위를 맞추는 연습을 해 보기 바랍니다. 의외로 간단합니다.) 즉 원자의 크기가 서울만 하다면, 원자핵의 크기는 서울시 중심에 놓인 성인 농구공(지름 약 23.88cm)보다 약간 큽니다.

똑같은 식으로 제주도를 원자라고 생각하고 원자핵의 크기를 계산해 봅시다. 제주도의 면적은 약 1,849km²입니다. 같은 방법으로 제주도를 원 모양으로 생각하고 계산해 보면 원자핵의 크기는 커다란 짐보 볼(지름 약 48.53cm)만 합니다. 원자의 크기도 작지만, 그 안에 있는 원자핵의 크기는 원자의 크기에 비해 어마어마하게 작다는 사실을 알 수 있습니다.

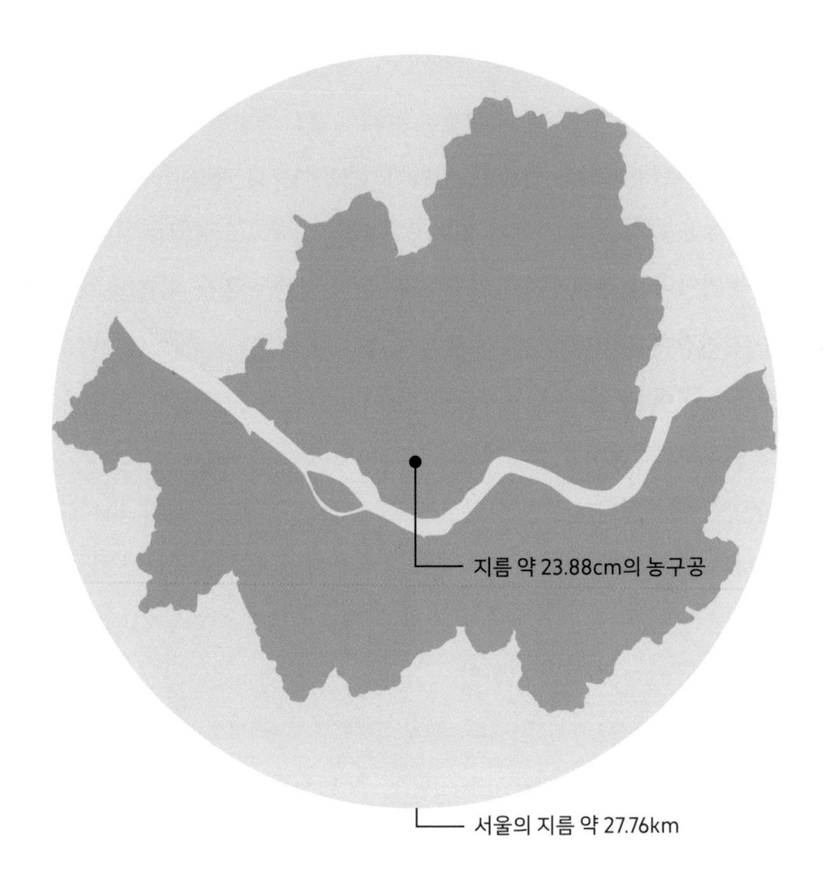

그림 2.5. 원자와 원자핵의 크기를 일상의 예로 비교한 그림. 원자의 크기(서울시)에 비해서 원자핵의 크기(성인용 농구공)는 무척 작다.

3차원으로 상상을 확장해 원자를 공 모양의 구로 생각하면 원자핵의 크기가 더 실감 나게 다가옵니다. (그림 2.6) 올림픽 공원 체조 경기장의 바닥 면적은 약 14,016m^{2}입니다. 그 면적을 이용해 원자핵의 크기를 대략 계산해 볼 수 있습니다. 그렇게 바닥 면적을 이용해서 계산한 체조 경기장의 지름(2r)은 약 66.8m입니다. 원자핵의 크기가 원자 지름의 10만분의 1($\frac{1}{10^5}=10^{-5}$) 정도이므로, 원자핵의 지름은 약 0.668mm가 됩니다. 체조 경기장의 바닥 면이 구의 중심을 통과하는 평면이라고 가정하면 구의 부피($\left(\frac{4}{3}\right)\pi r^3$)도 계산할 수 있습니다. 체조 경기장에서 바닥 면 위 공간이 원자가 차지하는 공간의 반이라고 상상을 이어 가 봅시다. 체조 경기장보다 2배 큰 공간을 원자의 크기로 본다면, 그 중심에 보일까 말까 하는 지름 0.668mm 정도의 쇠구슬이 곧 원자핵입니다. 중 · 고등학생도 이 정도 계산은 어렵지 않게 할 수 있을 것입니다. 원자핵을 제외한 나머지 공간은 결국 전자들의 활

그림 2.6. 올림픽 공원 체조 경기장의 바닥 면적은 약 14,016m^{2}이다. 동그란 올림픽 공원 체조 경기장의 지름을 원자가 차지하는 공간의 지름이라고 한다면 원자핵은 그 가운데 놓인 지름 0.668mm 정도의 쇠구슬이라고 할 수 있을 것이다.

동 영역이 됩니다. 그러므로 원자 공간의 대부분은 전자의 몫입니다.

전자 수에 영향 받는 원자의 반지름

한 원자에 있는 전자의 수는 원자 번호와 같으며, 원자 번호가 늘어날수록 전자의 수도 함께 늘어납니다. 이 규칙은 모든 원소의 원자에 적용되므로 원자 번호를 안다면 당연히 전자의 개수도 알 수 있습니다. 또한 원자 번호의 증가는 원자핵의 양성자 수 증가와 같으므로, 양(+)전하의 원자핵과 음(−)전하의 전자 간 상호 작용이 더 커질 것으로 예상됩니다. 동시에 같은 전하를 가진 전자들의 반발 작용도 늘어날 것입니다.

상호 작용이 증가하므로 같은 주기에서 1족에서 18족으로 갈수록 원자의 반지름은 줄어듭니다. 그런데 만약 같은 족에 속한 원소에서 아래쪽으로 간다면 어떻게 될까요? 먼저 원자 번호가 증가하므로 원자핵의 전하도 커지고 전자의 수도 함께 늘어납니다. 그런데 같은 주기에서 1칸을 이동하면 전자가 1개 늘어날 뿐이지만, 같은 족에서 아래로 이동하면 늘어나는 전자 수가 훨씬 많습니다. 그 결과 전자를 수용하는 원자의 크기보다 좁은 공간에 많은 전자가 모이며 생기는 반발력이 더 커지기 때문에 원자의 크기는 기댓값보다 큰 폭으로 증가할 것입니다. 그것은 양성자의 양(+)전하와 전자의 음(−)전하 사이에 작용하는 **쿨롱 힘**(Coulomb force)을 더욱 약하게 합니다. 따라서 같은

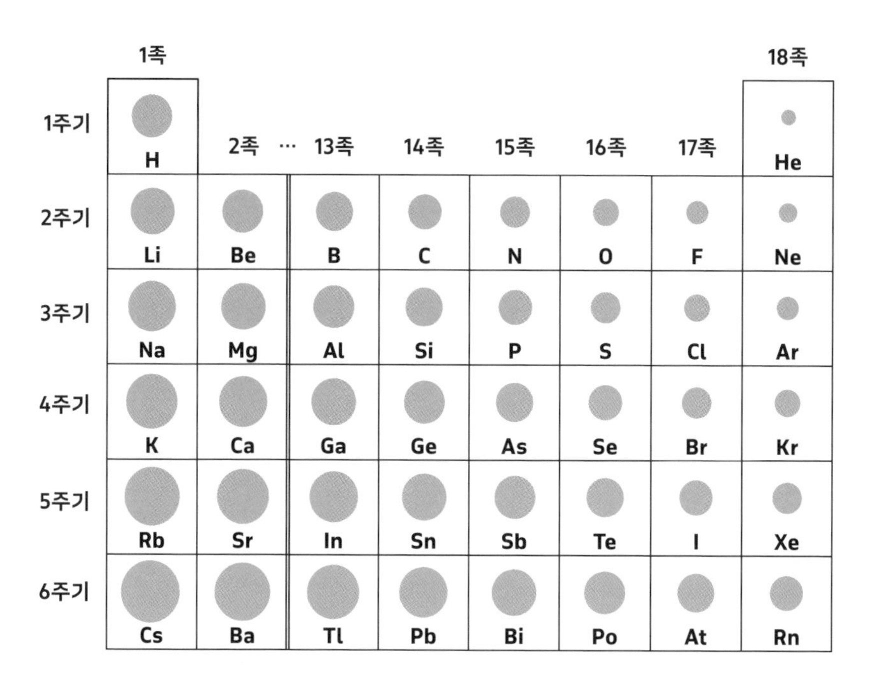

그림 2.7. 같은 주기에서는 원자 번호가 증가할수록 원자 반지름은 작아지고, 같은 족에서는 원자 번호가 증가할수록 원자 반지름은 커진다. 이 주기율표에서는 2족과 13족 사이의 원소들이 생략되어 있다.

족이라면 위에서 아래로 내려갈수록 원자의 반지름이 커집니다. 결국 원자 반지름의 크기(=원자의 크기)는 주기와 족에 따라서 일정한 경향을 나타낸다는 사실을 알 수 있습니다. 원자의 반지름은 같은 주기에서는 원자 번호가 증가할수록 작아지고, 같은 족에서는 원자 번호가 증가할수록 커집니다. 이제 그림 2.7의 주기율표를 보면 원자 반지름이 변화하는 경향을 알 수 있지 않을까요? 주기율표라는 이름이 왜 붙었는지도 어느 정도 이해가 되고 말이지요.

바뀌지 않는 양성자 번호

주기율표는 원자에 있는 양성자의 수가 증가하는 순서로 배치한 표입니다. 양성자의 수가 곧 원자 번호이며, 대한민국의 주민 등록 번호처럼 그 원자만의 고유한 번호입니다. 요즘 주민 등록 번호는 개인의 선택에 따라 바뀔 수도 있지만, 양성자 번호는 바뀌지 않습니다. 예를 들어 주기율표에서 맨 처음 원소는 수소입니다. 수소는 자연에 제일 많이 있으며, 모든 원소의 어머니 같은 존재입니다. 오랜 세월 원자핵 반응을 거치며 변하고 또 변해서 (원자 번호 92 우라늄(U)까지) 자연 원소 92종을 만들어 낸 출발점이기 때문입니다. 다시 한번 강조하지만, 주기율표는 원소를 구성하는 원자의 양성자 수가 증가하는 순서로 원소들을 배열한 표입니다. 원소의 이름을 다 기억할 수 있을까요? 걱정하지 않아도 됩니다. 화학을 50년 이상 배우고 가르쳐 온 저도 원소 이름을 반도 알지 못하며, 주기율표에 있는 원소의 이름과 기호를 잘못 기억할 때도 있습니다. 평범한 독자라면 수소(H), 산소(O), 탄소(C), 질소(N)처럼 흔히 들어 본 원소의 이름과 원소 기호를 함께 기억하는 것만으로도 대단한 일입니다.

원자의 질량과 중성자

1개의 원자는 기본적으로 전자, 양성자, 중성자로 구성됩니다. 수소 원자는 예외입니다. (수소 원자에는 전자와 양성자만 있습니다.) 그런데 원자핵에 중성자를 가진 수소도 존재합니다. 중수소(D), 삼중수소(T)의 원자핵에는 각각 1개 혹은 2개의 중성자가 있습니다. 이처럼 양성자의 수와 원자 번호는 같지만, 중성자의 수가 달라서 질량이 다른 원소들을 **동위 원소**(isotope)라고 합니다. 원자의 종류가 점점 더 복잡해지고 다양해진다는 사실이 느껴지나요? 수소의 동위 원소는 2종류이지만, 원자 번호가 큰 원소의 원자들은 중성자의 수가 다양해서 그만큼 더 많은 종류의 동위 원소가 존재합니다.

원자의 질량 대부분은 양성자와 중성자에서 옵니다. 중성자의 질량은 양성자의 질량보다 아주 조금 크지만 거의 비슷하며(질량비: 1.001), 이것들의 질량은 전자 질량의 약 1,836배나 됩니다. 따라서 수소 원자의 질량을 계산할 때 전자를 빼도 오차는 0.05%로, 무시해도 될 정도입니다. 양성자 1개의 질량은 약 1.67×10^{-24}g으로, 너무 작아서 1개의 질량을 측정하기란 불가능합니다. 그런데 수소 원자 6.022×10^{23}개의 질량을 측정하면 1g($=(1.67 \times 10^{-24}$g/개$) \times (6.022 \times 10^{23}$개$)$)입니다. 이 엄청난 크기의 수($6.02214076 \times 10^{23}$)는 매우 중요해서, 화학을 전공하려면 반드시 기억해야 하는 수이기도 합니다. 그 정도로 많이 모인 화학 물질을 1몰(mole, 흔히 줄여서 mol로 표기하는 경우가 많습니다.)이라고 합니다. 몰은 원자, 분자, 화합물 같은 화학 물질의 양을 나타낼 때 사용하는 기본 단위입니다.

원자의 접착제, 전자

1869년 멘델레예프가 주기율표를 발표한 후 30년이 다 되어서야 비로소 과학자들은 원자가 전자를 가지고 있다는 사실을 알게 되었습니다. 1897년 영국 물리학자 조지프 존 톰슨(Joseph John Thomson, 1856~1940년)이 처음으로 전자의 존재를 제안했고, 1906년에는 수소 원자가 전자 1개를 가지고 있다는 사실을 실험으로 알아냈습니다.

전자는 화학 물질의 변화에서 가장 중요한 역할을 합니다. 화학 반응과 그에 따른 물질의 변화가 모두 전자의 변동(개수, 에너지 등)과 관련되어 있습니다. 일반적으로 화학 변화라고 하면 원자의 종류가 다른 종으로 변하는 것을 제외한, 물질의 변화를 의미합니다. 이때 전자의 특징과 변화를 파악하고 측정하는 일이 매우 중요해집니다. 전자가 원자와 원자를 붙여 주는 접착제 같은 역할을 하기 때문입니다. 화학 변화에 관여하지 않는 양성자나 중성자와는 달리 모든 원자는 전자를 가지고 있으며, 서로 다른 혹은 같은 종류의 원자들은 자신들의 특성과 방식을 따라서 전자를 주고받기도 하고 공유도 합니다. 그렇게 원자들이 같은 혹은 다른 종류의 원자와 묶이는 것을 **화학 결합**이라고 합니다. 새로운 화학 결합이 형성될 때나 반대로 끊어질 때는 항상 에너지의 출입이 함께합니다. 화학 결합의 종류와 방식 및 에너지 변화는 4장에서 자세히 설명할 예정입니다.

그림 2.8. 조지프 존 톰슨. 최초로 전자의 존재를 제안하고 확인한 물리학자.

전자가 따르는 규칙

눈으로 직접 볼 수는 없지만, 상상해 보면 원자의 모습은 동그란 공과 같습니다. 그 중심에 양성자, 그리고 전하가 없는 중성자로 이루어진 아주 작은 크기의 원자핵이 있고 전자는 원자핵 주위에서 운동을 합니다. 앞서 원자의 크기를 제주도 정도로 가정했을 때 원자핵의 크기는 커다란 점보 볼만 하다는 사실을 계산해 보았습니다. 원자를 3차원의 구라고 상상하면, 잠실 체조 경기장의 중심에 조그마한 쇠구슬(원자핵)이 있고 나머지가 전자들이 운동하는 공간에 해당됩니다. 이렇게 보면 원자는 그야말로 빈 공간이라고 해도 과언이 아닙니다. 우주에 존재하는 물질을 구성하는 원자들이 빈 공간이므로, 우주는 비어 있다는 주장도 틀린 말은 아니라고 볼 수 있습니다.

전자들은 일정한 규칙을 지키며 그 넓은 공간 속에서 끊임없이 운동합니다. 우리는 전자의 운동은 매우 독특한 조건에서 계속되며, 그것들이 갖는 에너지는 **불연속**(discontinuous)이라고 표현합니다. 불연속이란 물리량이 규칙에 따라 정해진 간격(폭)을 두고 변화하는 것을 말합니다. 아파트의 층을 생각하면 금방 알 수 있습니다. 아파트에는 1.3층처럼 소수점까지 표시하는 층은 없습니다. 또 다른 예로 사람을 1명, 2명 단위로 정수로 구분하지 1.1명이나 1.245명이라고 하지는 않습니다. 이렇게 불연속적인 물리량을 우리는 **양자화**(quantization)된 물리량이라고 합니다. 전자의 에너지, 각운동량 등은 양자화되어 있기에 허용되는 값만 가질 수 있습니다. 따라서 전자는 그 넓은 공간에서 움직이거나 머물러 있을 때도 일정한 규칙을 따라야 합니다.

수소 원자에서 전자의 운동을 행성의 공전에 비유하고, 전자는 불연속적인 각운동량 값만을 가질 수 있다는 모형을 처음 제시한 과학자는 네덜란드 물리학자 닐스 보어(Niels Bohr, 1885~1962년)였습니다. 그 모형은 수소 원자의 방출 스펙트럼을 근거로 양자화 개념을 제시한 훌륭한 것이었습니다. 또한 그는 음전하를 띠는 전자와 양전하를 띠는 원자핵 사이의 거리를 적절하게 유지하면서 전자가 등속 원운동한다고 가정해 수소 원자의 반지름(52.9pm)도 구할 수 있었습니다. 그러나 보어 모형에는 수소 원자의 다른 특성, 그리고 수소보다 더 많은 전자를 가진 원자의 특성을 설명하지 못한다는 약점이 존재했습니다. 더구나 양자 역학에 따르면 전자는 원운동을 하면서 일정한 고정된 궤도를 따라서 원자핵 주위를 돌고 있는 것이 아니며, 원자핵으로부터 보어의 수소 반지름만큼 떨어진 위치에서 전자를 발견할 확률이 가장 크다는 식으로 서술되어야만 했습니다. 이 말이 대체 무슨 뜻일까요?

전자의 입자성과 파동성

양자 역학에 따르면, 전자는 입자이면서 동시에 물질파의 특징을 가집니다. 입자와 파동의 성질을 동시에 띠는 것은 광자, 전자 등과 같은 매우 작은 입자에 적용되는 자연 법칙입니다. 우선 전자가 입자라는 사실은 금속 표면에 빛(광자)을 쪼였을 때 전자가 튕겨 나오는 **광전 효과**(photoelectric effect)로 입증이 되었습니다. 광전 효과는 1905년 알베르트 아인슈타인이 제안한 이론입니다. 빛을 금속 표면에 쪼여서 음(−)전하를 띤 입자, 즉 전자가 방출되려면 빛이 일정한 수준의 에너지를 가진 높은 진동수 혹은 짧은 파장일 때 가능합니다. 아인슈타인은 짧은 파장의 빛을 쪼이면, 즉 에너지가 큰 빛(광자)과 충돌하면 입자인 전자의 방출 속도가 증가한다는 사실을 알아낸 것입니다.

한편 전자는 파동의 특성도 가지고 있습니다. 입자의 운동량과 파장의 관계를 식으로 나타내면 1924년 프랑스 물리학자 루이 드 브로이(Louis de Broglie, 1892~1987년)가 제안한 $\lambda = \frac{h}{mv}$가 됩니다. λ는 파장이고, h는 플랑크 상수, mv는 운동량(p)이니 이 법칙은 '파장은 입자의 운동량에 반비례하고, 진동수는 입자의 운동 에너지에 비례한다.' 라는 뜻입니다. 다시 정리하면 다음과 같이 됩니다. 드브로이 파장 방정식입니다.

$$\lambda = \frac{h}{p}, \quad p = mv$$

$$\lambda = \frac{h}{mv}$$

사실 원자 내에 있는 전자는 관찰자가 그 위치를 파악하기도 전에 눈에서 사라집니다. 전자는 정확히 그것의 위치를 파악했다면 운동량이 얼마인지 알 수 없고, 거꾸로 전자의 운동량을 정확히 알면 그것의 위치를 정할 수 없는 존재입니다. (하이젠베르크 불확정성 원리)

전자의 파동 특성을 뚜렷이 보여 주는 결과가 있습니다. **이중 슬릿 실험**(double-slit experiment)이라고 불리는 것으로, 아주 가까운 거리에 놓인 2개의 좁은 문을 전자가 통과하도록 고안된 실험입니다. 그 실험의 결과(간섭 무늬)는 전자가 2개의 문을 동시(같은 시각)에 통과해야만, 즉 파동의 특성을 가져야만 해석이 가능합니다. 전자가 입자의 특성만 가지고 있다면 2개의 문을 동시에 통과하기란 불가능하기 때문입니다.

원자핵 주변에서 운동하는 전자의 파동은 영구적으로, 시간이 흘러도 그대로 유지됩니다. 이런 조건에 맞는 파동은 정해져 있으며 그것을 **정상파**(standing wave, 정지파)라고 합니다. 정상파의 특성은 최대 진

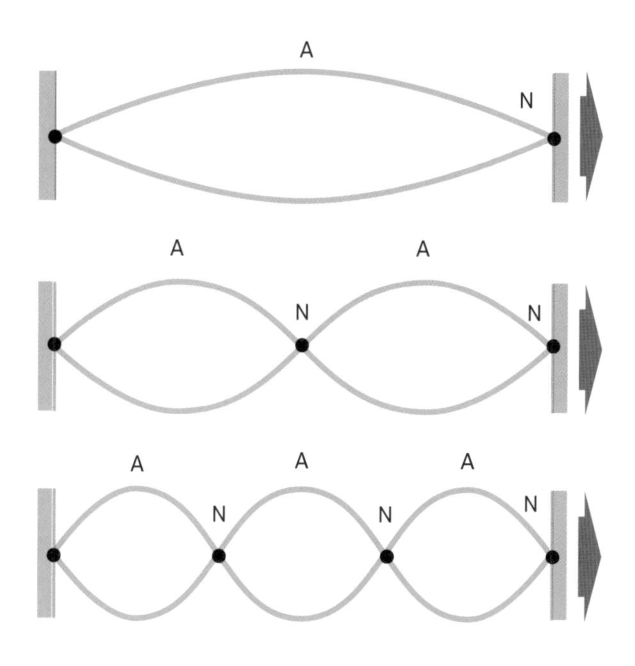

그림 2.9. 정상파는 연속해서 진동해도 파의 진폭이 최대가 되는 위치(A)와 최소가 되는 위치(N)은 일정하게 유지된다.

폭(A)과 최소 진폭(N)의 위치가 변하지 않고 항상 같은 위치에 있다는 것입니다. (그림 2.9) 허용되는 불연속 에너지 값만을 가지면서 최대 진폭과 최소 진폭이 변하지 않고 일정한 파동이어야 영구적으로 사라지지 않습니다. 정상파가 아닌 파동은 시간이 흐르면서 보강 및 상쇄 간섭이 진행되어 사라질 것입니다. 예를 들어 물장구를 칠 때 형성되는 물결파는 정상파가 아니기 때문에 시간이 지나면 사라집니다. 그에 반해서 원자핵 주변에서 운동하는 전자의 파동은 영구적입니다. 그런 이유로 전자의 파동은 반드시 정상파의 성질을 지녀야 합니다. 하나의 전자가 원자핵의 영향에 있다면 그 전자의 파동은 정상파라야 하며, 동시에 그것의 에너지는 양자화 조건을 만족합니다.

슈뢰딩거 방정식과 그 의미

전자가 파동이라는 사실의 이해는 파동 방정식의 발명으로 이어졌습니다. 파동 방정식은 1926년 오스트리아 물리학자 에르빈 슈뢰딩거(Erwin Schrödinger, 1887~1961년)가 고안했고, 그것으로 1932년 노벨 물리학상을 받습니다. 그의 묘비에는 자신의 방정식이 새겨져 있습니다. (그림 2.10)

일반적으로 수학 방정식을 풀면 그것에 대한 해(답)를 얻습니다. 그런데 슈뢰딩거 방정식은 미분 방정식이기 때문에 방정식을 풀면 그것을 만족하는 **함수(function)**가 얻어집니다. 이제 중 · 고등학교는 물론 대학교에서도 미분 방정식을 배우지 않는 학생이 많기 때문에, 지금 시점에서는 미분 방정식을 풀면 그 방정식을 만족하는 함수가 얻어진다는 사실만 알면 됩니다. 슈뢰딩거 미분 방정식을 만족하는 적합한 함수와 그 함수의 경계 조건에 맞는 해를 구하면 전자의 운동을 설명할 수 있는 **오비탈(orbital)** 및 전자의 에너지에 대한 정보를 얻을 수 있습니다. 오비탈이란 원자핵 부근에서 전자의 위치 및 그것의 파동 특

그림 2.10. 슈뢰딩거의 묘와 묘비에 적힌 슈뢰딩거 방정식. 방정식을 풀면 전자의 특성을 설명할 수 있는 파동 함수를 얻는다.

성을 설명하는 함수입니다. 함수 자체보다는 함수의 제곱값이 물리적으로 의미가 있습니다.

결국 슈뢰딩거 방정식을 푸는 일은 전자의 특성을 나타내는 에너지 및 오비탈 등을 얻는 것이라고 이해한다면 충분하다는 뜻입니다. 슈뢰딩거 미분 방정식은 대학교 화학과 고학년이라도 풀어 본 사람이 적고, 그 사실이 화학 공부에 걸림돌이 되지 않습니다. 이 책에서 독자들은 최종 결과인 해의 종류와 의미를 알면 충분합니다. 다시 정리하자면 전자는 에너지, 질량, 전하를 갖춘 입자이며, 동시에 파동의 특성을 지니고 있습니다. 그러므로 전자의 운동을 설명하는 파동 함수의 해를 이해하면 원자에서 운동하는 전자의 특징을 시간과 공간의 함수로 이해할 수 있다는 것입니다. 그것이 슈뢰딩거 미분 방정식을 푸는 이유입니다.

주양자수, 각운동량 양자수, 자기 양자수

슈뢰딩거 미분 방정식을 풀면 파동 함수(ψ)를 얻습니다. 공간과 시간까지 포함해 전자의 움직임을 기술하는 파동 함수는 복잡하고 이해하기가 어렵습니다. 여기서는 시간 부분은 생략하고, 공간 부분과 관련된 함수의 특성만을 설명하도록 하겠습니다. 파동 함수가 전자의 운동량, 질량, 전하 및 원자의 크기는 물론 불연속 에너지를 갖는다는 물리적 의미를 함께 가지려면 특정 조건(경계 조건)을 만족해야 합니다. 그 파동 함수에는 세 종류의 양자수(n, l, m)와 보어의 원자 반지름 등이 포함되어 있습니다.

양자수 중 n은 **주양자수(principal quantum number)**, l은 **각운동량 양자수(angular momentum quantum number)**, m_l은 **자기 양자수(magnetic quantum number)**라고 합니다. 또한 이들은 각각 전자의 에너지(주양자수), 오비탈의 모양(각운동량 양자수), 오비탈의 방향(자기 양자수)에 대한 특성을 나타내는 기호이기도 합니다. 한편 물리적으로 중요한 양은 파동 함수 자체보다는 파동 함수의 제곱(ψ^2)입니다. 왜냐하면 양자 역학에서 파동 함수의 제곱은 원자 내부에서 운동하는 전자를 발견할 확률을 나타내기 때문입니다. 특정한 장소에서 전자를 발견할 확률을 나타낸 것이 곧 전자의 **확률 밀도 함수(probability density function)**입니다. 3차원 공간에서 운동하는 수소 원자의 오비탈(1s)에서 전자를 발견할 최대 확률이 되는 위치는 곧 보어 반지름(52.9pm)에 해당됩니다. 즉 화학책에 등장하는 다양한 오비탈들의 3차원 그림은 전자를 발견할 확률 밀도($\psi^2 \times 4\pi r^2$)가 90%인 경우를 점으로 찍어 표시한, 전자의 활동 영역을 표시하는 일종의 지도입니다. (그림 2.11)

주양자수(n)는 오직 자연수 값(1, 2, 3, …)만을 가질 수 있으며, 오비탈의 전체적인 크기를 결정합니다. 예를 들어 주양자수가 1이면 주양자수의 종류는 1로 하나입니다. 그러나 주양자수가 2라면 주양자수는 1, 그리고 2가 가능합니다. 각운동량 양자수(l)는 주양자수에 의존하는 정수(0, 1, 2, 3, …, $n-1$)입니다. 그것은 주양자수 n에 따라 정해지는, 0에서부터 최대 $n-1$까지 가능한 수입니다. 따라서 주양자수는 같아도 다른 종류의 각운동량 양자수가 가능합니다. 예를 들어 주양자수 n이 2라면 각운동량 양자수는 0 혹은 1이 될 수 있습니다.

마지막으로 자기 양자수(m_l)는 각운동량 양자수에 의존하는 정수로, 각운동량 양자수가 l일 때 자기 양자수는 $-l$부터 $+l$까지 가능합니다. 즉 각운동량 양자수가 1이라면 자기 양자수는 -1, 0, +1이 가능합니다. 그러므로 주양자수 n이 1이라면 주양자수는 오직 1만 가능하며, 각운동량 양자수는 오직 0만 가능합니다. 따라서 자기 양자수 m_l도 0만 가능합니다. 그런데 주양자수 n이 2라면 경우의 수가 늘어납니다. n이 2라면 n은 1과 2가 가능합니다. 즉 주양자수의 종류가 2개입니다. 주양자수가 1일 때는 각운동량 양자수도 한 가지(0), 자기 양자수도 한 가지(0)로 고정됩니다. 그러나 주양자수가 2라면 각운동

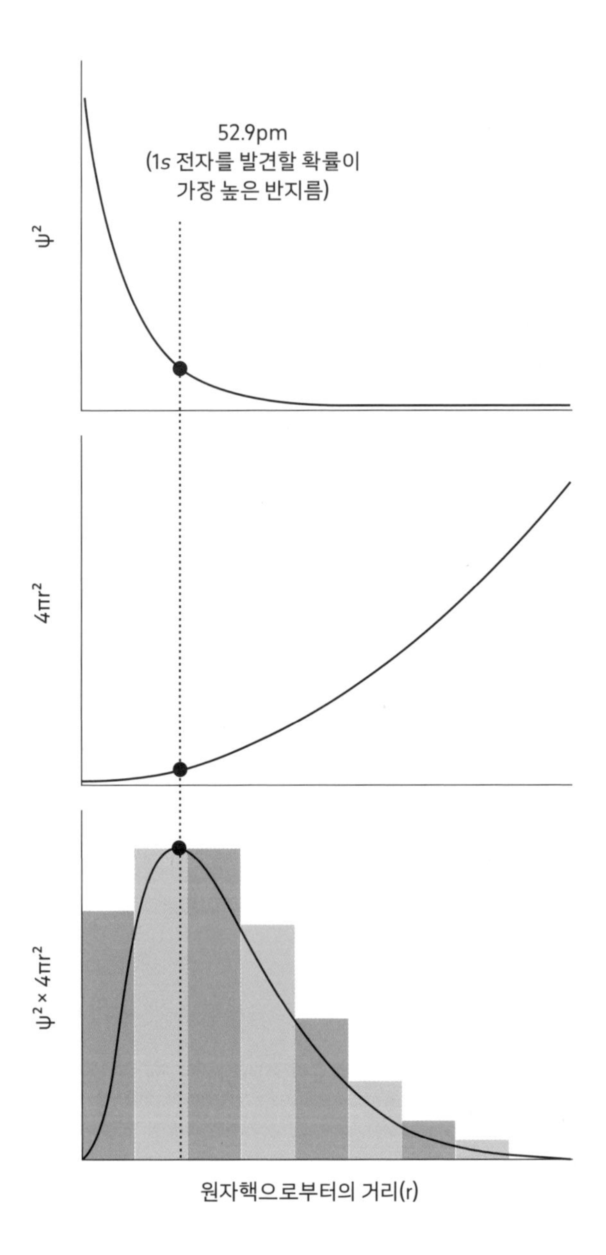
52.9pm
(1s 전자를 발견할 확률이
가장 높은 반지름)
ψ²
4πr²
ψ² × 4πr²
원자핵으로부터의 거리(r)

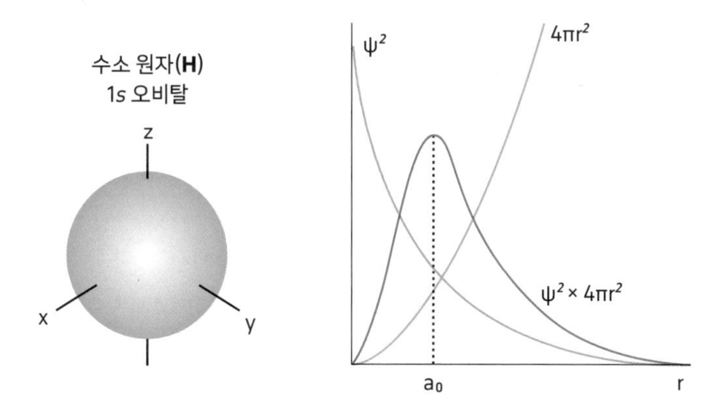

그림 2.11. 왼쪽 위부터 파동 함수의 제곱(ψ^2), 구의 표면적($4\pi r^2$), 둘을 곱한 확률 밀도($\psi^2 \times 4\pi r^2$)의 값이 원자핵으로부터의 거리에 따라 어떻게 바뀌는지 볼 수 있다. 52.9pm, 즉 보어 반지름에서 확률 밀도가 최대가 된다. 전자 발견 확률 밀도가 최대가 되는 점을 3차원 공간으로 표시한 것이 위 왼쪽에 있는 1s 오비탈이다. 위 오른쪽 그림은 함수 3종류를 한 좌표 측을 사용하여 나타낸 것이다.

량 양자수는 0과 1이 가능합니다. 이때 각운동량 양자수가 0인 경우 자기 양자수는 오직 0만 가능합니다. 그런데 각운동량 양자수가 1이면, 자기 양자수는 3종류(−1, 0, +1)까지 가능합니다.

수소 원자 모형의 양자수와 에너지

수소 원자는 +1 전하를 띤 양성자 1개로 이루어진 원자핵과 −1 전하를 띤 전자 1개로 구성되어 있습니다. 그럼에도 반대 전하를 띤 2

개의 입자가 서로 끌려서 충돌하지 않습니다. 전자가 원자핵 주위를 도는 운동에 에너지를 다 소비한다면 두 입자가 충돌할 것이고, 수소 원자도 사라질 것입니다. 그렇다면 우리의 세상은 물론 우주도 태어나지 않았을지 모릅니다. 이것을 본 닐스 보어는 전자가 원운동을 하고 그것은 양성자와 일정한 거리를 유지한 영역에서만 가능하며, 전자의 움직임은 역시 마찬가지로 일정한 에너지 값을 가진 영역에서만 가능하다는 제안을 했습니다. 즉 불연속적인 에너지 값을 가질 수밖에 없다는 양자 개념의 도입입니다. 수소 원자가 에너지를 받거나 잃게 된다면 그에 맞추어 전자의 이동이 일어납니다. 그때 전자는 양자화 규격에 따른 일정한 에너지를 갖는 영역으로만 이동이 가능합니다. 즉 양자화 조건이 만족되지 않는 에너지 영역으로 이동하는 일은 불가능합니다. 그것을 눈으로 파악할 수 있는 것이 수소 원자의 스펙트럼입니다.

수소 원자의 선 스펙트럼은 전자들이 허용된 에너지의 영역으로만 이동하며, 그 에너지는 양자화되어 있다는 사실을 보여 주는 산 증거입니다. 다음에 설명하는 수소 원자의 방출 혹은 흡수 스펙트럼을 보면 관찰된 파장 범위 내에서 간격을 두고 선으로 나타나는 모습을 볼 수 있습니다.

전자는 입자이면서 동시에 파동의 특성을 지닙니다. 전자의 에너지가 소멸하지 않고 파동의 성질을 유지하려면 앞서 설명한 것처럼 정상파의 조건을 갖추어야 합니다. 즉 양자화 에너지 조건에 맞으면서 원자핵과 일정한 거리(r)를 두고 운동을 한다면 전자의 파장이 정상파 조건에 꼭 맞는 파동($\lambda = 2\pi r$)을 유지해야 파가 소멸되지 않고, 따라서 원자의 모습을 유지하게 됩니다. (그림 2.12) 그런 조건에 맞는 가장 안정한 궤도의 에너지는 −13.6eV(electronvolt, 전자볼트)이며, 수

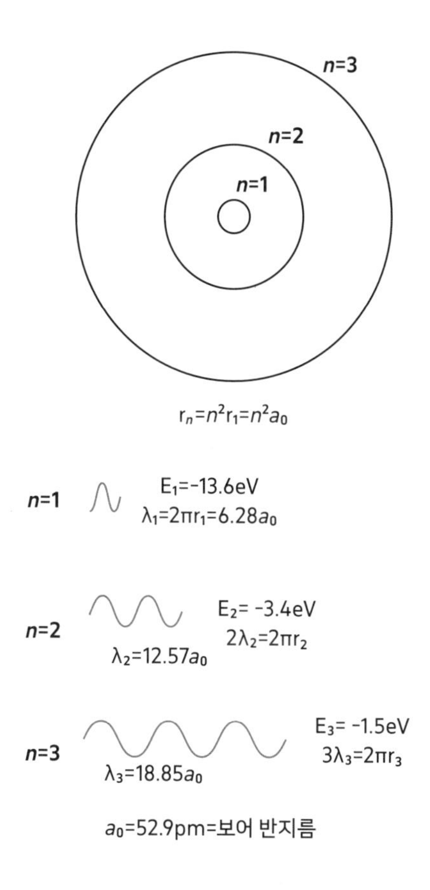

그림 2.12. 수소 전자의 파동과 에너지. 주양자수 n에 따라 그 값이 어떻게 바뀌는지 볼 수 있다.

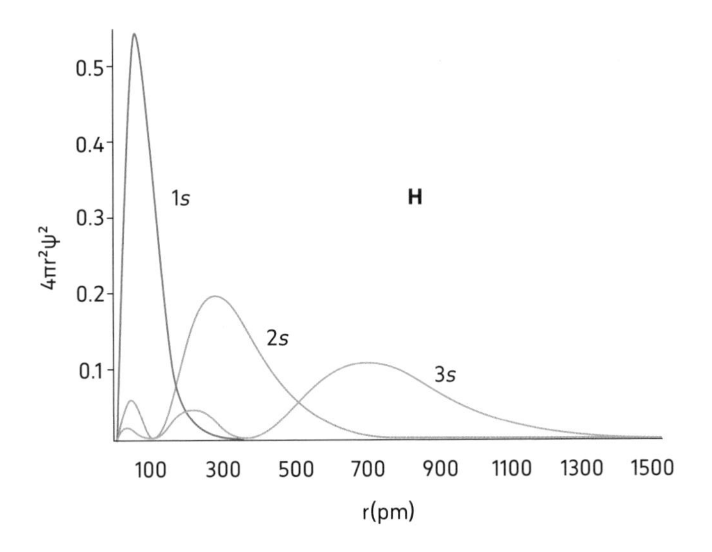

그림 2.13. 수소 원자(H)의 전자 발견 확률.

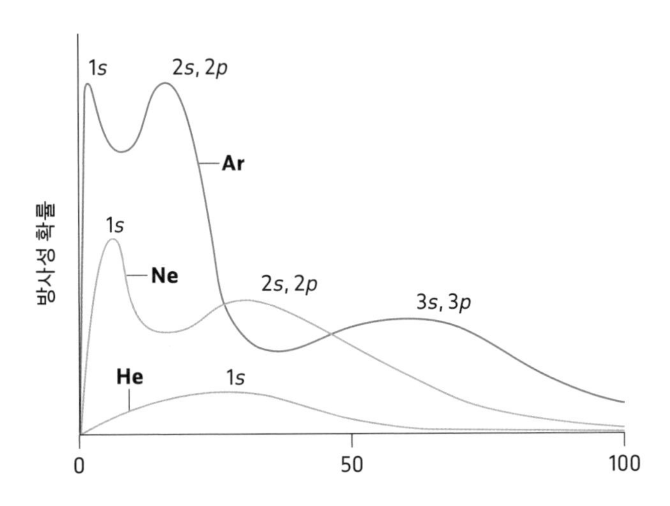

그림 2.14. 비활성 기체(He, Ne, Ar)의 전자 발견 확률.

소 원자의 반지름은 52.9pm입니다. 이 eV 단위로 표시한 에너지는 원자핵(양성자)으로부터 멀리 떨어져서 원자핵의 영향을 받지 않는 자유로운 전자의 에너지를 0이라고 했을 때 비교한 상대적인 값입니다. 또한 음(−)의 부호는 원자핵과 상호 작용으로 안정되었음을 의미합니다. 그러므로 원자핵에서 멀어질수록 에너지 값은 0으로 수렴하고, 양자수가 커지면서 궤도 간 에너지의 간격도 점점 좁아지는 특징을 보입니다. 수소의 흡수 혹은 방출 스펙트럼은 에너지가 양자화되었다는 사실을 나타내는 실험 증거입니다.

결국 전자가 원자핵과 일정한 거리를 유지한 채 허용된 영역과 에너지에 붙들려서 움직임을 유지하는 속성 때문에 수소 원자가 존재할 수 있는 것입니다. 많은 원자가 수소로부터 만들어졌기 때문에, 어찌 보면 수소 원자의 양자 이론은 우주의 핵심을 파헤친 위대한 원리라고 볼 수 있습니다.

스핀 양자수

전자의 특성 중에는 자석의 성질도 있습니다. 음(−)전하를 띠고 원자핵 주위를 매우 빠른 속도로 운동하는 입자(파동성과 입자성을 모두 갖는 전자!)에는 그 행동에 맞게 자기장이 형성됩니다. 전류가 흐르면 자기장이 형성되고, 자기장에서 움직이는 도체에는 전류가 흐른다는 사실은 이미 알고 있을 것입니다.

수소 원자는 전자 1개를 가지고 있습니다. 그런데 그 전자는 자기장의 영향에서는 에너지가 다른 2개의 상태로 나뉠 수 있습니다. 이는 외부 자기장의 영향을 다르게 느끼는 전자의 운동 종류가 2개라는 말과 같습니다. 전자의 회전으로 발생하는 자기장이 외부 자기장 방향과 같은 것과 외부 자기장 방향과 반대인 것이 있기 때문입니다.

이것을 다른 말로 표현하면 전자에는 스핀 방향이 있고 이것이 달라서 외부 전기장을 느끼는 전자의 운동 종류가 2개로 구분되는 것입니다. 이에 해당하는 양자수를 **스핀 양자수**(spin quantum number)라고 합니다. 지금은 스핀이라는 개념을 전자의 회전 방향이라고 생각하면 됩니다. 전자가 시계 방향으로 회전하는 경우와 시계 반대 방향으로 회전하는 경우가 그것입니다. 스핀 양자수(m_s)는 오로지 2개($\frac{1}{2}$ 혹은 $-\frac{1}{2}$)만 가능합니다. (그림 2.15)

이렇게 모든 전자는 주양자수, 각운동량 양자수, 자기 양자수, 스핀 양자수까지 모두 4개의 양자수를 가질 수 있으며, 이들은 전자의 상태를 말해 주는 고유한 수입니다. 이는 한 원자 내에서 같은 양자수의 조합을 이루는 전자는 있을 수 없다는 뜻과 같습니다. (이것을 파울리 배타 원리라고 합니다.) 따라서 하나의 오비탈에 함께 있을 수 있는 전자는 최대 2개이며, 그 2개의 전자마저도 스핀 양자수로 구분이 됩니다. 이처럼 스핀 양자수는 음(−)전하를 띠는 전자의 움직임 상태를 나타내는 특별한 값입니다.

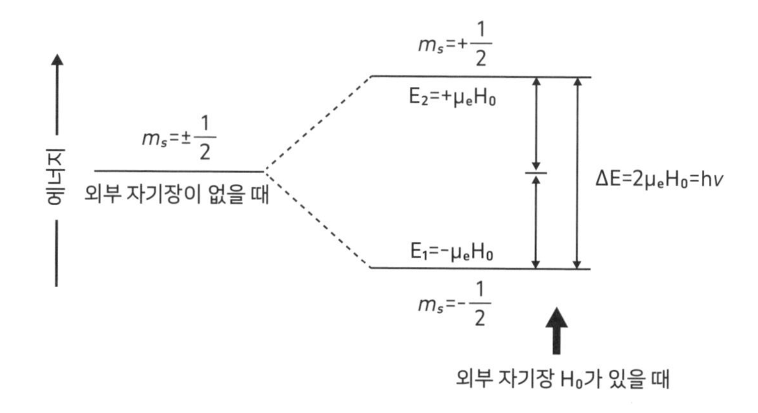

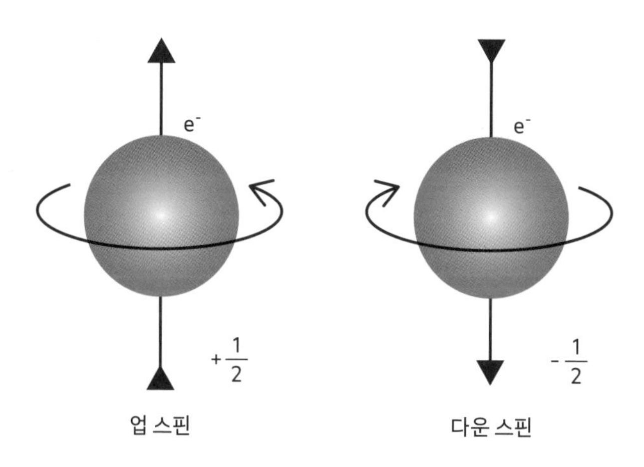

그림 2.15. 스핀 양자수. 외부 자기장이 없을 때와 있을 때 구분되는 전자의 운동 종류를 나타내는 값이다. 위의 그림은 외부 자기장이 있을 때 스핀이 다른 두 전자의 에너지 차이(ΔE)를 보여 준다. 아래 그림은 스핀 양자수를 이해하기 쉽게 개략도를 그린 것이다.

전자의 영역과 에너지 흡수 및 방출

지금부터는 전자의 오비탈, 전자 구름의 모양과 주양자수, 각운동량 양자수, 자기 양자수를 표기하는 방법을 알아보겠습니다. 전자는 오비탈로 표현되는 자신의 본래 에너지에 맞는 영역에 있다가 외부로부터 에너지를 받으면 더 높은 영역으로, 에너지를 잃으면 더 낮은 영역으로 이동합니다. 높고 낮음의 기준은 무엇일까요? 바로 원자핵입니다. 원자핵으로부터 가까운 영역에 있으면 낮은 에너지 상태, 더 멀수록 높은 에너지 상태라고 보면 됩니다. 전자가 한 영역에서 다른 영역으로 이동했다고 자신을 보여 주는 방법은 에너지의 방출과 흡수입니다. 만약 에너지의 형태가 빛이었다면, 전자는 오비탈의 에너지 간격에 따라서 매우 다양한 파장의 빛을 흡수하거나 방출합니다. 그것은 적외선부터 엑스선까지 매우 다양한 파장을 가진 빛이 될 것입니다. 만약 전자가 에너지가 높은, 짧은 파장의 빛을 방출했다면, 그것은 높은 에너지 영역에 있는 전자가 몇 개의 영역을 건너뛰어 훨씬 낮은 에너지 영역으로 이동했다는 증거입니다. 영역 간의 에너지 차이가 클수록 높은 에너지를 가진 짧은 파장의 빛을 방출할 것입니다.

반대로 한 오비탈에 있던 전자가 빛이나 열 같은 에너지를 흡수하면 더 높은 오비탈로 이동합니다. 많은 에너지를 흡수할수록 더 높은 에너지의 오비탈로 이동할 것입니다. 그러나 그것도 잠시뿐, 높은 에너지 영역으로 이동했던 전자는 즉시 낮은 에너지 영역으로 이동하며 영역 간의 차이에 해당하는 에너지를 다시 방출합니다. 에너지가 높은 영역에 머물기보다 에너지가 낮은 본래 영역에 있는 편이 더 안정하기 때문입니다. "집 나가면 고생."이라는 말처럼, 전자도 자신의 영역을 벗어나면 다시 제자리로 되돌아가려 한다는 것을 직접 보여 주는 사례입니다.

양자수의 표기 방법과 관례

일반적으로 주양자수 n은 1, 2, 3, …, 7의 자연수로 표기하며, 각운동량 양자수 l는 수 대신 기호로 나타냅니다. 즉 각운동량 양자수인 0은 s, 1은 p, 2는 d, 3은 f로 표기합니다. 앞서 설명한 것처럼 전자는 에너지를 흡수하면 더 높은 에너지 영역으로 이동했다가 곧 본래의 영역으로 즉시 되돌아오며, 이때 다양한 파장의 빛을 방출합니다. 방출하는 빛을 측정한 후에 파장에 따라 빛의 세기를 나열해 보면 여러 개의 선이 보입니다. 그것을 선 스펙트럼이라 부릅니다. (그림 2.16) 선 스펙트럼은 전자 운동 영역의 에너지 간격이 양자화되었다는 비밀 정보를 담고 있습니다. 즉 전자의 에너지 상태가 불연속이라는 사실을 알려 주는 것이기도 합니다. 다양한 선들로 구성된 파장의 무늬는 특정 원자를 구별해 주는, 마치 사람의 지문과 같은 역할을 합니다. 원자가 에너지를 흡수했을 때 선 스펙트럼은 흡수한 빛의 파장에 해당하는 곳이 검은색 선으로 나타나며, 에너지를 방출했을 때는 방출한 빛의 파장에 해당하는 곳에 그 파장의 색을 띤 밝은 선이 보입니다.

수소 흡수 스펙트럼

수소 방출 스펙트럼

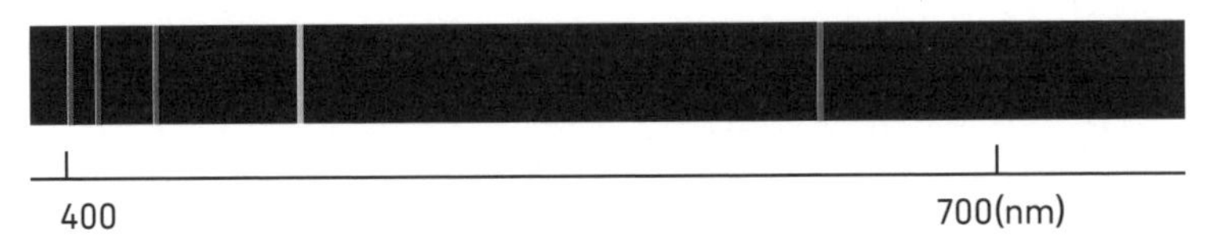

그림 2.16. 원자의 스펙트럼은 사람의 지문처럼 원자 고유의 불연속성 파장들로 구성된다.

이처럼 선 스펙트럼은 원자에서 에너지 변화와 관련된 전자 이동에 대한 정보를 알려 주는 길잡이입니다. 과학자들은 직접 관찰을 통해서 자연의 비밀을 알아내지만, 선 스펙트럼 같은 측정 자료에 담긴 의미를 합리적으로 해석해 자연 현상을 설명하기도 합니다. 자연이 보내주는 신호를 통해 그것의 본질을 파악한다는 점에서는 같습니다.

선 스펙트럼에서 파장의 너비에 해당되는 선의 굵기는 다양합니다. 매우 작기 때문에 맨눈으로 구별하기는 힘들지만, 약간씩 차이가 있습니다. 화학자들은 그 선들의 특징을 **날카로움**(sharp, *s*), **기본**(principle, *p*), **분산**(diffuse, *d*), **필수**(fundamental, *f*)라는 이름으로 구분해 불렀으며, 그것을 나중에 각운동량 양자수의 표기 수단으로도 사용했습니다. 각운동량 양자수(l)를 0은 s로, 1은 p로, 2는 d로, 3은 f로 표기하는 것은 1920년대 독일 물리학자 프리드리히 헤르만 훈트(Friedrich Hermann

Hund, 1896~1997년)가 처음 사용한 이후 오래된 관례처럼 내려오고 있습니다.

이제 여러분은 1*s*, 2*s*, 2*p*, 3*s*, 3*p*, 3*d* 같은 기호를 보아도 혼란스럽지 않고 그 의미를 잘 파악할 수 있을 것입니다. 바로 전자의 주양자수(1, 2, 3, …)와 각운동량 양자수(*s*, *p*, *d*, *f*, …)를 동시에 표기한 것이기 때문입니다. 주양자수(n)가 1일 때 각운동량 양자수(l)는 오직 0만 가능하며, 그것은 1*s* 입니다. 주양자수가 2일 때 각운동량 양자수는 0과 1이 가능합니다. 각운동량 양자수가 0이면 2*s*, 각운동량 양자수가 1이면 2*p* 입니다. 또한 2*p*는 세 종류의 자기 양자수(l이 1이면 $m_l = -1, 0, +1$)가 가능합니다. 자기 양자수는 3차원 공간에서 오비탈의 방향성을 나타내는 것으로 각운동량 양자수 표기(*s*, *p*, *d*, *f*, …)에 이어서 아래첨자(예: $x(-1)$, $y(0)$, $z(+1)$)로 표시합니다. 여기서 x는 -1, y는 0, z는 1이라고 예를 들었지만 그 수가 반드시 대응되는 것이 아니며, 세 종류의 자기 양자수가 다르다는 사실을 나타내려고 구별한 것입니다.

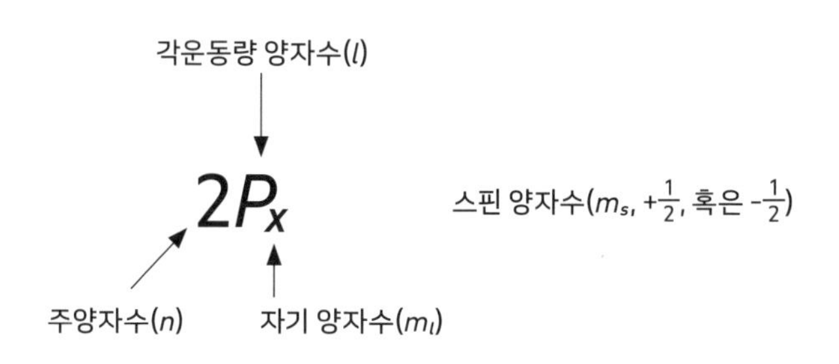

그림 2.17. 양자수를 표기하는 방법과 그 의미.

일반 화학책에서 흔히 볼 수 있는 오비탈 그림들은 우리에게 익숙한 직교 좌표(x, y, z)를 사용해 전자의 발견 확률을 표시한 것입니다. 전자 오비탈에서 주양자수가 2일 때 $2s$는 1개의 오비탈, $2p$는 3개($2p_x$, $2p_y$, $2p_z$)의 오비탈이 있습니다. $2p_x$는 표기법을 모르는 사람에게는 해독 불가능한 암호같이 보이겠지만, 이제부터 독자들은 그것은 주양자수가 2이고, 각운동량 양자수는 p이며, 자기 양자수의 방향성(x, y, z)은 x라는 정보를 담은 기호라고 이해할 수 있을 것입니다.

오비탈과 전자를 표시하는 형식

원자가 가장 낮은 에너지 상태, 즉 **바닥 상태(ground state)**에 있을 때 전자들은 에너지가 제일 낮은 안정한 에너지 오비탈의 영역부터 채워집니다. 전자가 운동하는 3차원 공간 영역을 양자 역학에서는 전자의 에너지, 방위 및 방향성을 나타내는 오비탈이라고 부릅니다. 즉 원자의 오비탈에서 에너지가 커지는 순서는 $1s \rightarrow 2s = 2p \rightarrow 3s = 3p = 3d \rightarrow 4s = 4p = 4d = 4f \rightarrow 5s = 5p = 5d = 5f \rightarrow 6s = 6p = 6d \rightarrow 7s = 7p$입니다. 전자의 주양자수가 작을수록 낮은 에너지의 오비탈 영역에 있으며, 그곳의 전자들은 원자핵 전하의 영향으로 더 안정된 상태로 있습니다. 각 영역에 채워지는 전자는 오직 2개만 가능합니다. 그런 전자와 같은 입자(페르미 입자, 혹은 페르미온)는 1개의 오비탈에 스핀의 방향이 서로 반대일 때 최대 2개까지만 들어갈 수 있습니다. 그것

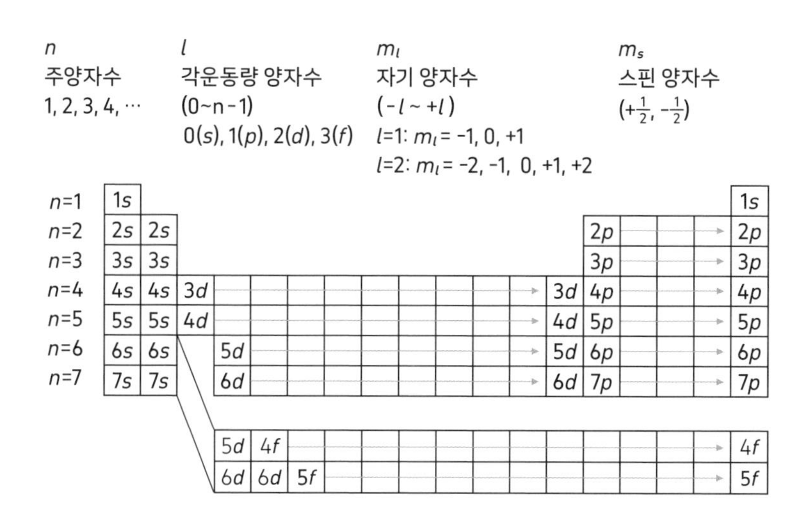

그림 2.18. 주기율표에 나타낸 양자수. 주양자수에 따라 다른 양자수가 어떻게 변하는지를 나타내고 있다.

을 **파울리 배타 원리**라고 합니다.

수가 많아질수록 전자의 운동 영역의 이름과 종류는 더 많이 늘어납니다. 여기서는 3*d*, 4*s* 정도의 오비탈까지만 설명하겠습니다. 그 이상의 오비탈은 대학 화학과에서도 고학년이 되어야 배우기 때문입니다. 이 단계까지만 설명하는 또 다른 이유는 낮은 에너지의 오비탈부터 전자가 채워지는 전자 수를 세어 보면 주양자수 1일 때 2개, 주양자수 2일 때 8개, 주양자수 3일 때 18개입니다. 주양자수 3에 해당하는 오비탈 영역까지 채울 수 있는 전자의 수는 모두 28개입니다. 즉 원자 번호 1번인 수소(H)부터 28번인 니켈(Ni) 원자까지 각 원자의 오비탈 영역으로 전자가 채워지는 형식을 알 수 있음을 의미합니다. 여기까지만 배우고 이해하고 있어도 화학 결합을 비롯한 많은 기본 개념을 이해하는 데 문제가 없을 것입니다.

이제 전자가 각 오비탈에 채워지는 방식과 표기법에 대해 알아봅시다. 원자 번호 1인 수소(H) 원자는 전자가 1개뿐이고, 그 전자가 들어갈 오비탈은 $1s$입니다. 전자가 1개라는 것은 오비탈을 표기할 때 위 첨자 수로 나타냅니다. 따라서 수소 전자 1개에 대한 오비탈 표기는 $1s^1$입니다. 채워질 전자가 없는 오비탈은 나타내지 않기 때문에 수소 전자의 오비탈 표기는 여기까지입니다. 원자 번호 2인 헬륨(He) 원자의 전자 2개는 $1s^2$로 나타냅니다. 파울리 배타 원리에 따라 각 전자는 하나의 오비탈에 오직 2개의 전자만 있을 수 있기 때문에 헬륨의 $1s$ 오비탈에는 전자가 모두 채워져 있습니다. 양자수가 더 큰 오비탈에 채울 전자는 없으므로 더는 오비탈을 표기하지 않습니다.

리튬(Li) 원자(원자 번호 3)의 전자 3개에 대한 오비탈 표기는 $1s^2$, $2s^1$입니다. 이것은 수소, 헬륨의 오비탈과 차이가 납니다. 1주기에 가능한 오비탈에 전자 2개가 다 찼으니($1s^2$), 세 번째 전자는 주양자수 2이고, 각운동량 양자수가 s인 $2s$ 오비탈에 채워집니다. ($2s^1$) 리튬 원자는 주기율표 2주기의 첫 번째 원자이기에 $2s$ 오비탈에 처음으로 전자가 채워지는 원자입니다. 2주기 원자들은 원자 번호가 증가하면서 그 수가 늘어나는 전자들도 같은 방식으로 해당하는 오비탈에 채워집니다. 2주기 마지막 원소(18족)의 원자는 네온(Ne, 원자 번호 10)입니다. 그러므로 네온 원자의 전자 10개는 $1s$에 2개($1s^2$), $2s$에 2개($2s^2$), $2p$에 6

개($2p^6 = (2p_x^2, 2p_y^2, 2p_z^2)$)가 배치됩니다. 원자 번호 11인 소듐 원자의 전자 11개는 10개까지는 네온의 전자 배치와 같고, 11번째 전자는 $3s$ 오비탈에 홀로($3s^1$) 채워집니다. 소듐 원자의 전자가 이제 주양자수가 3으로 시작되는 오비탈에 채워지기 시작했습니다. 이런 표기법을 사용하면 전자의 양자수와 전자의 수는 물론 오비탈 영역에서 운동하는 전자의 발견 확률도 쉽게 구별할 수 있다는 장점이 있습니다. 이 표기법은 전 세계에서 공통으로 사용되며, 말하자면 국제 언어인 셈입니다. 예를 들어 $2p^6$는 $2p$ 오비탈에 전자가 6개 있고, $2p_x^2$는 3개의 $2p$ 오비탈 중에서 1개의 $2p$ 오비탈(p_x)에 2개의 전자가 있음을 의미합니다.

3주기 첫 번째 원자는 소듐(Na)이며, 역시 원자 번호 증가 순서대로 해당되는 오비탈에 전자들이 채워집니다. 원자 번호 18번 아르곤(Ar)은 3주기 맨 마지막 원자(18족)입니다. 아르곤의 전자 18개를 오비탈 표현 방식으로 나타내면 $1s^2$, $2s^2$, $2p^6$, $3s^2$, $3p^6$이 됩니다. 이제 당연한 일이지만 위 첨자를 모두 합치면 18로, 아르곤 원자의 전자 18개와 동일합니다. 이렇게 전자들이 오비탈에 채워지면 원자 번호 21번 원자인 스칸듐(Sc)부터는 $3d$ 오비탈에 전자가 채워지기 시작합니다. 이 원소들은 **전이 금속(transition metal)** 계열로 분류됩니다. 또한 58번 원자 세륨(Ce)부터는 $4f$ 오비탈에 전자가 채워집니다. 이 원소들을 **란타넘족(lanthanide)** 계열이라고 합니다. 주기율표를 아파트로 비유해서 설명했을 때 나왔던 부속 건물 2층에 입주하는 원자들이 란타넘족 원소들입니다. 원자 번호 90번 원자 토륨(Th)부터는 전자들이 $5f$ 오비탈에 채워지기 시작합니다. 이것은 부속 건물 1층에 입주하는 원자들의 원소로 **악티늄족**(actinide) 계열이라 부릅니다.

왜 4*s* 오비탈에 전자가 먼저 채워질까?

전자들은 주양자수가 작은 오비탈의 영역부터 채워지기 시작해서 점점 큰 주양자수의 오비탈의 영역으로 채워져 나갑니다. 그런데 주양자수가 3 이상이 되면서 그 순서에 변화가 있습니다. 하나의 예로 전자가 $3d$ 오비탈보다 $4s$ 오비탈에 먼저 채워집니다. $1s \rightarrow 2s \rightarrow 2p \rightarrow 3s \rightarrow 3p \rightarrow 4s \rightarrow 3d$의 순서를 따릅니다.

이것은 제가 대학교에서 화학을 처음 배울 때 가졌던 의문이기도 합니다. 주양자수의 에너지만 생각하면 $3d$ 오비탈에 전자가 다 찬 후에 $4s$ 오비탈에 채워질 것 같지만, 현실은 반대입니다. 그 이유는 오비탈의 에너지 상태로 설명할 수 있습니다. 오비탈의 3차원 공간 모습을 다시 생각해 봅시다. 원자핵을 중심으로 운동하는 전자는 각자 자신에게 알맞은 오비탈의 영역에 배치됩니다. 그런데 $1s$ 오비탈이 차지하는 영역은 물론 더 큰 주양자수와 각운동량 양자수를 갖는 전자의 오비탈도 다양하게 분포되어 있습니다.

한편 원자핵과 거리가 가까운 오비탈에 있는 전자는 양(+)전하를 띤 원자핵과 정전기적 인력이 크기 때문에 에너지가 안정된 상태입니다. 그런데 주양자수가 3, 4 정도에 이르면 전자가 여러 개 있고, 오비탈의 에너지 간격은 매우 작습니다. 따라서 $3d$ 오비탈과 $4s$ 오비탈의 에너지 준위가 거의 비슷할 것이라고 예상하지만, 실제로는 4*s* 오비탈의 에너지 준위가 낮습니다. 그것은 전자들이 원자핵에 더 가깝게 접근할 수 있기 때문입니다. 그것을 **침투 효과**(penetration effect)라고 합니다. (그림 2.19) 그래서 전자는 에너지가 낮은 4*s* 오비탈에 먼저 채워지는 것입니다. 마찬가지로 2*s* 오비탈의 침투 효과로 2*p* 오비탈에 있는 전자들은 원자핵의 영향에서 가려지고, 2*p* 오비탈의 에너지가 2*s* 오비탈의 에너지보다 높아지게 됩니다. 따라서 전자는 에너지가 낮은 2*s* 오비탈에 먼저 채워지고, 그 후에 2*p* 오비탈에 채워지는 형식을 따릅니다.

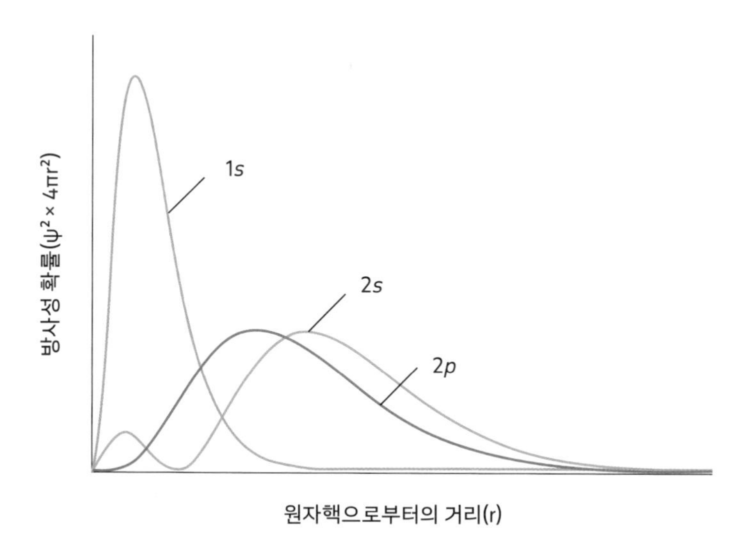

그림 2.19. 2*s* 오비탈의 침투 효과. 전자는 2*p* 오비탈에 앞서서 에너지가 낮은 2*s* 오비탈에 먼저 채워진다.

일반적으로 전자는 낮은 에너지의 오비탈부터 높은 에너지의 오비탈 순으로 채워집니다. (이것을 **쌓음 원리**라고 합니다.) 그러므로 에너지 준위가 낮은 4*s* 오비탈에 먼저 채워진 후에 3*d* 오비탈에 채워집니다. 그런데 전자를 잃어버려 이온이 될 경우에는 4*s* 오비탈에 있었던 전자가 먼저 오비탈에서 빠지고, 그 후 3*d* 오비탈에 있었던 전자가 빠집니다. 에너지 준위가 4*s*보다 높은 3*d*에 있는 전자들이 먼저 빠져야 하지 않을까 의문이 들겠지요? 그러나 전자들이 채워진 상태에서 4*s* 오비탈의 에너지 준위는 더는 3*d* 오비탈의 에너지 준위보다 낮지 않습니다. 전자들이 많아질수록 상호 반발과 원자핵과의 끌림으로 다른 환경을 만들기 때문입니다. 즉 더 낮은 에너지의 오비탈을 차지하고 있는 전자들은 높은 에너지의 오비탈에 있는 전자들에 대한 원자핵의 영향을 가리기 때문에 (이것을 차폐 효과 혹은 **가림 효과**(shielding effect)라고 합니다.) 높은 에너지 오비탈에 있는 전자들은 자신들의 원자핵 지분인 +1 전하를 온전히 차지할 수 없는 상황이 됩니다.

또 다른 이유로 높은 에너지의 오비탈에서 전자가 빠진 후에 형성된 이온의 에너지 상태가 더욱 안정된다면 4*s* 오비탈에서 전자가 먼저 빠지는 것이 에너지 면에서 더 유리한 조건이 될 수도 있을 것입니다. 전자들이 많아지면 서로 반발도 커지고, 원자핵의 영향이 가려지기도 하고 혹은 더 받기도 하면서 많은 변화가 일어납니다. 사실 오비탈들의 에너지 차이가 거의 비슷한 오비탈들에서 전자를 채우고 비우는 것은 전체 에너지 안정에 도움이 되는 방향으로 변화를 겪기 때문이라고 해석할 수 있습니다. 왜 그럴까요? 자연은 현상을 보여 주기만

하며 그것에 대해 설명해 주지 않습니다. 과학은 자연이 보여 주는 변화를 인간의 눈으로 해석하고 설명하는 도구입니다. 그렇기에 과학은 '어떻게?'라는 질문에 다양한 해석은 가능하겠지만 '왜?'라는 질문에 대한 답이 매우 어렵습니다. 과학으로 생명이 태어나는 과정에 대한 설명은 가능해도 '왜 태어날까?'라는 근본 질문에 답을 줄 수 없는 것과 같습니다.

최외각 전자와 루이스 구조

원자의 안정성과 화학적 성질(반응성)은 전자 배치의 특성과 관련이 있습니다. 특히 화학 결합에는 에너지가 가장 높은 오비탈에 있는 전자들의 역할이 큽니다. 그것들을 최외각 전자라 부릅니다.

최외각 오비탈 영역에 있는 전자 배치 형식은 원자는 물론 이온의 안정성과도 관계가 있습니다. 예를 들어 원자 번호 10인 네온(Ne)의 전자 배치는 $1s^2$, $2s^2$, $2p^6$ (위 첨자의 합계: $2+2+6=10$)입니다. 여기서 주양자수 2가 되는 오비탈이 최외각에 위치하며, 그곳에 최대로 채울 수 있는 전자는 8개입니다. 따라서 네온의 최외각 오비탈의 영역에는 전자들이 모두 채워진 상태입니다. 주기율표 18족 원소(비활성 기체)의 원자들은 헬륨($1s^2$)을 제외한 모든 최외각 오비탈에 전자들이 전부 채워져 있다는 특성을 가지며, 8개의 전자가 있습니다. 이것을 **8전자 규칙(octet rule)**이라고 하며, 이를 만족하는 원자 혹은 이온은 안정한 상태라고 볼 수 있습니다. 예를 들어 원자 번호 11인 소듐 기체의 원자(Na(g))는 전자 배치가 $1s^2$, $2s^2$, $2p^6$, $3s^1$ 이며, 간략하게 [Ne] $3s^1$ 으로 표기하기도 합니다. $1s^2$, $2s^2$, $2p^6$ 인 네온의 전자 배치 [Ne]와 비교했을 때 $3s^1$ 이 더 있다는 뜻입니다. 소듐 기체 원자(Na(g))가 전자 1개를 잃어버려 소듐 양이온(Na^+(g))이 되었을 때 전자 배치는 네온과 같고, 전자 수도 네온과 똑같습니다. 그러므로 소듐 기체 원자에서 전자 1개가 사라지면 소듐 이온이 되며, 그것은 비활성 기체 네온의 전자 배치와 같아서 안정한 상태라고 합니다.

이때 호기심 많은 독자라면 궁금증이 생길 것입니다. 소듐 원자는 전자 1개를 어떤 힘(에너지)도 들이지 않고도 스스로 잃어버릴까요? 아니면 외부에서 에너지를 받아 전자 1개를 강제로 떼어 내는 것일까요? 세상에 공짜가 없다고 생각하는 독자라면 당연히 할 수 있는 질문입니다. 소듐 원자가 전자를 스스로 잃어버린다면 에너지가 필요 없습니다. 그러나 전자를 강제로 떼어 내려면 에너지가 필요합니다. 한편 소듐 금속(Na(s))은 물과 만나면 불이 날 정도로 엄청난 화학 반응을 일으킵니다. 마치 전자를 매우 기꺼이 잃어버리는 것처럼 보이는 화학 반응이 진행되는 것입니다. 그러나 소듐 기체 원자(Na(g))에서 전자를 떼어 내어 기체 이온(Na^+(g))으로 만들려면 에너지가 필요합니다. 저절로 되는 것이 아니라 에너지를 들여야 합니다. 이처럼 기체 원자에서 전자를 떼어 낼 때 필요한 에너지를 **이온화 에너지(ionization energy)**라고 합니다. 소듐의 물리적 상태(고체(s) 혹은 기체(g))에 따라 전자를 잃을 때도 필요한 에너지에서 차이가 납니다.

이번에는 전자를 받아들이는 경향이 비교적 큰 플루오린(F, 불소) 원자의 전자를 생각해 봅니다. 플루오린의 원자 번호는 9이기 때문에 9개의 전자를 가지고 있고, 전자 배치는 $1s^2$, $2s^2$, $2p^5$ 입니다. 간략하게 [He] $2s^2$, $2p^5$ 로 나타내기도 합니다. 그런데 플루오린 기체 원자($F(g)$)가 전자를 1개 더 받아들이면(혹은 넣으면) 기체 음이온($F^-(g)$)이 됩니다. 그때 전자 배치는 [He] $2s^2$, $2p^6$ 이 되어 네온(Ne)의 전자 배치와 같습니다. (여기서 (g)는 기체라는 뜻인데, 이 기호에 대해서는 나중에 자세히 설명하겠습니다.) 그러므로 플루오린 원자는 전자 1개를 다른 물질에서 얻거나 혹은 빼앗아서 플루오린 음이온이 되면 8전자 규칙을 만족하고, 원자보다 더 안정하게 됩니다. 플루오린 음이온의 전자 배치가 비활성 기체족의 전자 배치와 같기 때문입니다. 일반적으로 이온화 에너지는 원자에서 전자를 떼어 내서 양이온이 될 때 필요한 에너지를 말하며, 중성 원자에 전자 1개를 첨가할 때 일어나는 에너지 변화는 **전자 친화도(electron affinity)**라고 합니다. 전자 친화도는 정량적으로 측정할 수 있는 에너지입니다.

같은 현상, 다른 표현

우리는 기체 상태의 중성 원자에서 전자를 떼어 낼 때 동반되는 에너지는 이온화 에너지, 중성 원자에 전자를 첨가할 때 동반되는 에너지는 전자 친화도라고 부릅니다. 또한 일반적으로 기체, 액체 혹은 고체 상태의 화학 물질에서 전자를 잃어버리는 반응은 산화 반응, 전자를 얻는 반응은 환원 반응이라고 부릅니다. 결과적으로 보면 전자를 잃고 얻는 동일한 현상에 다른 용어를 사용하고 있습니다. 그러나 실험 조건은 물론 결과까지 같을지라도 반응 과정 혹은 에너지를 사용하는 상황에 따라서 용어의 어감이 달라지므로, 상황에 맞는 정확한 용어를 사용하는 것은 중요합니다.

여기까지 오면 또 다른 궁금증이 생깁니다. 기체 상태의 중성 원자에 전자를 첨가할 때 에너지는 필요없을까요? 아니면 필요할까요? 플루오린(F) 기체 원자에 전자를 첨가하면 플루오린 음이온 기체가 되면서 안정됩니다. ($F(g) + e^- \rightarrow F^-(g)$) 그때 플루오린 원자는 −328kJ/mol의 에너지를 방출합니다. 단위 kJ/mol은 원자 1mol의 양에 대한 에너지이고, "킬로주울 퍼 몰"이라고 읽습니다. 이것이 플루오린의 전자 친화도이며, 단위를 보면 플루오린 1mol에 대한 에너지인 것을 알 수 있습니다. kJ/mol과 kJ의 차이를 설명하자면 전자는 1mol에 대한 에너지 단위, 후자는 반응한 양에 따라 크기가 달라지는 에너지 단위입니다. 만약 실험 자료를 비교할 때 반응하는 양에 따라 크기가 달라지는 에너지 단위를 사용한다면 매번 반응하는 양에 대한 정보도 함께 있어야 비교가 가능합니다. 그러나 kJ/mol 단위는 에너지 및 양에 대한 정보를 동시에 가지고 있어서 그럴 염려는 없습니다. 배경 지식이 없는 독자라면 에너지 단위(kJ/mol 혹은 mol) 앞의 숫자가 음수이면 그것은 ($F(g) + e^- \rightarrow F^-(g)$) 같은 반응계가 에너지를 잃는 경우라고 기억하면 됩니다. 반대로 플루오린 음이온에서 전자를 떼어 낼 때($F^-(g) \rightarrow F(g) + e^-$)의 에너지를 반응계에 넣어야 한다면 반응계 입장에서는 에너지가 들어오는 것이므로 그 값은 +328kJ/mol이 될 것입니다.

에너지 변화와 +/- 기호

화학 반응에 항상 함께하는 에너지의 흡수와 방출을 표현할 때 에너지 값 앞에 붙는 + 혹은 − 기호의 의미를 좀 더 자세히 설명해 보겠습니다. 반응계를 관찰하는 입장에서 보면 반응계로부터 에너지가 나올 때 플러스라고 생각할 수 있지만, 반응계는 에너지(열)를 잃는 것입니다. 즉 에너지가 열의 형태로 나오는 것은 실험자의 입장에서는 발열이나 반응계 입장에서는 에너지를 잃는 것으로, 마이너스입니다. 따라서 **발열 반응**에 대한 에너지 변화는 항상 음(−)의 값으로 표시하는 것이 맞습니다.

반응계에 오히려 에너지가 필요한 경우도 있습니다. 실험자는 반응계에 에너지를 공급해야 하니 마이너스라고 생각할 수 있습니다. 그러나 반응계는 오히려 에너지(열)를 받는 것이니 플러스입니다. 즉 **흡열 반응**(endothermic reaction)에 대한 에너지 변화는 항상 양(+)의 값으로 표시됩니다. 이처럼 에너지 값 변화의 기준점을 반응계로 잡으면 혼란이 일어나지 않습니다. 반응계가 아니라 실험자가 느끼는 에너지(열) 변화로 판단하면 +/− 기호의 의미가 반대가 되어 혼란이 일어날 것입니다. 역지사지(易地思之)란 말이 있지요? 이 상황에서 역지사지란 에너지 값의 +/−를 실험 관찰자가 아닌 반응계의 입장에서 생각하자는 의미입니다. 그러면 발열, 흡열 용어와 기호를 일치시키는 문제에 대한 혼돈은 자연히 해결됩니다. 인간 관계도 역지사지로 생각하면 많은 문제가 해결되고 이해되지 않을까요?

전자 배치와 루이스 구조

특정 원자의 최외각 오비탈에 있는 전자의 수를 나타낼 때, 원소 기호 주위에 전자 개수만큼 점을 찍는 방법을 사용하기도 합니다.

H•

여기에서 점 1개는 최외각 오비탈에 있는 전자 1개에 해당합니다. 1916년 이 방법을 처음으로 제안한 길버트 뉴턴 루이스(Gilbert Newton Lewis, 1875~1946년)를 기리는 의미에서 이 표기법을 **루이스 전자점 구조(lewis dot structures)**라고 부릅니다. 흔히 루이스 구조식이라고도 하는, 최외각 오비탈의 영역에 있는 전자 개수를 표시하는 약속된 기호입니다. 그는 노벨상을 받는 행운은 없었지만, 화학 분야에 정말로 많은 기여를 했습니다. 미국의 명문 캘리포니아 대학교 버클리 캠퍼스에 화학과를 설립한 사람이기도 합니다.

이제 비활성 기체 원소들의 원자에 최외각 오비탈의 전자를 표시하는 방법을 알아보겠습니다. 헬륨(He)의 전자 배치는 $1s^2$이며, 최외각 오비탈은 $1s$이므로 루이스 전자점 구조는 [He:] 이 될 것입니다. 헬륨을 제외한 나머지 비활성 기체족 원자들의 최외각 오비탈에 있는 전자는 8개입니다. 예를 들어 네온과 아르곤의 전자점 구조는 다음과 같은 기호로 나타낼 수 있습니다.

:N̈e: :Är:

독자들이 이미 전자 배치 모습을 알고 있는 소듐 양이온(Na^+)이나 플루오린 음이온(F^-)도 루이스 구조로 나타내면 아래처럼 최외각 오비탈에 있는 전자 수가 8개로 표시되겠지요? (⊕이나 ⊖ 기호는 양이온이나 음이온이라는 표시입니다.)

:N̈a:⊕ :F̈:⊖

이처럼 최외각 오비탈에 있는 전자만 표시해 모든 원소의 원자를 가지고 주기율표 형식과 같은 표를 만들 수 있습니다. 예를 들어 3주기 원소들의 최외각 오비탈의 전자 수를 표시하면 다음 그림과 같습니다.

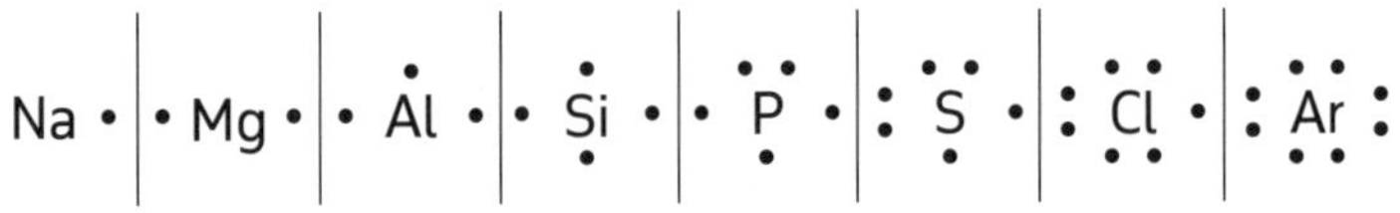

Na	Mg	Al	Si	P	S	Cl	Ar

앞서 설명한 것처럼 전자가 8개 채워지는 것을 8전자 규칙 혹은 **옥텟 규칙**(octet rule)이라고 부릅니다. 옥텟은 '8개'라는 의미의 단어이며, 어원은 라틴 어입니다. 도레미파솔라시도 음계가 8개로 이루어진 것처럼 주기율표의 원자들도 최외각 오비탈에 모두 8종류의 전자 배치를 하고 있습니다. 그것은 음악과 화학의 기본이 다르지 않다는 사실을 암시하는 것일까요? 주기율표 118개 원자의 최외각 오비탈에서 전자가 배치되는 형식을 8종류로 분류할 수 있습니다. 이제 원자들이 족에 따라 왜 화학적 특성이 닮았는지 이해가 되나요? 최외각 오비탈의 전자 수와 원자들의 특성이 닮은 것도 화학에서 전자의 중요성을 암시하는 것이 아닐까요?

같은 주기에서 원자 번호가 증가할수록 원소 기호 주위에 찍힌 점이 1개씩 늘어나는 모습을 보입니다. 이것을 보면 (수소를 제외한) 1족 원소의 원자들은 전자 1개를 잃고 양이온이 되었을 때 그 전자 배치의 모습이 자신들보다 한 단계 앞선 주기에 있는 비활성 기체 원자의 전자 배치 모습과 똑같습니다. 마찬가지로 17족 원소 원자들이 전자를 1개 얻은 후의 전자 배치는 같은 주기에 있는 비활성 기체 원자의 전자 배치와 같습니다. 즉 최외각 오비탈에 있는 전자가 8개이고, 모두 루이스 구조가 같습니다. 비활성 기체 원자들은 다른 원자들과 화학 반응을 하지 않는다는 특징이 있으며, 다른 말로는 '화학적으로 안정하다.'라고 합니다. 원자가 전자를 1개 잃거나 혹은 얻어 각각 양이온 혹은 음이온이 되어 에너지 상태가 원자로 있을 때보다 안정하다면 원자 입장에서 마다할 이유가 없을 것입니다. 공통점은 최외각 오비탈의 전자 수가 모두 8개라는 것입니다.

원자가 전자를 잃고 혹은 얻으면서 총 전자의 수가 비활성 기체 원자의 전자 수와 똑같을 때가 있습니다. 물론 중성 원자는 각각 양이온 혹은 음이온으로 변합니다. **등전자 이온**(isoelectronic ion)은 말 그대로 원자의 종류는 다를지라도 이온들이 가진 전자의 개수는 동일한 이온을

1족	2족 …	13족	14족	15족	16족	17족	18족
H							He
Li	Be	B	C	N	O	F	Ne
Na	Mg	Al	Si	P	S	Cl	Ar
K	Ca	Ga	Ge	As	Se	Br	Kr
Rb	Sr	In	Sn	Sb	Te	I	Xe
Cs	Ba	Tl	Pb	Bi	Po	At	Rn

그림 2.20. 최외각 오비탈의 전자 수가 같은 원자들의 특성은 닮아 있다.

말합니다. 예를 들어서 3주기 양이온(Na^+, Mg^{2+}, Al^{3+})과 2주기 음이온(F^-, O^{2-})은 네온(Ne)의 전자 배치($1s^2$, $2s^2$, $2p^6$)와 같고, 모두 10개의 전자를 갖고 있습니다. 중성 원자 및 전하의 크기가 같은 이온들의 반지름(=크기)은 같은 족에서 원자 번호가 클수록 더 큽니다. 또한 전하가 중성이고 주기율표에서 같은 주기에 있는 원자의 반지름은 1족에서 18족으로 가면서 점점 작아집니다. 그것은 같은 주기에서 원자 번호가 증가하면서 원자핵 전하가 전자에 미치는 영향이 상대적으로 더 커지기 때문이라고 해석할 수 있습니다.

루이스 전자점 구조는 화학 결합을 정성적으로 설명하는 매우 중요한 수단이 되기도 합니다. 원자에 있는 전자는 정해진 규칙을 따르며 활발하게 운동하고 있습니다. 그런데 원자 내의 여러 전자들은 원자핵과 상호 작용하며 안정되지만, 다른 전자들과는 반발해 원자의 불안정성에 대한 하나의 원인이 됩니다. 원자도 화학적 성질이 서로 맞지 않는 원자들끼리 결합하면 불행하겠지요? 사람도 뜻이 맞는 사람과 인연을 맺어야 합니다. "우리는 케미가 좋아." 혹은 "케미가 맞아."라는 말을 들어 본 적이 있을까요? 이때 '케미'가 바로 화학(chemistry)에서 온 것입니다.

이온

수소를 제외한 1족 원소들은 매우 급하고 과격하다는 특징이 있습니다. 그것을 화학에서는 "반응성이 매우 크다."라고 표현합니다. 공통된 특성은 전자를 쉽게 내준다는 것입니다. 실제로 1족 원소들이 물과 접촉하면 그야말로 폭발적인 화학 반응이 일어납니다. 물에 닿자마자 불이 붙는 원소도 있습니다. 이들이 전자를 더 쉽게 내주려는 경향은 원자 번호가 커질수록 강합니다. 즉 물과 접촉해 불이 붙는 속도도 빨라지고, 그 정도도 더 심해진다는 것입니다. (이번에도 수소를 제외한) 1족 원소들의 원자는 전자를 1개 잃어버리고 비활성 기체족의 전자 배치를 갖게 되면 안정됩니다. 전자를 1개 잃어버리면서 전하 중성이었던 원자가 양(+)전하를 띠게 됩니다. 그것을 **양이온**(cation)이라 합니다. 반대로 전기 중성인 원자가 전자를 1개 얻으면 음(−)전하가 더 많기 때문에 **음이온**(anion)이 될 것입니다.

17족 원소들은 1족, 18족 원소들과는 또 다른 성질이 있습니다. 즉 17족 원소의 원자들은 전자 1개를 어떻게 하든 끌어당기려 합니다. 이때도 화학자들은 "반응성이 크다."라고 표현합니다. 전자를 1개 더 갖게 되면 전기 중성을 유지할 수 없으므로, 17족 원자는 대부분 음(−)전하를 띤 음이온이 안정된 상태입니다. 그런데 1족 원소들과는 달리 17족에서는 원자 번호가 증가할수록 반응성이 약해집니다. 원자 번호가 커질수록 원자들이 이미 많은 전자를 갖고 있기 때문입니다. 전자 1개가 더 들어와도 환영받는 정도가 약한 것입니다. 그렇다면 17족의 맨 위쪽에 자리 잡은 플루오린(F)은 크기가 작아서 1개의 전자만 들어오더라도 전체에 미치는 영향이 크겠지요? 때문에 다른 17족 원자들과 비교해서 반응성이 크다고 할 수 있습니다.

양이온과 음이온의 표기법

중성 원자에서 전자를 잃으면, 원자핵의 전하량이 전자의 총 전하량보다 커져 전체 전하가 플러스인 양이온이 됩니다. 예를 들어 소듐 원자가 전자 1개를 잃어버리면 소듐 양이온이 되어 Na^{+}로 표기합니다. 전하의 크기를 표시할 때 관례에 따라 1은 생략하고 + 기호는 위 첨자를 사용합니다. 만약 소듐 양이온이 전자를 하나 더 잃어버리면 원자 상태보다 2개의 전자가 부족한 양이온이 되어 Na^{2+}(혹은 Na^{+2}) 라고 적습니다. 위 첨자 다음에 괄호를 사용해 그것의 상태를 동시에 표기하기도 합니다. 예를 들어 $Na^{+}(g)$는 기체 상태의 소듐 이온이며, $Na^{+}(aq)$는 물(aqua)에 녹은 상태의 소듐 이온입니다. 음이온도 마찬가지 방법으로 표기합니다. 중성 원자가 전자를 얻거나 혹은 획득하면 원자의 전하량보다 전자의 총 전하량이 큰 상태로 전체 전하는 마이너스가 됩니다. 예를 들어 전기 중성인 플루오린 원자가 전자를 하나 얻으면 음이온이 되고, F^{-}라고 표기합니다. (여기서도 관례에 따라 1은 생략합니다.) 만약 산소 원자가 전자를 2개 얻어 음이온이 된다면 그것은 O^{2-}(혹은 O^{-2})라고 표기합니다.

이온화 에너지

이온화 에너지는 중성 원자에서 전자를 떼어 내 양이온을 만들 때 필요한 에너지입니다. 즉 전자를 떼어 낼 때 힘든 정도를 나타내는 값입니다. 예를 들어 소듐 기체($Na(g)$) 원자에서 전자 1개를 떼어 내는 데 필요한 에너지는 +496kJ/mol입니다. + 기호의 의미는 앞서 설명했듯이 계에 에너지를 넣어야 하는 흡열 반응이라는 뜻입니다. (g) 표시를 통해 Na 원자가 기체 상태이며, 에너지 단위는 kJ/mol이어서 1mol(6.02×10^{23}개의 원자)의 소듐 원자에서 전자 1개씩을 모두 떼어 낼 때 필요한 총 에너지가 496kJ임을 나타낸 것입니다.

소듐 원자 1개에서 전자 1개를 떼어 낼 때 필요한 에너지는 약 8.24×10^{-22}kJ(8.24×10^{-19}J)로 엄청나게 작으며, 그것은 계산으로 곧바로 확인할 수 있습니다. 어떤 수에 1을 곱하면 그 수는 변함이 없다고 설명한 바 있습니다. 1mol은 원자 6.02×10^{23}개와 같습니다. 그러므로 분자의 양(1mol)을 분모의 양(6.02×10^{23}개)으로 나누면 분자와 분모가 같은 크기이기 때문에 수학적으로 곱하기 1을 한 것과 마찬가지입니다. 다시 말해서 $[\frac{1\text{mol}}{6.02 \times 10^{23}\text{개}}]$도 1이고 $[\frac{6.02 \times 10^{23}\text{개}}{1\text{mol}}]$도 1입니다.

$$496\text{kJ/mol} \times [\frac{1\text{mol}}{6.02 \times 10^{23}\text{개}}] = 8.24 \times 10^{-22}\text{kJ/개}$$

$$8.24 \times 10^{-22}\text{kJ/개} \times [\frac{1{,}000\text{J}}{1\text{kJ}}] = 8.24 \times 10^{-19}\text{J/개}$$

계산 결과에서 보듯이 소듐 원자 1개에서 전자를 1개 떼어 낼 때 필요한 에너지는 너무나도 작습니다. 고체 소듐 원자($Na(s)$)를 물에 넣으면 에너지가 필요 없이 소듐 이온이 되는 반응이 진행되지만, 기체 소듐 원자에서 전자를 하나 떼어 낼 때는 에너지가 필요합니다. 이처럼 물질은 물리적 상태에 따라서 반응도 다르고, 그것에 동반되는 에너지 변화 크기도 다릅니다. 한 예로 금속 소듐(Na(*s*))이 물과 반응해 수산화 소듐과 수소 기체가 되는 반응에 대한 에너지 변화는 －184.26kJ/mol로 발열 반응입니다. 반응식으로 표현하면 다음과 같습니다.

$$Na(s) + H_2O(l) \rightarrow NaOH(aq) + \frac{1}{2}H_2(g)$$

주기율표 1족 원소의 기체 원자를 기체 양이온으로 만들 때 생각보다 에너지가 많이 듭니다. 앞서 1족에서 원자 번호가 커질수록 반응성이 크다고 설명했습니다. 소듐(Na)은 리튬(Li)보다 원자 번호가 크므로 양이온으로 만들 때 드는 에너지는 작을 것이고, 마찬가지로 포타슘(K)이 소듐(Na)보다 양이온으로 만들 때 드는 에너지가 더 작을 것입니다. 그렇게 1족에서 원자 번호가 커질수록 양이온을 만들 때 필요한 에너지는 점점 작아집니다. 그것은 전자를 더 쉽게 내어 줄 수 있다는 뜻이며, '반응성이 크다.'라고 표현할 수 있습니다.

같은 주기에 있는 원자라면 계산하지 않아도 이온화 에너지의 경향을 파악할 수 있습니다. 원자 번호가 커질수록 양성자와 전자의 수도 비례해서 늘어납니다. 그런데 앞서 설명한 것처럼 같은 주기에서 원자 번호가 증가하면 원자의 반지름은 오히려 작아집니다. 그것은 전자가 늘어났음에도 원자핵의 양전하가 전자를 끌어당기는 효과가 더 커지기 때문입니다. 따라서 원자핵과 전자의 상호 인력이 더 세져서, 전자를 떼어 낼 때 드는 에너지가 더 크리라고 예상할 수 있습니다. (그림 2.21과 그림 2.22를 비교해서 보면 됩니다.)

같은 이치로 중성 원자가 양이온이 되면 그 크기는 중성 원자와 비교해서 더 작아질 것입니다. 다만 줄어드는 효과는 생각보다 그리 크지 않습니다. 원자핵에서 멀리 떨어진 에너지가 높은 오비탈에 있는 전자일지라도 원자핵과 상호 작용하며, 전자가 빠져나가면 원자핵의

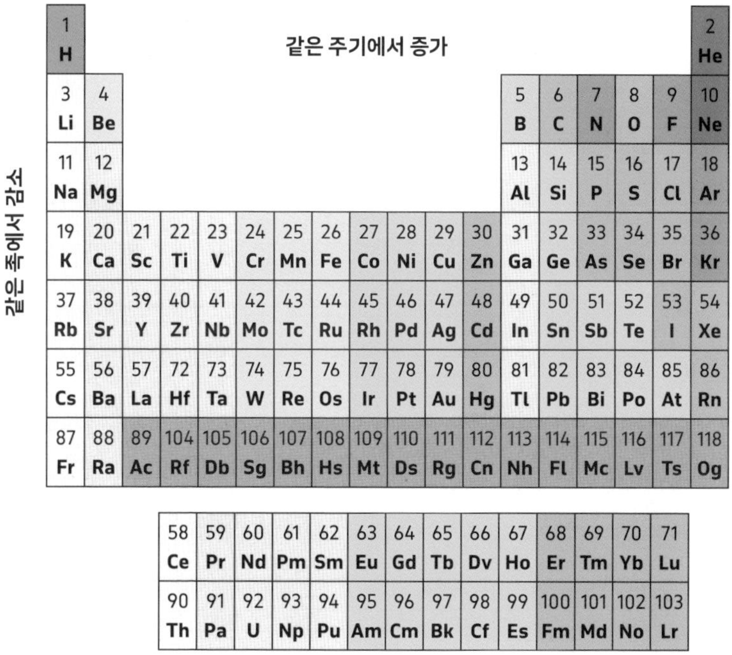

같은 주기에서 증가

같은 족에서 감소

1 H																	2 He
3 Li	4 Be											5 B	6 C	7 N	8 O	9 F	10 Ne
11 Na	12 Mg											13 Al	14 Si	15 P	16 S	17 Cl	18 Ar
19 K	20 Ca	21 Sc	22 Ti	23 V	24 Cr	25 Mn	26 Fe	27 Co	28 Ni	29 Cu	30 Zn	31 Ga	32 Ge	33 As	34 Se	35 Br	36 Kr
37 Rb	38 Sr	39 Y	40 Zr	41 Nb	42 Mo	43 Tc	44 Ru	45 Rh	46 Pd	47 Ag	48 Cd	49 In	50 Sn	51 Sb	52 Te	53 I	54 Xe
55 Cs	56 Ba	57 La	72 Hf	73 Ta	74 W	75 Re	76 Os	77 Ir	78 Pt	79 Au	80 Hg	81 Tl	82 Pb	83 Bi	84 Po	85 At	86 Rn
87 Fr	88 Ra	89 Ac	104 Rf	105 Db	106 Sg	107 Bh	108 Hs	109 Mt	110 Ds	111 Rg	112 Cn	113 Nh	114 Fl	115 Mc	116 Lv	117 Ts	118 Og

58 Ce	59 Pr	60 Nd	61 Pm	62 Sm	63 Eu	64 Gd	65 Tb	66 Dy	67 Ho	68 Er	69 Tm	70 Yb	71 Lu
90 Th	91 Pa	92 U	93 Np	94 Pu	95 Am	96 Cm	97 Bk	98 Cf	99 Es	100 Fm	101 Md	102 No	103 Lr

그림 2.21. 1차 이온화 에너지는 같은 주기에서는 원자 번호가 증가할수록 커지며, 같은 족에서는 원자 번호가 증가할수록 줄어든다.

총 전하는 전자의 총 전하보다 크기 때문에 이온의 크기가 줄어들 것이라 예상할 수 있습니다. 그러나 외각 오비탈에 있는 전자들이 느끼는 원자핵의 영향력은 자신들보다 원자핵과 가까이에서 상호 작용하는 전자들로 가려지기 때문에 많이 줄어들 것입니다. (이것이 차폐 효과입니다.) 따라서 원자핵에서 멀리 떨어져 있는 전자는 자신의 몫에 해당하는 원자핵의 +1 전하를 온전하게 차지할 확률이 낮아집니다. 대체로 원자의 크기(반지름)와 전자를 1개 떼어 내는 데 필요한 1차 이온화 에너지의 크기 사이에는 반비례 관계가 있습니다.

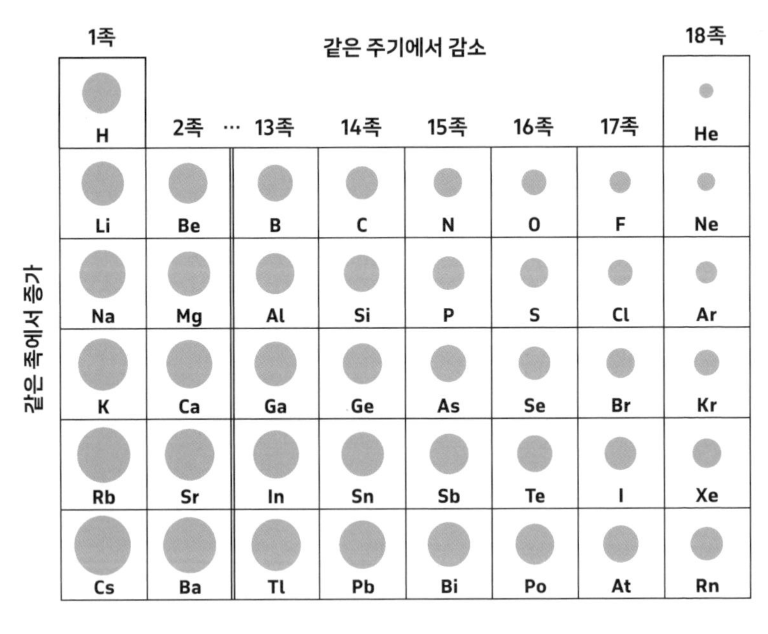

그림 2.22. 원자 반지름은 같은 주기에서는 원자 번호가 증가할수록 줄어들고, 같은 족에서는 원자 번호가 증가할수록 늘어난다.

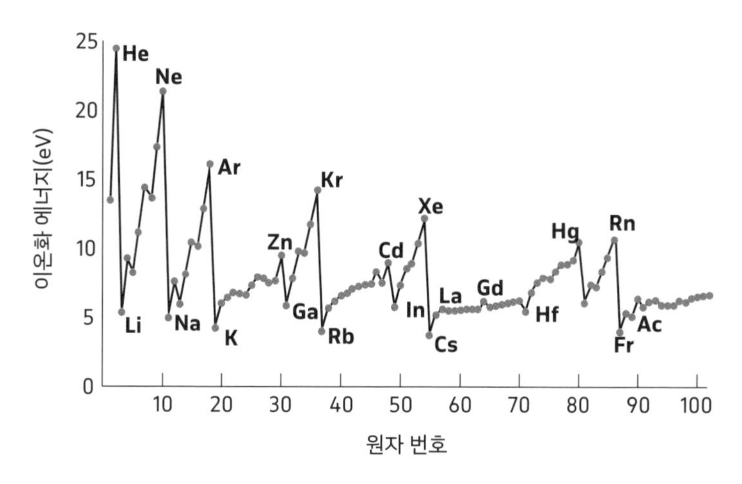

그림 2.23. 비활성 기체 원자의 이온화 에너지는 크고, 알칼리 금속 원자의 이온화 에너지는 작다.

음이온과 전자 친화도

지금까지 알아본 1족 원소의 원자들은 양이온으로 되려는 경향이 매우 컸습니다. 그런데 17족 원소의 원자들은 정반대의 특징을 갖고 있습니다. 예를 들어 3주기 17족 원소의 원자는 염소(Cl)입니다. 17족에는 염소보다 원자 번호가 더 작은 플루오린(F)이 있고, 염소보다 원자 번호가 큰 브로민(Br)과 아이오딘(I)도 있습니다. 이들은 모두 전자 1개를 받아들이거나 혹은 다른 원자로부터 전자를 빼앗으려는 경향이 크다는 공통점이 있습니다.

화학 반응에서 전자의 역할은 매우 중요하고 절대적입니다. 그러므로 전자를 첨가해 음이온이 될 때도 에너지 변화가 동반됩니다. 염소는 원자 번호가 17이고 질량이 35이므로, 이제 더 물어볼 필요도 없이 염소 원자는 양성자 17개, 전자 17개, 중성자 18개로 구성되어 있습니다. 염소 원자(Cl(*g*))가 전자 1개를 받아들이면 음이온(Cl^-(*g*))이 될 것입니다. 기호 표기에서 보듯 원자와 음이온 모두 기체입니다. 물질은 (그것을 구성하는 원자 혹은 분자와 마찬가지로) 온도와 압력에 따라 기체, 액체, 고체로 변화합니다. 그 상이 다르면 같은 화학 변화에 대해서도 에너지 변화가 다릅니다. 에너지 변화와 관련된 물질의 상태를 정확하게 표기해야 변화의 방향과 크기를 제대로 파악할 수 있습니다.

일반적으로 **전자 친화도**(electron affinity)는 기체 원자에 전자를 첨가할 때 변화하는 에너지이며, 그 크기는 kJ/mol 단위로 나타냅니다. 한 예로, 염소 원자(Cl(*g*))에 전자를 1개 첨가할 때 동반되는 에너지 변화는 −349kJ/mol입니다. 즉 반응계로부터 에너지가 방출되는 발열 반응입니다. 일반적으로 자연 물질은 안정한 상태에 있으려는 경향이 있습니다. 염소 원자에 전자를 넣었더니 화학 반응이 진행되고 에너지가 방출된다는 것은, 염소 음이온이 염소 원자보다 더 안정하다는 뜻입니다. 이때 반응이 빨리 혹은 느리게 진행되는 것과 에너지가 안정한 상태로 가려는 경향은 별개의 문제입니다. 예컨대 돌 2개가 서로 다른 높이에 있다면 돌이 높은 곳에서 낮은 곳으로 구를 가능성과 실제로 구를 때 그 속도를 비교하는 일은 불가능하다는 말입니다. 이처럼 에너지와 속도는 서로 다른 차원이기에 비교의 의미가 없습니다.

17족에서 원자 번호가 증가하면 원자에 있는 전자의 수도 늘어납니다. 그러므로 중성 원자의 크기(반지름)도 그에 비례해서 증가할 것이라고 예상할 수 있습니다. 같은 족(17족)의 원소 중에서 염소보다 원자 번호가 큰 원자들은 원자의 반지름이 커졌으므로 전자 1개가 더 들어온다고 해도 그 영향은 상대적으로 작을 것입니다. 따라서 그 원소들이 안정되는 정도는 염소가 안정되는 정도보다 줄어듭니다. 원자는 이미 많은 전자를 갖고 있으므로, 자신의 특성에 따라 전자 1개를 더 받아들이겠지만 안정성에는 크게 기여하지 못할 것입니다. 그런데 같은 생각으로 염소보다 원자 번호가 작은 플루오린(F)에 전자 1개를 넣을 때 에너지 변화는 －328kJ/mol입니다. 플루오린의 반지름이 염소보다 작기 때문에 안정에 기여하는 정도가 클 것으로 예상되지만, 실제로는 염소보다 오히려 작습니다. 그것은 플루오린 원자의 반지름이 작아 좁은 공간에 전자가 너무 많기 때문이라고 해석할 수 있습니다. 좁은 공간에 같은 전하의 전자들이 모여 있다 보니 반발력이 크게 작용하고, 오히려 플루오린 음이온의 전체 안정성에 기여하지 못하기 때문입니다. 이제 염소 음이온(Cl^-)에 전자 1개를 더 넣는다면 어떤 일이 벌어질까 상상해 봅시다. 이미 안정된 상태를 유지하고 있으니 전자를 1개 더 집어넣으려면 엄청나게 힘이 들 것으로 예상할 수 있습니다. 그것은 거의 불가능한 일이며, 따라서 Cl^{2-}는 매우 짧은 시간 동안은 가능하겠지만, 자연에 존재할 수 없습니다.

16족 원자들에 전자를 넣을 때 안정화되는 정도는 17족보다는 작습니다. 같은 주기에서 원자 반지름은 원자 번호가 커질수록 점점 작아집니다. 따라서 3주기에서 16족 황(S) 원자의 반지름은 17족 염소(Cl) 원자의 반지름보다 큽니다. 원자의 크기가 클수록 전자를 넣었을 때 안정되는 정도가 작았던 것처럼, 염소(Cl) 원자보다 크기가 큰 황 원자(S)가 음이온(S^-)으로 될 때 안정되는 크기는 염소(Cl)가 염소 음이온(Cl^-)이 될 때 안정되는 크기보다 작으리라고 예상할 수 있습니다. 실제로 황(S) 원자가 음이온이 될 때 에너지 변화는 −200kJ/mol입니다. 중성 원자는 전자를 내어 주면(혹은 잃어버리면) 양이온, 전자를 받아들이면 (혹은 빼앗아 오면) 음이온이 됩니다. 주기율표 전체로 보면 1~3족의 원자들은 전자가 빠지면, 15~17족의 원자들은 전자가 들어오면 안정되는 경향이 큽니다. 즉 전자 이동에 따른 변화를 겪은 화학 물질을 안정시키려면 계로부터 에너지를 빼야 할 때도, 또는 계에 에너지를 넣어야 할 때도 있을 것입니다.

중성 원자가 전자를 받아 음이온이 되면 원자의 크기는 어떻게 될까요? 전자 1개를 더 받아들인 플루오린 음이온(F^-)의 크기는 중성 플루오린(F) 원자보다 큽니다. 그것은 전자의 총 전하수가 원자핵의

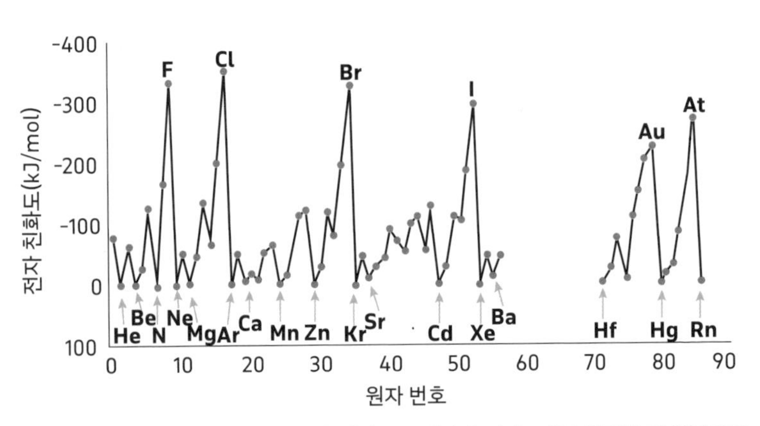

그림 2.24. 전자 친화도의 변화. 전자 친화도는 원자에 전자 1개를 첨가할 때 안정화되는 에너지의 크기이다.

총 전하수보다 크므로 원자핵의 영향력이 줄어들었기 때문입니다. 더구나 집어넣은 전자보다 낮은 에너지 상태의 오비탈에 있는 전자들은 원자핵과 상호 작용하고 있기에 추가된 전자들에 원자핵이 미치는 영향력은 많이 가려질 것입니다. 실제로 플루오린 원자의 지름은 142pm이며, 플루오린 음이온의 지름은 약 266pm입니다. 합리적으로 예측한 내용이 실제 측정 결과와 잘 맞아떨어지는 모습을 볼 수 있습니다.

$$100\text{pm} = 100 \times 10^{-12}\text{m} = 1.0 \times 10^{-10}\text{m}$$
$$1.0 \times 10^{-10}\text{m} \times \left[\frac{100\text{cm}}{1\text{m}}\right] \times \left[\frac{1\,\text{Å}}{10^{8}\text{cm}}\right] = 1\,\text{Å}$$

전기 음성도

전자 친화도와 **전기 음성도(electronegativity)**는 다른 개념입니다. 전기 음성도는 노벨상을 두 번 받은 미국의 화학자 라이너스 폴링(Linus Pauling, 1901~1994년)이 제안한 것으로 분자를 구성하는 원자들의 전자 끌림 정도를 평가하는 기준입니다. 분자는 동일한 혹은 다른 원자와 화학 결합을 통해서 만들어집니다. 그때 전자는 접착제 역할을 하며, 원자끼리 전자를 공유하기도 합니다. 물론 전자를 서로 균등하게 공유하지 않는 경우도 있습니다. 공유하는 전자를 자기 쪽으로 좀 더 끌어당길 수 있는 능력은 원자핵 전하의 크기와 특성에 따라 각각 다릅니다. 분자 내에서 한 원자가 다른 원자로부터 전자를 끌어당길 수 있는

정도를 그 원자의 전기 음성도라고 하며, 숫자로 나타냅니다. (그림 2.25)

전기 음성도는 17족 원소의 맨 위에 있는 플루오린($1s^2$, $2s^2$, $2p^5$)이 제일 큽니다. 플루오린의 전기 음성도는 염소의 전기 음성도보다 큽니다. 그러나 전자 친화도는 염소의 전자 친화도보다 작습니다. 전기 음성도는 같은 주기에서는 원자 번호가 작을수록 감소하고, 같은 족에서는 원자 번호가 커질수록 감소합니다. 전기 음성도가 주기와 족에 따라 변하는 경향은 3주기까지는 잘 들어맞습니다. 그러나 4주기 이상의 원자에는 예외도 많이 있습니다. 플루오린의 전기 음성도는 4.0으로 정해졌으며, 다른 원자들의 전기 음성도는 그것보다 작은 값입니다. 플루오린의 전기 음성도가 가장 큰 이유는 원자 크기가 작으며 최외각 오비탈에 전자 1개가 더 채워지면 안정된 전자 배치를 할 수 있기 때문입니다. 18족의 원자 중에도 원자 번호가 작은 원자(He, Ne, Ar)들은 전기 음성도 값이 없지만, 원자 번호가 큰 원자들은 전기 음성도 값을 가지고 있습니다. 그런데 원자의 크기가 커지고 그에 따라 전자의 개수가 많아지면 모형들이 잘 맞지 않는 경우가 어쩔 수 없이 생기곤 합니다. 그러므로 화학 공부를 시작할 때는 경향성의 범위를 넓게 잡고 관찰하는 것이 필요합니다. 다른 분야와 마찬가지로 화학에도 규칙에 맞지 않는 예외가 많이 있습니다. 화학 물질이 워낙 다양하기에 그런 일이 종종 일어납니다. 화학을 본격적으로 공부하기 전에 예외들에 관심을 너무 두다 보면 전체 흐름을 놓치고 흥미를 잃기 쉽습니다. 그러나 연구할 준비를 마친 후에 예외적인 모형, 규칙을 깊게 생각하고 연구하다 보면 커다란 성과를 올릴 기회도 잡을 수 있습니다.

주기 \ 족	1	2	3	4	5	6	7	8	9	10	11	12	13	14	15	16	17	18
1	H 2.1																	He
2	Li 1.0	Be 1.5											B 2.0	C 2.5	N 3.0	O 3.5	F 4.0	Ne
3	Na 0.9	Mg 1.2											Al 1.5	Si 1.8	P 2.1	S 2.5	Cl 3.0	Ar
4	K 0.8	Ca 1.0	Sc 1.3	Ti 1.5	V 1.6	Cr 1.6	Mn 1.5	Fe 1.8	Co 1.8	Ni 1.8	Cu 1.9	Zn 1.6	Ga 1.6	Ge 1.8	As 2.0	Se 2.4	Br 2.8	Kr 3.0
5	Rb 0.8	Sr 1.0	Y 1.2	Zr 1.4	Nb 1.6	Mo 1.8	Tc 1.9	Ru 2.2	Rh 2.2	Pd 2.2	Ag 1.9	Cd 1.7	In 1.7	Sn 1.8	Sb 1.9	Te 2.1	I 2.5	Xe 2.6
6	C 0.7	Ba 0.9	La 1.1	Hf 1.3	Ta 1.5	W 1.7	Re 1.9	Os 2.2	Ir 2.2	Pt 2.2	Au 2.4	Hg 1.9	Tl 1.8	Pb 1.8	Bi 1.9	Po 2.0	At 2.2	Rn 2.4
7	Fr 0.7	Ra 0.7	Ac 1.1															

Ce	Pr	Nd	Pm	Sm	Eu	Gd	Tb	Dy	Ho	Er	Tm	Yb	Lu
1.1	1.1	1.1	1.1	1.1	1.1	1.1	1.1	1.1	1.1	1.1	1.1	1.1	1.2
Th	Pa	U	Np	Pu	Am	Cm	Bk	Cf	Es	Fm	Md	No	Lr
1.3	1.5	1.7	1.3	1.3	1.3	1.3	1.3	1.3	1.3	1.3	1.3	1.3	

그림 2.25. 원자의 전기 음성도 값. 전기 음성도 크기는 노벨상 수상자인 폴링이 제안했다.

전기 음성도를 물 분자에 적용해 보면 그 개념을 더 쉽게 이해할 수 있습니다. 물 분자의 중심에 있는 산소 원자의 전기 음성도는 수소 원자의 전기 음성도보다 커서, 결합에 참여하는 전자들은 산소 원자 쪽으로 더 끌려 있습니다. 따라서 물 분자에서 산소 원자 근처는 부분 음전하를, 수소 원자 근처는 부분 양전하를 띠게 되어 결과적으로 물 분자는 극성을 갖게 됩니다. 물을 **극성 용매**(polar solvent)라고 부르는 까닭도 물 분자의 이런 특성을 반영한 것입니다.

O=C=
116.3pm
3kJ/mol → H2O(g)
ETHANOL

3장 주요 개념

3장에서는 화학을 공부하고 이해하기 위한 기본 용어와 개념에 대한 내용을 다룹니다. 구체적으로는 화학 물질의 양을 나타내는 단위, mol을 비롯해 분자, 화합물과 같은 용어들이 정리되어 있습니다. 세상에는 왜 그렇게도 많은 화학 물질이 존재하는지, 그 이유를 주기율표, 우리말 자모표와 비교하며 알아봅니다. 또한 3장은 화학 물질의 변화에 대한 개념도 다루고 있습니다. 흡열과 발열 반응을 비롯한 화학 반응의 표현, 물리적, 화학적 변화에 따른 에너지의 변화, 화학 방정식을 완결하는 순서와 방법에 대해서 설명합니다.

양의 기본 단위, 몰

화학 물질의 양을 나타낼 때의 단위는 몰(mole, 기호는 mol)입니다. 몰은 화학 계산에 반드시 사용되며 미터, 킬로그램, 초, 켈빈, 암페어, 칸델라와 함께 국제 도량 총회에서 세계 표준으로 지정한 **SI 단위**

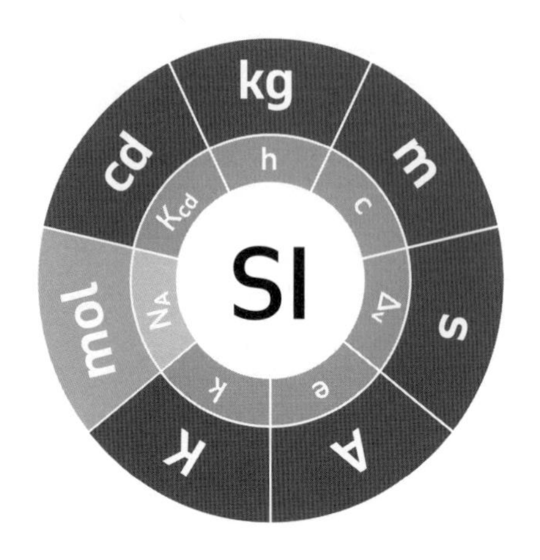

그림 3.1. 국제 단위계. 전 세계에서 가장 많이 사용하는 표준 도량형.

(Système International d'Unités, 국제 단위계) 중 하나입니다. 우리는 일상 생활에서 물질의 질량을 주로 g, kg 단위로 나타내 왔습니다. 지금부터는 g 같은 질량 단위와 mol 단위의 관계를 이해하고, 두 단위를 상호 변환할 수 있어야 합니다. 왜냐하면 물질의 질량을 측정하는 저울은 g 단위를 쓰지만, 화학 반응에서 분자량을 비롯한 양의 기본 단위는 mol이기 때문입니다. 예를 들어, 물(H_2O) 1mol의 질량은 18g입니다. 그러므로 물 4.5g은 0.25mol($=4.5g \times [\frac{1mol}{18g}]$)이 됩니다.

1mol에 들어 있는 물질의 개수는 아보가드로수라고 불리는 6.022×10^{23}개입니다. 만약 그 수를 6.022×10^{23}이라고 표현하지 않는다면 602,200,000,000,000,000,000,000라고 기록해야 하니 많이 불편합니다. 현재까지 정확하게 측정된 아보가드로수 값은

602,214,076,000,000,000,000,000이며, 유효 숫자(significant figures)가 9개입니다. 유효 숫자의 개수와 표현은 실험 및 관측 자료의 정확성과 정밀성을 판단할 때 필요합니다. 이 개념은 9장에서 더 자세히 설명할 예정입니다. 이 책에서 아보가드로수를 쓸 때 편의상 6.022×10^{23}개를 많이 쓸 것입니다.

한편 아주 큰 수인 '1조(兆)'는 0이 12개입니다. 과학자들은 1조를 10^{12}이라고 기록하고, 10의 12제곱이라고 읽습니다. 아보가드로수는 1조의 1조 배에 근접하는, 매우 큰 수라는 사실을 알 수 있습니다. 아보가드로수가 얼마나 큰 수인지 한번 상상해 봅시다. 밤하늘의 별은 몇 개나 될까요? 천문학자들은 지구를 포함하는 은하수 은하(milky way galaxy)에 별이 약 5000억 개, 즉 5×10^{11}개 정도라고 추정합니다. 그런 은하계의 수가 10^{11}~10^{12}개라고 하니 우주 전체에는 별이 약 10^{22}~10^{23}개 있는 셈입니다. 그래 봤자 아직 1mol이 의미하는 6.022×10^{23}보다 작습니다. 이제 아보가드로수가 얼마나 큰지 느낌이 오시나요? 아보가드로수는 화학에서 반드시 기억해야 하는 수이며, 이탈리아 화학자 아메데오 아보가드로(Amedeo Avogadro, 1776~1856년)의 이름을 따서 명명한 것입니다. 저는 학교에서 가르칠 때 10월 23일에 강의가 있으면 그날을 잊지 말자는 의미에서 휴강을 했습니다. 화학과 학생이라면 그날 하루, 오전 6시 02분부터 오후 6시 02분까지라도 화학 공부를 하면서 몰을 기억하라는 것이었습니다.

원자 1몰은 원자가 아보가드로수만큼 모인 것이며, 몰 질량이라고 합니다. 국제 단위계에서는 몰을 원자, 분자 등과 같은 기초 단위체

(elementary entities)가 $6.02214076 \times 10^{23}$개 모인 양(quantity)으로 정의하고 있습니다. 예를 들어 원자 번호 12인 탄소 원자(C)가 아보가드로수만큼 모이면 그 질량은 12g입니다. 원자 번호 1인 수소(H) 원자 1mol의 질량은 1g이며, 수소 분자(H_2) 1mol의 질량은 2g입니다. 물 분자(H_2O)는 수소 원자 2개, 산소 원자(원자 번호 8, 질량 16) 1개로 이루어진 분자입니다. 따라서 물 분자 1mol의 질량은 18g(수소 질량(1) × 2개 + 산소 질량(16) × 1개)입니다. 이처럼 원자 1개의 질량을 알면 그것의 1mol 질량을 계산하는 일은 문제가 되지 않습니다. 따라서 분자의 화학식을 알면 그 분자의 몰 질량도 간단하게 계산할 수 있습니다. 원자의 종류와 원자들 각각의 수를 더하는 것만으로 그 분자의 분자량, 즉 몰 질량을 계산할 수 있기 때문입니다. 마찬가지로 이온과 화합물이 아보가드로수만큼 모인 것을 각각 이온의 몰 질량, 화합물의 몰 질량이라고 합니다.

현재 지구에는 약 80억(8.0×10^9) 명 이상의 사람이 살고 있습니다. 저는 강의 시간에 가끔은 지구에 인간 1mol이 살아가려면 자기 어깨 위에 몇 사람을 올려놓아야 하는지를 계산 과제로 내 주기도 했습니다. 지구의 표면적에 대한 자료가 필요하고, 지표면의 구부러진 정도(곡률)까지 감안해야 하니 제법 생각을 해야 풀리는 문제입니다. 여러분도 궁금하시면 한번 풀어 보시기 바랍니다.

탄소 원자에 대한 몰 질량과 아보가드로수의 관계를 표로 정리해 봤습니다. (표 3.1) 이 표는 탄소 원자의 질량, 몰, 아보가드로수의 상호 단위 변환에 이용할 수 있습니다. 기체 상태의 탄소 원자 1몰이 차지

표 3.1. 탄소 원자량과 아보가드로수 및 부피의 관계. 질량(g), 몰(mol), 부피(L)

탄소(C) 원자의 양 단위: 분자/분모	아보가르도수와 양의 관계 값: 1(=분자/분모)	물질의 상
g/개	$\frac{12}{6.022\times10^{23}}$	고체(*s*), 액체(*l*)
개/g	$\frac{6.022\times10^{23}}{12}$	고체(*s*), 액체(*l*)
mol/개	$\frac{1}{6.022\times10^{23}}$	고체(*s*), 액체(*l*)
개/mol	$\frac{6.022\times10^{23}}{1}$	고체(*s*), 액체(*l*)
g/mol	$\frac{12}{1}$	고체(*s*), 액체(*l*)
mol/g	$\frac{1}{12}$	고체(*s*), 액체(*l*)
개/L	$\frac{6.022\times10^{23}}{22.4}$	기체(*g*)
L/개	$\frac{22.4}{6.022\times10^{23}}$	기체(*g*)

하는 부피는 표준 상태에서 22.4리터(L)입니다. (아보가드로 법칙) 이 법칙을 이용한 계산 과정은 9장에서 다룰 예정입니다.

분자와 화합물

같은, 혹은 다른 종류의 원자들 사이에 결합이 형성되면 분자가 만들어집니다. **화합물**(compound)은 두 종류 이상의 원소가 결합해 이루어진 순수한 상태의 화학 물질로, 보통은 원자, 분자, 이온 등이 모인 집합체를 말합니다. 화학 물질은 순수 화합물 한 종류만으로 이루어진 것도, 순수 화합물들이 섞여 있는 혼합물도 있습니다. 주기율표에 존재하는 원소는 현재까지 모두 다 해서 118종류입니다. 원소를 구성하는 최소 단위체인 원자들이 저마다 같은, 혹은 다른 종류끼리 결합하면 그것이 세상의 모든 물질이 되는 것입니다.

최근 우리나라에서 발행되는 책의 종류가 1년에 약 6만 권이 넘는다고 합니다. 그 모든 책의 출발은 한글 자모표입니다. 자음과 모음을 조합해서 글자를, 그리고 글자를 조합해서 의미를 가진 단어를 만들고, 그것을 나열해 문장을 만듭니다. 문장을 모아서 잘 정리하면 책을 만들 수 있습니다. 조합이 잘못되면 아무런 의미가 없는 단어가 되고, 단어의 배열이 맞지 않으면 문장을 만들 수 없겠지요?

저는 주기율표의 원소들이 자연의 알파벳과도 같다고 생각합니다. 118개 원소를 구성하는 다른 종류의 원자들이 결합해 이루는 완성품이 얼마나 많을지 상상이 되시나요? 어떤 원자는 자기들끼리, 또 어떤 원자는 다른 원자와 개수를 달리하며 결합해 실로 다양한 특성의 분자와 화합물을 만듭니다. 그것들이 모이면 물질이 되고, 물질은 자연에 존재하는 모든 물체는 물론 우리 생활에 필요한 다양한 제품의 재료로 이용됩니다.

요즘 문자를 주고받을 때 웃기다는 의미로 "ㅎㅎㅎ"나 "ㅋㅋㅋ" 등을 사용합니다. 자음만 썼을 뿐인데 의미를 전달하는 하나의 단어처럼 사용할 수 있습니다. 이처럼 자연의 알파벳 가운데 하나인 탄소(C)

표 3.2. 우리 말과 글의 시작인 한글 자모표.

자음	글자	ㄱ	ㄴ	ㄷ	ㄹ	ㅁ	ㅂ	ㅅ	ㅇ	ㅈ	ㅊ	ㅋ	ㅌ	ㅍ	ㅎ
	이름	기역	니은	디귿	리을	미음	비읍	시옷	이응	지읒	치읓	키읔	티읕	피읖	히읗
모음	글자	ㅏ	ㅑ	ㅓ	ㅕ	ㅗ	ㅛ	ㅜ	ㅠ	ㅡ	ㅣ				
	이름	아	야	어	여	오	요	우	유	으	이				

가 연달아 결합된 모습을 "CCC…" 등으로 나타낼 수 있을 것입니다. 그런데 3차원 결합(조합) 방식에 따라 그 물질은 흑연이나 다이아몬드가 되거나, 또는 탄소 나노 튜브(carbon nano tube, CNT), 플러렌(C_{60})처럼 색다른 특성의 물질까지 될 수가 있습니다.

가끔 광고에서 "100% 자연산으로 화학 물질이 첨가되지 않은 제품"이라고 홍보하는 모습을 볼 수 있습니다. 자연에서 얻는 천연 재료는 화학 물질이 아닐까요? 절대로 그렇지 않습니다. 그것은 틀린 표현입니다. 모든 물질 자체가 화학 물질인데, 화학 물질이 포함되지 않았다고 하면 무지를 드러내는 일과 같습니다. 2008년 영국 왕립 화학회(Royal Society of Chemistry, RSC)에서 화학 물질이 없는 재료를 발견하거나 찾아오는 사람에게 100만 파운드(약 15억 원)의 상금을 주겠다고 한 적이 있습니다. 화학 물질이 아닌 물질은 존재하지 않으므로 그 상금을 받을 사람은 앞으로도 영영 나올 수 없을 것입니다. 현재까지 밝혀진 화학 물질의 종류는 약 1억 7000만 개로 대부분 자연 물질이며, 자연에 없는 것을 합성한 화학 물질은 그중 약 14만 4000개 정도입니다. 매년 약 2,000개의 화학 물질이 신물질로 등록되고 있습니다.

읽는 법과 표기하는 법

주기율표에서 종류가 다른 원소 118개 원소의 이름과 기호를 모두 기억하기란 거의 불가능합니다. 화학을 공부하기 시작한 지 반백년이 되어 가는 저도 원소의 이름을 전부 기억하지 못합니다. 필요하면 그때마다 찾아보면 되므로, 기억할 필요도 없습니다. 원소의 이름을 들으면, 어디선가 들어 본 듯한 기억은 나지만 일치하는 원소 기호를 연상하기만도 벅찹니다. 그러므로 독자 여러분은 원소 기호와 이름에 익숙해지지 않더라도 안심하셔도 됩니다.

화학에서 수소 원자는 H, 수소 분자는 H_2라는 기호로 표기합니다. 원자의 수가 1개라면 아래 첨자 1을 생략하는 것이 관례입니다. 수소 원자 2개가 결합하면 수소 분자가 형성되며, H_2에서 아래 첨자 2가 바로 수소 원자의 수를 나타낸 것입니다. 또 다른 예로 이산화탄소의 분자식은 CO_2이며 탄소 원자(C) 1개와 산소 원자(O) 2개로 만들어진 분자입니다. (C_1O_2라고 적지 않습니다.) 이를 영어로는 '카본 다이옥사이드(carbon dioxide)'라고 읽습니다. 즉 영어는 분자식 앞에 있는 원자의 이름부터 순서대로 읽습니다. (카본(C) 다이(2) – 옥사이드(O)) 그러나 우리말로는 분자식 뒤에서부터 숫자, 원자 이름순으로 읽습니다. '이(2) 산화(O) 탄소(C)'입니다. 산소 대신 산화라고 표기했는데, 분자의 이름을

그림 3.2. 118개 원소의 기호와 이름을 전부 기억하기란 쉬운 일이 아니다.

읽을 때 성분 중에 산소가 있으면 '산화', 염소가 있으면 '염화'라고 표기가 바뀌기 때문입니다. 만약 물(H_2O) 분자를 영어로 읽는다면 '다이하이드로젠 옥사이드(dihydrogen oxide)' 또는 '다이하이드로젠 모노옥사이드(dihydrogen monoxide, DHMO)'이며, 우리말로는 '산화이수소'가 될 것입니다. 그러나 우리는 '워터' 또는 '물'이라고 부르는 편이 더 익숙합니다. (물을 DHMO라고 영어 약어로 표기해서 마치 유해한 화학 물질처럼 보이게 만들어 화학 물질 공포증이 있는 일반인들에게 DHMO 추방 운동을 벌인 사건도 실제로 있었습니다.) 이렇게 하나의 분자라도 이름이 여러 개 있을 수 있습니다. 화합물 및 분자를 원소 기호와 숫자로 표현하는 화학 기호는 국제 언어입니다. 예를 들어 물을 뜻하는 단어는 언어마다 다르지만, H_2O는 세계 어디서나 사용되는 공통 언어(기호)입니다.

화학자들은 화학식, 분자식 등을 나타낼 때 맨 먼저 탄소 원자의 원소 기호(C)를, 그다음으로 수소 원자의 원소 기호(H)를 적습니다. 각 원자의 개수는 원소 기호 다음에 아래 첨자로 나타냅니다. 만약에 탄소와 수소는 물론 다른 종류의 원자들이 포함된 분자라면 수소 원자 다음부터는 원소 기호의 영어 알파벳 순서로 표기하는 것이 관습으로 굳어졌습니다. (힐 체계(Hill system)라고 합니다.) 예를 들어 메테인은 탄소 원자 1개와 수소 원자 4개로 이루어져 있습니다. 그 분자식은 CH_4라고 표기하며 H_4C라고 표기하지 않습니다. 만약에 탄소 원자가 없는 분자의 경우에는 알파벳 순서에 따라 원소 기호와 아래 첨자를 사용해 성분을 나타냅니다. 예를 들어 물 분자는 수소 원자 2개, 산소 원자 1개로 구성된 분자입니다. 탄소가 없으므로 알파벳 순서가 빠른 수소(H)가 앞에 와 H_2O로 표기하며, OH_2로 표기하지 않습니다. 같은 식으로 포도당 분자는 $C_6H_{12}O_6$로 표기합니다. 그런데 역시 규칙에는 예외가 있어서, 암모니아 분자는 H_3N이 아니라 NH_3로 표기합니다. 그것은 표기 체계가 정해지기 전부터 관습적으로 이미 많은 사람이 암모니아를 NH_3로 표기해 왔기 때문입니다. 또한 황산을 힐 체계에 따라 적는다면 H_2O_4S가 되겠지만, 실험실에 보관된 황산에는 관례에 따라

H_2SO_4로 표기된 라벨이 붙어 있습니다.

분자식, 구조식, 화학식, 실험식

앞서 본 것처럼, **분자식**(molecular formula)은 분자 하나를 구성하는 원자들을 원소 기호와 아래 첨자로 나타낸 것입니다. 그러나 예로 든 이산화탄소 분자식은 원자의 구성 성분과 양을 나타낼 뿐이며, 탄소와 산소가 결합한 모습과 3차원 공간 배열(원자들이 이루는 각, 원자들 간의 거리 등)까지는 나타내지 못합니다.

구조식(structural formula)은 하나의 분자에서 원자들이 결합한 모습을 2차원 평면에 투영한 것입니다. 예를 들어 이산화탄소는 산소-탄소-산소가 직선 막대기 모양으로 결합하며 물은 산소를 중심으로 수소 2개가 104.45도의 각도를 이룹니다. (그림 3.3) 또 다른 예로 다이메틸에테르(dimethyl ether, DME)와 에탄올 분자의 분자식은 C_2H_6O로 같지만, 구조식은 CH_3OCH_3와 CH_3CH_2OH로 완전히 다릅니다. 원자의 종류

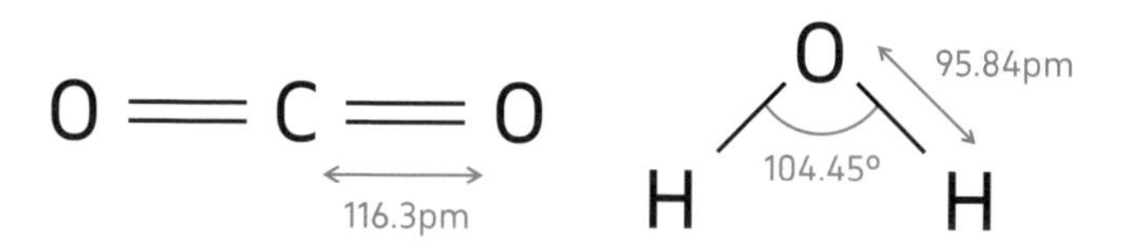

그림 3.3. 이산화탄소(CO_2)와 물(H_2O)의 분자 구조.

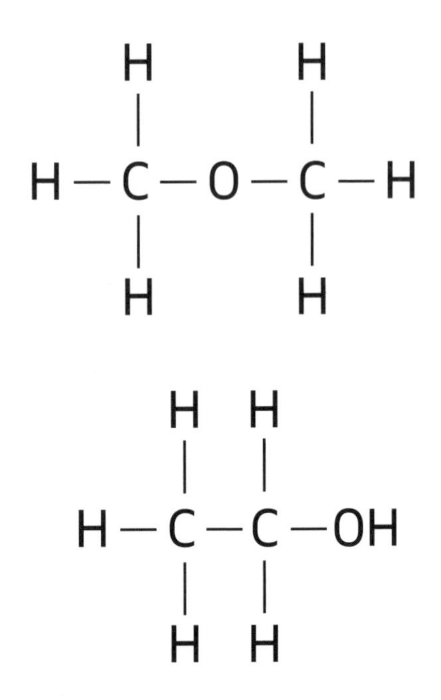

그림 3.4. 다이메틸에테르(CH_3OCH_3, 위)와 에탄올(CH_3CH_2OH, 아래)의 분자 구조.

와 수는 똑같아도 결합 형식이 다르기 때문에 두 분자는 전혀 다른 특성을 보이게 됩니다. (그림 3.4)

화학식(chemical formula)은 원소 기호와 원자 비율을 가지고 분자 성분을 가장 간단한 정수 비(율)로 나타낸 것입니다. 예를 들어 소금의 화학식은 NaCl, 이산화탄소 분자의 화학식은 CO_2입니다. 이산화탄소 분자들이 모이면 화학 물질 이산화탄소가 되며, 화학식은 탄소와 산소의 원자 비율이 1:2임을 말해 줍니다. 그러나 화학 물질 소금은 소듐 원자와 염소 원자가 1:1로 결합해 분자를 형성하고, 그것들이 많이 모여서 되는 것이 아닙니다. 소금 결정은 수많은 소듐 이온(Na^{+})과 염소 이온(Cl^{-})이 일정한 형식에 맞추어 결합해 3차원 구조를 이루는 화학 물질입니다. 소금의 화학식은 결정에서 소듐 이온과 염소 이온의 비율이 1:1이라는 사실만 알려 줍니다.

실험식(empirical formula)은 화학 물질을 구성하는 원자들을 가장 간단한 정수비로 나타낸 것입니다. 앞서 예로 든 소금(NaCl)은 물질을 구성하는 원자 종류에 대한 가장 간단한 비율을 나타낸 것이므로, 이 경우에는 실험식과 화학식이 같습니다. 그러나 에테인은 수많은 에테인 분자가 모인 것으로 분자식은 C_2H_6인데, 이는 1개의 에테인 분자를 구성하는 원자의 종류와 각 원자의 수를 나타낸 것입니다. 그에 비해 에테인의 실험식은 CH_3입니다. 화학 물질 에테인에서 탄소와 수소의 가장 간단한 정수비가 1:3이기 때문입니다. 따라서 에테인의 실험식은 CH_3이고, 분자식은 C_2H_6입니다.

인간의 실험식

원소 기호를 사용해서 인간의 몸을 실험식으로 나타낼 수 있을까요? 인체를 원자의 종류와 원자의 수로 나타낸다면 그림 3.5와 같을 것입니다. 이것은 실험식, 분자식, 화학식, 구조식 어느 것도 아니며, 단지 인간 구성 성분의 원자 종류와 각 원자의 대략적인 수를 흥미롭

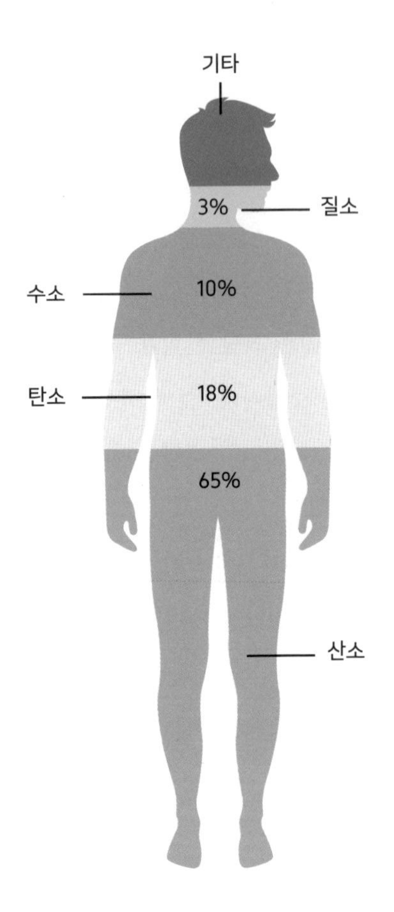

인간 분자 실험식

$$C_{10^{27}} H_{10^{27}} O_{10^{27}} N_{10^{26}} P_{10^{25}} S_{10^{24}} Ca_{10^{25}} K_{10^{24}} Cl_{10^{24}} Na_{10^{24}}$$

$$Mg_{10^{24}} Fe_{10^{23}} F_{10^{23}} Zn_{10^{22}} Si_{10^{22}} Cu_{10^{21}} B_{10^{21}} I_{10^{20}} Sn_{10^{20}}$$

$$Mn_{10^{20}} Se_{10^{20}} Cr_{10^{20}} Ni_{10^{20}} Mo_{10^{19}} Co_{10^{19}} V_{10^{19}}$$

그림 3.5. 30여 종류의 원소로 구성된 인간의 몸을 실험식으로 나타낸다면?

게 표현한 것입니다. 몰(mol) 대신에 원자의 수로 표시했기에 그 수는 당연히 몸무게에 따라 달라질 것입니다. 사실 인간을 실험식으로 나타내기란 매우 어려운 일입니다. 몸에 가장 적게 있는 원자의 양, 즉 몰을 알아야 하고, 그것에 따라서 다른 원자들의 몰 비율도 알아야 하기 때문입니다.

우리 몸을 구성하는 원소의 종류는 약 30개입니다. 그런데 몸에서 1% 이상 질량을 차지하는 원소를 보면 고작 6개(산소(O), 탄소(C), 수소(H), 질소(N), 칼슘(Ca), 인(P))에 불과합니다. 범위를 0.1% 이상의 원소로 확대해도, 단지 원소 5개(포타슘(K), 황(S), 소듐(Na), 염소(Cl), 마그네슘(Mg))가 추가될 뿐입니다. 이 원자들이 자기들끼리 혹은 다른 원자들과 결합해 분자를 만들고, 분자들이 모여 눈에 보이는 물질이 되고, 그 물질이 각자 제자리에 있어야 비로소 몸이 제대로 움직입니다. 참으로 기적 같은 일이 아닐 수 없습니다. 인체를 구성하는 원자는 몇 종류 되지 않지만, 몸에 있는 분자, 이온, 화합물의 종류는 정말 다양하고 기능도 제각각입니다.

인간의 생존에 꼭 필요한 요소를 꼽자면 아마도 물(H_2O), 산소(O_2), 음식 세 가지일 것입니다. 물은 인체에서 차지하는 비중이 약 70%일 정도로 중요하므로 말할 필요도 없습니다. 공기 중 약 21%를 차지하는 산소도 인간에게 꼭 필요한 화학 물질입니다. 사람은 3~5분 이상 숨을 쉬지 못하면 죽음에 이릅니다. 마지막으로 음식에는 우리가 필수 영양소라 부르는 탄수화물, 단백질, 지방 등이 포함되어 있습니다.

탄수화물(carbohydrates)은 탄소(C)와 물(H_2O)의 조합으로 형성될 수 있는 수많은 종류의 분자를 통틀어 부르는 용어이며, 보통 $C_x(H_2O)_y$로 표기합니다. x와 y는 임의의 숫자로, 이룰 수 있는 조합을 상상해 보면 탄수화물 분자의 종류는 엄청나게 많을 것입니다. '물'과 결합하거나 붙어 있는 분자들을 보통 '수화물(hydrate)'이라고 합니다. 따라서 $C_x(H_2O)_y$ 형식의 분자는 원래 '탄소 수화물'이겠지만, 중간에 '소'를 빼고 줄여서 '탄수화물'이라고 부르는 것입니다.

단백질은 다양한 아미노산의 결합으로 만들어지는 분자량이 매우 큰 거대 분자이며, 탄소, 수소, 산소, 질소, 황 원자, 금속 이온 등으로 이루어진 화학 물질입니다. 지방 역시 탄소, 수소, 산소 원자로 이루어진 분자량이 비교적 큰 화학 물질입니다. 우리 몸 지방의 90% 정도를 차지하는 것은 글리세롤에 지방산 분자 3개가 결합해 형성된 중성 지방(triglyceride, TG)으로 분자량이 큽니다. 결합되는 지방산의 종류에 따라 중성 지방의 종류도 달라집니다. 그 외에도 생체의 기능을 증진하거나 혹은 억제하는 생리 활성 물질, 신경 세포 사이에서 정보를 전달하는 신경 전달 물질도 우리 몸에 없어서는 안 되는 필수 요소입니다. 이처럼 사람의 몸을 물질로만 본다면 다양한 기능성을 갖춘 분자들이 모여서 하나의 집단을 이룬 것이라고 볼 수 있습니다.

동위 원소와 동소체

같은 원자로 구성된 질량만 다른 원소들을 **동위 원소**(isotope)라고 합니다. 원자 번호가 1인 수소에서 수소, 중수소, 삼중수소의 양성자는 모두 1개입니다. 그런데 수소의 원자핵에는 양성자만 1개 있고, 중수소의 원자핵에는 양성자와 중성자가 각각 1개씩, 삼중수소의 원자핵에는 양성자 1개와 중성자 2개가 있습니다. 질량의 차이는 결국 원자핵을 구성하는 중성자의 수에서 오는 것이기에 원자 번호, 즉 양성자의 수가 똑같은 원소들이 동위 원소입니다.

한편 **동소체(allotrope)**는 한 종류의 원자로만 이루어졌으나 원자 결합 방식의 차이 때문에 특성이 다른 물질을 말합니다. 예를 들어 흑연과 다이아몬드는 모두 탄소 원자로만 이루어진 동소체입니다. 그 모양이 축구공과 닮은 플러렌 분자도, 탄소 나노 튜브도 모두 탄소 동소체에 속합니다.

화학 물질의 세 가지 상

원소는 상온(25℃)에서 기체, 액체, 고체 상태로 있을 수 있습니다. 이를 나타내는 알파벳은 각각 **기체(gas)**, **액체(liquid)**, **고체(solid)**의 첫 글자(g, l, s)로, 원소의 물리적 상태를 표시하는 기호로 사용됩니다. 예를 들어 상온에서 금($Au(s)$)은 고체, 수은($Hg(l)$)은 액체, 산소($O_2(g)$)는 기체라는 사실은 여러분도 잘 알 것입니다. 원소뿐만 아니라 원자, 분자, 이온, 화합물도 원소 기호와 숫자를 써서 종류와 성분을 구별하며, 그 물리적 상태는 주로 화학 기호 다음의 괄호 안에 s, l, g를 표기해 나타

주기 \ 족	1	2	3	4	5	6	7	8	9	10	11	12	13	14	15	16	17	18
1	1 **H**																	2 **He**
2	3 **Li**	4 **Be**											5 **B**	6 **C**	7 **N**	8 **O**	9 **F**	10 **Ne**
3	11 **Na**	12 **Mg**											13 **Al**	14 **Si**	15 **P**	16 **S**	17 **Cl**	18 **Ar**
4	19 **K**	20 **Ca**	21 **Sc**	22 **Ti**	23 **V**	24 **Cr**	25 **Mn**	26 **Fe**	27 **Co**	28 **Ni**	29 **Cu**	30 **Zn**	31 **Ga**	32 **Ge**	33 **As**	34 **Se**	35 **Br**	36 **Kr**
5	37 **Rb**	38 **Sr**	39 **Y**	40 **Zr**	41 **Nb**	42 **Mo**	43 **Tc**	44 **Ru**	45 **Rh**	46 **Pd**	47 **Ag**	48 **Cd**	49 **In**	50 **Sn**	51 **Sb**	52 **Te**	53 **I**	54 **Xe**
6	55 **Cs**	56 **Ba**	57 **La**	72 **Hf**	73 **Ta**	74 **W**	75 **Re**	76 **Os**	77 **Ir**	78 **Pt**	79 **Au**	80 **Hg**	81 **Tl**	82 **Pb**	83 **Bi**	84 **Po**	85 **At**	86 **Rn**
7	87 **Fr**	88 **Ra**	89 **Ac**	104 **Rf**	105 **Db**	106 **Sg**	107 **Bh**	108 **Hs**	109 **Mt**	110 **Ds**	111 **Rg**	112 **Cn**		114 **Fl**				

58 **Ce**	59 **Pr**	60 **Nd**	61 **Pm**	62 **Sm**	63 **Eu**	64 **Gd**	65 **Tb**	66 **Dy**	67 **Ho**	68 **Er**	69 **Tm**	70 **Yb**	71 **Lu**
90 **Th**	91 **Pa**	92 **U**	93 **Np**	94 **Pu**	95 **Am**	96 **Cm**	97 **Bk**	98 **Cf**	99 **Es**	100 **Fm**	101 **Md**	102 **No**	103 **Lr**

■ 기체(상온)
□ 고체(상온)
■ 액체(상온)
■ 액체(상온보다 약간 높은 온도)

그림 3.6. 화학 물질의 세 가지 상. 기체, 액체, 고체 상에 따른 원소 분류.

냅니다. 그러므로 그것 없이 화학 기호만 있다면 통상적인 상태를 말하는 것이라 생각하면 됩니다. 예를 들어 산소와 질소는 특별한 조건이 아니면 상온과 대기압(atmospheric pressure, 기호는 atm)에서 기체이기 때문에 물리적 상태를 나타내는 기호를 따로 표시하지 않습니다.

상온에서 기체인 원소는 많습니다. 수소(H_2) 질소(N_2), 산소(O_2), 플루오린(F_2), 염소(Cl_2)와 모든 비활성 기체(He, Ne, Ar, Kr, Xe, Rn)는 상온에서 기체입니다. 비활성 기체는 모두 단원자입니다. 상온에서 액체인 원소는 수은($Hg(l)$)과 브로민($Br_2(l)$)뿐입니다. 원소 중에서 원자 2개가 결합해 분자 상태인 원소는 액체 브로민($Br_2(l)$)과 5종류의 기체(수소($H_2(g)$), 질소($N_2(g)$), 산소($O_2(g)$), 플루오린($F_2(g)$), 염소($Cl_2(g)$))입니다. 이 원소들은 이원자 분자 상태로 있습니다. (그림 3.7)

이원자 분자들을 잘 기억하기 위해 저는 "질산염 브플수"라고 앞 글자만 따서 문구를 만들어 보았습니다. "질산염을 녹이는 특별한 물, 브플수"라는 식인데, 기억을 위해서 만든 문구이기에 실제 의미는 없습니다. 화학 공부를 하다 보면 기억해야 할 것이 많아서 저는 이런 방법을 사용하곤 합니다. 여러분도 자신만의 문구를 만들어 기억하면 무턱대고 외우기보다 기억도 오래가고, 암기의 부담에서 벗어날 수 있을 것입니다.

앞서 설명한 원소들을 제외하면 원소는 대부분 상온에서 금속이며 고체입니다. (실온에서 고체이지만, 상온보다 약간 높은 온도(30℃)에서 액체로 변하는 금속(Ga, Cs, Fr)도 있습니다.) 원자 번호 20번 이내의 원소 중에도 고체인 금속과 비금속이 있습니다. (Li, Be, B, C, Na, Mg, Al, Si, P, S, K, Ca) 그러나 많은 원소는 순수한 상태로 발견되는 일이 매우 드뭅니다. 많은 금속이 산소와 물을 만나면 산화물(금속과 산소가 결합한 화학 물질)로 변하기 때문입니다. 따라서 특별한 조건에 보관하지 않는다면 원소를 순수한 상태로 유지하기란 불가능합니다. 특히 소듐(Na) 같은 금속은

주기 \ 족	1	2	3	4	5	6	7	8	9	10	11	12	13	14	15	16	17	18
1	1 **H**																	2 **He**
2	3 **Li**	4 **Be**											5 **B**	6 **C**	7 **N**	8 **O**	9 **F**	10 **Ne**
3	11 **Na**	12 **Mg**											13 **Al**	14 **Si**	15 **P**	16 **S**	17 **Cl**	18 **Ar**
4	19 **K**	20 **Ca**	21 **Sc**	22 **Ti**	23 **V**	24 **Cr**	25 **Mn**	26 **Fe**	27 **Co**	28 **Ni**	29 **Cu**	30 **Zn**	31 **Ga**	32 **Ge**	33 **As**	34 **Se**	35 **Br**	36 **Kr**
5	37 **Rb**	38 **Sr**	39 **Y**	40 **Zr**	41 **Nb**	42 **Mo**	43 **Tc**	44 **Ru**	45 **Rh**	46 **Pd**	47 **Ag**	48 **Cd**	49 **In**	50 **Sn**	51 **Sb**	52 **Te**	53 **I**	54 **Xe**
6	55 **Cs**	56 **Ba**	57 **La**	72 **Hf**	73 **Ta**	74 **W**	75 **Re**	76 **Os**	77 **Ir**	78 **Pt**	79 **Au**	80 **Hg**	81 **Tl**	82 **Pb**	83 **Bi**	84 **Po**	85 **At**	86 **Rn**
7	87 **Fr**	88 **Ra**	89 **Ac**	104 **Rf**	105 **Db**	106 **Sg**	107 **Bh**	108 **Hs**	109 **Mt**	110 **Ds**	111 **Rg**	112 **Cn**	113 **Nh**	114 **Fl**	115 **Mc**	116 **Lv**	117 **Ts**	118 **Og**

58 **Ce**	59 **Pr**	60 **Nd**	61 **Pm**	62 **Sm**	63 **Eu**	64 **Gd**	65 **Tb**	66 **Dy**	67 **Ho**	68 **Er**	69 **Tm**	70 **Yb**	71 **Lu**
90 **Th**	91 **Pa**	92 **U**	93 **Np**	94 **Pu**	95 **Am**	96 **Cm**	97 **Bk**	98 **Cf**	99 **Es**	100 **Fm**	101 **Md**	102 **No**	103 **Lr**

■ 이원자 분자

그림 3.7. 이원자 분자로 된 원소들. '질산염 브플수'로 기억해 보자.

공기 중 수분과 접촉만 해도 즉시 반응할 정도로 반응성이 커서, 그대로 놔둘 수 없을 정도입니다. 그래서 소듐은 물이 없는 **무극성 용매**(nonpolar solvent)에 담가 보관합니다. (유기 용매는 대부분 무극성입니다.) 다른 많은 원소도 압력과 온도 조건이 달라지면 기체, 액체, 고체로 상변화가 진행됩니다. 화학적이 아니라 물리적으로 변하는 것입니다.

기체, 액체, 고체의 특징

우리가 매일 마시는 물의 세 가지 상태를 떠올려 보면 물질의 **상변화**(phase change)라는 개념이 어렵지 않습니다. 수증기는 어떤 용기에 담아 놓아도 용기 전체의 부피를 차지하며 골고루 퍼집니다. (기체) 물은 담는 용기의 모양대로 바닥부터 채워집니다. (액체) 얼음은 용기 모양에 상관없이 본래 모습을 유지합니다. (고체) 상변화는 물리 현상이지만, 화학 변화와 마찬가지로 반드시 에너지의 출입이 있습니다.

모두 알고 있듯이 물을 끓이면 수증기가, 얼리면 얼음이 됩니다. 물을 끓이는 일은 액체에 에너지를 넣는 것이고, 얼리는 일은 물로부터 에너지를 빼는 것입니다. 물은 100℃에서 끓고 0℃에서 얼지만, 물을 구성하는 분자는 여전히 H_2O로 화학 성분은 변함이 없습니다. 다른 화학 물질도 온도와 압력의 변화를 주면 마찬가지로 물리적인 상변화가 진행됩니다. ($s \rightarrow l \rightarrow g$, 혹은 $g \rightarrow l \rightarrow s$) 그러나 화학 물질은 상이 변해도 그것의 성분에는 변함이 없습니다. 반면에 화학 물질의 반응성은 상에 따라 차이가 있으며, 화학 반응의 결과물(생성물)도 시작 물질(반응물)의 상에 따라 차이가 납니다. 이처럼 화학 변화는 물론 물리 변화도 겪기 때문에 물질의 변화는 폭도 크고 다양하며 복잡하기까지 합니다. 이 변화를 흥미 있다고 느낀다면 관심을 갖고 공부를 계속할 수 있겠지만, 너무 어렵고 복잡하다고 느끼면 공부할 의욕이 사라질 것입니다.

물의 상변화와 에너지

물질의 화학적 및 물리적 변화에는 반드시 에너지 출입이 있습니다. 인간과 동식물에 꼭 필요한 화학 물질인 물 역시 상변화를 겪습니다. 물은 분자식 H_2O로 표시하며, 양을 나타낼 때는 앞서 설명한 대로 mol 단위를 사용합니다. 물 1mol의 질량은 18g입니다. 물의 질량은 지구에서 장소에 상관없이 모두 같지만, 중력의 영향을 받는 물의 무게(weight)는 적도(중력 가속도 9.798m/s^2)와 극지방(중력 가속도 9.863m/s^2)에서 차이가 납니다. 중요한 사실은 어떤 화학 물질이든지 1mol은 그것을 구성하는 성분(원자, 분자, 이온, 화합물)의 수가 아보가드로수(6.022×10^{23})와 같다는 것입니다.

물의 물리적 변화에 따른 에너지 변화를 생각해 봅시다. 물은 각각의 상에 따라서 가지고 있는 에너지가 다르며, 상변화에 따른 에너지 변화 크기는 측정할 수 있습니다. 즉 물($H_2O(l)$), 수증기($H_2O(g)$), 얼음($H_2O(s)$)이 가진 에너지가 다르기 때문에 상이 변할 때 에너지를 흡수 혹은 방출합니다. 상은 변하지만 화학 변화는 없어, 모두 H_2O라고 나타냅니다. 물이 액체에서 기체로 상변화가 일어날 때 에너지를 생각해 봅시다. 물이 수증기로 변하려면 열(에너지)을 물(반응계)에 넣어야 합니다. 식으로 나타내면 다음과 같습니다.

$H_2O(l) + 40.8kJ/mol \rightarrow H_2O(g)$

이것은 물 1mol이 증발할 때 계에 에너지가 들어가야 하며, 그 크기는 40.8kJ임을 식으로 표현한 것입니다. 반응계($H_2O(l)$)가 열을 흡수했으므로 플러스이며, 흡열 과정입니다. 물이 수증기로 변할 때(증발) 필요한 에너지는 **흡열 엔탈피(endothermic enthalpy)**라고 부르며, 다음과 같은 식으로 나타냅니다.

$H_2O(l) \rightarrow H_2O(g) \qquad \Delta H = +40.8kJ/mol$

기호 ΔH는 변화량을 의미하는 델타(Δ)와 열(heat)의 첫 글자인 대문자 H를 합쳐 놓은 것입니다. 한편 수증기($H_2O(g)$)가 물로 될 때(응축)는 수증기(계)에서 열이 빠져나가야 하므로 마이너스이며, 발열 과정입니다. 그 변화에 대한 에너지는 **발열 엔탈피(exothermic enthalpy)**라고 합니다.

$H_2O(g) - 40.8kJ/mol \rightarrow H_2O(l)$

$H_2O(g) \rightarrow H_2O(l) \qquad \Delta H = -40.8kJ/mol$

지금까지 설명한 상변화 에너지, 40.8kJ/mol은 엄밀하게 말하자면 100℃에서 물이 수증기로, 혹은 수증기가 물로 변할 때 에너지의 변화에 해당합니다. 그러므로 에너지를 넣고 빼는 대상인 반응계는 액체 혹은 기체가 됩니다. 그런데 우리가 경험하는 물의 증발은 사실 100℃보다 훨씬 낮은 온도에서도 진행되며, 수증기가 물이 되는 것 역시 더 낮은 온도에서 충분히 가능합니다. 물과 수증기의 상호 변화에 따른 엔탈피의 크기는 특정한 조건(100℃)에서 40.8kJ/mol인 것입니다.

이처럼 과학 자료에는 언제나 크기, 단위와 함께 그에 따른 조건이 있습니다. 지금 예로 든 물의 증발과 응축(물이 수증기로, 수증기가 물로)은 100℃에서, 또 다른 응축과 녹음(물이 얼음으로, 얼음이 물로)은 0℃에서 진행됩니다. 또 하나의 조건인 압력은 1atm입니다. 다시 한번 강조하지만, 반응계가 열을 흡수하는 것이 흡열 과정이고, 그것은 반응계에 에너지를 넣는 일이라서 플러스입니다. 반면에 반응계가 열을 방출하는 것은 발열 과정이고, 그것은 반응계가 열을 빼앗기는 것이므로 마이너스입니다. 화학 반응에 따른 에너지(흡열 혹은 발열)와 부호(+ 혹은 −)는 항상 반응계의 입장에서 생각해야 대응되는 에너지의 부호 표기를 나타낼 때 혼란을 겪지 않습니다.

이번에는 물이 얼음으로 변할 때 에너지 변화에 대해 알아봅시다. 물이 얼음이 되려면 물에서 에너지를 빼내야 합니다. 반응계($H_2O(l)$)로부터 열이 방출되는 것입니다. 이 변화는 0℃에서 일어나며, 다음과 같은 식으로 나타냅니다.

$$H_2O(l) \rightarrow H_2O(s) \qquad \Delta H = -6.00 kJ/mol$$

반대로 얼음($H_2O(s)$)을 녹여 물($H_2O(l)$)로 만들려면 얼음에 에너지를 넣어야 합니다. 이것을 식으로 나타내면 다음과 같습니다.

$$H_2O(s) \rightarrow H_2O(l) \qquad \Delta H = +6.00\text{kJ/mol}$$

얼음을 만들 때와는 반대로 반응계(얼음)에 에너지를 넣어야 물이 됩니다. 따라서 엔탈피 기호는 + 입니다. 이때 압력 조건은 따로 표현하지 않았지만, 일정한 압력(1atm)에서 진행된 것입니다. 앞으로도 물리적 및 화학 변화에서 압력 조건이 없다면 대기압이라고 여기면 됩니다. 그러므로 엔탈피(ΔH)는 일정한 압력(대기압)에서 진행되는 물리 변화(상변화 엔탈피) 혹은 화학 변화(반응 엔탈피)에 대한 에너지 변화의 크기를 나타낸 것입니다. 실험실의 화학 반응은 대부분 일정한 압력에서 진행되므로, 화학 반응의 엔탈피는 일정한 압력에서 진행되는 화학 반응의 에너지 변화를 말하는 것으로 보면 됩니다. 다행히 물의 상변화는 우리가 눈으로 볼 수 있습니다. 물에서 열이 빠지면 얼음이 되고, 또한 물이 열을 받으면 수증기로 변합니다.

상변화 엔탈피 역시 ΔH라는 기호로 나타냅니다. 이는 에너지 변화와 같은 뜻입니다. 그러므로 물이 수증기가 될 때 ΔH는 플러스, 물이 얼음이 될 때 ΔH는 마이너스입니다. 100℃에서 물이 수증기가 될 때 필요한 에너지를 증발열이라 하며 크기는 $\Delta H = +40.8\text{kJ/mol}$입니다. 온도 0℃에서 얼음이 열을 흡수하면 물이 됩니다. 그때 필요한 에너지가 녹음열이고, 그 크기는 $\Delta H = +6.0\text{kJ/mol}$입니다. 물의 상변

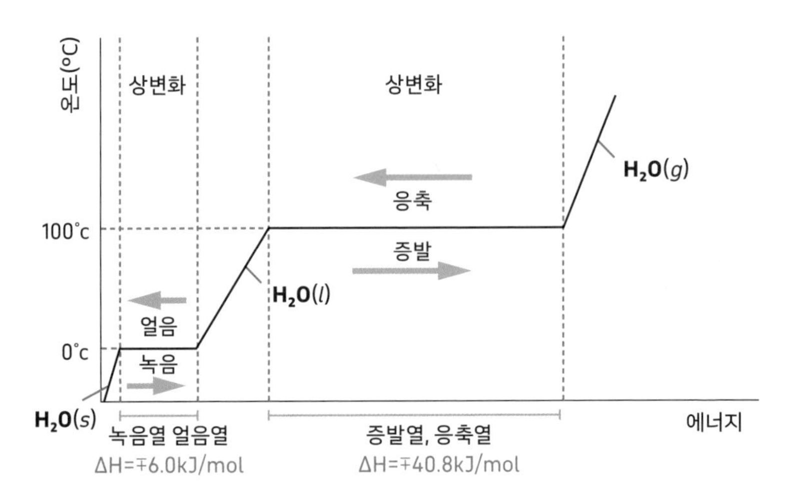

그림 3.8. 물의 상변화($s \to l \to g$, $g \to l \to s$)에 따른 에너지 변화.

화가 진행될 때(100℃에서는 $H_2O(l) \to H_2O(g)$, 0℃에서는 $H_2O(s) \to H_2O(l)$)는 계가 열을 받아도 온도는 일정하게 유지됩니다. 물의 상변화가 반대 방향으로 진행될 때(100℃에서는 $H_2O(g) \to H_2O(l)$, 0℃에서는 $H_2O(l) \to H_2O(s)$)에도 온도는 마찬가지로 일정하게 유지됩니다. 그것에 대한 에너지 변화는 각각 응축열($\Delta H = -40.8kJ/mol$)과 얼음열($\Delta H = -6.0kJ/mol$)이라 부릅니다. 마지막으로 일정한 온도(0℃, 100℃)에서 물질의 상변화에 필요한 에너지는 **잠열(latent heat)**이라 합니다. 물의 상변화에 따른 에너지 변화를 한눈에 볼 수 있게 그림 3.8에 모아 보았습니다.

반응물, 생성물, 에너지 출입

모든 물질은 더 안정된 에너지 상태를 유지하려는 경향이 있습니다. 앞으로 차차 설명하겠지만 물질이 안정된 상태로 변하는 속도는 그 물질의 에너지로 판단하는 안정성과는 별개입니다. 화학에서는 반응에 필요한 출발 물질(원소, 원자, 이온, 분자, 화합물)을 **반응물(reactant)**, 반응이 끝난 후에 만들어진 물질(원자, 이온, 분자, 화합물)은 **생성물(product)**, 반응이 진행되는 도중 잠시 만들어졌다 사라지는 물질은 **중간체(intermediate)**라고 부릅니다. 화학 반응이 다 진행되었는데도 반응물이 남을 때가 있습니다. 그것은 반응이 100% 완결되지 않았다는 뜻이며, 실제로 실험실과 화학 공장에서 진행되는 화학 반응은 완결되지 않는 것들이 더 많습니다.

화학 반응의 진행에는 반드시 에너지가 들고 나는 일(출입)이 함께 합니다. 어떤 화학 반응은 진행되면서 에너지가 나오지만, 어떤 반응은 에너지를 넣어야 진행됩니다. 그렇게 에너지가 출입하는 대상을 우리는 계(혹은 반응계)라고 부릅니다. 계의 범위는 화학 반응 자체일 수도, 또는 화학 반응이 진행되는 환경까지 포함하는 것일 수도 있습니다. 계를 어떻게 특정하고 정의하는가에 따라 그 범위가 달라지는 것입니다.

반응식과 에너지 변화

화학에서는 반응식을 이용해 화학 반응을 표현하며, 이때 반응식은 기본적으로 두 가지 조건을 만족합니다. 첫째, 반응물 원자의 총량과 생성물 원자의 총량이 같아야 합니다. (단위는 mol) 둘째, 반응물이 띤 전하를 모두 합친 것과 생성물이 띤 전하를 모두 합친 것이 같아야 합니다. 반응이 진행되면 반응물과 생성물의 종류 및 전하의 크기가 변할 수 있고, 상변화도 일어날 수 있습니다. 그러나 반응물과 생성물을 구성하는 원자의 양(몰)에는 변함이 없습니다. 이것이 바로 '화학 반응 전후 화학 물질의 질량은 변하지 않는다.'라는 **질량 보존 법칙**(law of conservation of mass)입니다.

근대 화학의 아버지라 불리는 프랑스 혁명기의 화학자, 앙투안로랑 드 라부아지에(Antoine-Laurent de Lavoisier, 1743~1794년)는 이 개념을 세금을 걷는 아이디어로 활용하려 했습니다. 그는 파리 둘레에 벽을 쌓으면 성으로 들어오고 나가는 모든 물품에 빠짐없이 관세를 부과할 수 있으리라고 보았습니다. 성벽 안으로 들어온 물품(반응물)은 결국 성 밖으로 빠져나가거나(생성물)과 성 안에 남아 있을(남은 반응물) 테기 때문입니다. 라부아지에는 세금 징수업자로 일한 경력 때문에 대중의 미움을 사서 단두대에서 처형당했지만, 그 탁월한 업적은 그를 18세기 화학 혁명의 중심 인물로 만들기에 충분했습니다. **연소 반응**(combustion reaction)에서 기존 이론을 뒤엎고 '산소 발견'이라는 새로운 이정표를 세운 것도 그의 업적 중 하나입니다.

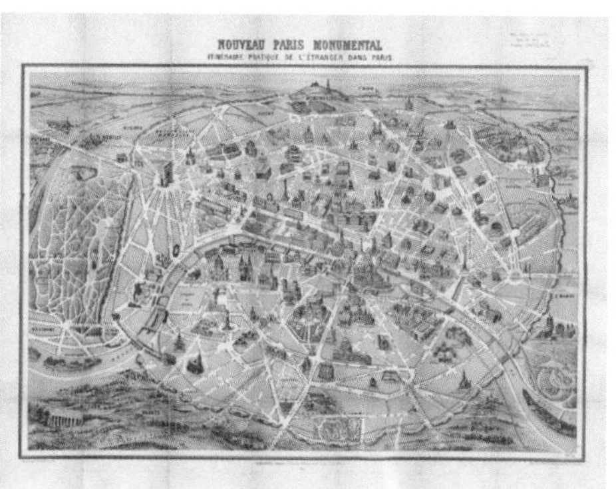

그림 3.9. 근대 화학의 아버지 앙투안로랑 드 라부아지에와 그가 질량 보존 법칙을 응용해 세금을 걷는 데 사용한 파리의 성곽.

물의 상변화는 물리 변화이므로 반응물과 생성물은 그대로 물이며, 원자 성분 역시 전혀 변하지 않습니다. 그러나 화학 변화에는 물질을 구성하는 화학 성분(원자 배열, 그리고 결합하는 원자의 종류와 개수)의 변화가 있습니다. 예를 들어 메테인($CH_4(g)$)은 산소($O_2(g)$)와 반응하면 엄청난 열을 내는 화학 변화를 겪습니다. 어떤 물질이 산소와 반응해 열을 내는 것을 연소 반응이라 합니다. 허파에서 적혈구를 통해 세포로 운반된 산소가 우리가 먹는 음식에 포함된 분자와 반응하는 것도 단순하게 보면 연소 반응의 한 종류입니다. 한편 메테인은 산소($O_2(g)$)와 반응하고 나면 이산화탄소($CO_2(g)$)와 물($H_2O(l)$)로 변합니다. 그러나 산소가 전혀 없는 곳에서는 메테인에 불을 붙여도 연소가 일어나지 않습니다. 화학 반응이 진행되지 않는 것입니다. 이처럼 산소가 없으면 연소가 불가능하다는 원리를 이용해 만든 것이 **소화기**입니다. 그것은 산소를 완전히 차단하는 방법으로 불을 끄는 도구입니다. 공기보다 무거운 이산화탄소 기체를 현장에서 만들고, 그것을 불이 나는 곳 위에 이불처럼 덮어 버리면 산소가 차단되어 불이 꺼집니다. 작은 크기의 불은 불연성 물질로 만든 물체로 덮어서 산소를 차단하기도 합니다.

화학에서는 반응식을 쓸 때 보통 반응물의 분자식을 적고 화살표를 그린 다음 생성물의 분자식을 적습니다. 예를 들어 메테인 연소의 화학 반응식은 $CH_4(g) + 2O_2(g) \rightarrow CO_2(g) + 2H_2O(l)$입니다. 반응물과 생성물 분자들의 원자의 양(mol)은 반응 전후에 변화가 없으므로, 반응물과 생성물 앞에 적절한 **반응 계수(reaction coefficient)**를 곱해서 mol이 같아지도록 합니다. 반응식을 보면 반응물에 있는 원자는 탄소 원자 1mol, 수소 원자 4mol, 산소 원자 4mol입니다. 생성물의 원자도 역시 같음을 확인할 수 있습니다. 그러나 화학 반응이 진행되었기 때문에 다른 종류의 화학 물질로 변한 것입니다.

대학교에서 화학식의 계수 맞추는 법을 강의할 때, 저는 질량 보존 법칙을 이해하기 쉽고 오래 기억하도록 농담을 섞어서 설명하곤 했습니다. 예를 들어 반응물은 실제 원소 기호(Co(코발트), Fe(철))를 사용하고, 생성물은 반응물의 원소 기호와 똑같은 영문 알파벳과 원자의 mol만 같도록 적은 반응식을 예로 드는 것입니다. 즉 Co(코발트) + 2Fe(철) (반응물) → CoFFee (생성물) 같은 식입니다. 반응 전과 후에 원자의 mol이 변함 없다는 사실을 보여 주는 또 다른 농담으로 Li(리튬) + Fe(철) → LiFe도 있고, Ca(칼슘) + 2S(황) → CaSS도 있습니다.

천재(Genius)도 원소 기호 저마늄(Ge), 니켈(Ni), 우라늄(U), 황(S)의 조합으로 만들 수 있는 영어 단어입니다. 여러분도 흥미 삼아 재미난 단어 혹은 의미 있는 조합을 만들어 보기를 바랍니다.

반응 계수 맞추기

메테인(메탄)의 연소 반응식을 이용해 반응물과 생성물 앞에 붙는 아라비아 숫자의 의미를 이해해 봅시다. 반응 전후 모든 원자의 mol이 같도록 반응물과 생성물 분자식 앞에 반응 계수를 붙입니다. 우선 탄소 원자(C)는 반응물(메테인)과 생성물(이산화탄소)에서 각각 1mol이므로 문제가 없습니다. 반면 수소 원자(H)는 반응물(CH_4)에는 4mol인데 생성물(H_2O)에는 2mol입니다. 따라서 수소 원자를 포함하는 생성물 H_2O 앞에 반응 계수 2를 붙이면, 반응 전후가 같아집니다. 그러나 이 과정에서 산소 원자(O)가 생성물에는 4mol(CO_2의 2mol, $2H_2O$의 2mol), 반응물에는 2mol(O_2의 2mol)이 됩니다. 반응물에 있는 산소의 반응 계수를 2로 고치면 양쪽이 같아집니다. 따라서 반응식은 $CH_4 + 2O_2 \rightarrow CO_2 + 2H_2O$이 되며, 이것이 메테인 연소 반응에 대한 완결된 화학 반응식입니다.

$CH_4 + O_2 \rightarrow CO_2 + H_2O$ (계수 맞추기 전 반응식)

$CH_4 + O_2 \rightarrow CO_2 + 2H_2O$ (수소 원자의 수 맞추기)

$CH_4 + 2O_2 \rightarrow CO_2 + 2H_2O$ (산소 원자의 수 맞추기)

이런 방법과 순서에 따라 반응물과 생성물 분자의 반응 계수를 조절하면 반응 전후에 원자의 mol이 변하지 않도록 만들 수 있습니다. 그렇게 완결된 화학 반응식은 화학 물질의 종류만 다르며, 그것을 구성하는 원자의 종류와 수는 반응 전후에 변함이 없습니다.

에너지 변화를 포함하는 완결된 화학 반응식은 반응물과 생성물의 물리적 상태는 물론 반응계가 겪는 에너지의 크기도 함께 나타냅니다. 메테인 연소 반응에서 열이 발생한다는 사실은 이미 느끼고 배워서 알고 있습니다. 반응계에서 열이 빠졌으므로 반응 엔탈피는 마이너스 값이 될 것입니다. 메테인 연소 반응의 완결된 화학 반응식과 에너지 크기를 나타내면 다음과 같습니다.

$$CH_4(g) + 2O_2(g) \rightarrow CO_2(g) + 2H_2O(l) \quad \Delta H = -890.3 kJ/mol$$

반응계의 에너지 변화가 갖는 의미는 무엇일까요? 그것은 한마디로 생성물과 반응물의 총에너지 차이입니다. 원소를 이용해서 반응식에 나타낸 분자들(반응물($CH_4(g)$, $O_2(g)$)과 생성물($CO_2(g)$, $H_2O(l)$))을 처음 만들 때 방출 혹은 흡수되는 에너지(생성 에너지)가 있을 것입니다. 원소의 에너지를 0이라고 정했으므로, 어떤 종류의 분자들이 생성되더라도 그 생성 반응에 흡수 혹은 방출되는 에너지는 결국 분자들의 생성 에너지가 됩니다. 그러므로 반응 결과 발생되는 모든 생성물의 전체 생성 에너지와 모든 반응물의 전체 생성 에너지 차이가 곧 그 반응계의 에너지 변화라고 볼 수 있는 것입니다. 이때 중요한 가정은 반응물 혹은 생성물을 처음 만들 때 에너지 변화를 정하기 위해 원소의 에너지를 모두 0으로 놓아 기준을 삼는다는 점입니다. 마치 서로 다른 곳에 있는 산 2개의 높이를 비교할 때 모두 해수면(해발 0m) 기준으로 측정한 높이를 사용하는 것과 매우 유사하다고 볼 수 있습니다.

이제부터 분자의 생성 에너지를 구체적인 예와 계산을 통해 살펴보도록 하겠습니다. 일단 그림 3.10을 보십시오. 반응 과정과 그 경로

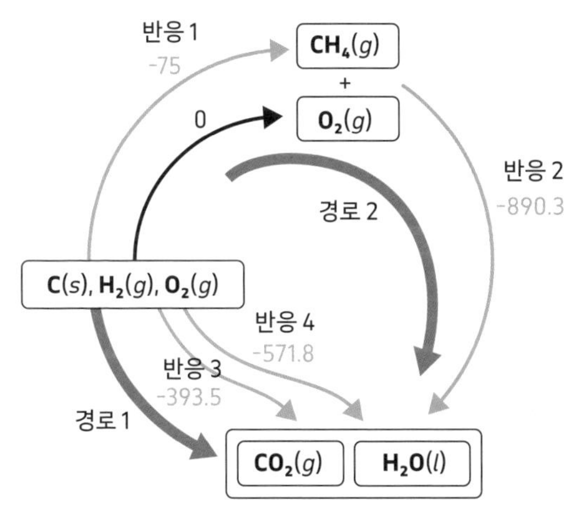

그림 3.10. 최초 반응물을 원소로 해 형성된 최종 생성물의 성분과 상이 같다면 반응 경로에 상관없이 반응물과 생성물의 에너지 차이는 항상 같은 크기이다.

그리고 에너지 변화를 한눈에 볼 수 있게 해 두었습니다. 여기서 탄소 원소는 고체($C(s)$)이고, 수소 원소는 이원자 기체($H_2(g)$)입니다. 연소 반응에서 반응물로 등장했던 메테인 역시 원소를 이용해서 형성되는 분자입니다. 따라서 메테인($CH_4(g)$)이 형성될 때 계에서 나오는 에너지는 곧 메테인의 생성 에너지와 같습니다.

$$C(s) + 2H_2(g) \rightarrow CH_4(g) \qquad \Delta H = -75kJ/mol$$ (메테인 생성)

원소의 에너지를 0이라고 기준을 정했으므로 메테인 생성에 필요한 반응물($C(s)$, $H_2(g)$)의 에너지는 0입니다. 따라서 화학 반응에 동반되는 에너지 변화(ΔH)는 곧 메테인의 생성 에너지가 됩니다. 메테인 분자($CH_4(g)$)와 산소 원소($O_2(g)$)의 반응에 대한 반응식과 에너지 변화는 다음과 같습니다.

$$CH_4(g) + 2O_2(g) \rightarrow CO_2(g) + 2H_2O(l) \quad \Delta H = -890.3kJ/mol$$ (연소)

다음 그림에서 보면 이 과정은 경로 2에 해당합니다. 즉 원소에서 1차로 메테인이 형성되고, 2차로 메테인과 산소가 반응해 이산화탄소와 물이 됩니다. 그러므로 경로 2에 대한 전체 반응식과 에너지 변화는 다음과 같습니다.

반응 1: $C(s) + 2H_2(g) \rightarrow CH_4(g)$

$\Delta H = -75kJ/mol$ (메테인 생성)

반응 2: $CH_4(g) + 2O_2(g) \rightarrow CO_2(g) + 2H_2O(l)$

$\Delta H = -890.3kJ/mol$ (연소)

전체 반응: $C(s) + 2H_2(g) + 2O_2(g) \rightarrow CO_2(g) + 2H_2O(l)$

$\Delta H = -965.3kJ/mol$

메테인은 첫 번째 반응 단계에서 생성물이고, 두 번째 반응 단계에서는 반응물입니다. 따라서 화학 반응식 2개를 합치면 반응 1과 반응 2의 메테인은 사라지므로 전체 반응식에서 메테인은 보이지 않습니다. 결국 전체 반응에 대한 에너지 변화는 모두 원소인 반응물로부터 이산화탄소($CO_2(g)$)와 물($H_2O(l)$)이 형성되는 과정에 대한 것입니다. 그때 반응계는 에너지를 잃으며, 그 크기는 965.3kJ/mol입니다.

이번에는 다른 경로(경로 1)를 통해서 연소 반응의 최종 생성물과 종류와 상이 같은 이산화탄소와 물이 형성된다고 가정해 봅시다. 그것은 경로 2와 마찬가지로 출발 물질이 모두 원소($C(s)$, $O_2(g)$, $H_2(g)$)이며 생성물($CO_2(g)$, $H_2O(l)$) 또한 경로 2와 같습니다. 이것은 오직 반응 경로만 다를 뿐 처음 상태(원소)와 나중 상태(분자, 이산화탄소, 물)는 물론 그것들의 물리적 상까지 같습니다. 따라서 경로 1을 따라서 반응이 진행되는 경우, 그에 따른 화학 반응과 에너지 변화는 다음과 같습니다.

반응 3: $C(s) + O_2(g) \rightarrow CO_2(g)$

$\Delta H = -393.5kJ/mol$ (이산화탄소 생성)

반응 4: $2H_2(g) + O_2(g) \rightarrow 2H_2O(l)$

$\Delta H = -571.8kJ/mol$ (물 생성)

전체 반응: $C(s) + 2H_2(g) + 2O_2(g) \rightarrow CO_2(g) + 2H_2O(l)$

$\Delta H = -965.3kJ/mol$

반응 3과 반응 4의 화학 반응식 2개를 합친 경로 1의 반응식은 경로 2의 반응식과 다를 바가 없습니다. 비록 경로는 다르지만, 원소가 반응물이고 생성물의 상태와 구성 성분이 모두 같습니다. 반응 3과 반응 4는 각각 원소로부터 이산화탄소와 물 분자를 생성하는 것이므로 각 분자의 생성 에너지에 해당합니다. 반응물이 모두 원소($C(s)$, $O_2(g)$, $H_2(g)$)이므로 반응물의 에너지는 0이고, 그것은 결국 이산화탄소와 물을 형성하는 반응에 대한 에너지가 되기 때문입니다. 결국 원소($C(s)$, $H_2(g)$, $O_2(g)$)를 반응물로 화학 반응이 진행되어 최종 생성물의 성분과 상이 똑같은 분자가 된다면($CO_2(g)$, $H_2O(l)$) 그에 따른 에너지 변화는 '경로에 상관없이 같다.'라는 것입니다.

이 총열량 불변의 법칙은, 처음으로 공식화한 스위스 출신 러시아 화학자이자 의사 제르맹 헤스(Germain Hess, 1802~1850년)의 이름을 따서, **헤스의 법칙(Hess' law)**이라고도 합니다. 이해를 돕기 위해 반응식과 경로를 도표(그림 3.11)와 함께 정리해 보면 다음과 같습니다.

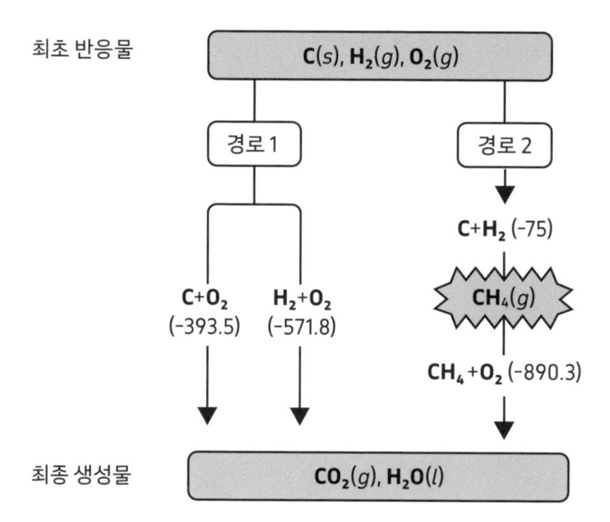

그림 3.11. 헤스의 법칙 개념도.

경로 1

$C(s) + O_2(g) \rightarrow CO_2(g)$ $\Delta H = -393.5kJ/mol$ (이산화탄소 생성)

$2H_2(g) + O_2(g) \rightarrow 2H_2O(l)$ $\Delta H = -571.8kJ/mol$ (물 생성)

$C(s) + 2H_2(g) + 2O_2(g) \rightarrow CO_2(g) + 2H_2O(l)$ $\Delta H = -965.3kJ/mol$

경로 2

$C(s) + 2H_2(g) \rightarrow CH_4(g)$ $\Delta H = -75kJ/mol$ (메테인 생성)

$CH_4(g) + 2O_2(g) \rightarrow CO_2(g) + 2H_2O(l)$ $\Delta H = -890.3kJ/mol$ (연소)

$C(s) + 2H_2(g) + 2O_2(g) \rightarrow CO_2(g) + 2H_2O(l)$ $\Delta H = -965.3kJ/mol$

화학 반응식의 덧셈과 뺄셈

화학 반응이 100% 진행된다면 반응물 없이 생성물만 있게 될 것입니다. 화학 반응에서 원자의 몰과 전하의 총량은 반응 전후에 변함이 없어야 합니다. 구체적인 화학 물질의 분자식 대신 영어 알파벳을 이용해 반응식을 쓰고, 그 의미를 생각해 봅시다.

반응 1: $A + B \rightarrow C + D$ $\Delta H = +100kJ/mol$ (흡열 반응)

반응 2: $A^{+} + B^{-} \rightarrow C + D$ $\Delta H = -50kJ/mol$ (발열 반응)

반응 2에 대한 화학 반응식은 전하를 띤 반응물(이온: A^{+}, B^{-})로부터 전하를 띠지 않은 생성물(화합물: C, D)이 되는 과정을 나타내고 있습니다. 이 경우에도 반응 전, 반응 후의 총 전하는 0입니다. 따라서 반응 전후에 전하가 보존된다는(총 전하가 변하지 않는다는) 사실을 나타냅니다.

전자를 음(−)전하를 띤 하나의 물질로 생각한다면 반응 2는 다음과 같은 2종류의 반응으로 나눌 수가 있습니다. (더 자세한 내용은 5장에서 설명할 예정입니다.) 사실 전자(e^{-})는 산화/환원 반응에서 매우 중요한 역할을 하므로, 반응식에서 반응물과 생성물이 되는 것이 전혀 이상하지 않습니다.

반응 2-1: $A^+ + e^- \rightarrow C$ (전하 보존)

반응 2-2: $B^- \rightarrow D + e^-$ (전하 보존)

$$A^+ + e^- + B^- \rightarrow C + D + e^-$$

완결 반응: $A^+ + B^- \rightarrow C + D$

반응물의 총 전하는 0(A의 +1과 B의 -1를 합한 결과입니다.)이며, 생성물의 총 전하도 0(C와 D는 중성)입니다. 결국 전하를 띤 반응물과 전자도 반응식에 사용할 수 있습니다. 앞선 예에서 보는 것처럼 2개의 반응식을 합치면 반응물과 생성물에 동시에 같은 양(mol)의 전자는 완결된 반응식에서는 보이지 않습니다. 똑같은 분자가 반응식 화살표 왼편과 오른편에 동시에 있으면 같은 몰만큼 서로 상쇄한 후에 반응식을 완결하기 때문입니다. 재미난 사실은 이런 화학 반응식에서 전자는 반응에 참여하지만, 완결 반응식에는 흔적도 보이지 않는다는 점입니다.

반응식을 몇 개 더 적어 봅시다. 생성물과 반응물이 모두 전하가 없는 화학 반응($A + B \rightarrow C + D$), 반응물은 전하가 없지만 생성물은 전하를 띤 화학 반응($A + B \rightarrow C^+ + D^-$ 혹은 $A + B \rightarrow C^- + D^+$)이 가능할 것입니다. 반응물은 전하를 띠고 있지만, 생성물은 전하를 띠지 않는 화학 반응($A^+ + B^- \rightarrow C + D$ 혹은 $A^- + B^+ \rightarrow C + D$)도 당연히 생각할 수 있습니다. 또한 반응 전후에 반응물과 생성물의 총 전하가 유지되는 반응($A^+ + B \rightarrow C^+ + D$ 등)도 가능합니다. 이렇게 반응식을 적어 보면 여러분도 질량과 전하의 보존이라는 개념에 금방 익숙해질 것입니다.

발열 반응과 흡열 반응

화학 물질의 에너지 높낮이는 물질의 안정성과 관련이 있습니다. 모든 화학 물질은 가장 낮은 에너지 상태를 유지하려는 경향이 있기에, **들뜬 상태**(excited state)에 있는, 혹은 높은 에너지 상태에 있는 화학 물질들은 대체로 가급적 더 에너지가 낮은 상태, 혹은 **바닥 상태**(ground state)라고 불리는 가장 안정된 에너지 상태로 변하려고 합니다. 한편 자발적 화학 반응에서 생성물의 총 에너지가 반응물의 총 에너지보다 더 작을 때가 많은데, 그것은 생성물이 안정되는 보다 낮은 에너지 상태를 유지한다고 볼 수 있습니다. 에너지 변화를 아는 것은 반응물 혹은 생성물의 절대 에너지를 아는 것보다 훨씬 더 중요하고 필요합니다. 관례에 따라 생성물 에너지에서 반응물의 에너지를 빼면 반응물과 생성물의 에너지 차이를 알 수 있으며 그것이 곧 에너지 변화량이 됩니다. 만약 반응계로부터 에너지가 나오면 그 반응은 발열 반응입니다. 반면에 에너지를 반응계에 넣어야 화학 반응이 진행되면 그 반응은 흡열 반응입니다. 발열과 흡열 반응이 반응계를 기준으로 나뉘는 것입니다. 화학 반응의 종류와 에너지의 형태는 매우 다양하지만, 반드시 에너지의 출입이 있다는 점이 모든 화학 반응의 공통점입니다.

A → B + 에너지(열, 빛, 전기): 발열 반응

A + 에너지(열, 빛, 전기) → C: 흡열 반응

거듭 강조하지만, kJ/mol로 표기되는 에너지 단위는 화학 물질 1mol에 대한 에너지의 크기입니다. kJ 단위를 사용하지 않는 까닭은 화학 물질의 양 변화에 따라 값도 달라지는 그런 수치는 공유하거나 비교하기가 어렵기 때문입니다. 따라서 kJ/mol 단위를 사용하는 편이 양에 따라 값이 매번 달라지는 kJ 단위보다 훨씬 더 편리하고 쓸모가 있습니다.

화학 반응식은 반응물과 생성물의 분자식으로 나타내고, 그 반응에 대한 에너지의 변화 방향과 크기를 반응식 다음에 표시하는 경우가 많습니다. 반응계로부터 열이 나오는 발열 반응은 반응식에 이어 에너지 크기의 숫자 앞에 음수(−) 기호를 붙이고 단위를 함께 표시합니다.

$$A \rightarrow B \quad -10kJ/mol$$

같은 방법으로 흡열 반응을 표시하면 다음과 같이 나타낼 수 있습니다.

$$A \rightarrow C \quad +10kJ/mol$$

이런 형식의 화학 반응식에서 기호(+, −)와 용어(흡열, 발열)를 일치시키는 것에 혼란이 올 수 있다고 이미 설명한 바 있습니다. 다시 강조하자면, 발열은 반응계에서 열이 나오는, 즉 반응계 입장에서는 열을 뺏기는 것이므로 − 기호를, 흡열은 반응계가 열을 흡수하는, 즉 반응계 입장에서는 열을 얻는 것이므로 + 기호를 붙입니다.

반응 엔탈피와 생성 엔탈피

화학 반응에서 일어나는 에너지의 출입을 사례와 함께 구체적으로 생각해 봅시다. 석탄을 태우는 것은 연소 반응이면서 열이 나오는 발열 반응입니다. 반응식은 $C(s) + O_2(g) \rightarrow CO_2(g)$라고 적습니다. 반응계에서 열이 나오고(뺏기고) 있으므로 에너지 값은 분명히 음수이며, 측정된 값으로는 −393.5kJ/mol입니다. 이는 일정한 압력에서 진행되는 화학 반응이므로 **반응 엔탈피**(enthalpy of reaction)라고 부르며, ΔH라고 적습니다.

$$C(s) + O_2(g) \rightarrow CO_2(g) \quad \Delta H = -393.5\text{kJ/mol}$$

반응물로 사용된 흑연은 고체이고, 산소는 기체이며 둘 다 모두 원소입니다. 생성물인 이산화탄소는 기체입니다. 모든 원소(모든 화학 물질의 출발 물질)의 엔탈피 ΔH는 0kJ/mol이므로 반응물의 총 엔탈피는 0입니다. 따라서 원소를 반응물로 이산화탄소라는 생성물이 만들어질 때 동반되는 에너지이므로 이산화탄소의 **생성 엔탈피**(enthalpy of formation)라고 부릅니다. 그 반응에서 열이 발생하고, 반응계는 열을 잃어버렸기 때문에 마이너스 값으로 표시하는 것입니다.

광합성

식물의 **광합성**(photosynthesis)은 흡열 반응의 한 종류로, 반응식으로 나타내면 다음과 같습니다.

$$CO_2(g) + H_2O(l) \rightarrow C_6H_{12}O_6(s) + O_2(g) \quad \Delta H = +2802.5kJ/mol$$

이것은 반응계에 빛 에너지를 넣어야 진행되는 화학 반응입니다. 식물은 이산화탄소와 물만 있으면 포도당과 산소를 만들어 내는 놀라운 능력을 갖고 있습니다. 빛을 이용해 물질을 합성하기 때문에 광합성(光合成)이라 부릅니다. 광합성의 역반응 역시 인간 활동에 꼭 필요한 에너지를 주는 매우 중요한 화학 반응입니다.

$$C_6H_{12}O_6(s) + O_2(g) \rightarrow CO_2(g) + H_2O(l) \quad \Delta H = -2802.5kJ/mol$$

이때 반응계는 에너지를 잃어버리고 생물은 그 에너지를 얻습니다. 다시 말해서 광합성은 흡열 반응이고, 생존에 꼭 필요한 호흡은 발열 반응입니다.

공부나 운동, 직장 생활 외에도 다른 활동을 하며 우리가 살아가려면 에너지가 필요합니다. 그 에너지는 무슨 화학 반응을 통해 얻어질까요? 우리가 먹는 음식, 마시는 물, 숨쉬는 공기 속 산소 등과 같은 화학 물질이 세포 안에서 화학 반응을 일으키면 에너지가 발생합니다. 즉 반응계에서 나오는 에너지를 이용하는 것입니다. 몸에서 진행되는 반응의 종류는 수도 없이 많지만, 매우 정확하고 정교하게 진행됩니다. 그런 반응이 조금 잘못되는 정도라면 몸 상태가 나빠지는 정도에서 그치겠지만, 반응들이 진행되지 않는다면 병원에 가야 하고, 더 심해지면 세상과 작별해야 합니다. 그러므로 살아 있다는 말은 수많은 화학 반응이 차질 없이 진행되는 기적 같은 상황이 매 순간 벌어진다는 의미와 같습니다.

실제 반응과 화학 반응식의 차이

완결된 화학 반응식은 보통 반응물과 생성물의 분자, 상태에 대한 정보, 반응 엔탈피의 크기도 함께 표시합니다. 그것은 반응식이 반응물과 생성물의 분자식, 그것들의 상, 에너지의 변화 방향을 알 수 있는 정보를 담고 있기 때문입니다. 반응식은 화학 반응이 완결된(100% 진행된) 상황을 나타낸 것이므로 반응이 실제로 진행된 비율과는 다릅니다. 만약 2개 이상의 화학 물질(원자, 이온, 화합물)이 반응할 때 반응물 가운데 어느 하나가 부족할 수도 있습니다. 그런 경우에는 그와 짝지어 반응할 예정이었던 또 다른 반응물은 반응하고 싶어도 할 수가 없게 됩니다. 화학 반응에서 이처럼 부족한 반응물들을 **한계 반응물(limiting reactant)**이라 부릅니다. 화학 반응에서 형성되는 생성물의 양을 제한하기 때문에 그런 이름이 붙었습니다. 김밥을 예로 들어 보면

그림 3.12. 김밥(생성물)을 만들 때 부족한 재료(반응물의 한 종류)가 곧 한계 반응물이다.

한계 반응물의 개념을 비교적 쉽게 이해할 수 있습니다. 김밥을 쌀 때 재료 중에 단무지가 반드시 있어야 한다고 합시다. 그런데 단무지가 부족하다면, 완성되는 김밥의 개수를 단무지의 수에 맞출 수밖에 없는 상황이 됩니다. 화학 반응에서 한계 반응물의 역할이 이와 같습니다.

용액, 용질, 용매

화학에서 관심 대상인 분자의 양을 나타내는 한 가지 방법은 농도입니다. 농도 단위에는 여러 종류가 있습니다. 예를 들어 화학 반응에서 소금물에 있는 소금 성분인 소듐 이온(Na^+) 혹은 염화 이온(Cl^-)을 이용해야 한다면 반응에 참여하는 이온의 농도를 소금물의 농도로 나타낼 수 있어야 합니다. 소금물에 있는 그것들의 양(mol)은 그것의 농도(mol/L)와 부피(L)를 곱한 것이기 때문입니다. 일반적으로 소금물의 성분을 구분해서 보면, 소금물은 **용액(solution)**, 물은 **용매(solvent)**, 소금은 **용질(solute)**이라고 부릅니다. (그림 3.13) 즉 용질을 용매에 녹여서 용액을 만듭니다. 화학 반응에서 용액에 포함된 유효 성분을 반응물로 사용하는 경우가 많기 때문에, 농도와 관련된 용어를 정확히 이해하는 것이 필요합니다.

용액에 있는 용질이 반응물일 경우에는 용질(화학 물질)을 용매(물 혹

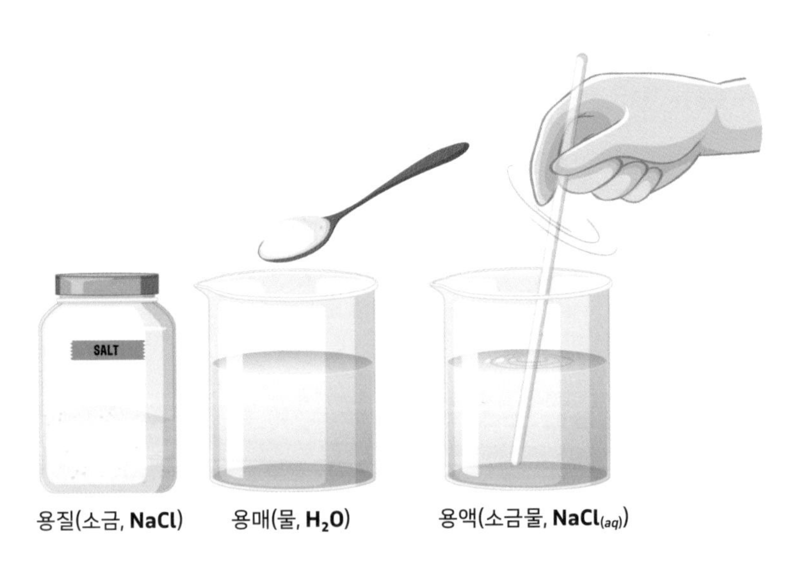

그림 3.13. 화학을 공부할 때 관련 용어를 정확하게 파악하고 사용해야 한다.

은 벤젠 등)에 녹이는 과정이 선행되어야 합니다. 용매에는 물과 같은 수용성 용매도, 벤젠 같은 유기 용매도 있습니다. 세탁소 같은 곳에서 한 번쯤 들어 보았을 '솔벤트(solvent)'는 물에 잘 녹지 않는 성분을 녹이는 벤젠이나 톨루엔 같은 유기 용매를 의미합니다. 그러나 물 또한 특정한 성질을 가진 용질을 녹이는 '솔벤트'입니다. 일반적으로 용질이 극성일 때는 용매로 물을, 비극성일 때는 유기 용매를 사용해 용액을 만듭니다. 그런 특성을 반영해 화학에서 통용되는 "끼리끼리 녹는다."라는 문구가 있습니다. 영어로는 "like dissolves like"라고 합니다. 극성 물질은 극성 용매에, 비극성 물질은 비극성 용매에 잘 녹는 특성을 한마디로 표현한 것입니다. 극성 분자들은 분자 내에서 부분 양(+)전하와 부분 음(−)전하를 띠고 있으며, 비극성 분자들은 분자 내에서 부분 전하가 거의 없다고 보면 됩니다. 분자 내에서 전기 음성도가 큰 원자 부근에는 부분적으로 음(−)전하를 띠고, 전기 음성도가 상대적으로 작은 원자 부근에는 부분적으로 양(+)전하를 띠게 됩니다. 분자를 구성하는 원자들의 전기 음성도 차이가 클수록 그 분자는 부분 전하를 띤 극성 성질의 분자가 될 것입니다.

농도 단위

용액이 얼마나 진한지 혹은 묽을지를 수치로 나타내려 할 때 우리는 흔히 퍼센트 농도(%), 몰 농도(M), 몰랄 농도(m) 및 백만분율(ppm)

등의 농도 단위를 사용합니다. 농도 계산에 대한 자세한 설명은 9장에서 하고, 여기서는 농도 단위의 종류에 대해 설명합니다.

퍼센트 농도(%)

퍼센트 농도는 아마도 생활에서 가장 흔히 사용되는 농도 단위일 것입니다. 용액에 포함된 유효 성분(용질)을 백분율로 표시한 것이 퍼센트 농도입니다. 세계에서 가장 많이 팔리는 증류주인 한국인의 술, 소주는 술에 포함된 에탄올을 퍼센트 농도로 표시합니다. 예를 들어 20도(20%)짜리 소주 360mL는 용질(에탄올)이 약 72mL($360 \times \frac{20}{100} = 72$)이고, 나머지는 용매(물)이며 그 둘이 균일하게 혼합된 용액입니다. 용액으로 팔리는 상품은 같은 부피라 할지라도 용액에 들어 있는 유효 성분(용질)의 양에 따라 가격이 달라집니다.

몰 농도(M)와 몰랄 농도(m)

화학 실험실에서 많이 사용되는 단위는 몰 농도(M, mol/L(용액))와 몰랄 농도(m, mol/kg(용매))입니다. 몰 농도는 영어 대문자 M으로 표시하는 것이 관례입니다. 그것은 용액 1L에 포함된 용질의 양을 mol로 나타낸 것입니다. 그러나 몰랄 농도는 영어 소문자 m으로 표시하며, 용매 1kg에 포함된 용질의 양을 mol로 나타낸 것입니다. 예를 들어 0.1M(몰 농도)의 소금 용액에는 소금 0.1mol(=5.844g)이 들어 있습니다. (소금의 몰 질량은 58.44g/mol입니다.)

0.1M 소금 용액을 만드는 과정은 다음과 같습니다. 일단 1L 용기에 물을 반 정도 채운 후 저울로 측정한 소금 5.844g을 넣고 흔들어 녹입니다. 그 후에 물을 용기의 1L 눈금까지 채우고 용액 전체가 균일하도록 흔들어 줍니다. 그것이 곧 0.1M 소금 용액입니다. 100mL의 소금 용액이 필요하다면, 녹이는 소금의 양도 비례해서 0.5844g으로 줄이면 됩니다. 그 용액도 0.1M 소금 용액인 것은 변함이 없습니다.

몰랄 농도는 용매 1kg에 포함된 용질의 양을 mol 단위로 나타낸 것입니다. 몰 농도가 용액(용질+용매) 1L에 포함된 용질의 몰이라면, 몰랄 농도는 용매 1kg에 포함된 용질의 몰이기에 두 용액은 차이가 있습니다. 용액의 부피는 온도 변화에 따라 변하기 때문에 몰 농도 또한 온도에 따라 달라지는 특징이 있습니다. 그러나 몰랄 농도는 온도와 상관없이 용질의 양(농도)이 그대로 유지되는 특징이 있습니다. 질량은 온도에 상관없이 일정하기 때문입니다.

백만분율(ppm)

매우 작은 크기의 유효 성분을 나타낼 때 사용되는 농도 단위로 **백만분율**(parts per million, ppm)이 있습니다. 그 뜻은 일정한 부피 혹은 질량

무기물질	칼슘(Ca^{2+})	칼륨(k^{+})	소듐(Na^{+})	마그네슘 (Mg^{2+})	플루오린(F^{-})
함량(mg/L)	2.5 ~ 4.0	1.5 ~ 3.4	4.0 ~ 7.2	1.7 ~ 3.5	불검출

그림 3.14. 생수병 라벨. 무기 물질의 종류와 양이 mg/L(=ppm) 단위로 표시되어 있다.

을 100만이라고 했을 때 용질의 양을 수로 나타내는 것입니다. 즉 분모를 100만(10^6)으로 했을 때 분자가 1이면 1ppm입니다. 예를 들어 다이아몬드 1캐럿의 질량은 약 200mg입니다. 만약 1kg(10^6mg)의 탄소 덩어리(흑연)에 200mg의 다이아몬드가 포함되어 있다면 다이아몬드의 농도(함량)는 200ppm이 되는 것입니다.

한편 물에 포함된 무기 이온의 양을 나타내는 단위로는 흔히 mg/L(리터당 밀리그램) 단위를 사용합니다. 용액(물)은 부피 단위로, 용질은 질량 단위를 사용하면 mg/L 단위가 됩니다. 물 1L의 질량이

$1kg = 10^3g = 10^6mg$이기 때문입니다. (자세한 내용은 9장에서 계산과 함께 설명할 예정입니다.) 가게에서 파는 생수병에 붙어 있는 라벨에 무기 이온의 함량이 mg/L 단위로 표시된 모습을 볼 수 있습니다. 예를 들어 15.3mg/L Ca^{2+}이라고 표시되어 있다면, 그것은 곧 칼슘(Ca^{2+}) 이온의 농도가 15.3ppm이라는 것과 같습니다.

4장 결합

원자가 서로 같은, 혹은 다른 원자와 연결되어 안정한 화학 물질(분자, 이온, 화합물)을 형성할 때 화학에서는 그 연결을 결합이라고 합니다. 4장에서는 화학 결합의 종류와 특징을 설명합니다. 결합은 분자들이 상호 작용할 때도 형성되며, 그 종류가 실로 다양합니다. 구체적인 예를 통해서 이온 결합, 공유 결합, 수소 결합, 금속 결합, 배위 공유 결합과 같은 화학 결합의 종류 및 특징을 알아보고, 그런 결합을 하는 화학 물질의 특성은 무엇이며 그것은 실제 물질의 특성과 어떤 연관이 있는지를 설명합니다.

전자의 역할과 파동 함수

이온, 분자, 화합물이 형성될 때 반드시 치러야 하는 화학 결합의 형성과 분해에서 가장 중요한 역할을 하는 것은 전자입니다. 그러므로 전자의 특성과 그것의 행동 방식과 특성을 먼저 이해해야 문제를 해결할 수 있습니다.

원자 내에 있는 전자들은 파동 함수의 해에 해당되는 세 양자수(주양자수, 각운동량 양자수, 자기 양자수)와 스핀 양자수로 그 영역(오비탈)이 정해집니다. 슈뢰딩거 방정식을 풀면 전자의 상태를 알려 주는 파동 함수를 얻습니다. 그것은 전자가 물질파여서 파동으로 나타낼 수 있기에 가능한 것입니다. 따라서 슈뢰딩거 미분 방정식을 풀어서 얻는 파동 함수는 전자의 상황에 대한 정보를 담고 있습니다. 사실 파동 함수 자체보다는 파동 함수의 제곱(ψ^2)이 더 의미가 있습니다. 파동 함수의 제곱에 구의 표면적($4\pi r^2$)을 곱한 물리량이 원자핵으로부터 거리에 따른 3차원 공간에서 전자를 발견할 확률 밀도이기 때문입니다. 파동 함수에서 우리가 얻을 수 있는 또 하나의 정보는 전자가 운동하며 가질 수 있는 에너지는 불연속이라는 것입니다. 이 말은 전자가 허용된 오비탈로 정해지는 범위에서만 운동한다는 뜻과 일맥상통합니다. 계단과 인원을 세는 일에 비유하면 '불연속'의 의미가 쉽게 이해가 됩니다. 계단과 계산 사이에는 1.5계단같이 정수로 나타낼 수 없는 계단이 있을 수 없으며, 인원을 셀 때 누구도 1.73명과 같은 표현을 사용하지 않습니다.

슈뢰딩거 파동 방정식은 수소 전자 1개에 대한 운동에 정확히 적용 가능합니다. 2개 이상의 전자를 갖는 원자에서 전자들의 상황은 수소 전자 1개와는 분명히 차이가 있습니다. 그러나 다수의 전자에 대해서도 수소 전자의 운동, 특성과 닮았다고 가정하고 파동 방정식을 풀어 보면 물리 현상과 비교적 잘 들어맞는 결과가 얻어집니다. 복잡한 문제를 단순화해서 해결하는 것은 실제로 과학에서 흔히 사용하는 방법입니다.

2장에서 설명한 슈뢰딩거 미분 방정식은 수소 전자에 적용했을 때 정확하게 파동 함수를 얻습니다. 전자의 운동은 시간이 지나도 변하지 않는다는 사실을 이용하면 파동 함수를 통해 수소 전자가 불연속이며, 에너지 준위를 가질 수밖에 없다는 사실도 알 수 있습니다. 한편 전자 운동의 파동 함수는 3차원 공간에서 구면 극좌표(r, θ, ϕ)를 이용해 나타내는 것이 일반적이며, 데카르트 좌표계(x, y, z)를 이용해 나타낼 수도 있지만 파동 함수의 풀이가 쉽지 않고 복잡해집니다. 수소 전자 파동 함수의 해는 수소 원자의 반지름 및 3개의 양자수를 포함하고 있습니다. 각각 전자 오비탈의 에너지를 결정하는 주양자수(n), 각운동량을 결정하는 각운동량 양자수(l), 방향을 결정하는 자기 양자수(m_l)입니다.

각운동량 양자수와 자기 양자수는 주양자수에 의존하는 값입니다. 즉 주양자수가 정해지면 주양자수 조건에 따른 각운동량 양자수가 정해지며, 마찬가지로 각운동량 양자수가 정해지면 각운동량 양자수에 따른 자기 양자수가 정해집니다. 즉 서로 독립이 아니라는 것입니다.

전자의 확률 밀도($4\pi r^2 \times \psi^2$)는 전자를 특정한 지름 거리(r)에서 발견할 확률이며, 그 확률이 90% 이상 되는 위치에 점을 찍어서 지도처럼 표시한 그림은 전자의 오비탈을 표시한 것입니다. 즉 전자가 머물며 움직일 수 있는 영역의 범위를 보여 줍니다. 일반적으로 전자를 발견할 확률 밀도가 높은 원자핵 주위 지점은 진하게, 원자핵에서 멀어져 전자를 발견할 확률이 낮은 곳은 옅게 표시하며 전자를 발견할 확률이 0인 곳은 점으로 표시할 수 없습니다. 그런 장소는 원자핵이 있는 공간과 전자를 발견할 확률이 없는 3차원 공간뿐입니다. 오비탈 스펙트럼에서 마치 마디처럼 보이는 위치 또한 전자를 발견할 확률이 0인 곳입니다. 수소의 1*s* 오비탈 그림에는 전자를 발견할 확률 밀도가 0인 마디(노드, node) 면이 없지만, 2*s* 오비탈 이상 *p*, *d*, *f* 오비탈 그림에는 그런 공간이 있습니다. 한편 파동 함수를 풀 때에는 구면 극좌표를 이용했지만, 오비탈의 모양을 나타낼 때는 익숙한 직교 좌표(x, y, z)로 나타내는 것이 편리합니다. 오비탈 영역을 그림으로 쉽게 보여 주기 위한 방편입니다.

오비탈

오비탈 그림들은 전자를 발견할 확률 밀도의 경계까지 함께 나타냅니다. 전자가 운동하는 영역은 원자 안에서 일정한 범위로 한정이 되기에 확률 밀도의 값도 일정 거리를 넘어서면 0이 됩니다. 그러므로 원자 오비탈 및 분자 오비탈을 이용한 전자의 영역을 나타내는 그림들은 각각 원자와 분자의 전자들의 상태(발견할 확률 밀도)를 나타내는 함수(y(상태) = x(확률, 에너지))를 표현한 것이 됩니다. 또한 함께 표기된 각종 양자수 및 결합 기호는 각각 원자 및 분자의 에너지 상태에 대한 내용을 표현하고 있습니다. 표 4.1은 각각 원자 및 분자에 대한 각종

표 4.1. 오비탈의 모양과 4종류의 양자수(n, l, m_l, m_s). 전자를 발견한 확률이 0인 마디의 수가 주양자수에 따라 함께 증가하는 것을 볼 수 있다.

양자수	오비탈의 표기와 모양													
주 양자수 (n)	1	2				3								
각 운동량 양자수 (l)	0(s)	0(s)	1(p)			0(s)	1(p)			2(d)				
자기 양자수 (m_l)	없음	없음	-1(P_x)	0(P_y)	+1(P_z)	없음	-1(P_x)	0(P_y)	+1(P_z)	-2(d_{xy})	-1(d_{yz})	0(d_{xy})	+1 ($d_{x^2-y^2}$)	+2(d_{z^2})
발견할 확률 (분포도)		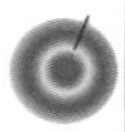												
스핀 양자수 (m_s)	$(+\frac{1}{2}, -\frac{1}{2})$	$(+\frac{1}{2}, -\frac{1}{2})$	$(+\frac{1}{2}, -\frac{1}{2})$	$(+\frac{1}{2}, -\frac{1}{2})$	$(+\frac{1}{2}, -\frac{1}{2})$	$(+\frac{1}{2}, -\frac{1}{2})$	$(+\frac{1}{2}, -\frac{1}{2})$	$(+\frac{1}{2}, -\frac{1}{2})$	$(+\frac{1}{2}, -\frac{1}{2})$	$(+\frac{1}{2}, -\frac{1}{2})$	$(+\frac{1}{2}, -\frac{1}{2})$	$(+\frac{1}{2}, -\frac{1}{2})$	$(+\frac{1}{2}, -\frac{1}{2})$	$(+\frac{1}{2}, -\frac{1}{2})$

오비탈에 대한 종합적인 정보를 나타낸 것입니다.

전자는 모두 4종류의 고유 양자수가 있으며 파울리 배타 원리를 따라 한 원자 안에서 양자수가 같은 전자들은 존재하지 않습니다. 또한 전자는 (1*s*, 2*s*, 2*p* 같은 순서로) 에너지가 낮은 오비탈 영역부터 채워집니다. 그런데 오비탈에 최대로 채워야 할 전자 수보다 원자가 가지고 있는 전자 수가 적은 경우가 있습니다. 예를 들어 탄소 원자에 대한 전자 배치는 $1s^2$, $2s^2$, $2p^2$ 입니다. 그런데 3개의 2*p* 오비탈에 전자가 채워질 때 1개의 2*p* 오비탈에 전자 2개가 쌍으로 채워지는 것이 아니고, 3개의 2*p* 오비탈에 각각 전자가 1개씩 채워집니다. (물리학자 프리드리히 훈트가 발견한 규칙입니다.) 그 규칙은 가능한 한 짝을 이루지 않는 홑전자들이 많아지는 형식으로 에너지가 낮은 오비탈에 전자들이 채워진다는 것입니다. 즉 3개의 2*p* 오비탈에 2개의 전자가 채워질 때는 2개의 오비탈에 전자가 각각 1개씩 채워지고 나머지 1개의 2*p* 오비탈은 비어 있는 식으로 되는 것입니다. ($1s^2$, $2s^2$, $2p_x^1$, $2p_y^1$, $2p_z^0$) 전자 수가 오비탈이 수용할 수 있는 수보다 더 많을 때는, 각 오비탈에 일단 1개의 전자를 먼저 순서대로 채운 후에, 그 후에 남아 있는 전자들은 쌍을 이루는 형식으로 채워집니다. 에너지가 낮은 오비탈에 전자를 채우고 남은 전자들은 그다음 순위로 에너지가 낮은 오비탈에 채워집니다. 예를 들어서 2*p* 오비탈에 채우고도 남는 전자는 3*s* 오비탈에 채워집니다.

전자점 구조와 오비탈

수소 원자 2개가 각각 전자 1개를 서로 공유해 수소 분자($H_2(g)$)를 형성하는 루이스 전자점 구조의 분자 모형을 떠올려 봅시다. 그런데 17족의 원자 2개도 각각 전자 1개를 공유하는 형식으로 이원자 분자($F_2(g)$)를 형성할 수 있습니다. 이 두 사례는 전자를 1개씩 공유해 분자를 형성하는 결합 방법은 같지만, 결합의 특성(세기와 길이)은 다릅니다. 전자의 반발, 원자의 크기 등을 이용해 실험 자료에 맞는 정성적인 설명은 가능할 것입니다. 그러나 이것만으로는 형성되는 분자의 결합 특징과 분자의 특성을 설명하는 데 한계가 있습니다.

예를 들어 산소 분자의 전자점 구조를 보면 산소 원자는 전자 2개씩을 공유해 이중 결합을 형성하기 때문에 남은 전자들도 모두 쌍을 이루고 있습니다. 그러나 액체 산소($O_2(l)$)의 실험 자료는 산소가 반드시 쌍을 이루지 않은 전자를 포함하고 있어야 해석이 가능합니다.

즉 실험에서 액체 산소를 자석의 중간 지점에 놓으면 액체 산소가 자석의 어느 한쪽(N과 S극)으로 쏠리는 현상이 관찰됩니다. 그것은 산소 분자에 쌍을 이루지 않은 전자가 분명히 있음을 의미합니다. 쌍을 이루지 않고 움직이는 전자가 있어 전기장과 자기장이 형성되고, 외부 자석의 자기장과 상호 작용하기에 한쪽 극으로 쏠리는 현상이 관찰되는 것입니다. 그러므로 산소의 결합 특성을 전자점 구조 모형으로 설명하면 실험 결과와 맞지 않게 됩니다.

분자 오비탈 이론(molecular orbital theory)은 루이스 전자점 구조를 설명하는 **원자가 결합 이론**(valence bond theory)과 함께 원자의 결합 형식과 분자의 결합 특성을 설명해 주는 이론입니다. 수소 전자를 예로 들자면 1*s* 오비탈들이 일직선 위에서 서로 다가서고 겹쳐지면서(중첩) 수소 분자가 형성된다는 것입니다. 각각의 수소 원자에 있는 전자들이 제일 적절한 거리에 있을 때 계의 전체 에너지(퍼텐셜 에너지)는 최소가 되어, 두 오비탈의 겹침이 최대의 안정을 이루기 때문에 수소 분자를 형성합니다. 그러나 전자가 포함된 오비탈 영역이 더 가까워지면 결합되는 수소 원자의 원자핵 2개도 서로 가까워집니다. 그 결과 같은 양(+)전하를 띤 수소 원자핵들은 서로 반발해 오히려 계의 전체 에너지를 높여서 결합의 안정성을 해치게 됩니다.

오비탈의 중첩으로 분자의 결합이 형성된다는 분자 오비탈 이론은 다양한 분자들의 결합 에너지와 결합 길이가 다른 이유를 설명할 수 있습니다. 수소 분자는 1*s* 오비탈의 중첩으로 결합이 형성되는 반면, 플루오린 분자($F_2(g)$)는 플루오린 원자의 2*p* 오비탈의 중첩으로 결합이 형성됩니다. 그 결과 단일 결합이지만 중첩에 이용되는 전자 오비탈의 종류가 달라서 결합 에너지와 길이도 다릅니다. 결합이 형성될 때 전자가 운동하는 영역인 *s* 오비탈, *p* 오비탈, *d* 오비탈의 중첩이 가능합니다. 따라서 매우 다양한 결합의 종류와 그에 따른 특성을 예상할 수 있습니다. 이렇게 분자 오비탈 이론은 루이스 전자점 구조를 이용한 원자가 결합 이론보다 훨씬 더 세밀하게 분자의 특성(결합 길이, 결합 개수, 에너지)을 설명하는 이론으로 자리 잡고 있습니다.

혼성 오비탈

탄소는 탄소, 수소, 질소, 산소 등으로 이루어지는 **유기 화합물**(organic compound)에서 중심이 되는 원자입니다. 탄소 원자들은 단일 결합은 물론 이중, 삼중 결합으로 분자를 형성하는 것이 보통입니다. **혼성 오비탈 이론**(hybridized orbital theory)은 탄소 원자끼리, 혹은 다른 원자와 결합할 때 탄소 원자는 새로운 형식의 오비탈을 형성하며, 그것을 이용해 결합이 형성된다는 이론입니다. 이 이론은 탄소 원자들끼리, 그리고 탄소 원자가 다른 원자와 결합한 분자의 특성을 모두 설명할 수 있으며 실험 자료와 일치하는 해석이 가능하기 때문에 현재까지 받아들여지고 있습니다.

혼성 오비탈 이론의 핵심은 s, p, d 등의 전자 오비탈들이 **혼성체**(hybrid)를 이루어 새로운 형식의 **혼성 오비탈**(hybrid orbital)을 형성한다는 것입니다. 혼성 오비탈의 수는 그것을 만들 때 사용했던 원자 오비탈의 수와 같은 개수만큼 형성됩니다. 예를 들어 s 오비탈 1개와 p 오비탈 2개가 혼성체를 이루면 새로운 특성의 sp^2 혼성 오비탈 3개가 형성됩니다. 3개의 p 오비탈의 일부 혹은 전부가 혼성 오비탈을 형성하는데 이용 가능합니다. 그러므로 다양한 종류의 혼성 오비탈들(sp, sp^2, sp^3, sp^3d, sp^3d^2)이 가능합니다. 함수들의 표기를 보면 혼성체를 형성하는 오비탈의 종류와 혼성 오비탈의 수도 알 수 있습니다. 먼저 위 첨자는 오비탈의 수를 나타내며, 오비탈이 1개이면 위 첨자 1은 표시하지 않습니다. 즉 혼성 오비탈 sp를 s^1p^1이라고 표기하지 않는다는 뜻입니다. 그러나 이때 s 오비탈 1개와 p 오비탈 1개로 혼성 오비탈 2개가 형성된다는 사실을 알 수 있습니다. 이처럼 위 첨자 수를 모두 합치면 몇 개의 혼성 오비탈(sp(2개), sp^2(3개), sp^3(4개) sp^3d(5개), sp^3d^2(6개))이 형성될지 알 수 있습니다.

탄소를 포함하는 유기 분자의 결합을 살펴보면 탄소와 탄소의 결합은 한 탄소 원자의 혼성 오비탈과 또 다른 탄소 원자의 혼성 오비탈의 중첩으로 가능합니다. 또한 탄소 원자의 혼성 오비탈과 다른 종류 원자의 오비탈도 서로 중첩되어 결합을 형성할 수 있습니다. 새로운 형식의 혼성 오비탈이 형성되는 가장 큰 이유는 새로운 결합으로 얻는 분자의 에너지 이득이 혼성 오비탈을 만들 때 들어가는 에너지 손실을 보상받고도 충분히 남기 때문입니다. 또한 혼성 오비탈로 형성되는 분자들의 결합 특성(3차원 공간에서 분자의 모양, 결합 길이, 결합의 개수, 단일 결합 및 다중 결합)이 측정해 얻는 분자의 결합 특성과 잘 맞아 떨어지기 때문에 매우 적절한 이론이 됩니다.

예를 들어 메테인(CH_4)에서 중심 탄소 원자는 수소 원자 4개와 공유 결합을 하고 있으며, 4개의 결합은 길이도 같고, 결합을 끊을 때 필요한 결합 에너지도 모두 같습니다. 만약 탄소 원자가 혼성 오비탈을 형성하지 않고 탄소 원자의 전자 오비탈과 수소 원자의 전자 오비탈이 서로 중첩되는 방식으로 결합을 형성했다면 메테인의 탄소-수소 결합이 모두 동등하다는 실험 결과를 설명하기가 불가능합니다. 왜냐하면 탄소의 오비탈($1s^2$, $2s^2$, $2p^2$)과 수소의 오비탈($1s^1$) 결합이 본래의 오비탈을 그대로 이용했다면 메테인의 탄소-수소 4개 결합은 동등하지 않은 결합이 되기 때문입니다.

만약 혼성 오비탈이 형성되지 않고 완성된 결합이라면 결합의 종류가 어떻게 다를지 살펴봅시다. 우선 탄소의 2*p* 오비탈은 3개입니다. 그때 2개의 2*p* 오비탈에는 전자가 1개씩 채워져 있고, 남은 1개의 2*p* 오비탈에는 전자가 없습니다. 그때 수소의 1*s* 오비탈과 탄소의 2*p* 오비탈 2개가 서로 겹치면 2개의 공유 결합을 형성할 것입니다. 전자가 없는 탄소의 2*p* 오비탈 1개에는 수소 1*s* 오비탈 2개와 겹치는 형식으로 2개의 결합이 형성될 것입니다. 모두 4개의 결합이 완성되겠지만, 성격이 다른 2종류의 결합이 되었으므로 탄소-수소 결합 4개가 모두 동일한 특성을 갖는다는 실험 결과와 일치하지 않게 됩니다. 그러므로 혼성 오비탈 이론은 메테인의 예에서 보듯이 실험 결과와 일치하는 분자의 결합 특성을 설명하는 데 적합하다는 사실을 알 수 있습니다.

혼성 오비탈 이론은 탄소와 탄소의 결합은 물론 탄소와 다른 종류의 원자와 결합의 형성을 설명할 수도 있습니다. 또한 이 이론을 적용하면 많은 분자들의 결합 특성과 실험 결과가 일치하는 해석이 가능하다는 사실이 밝혀졌습니다. 혼성 오비탈 이론을 제시한 화학자 라이너스 폴링은 화학 결합의 본질을 설명하는 이론을 제창했다는 공로를 인정받아서 1954년 노벨 화학상을 받았고, 그 후 1962년에 노벨 평화상을 받았습니다. 두 번째 노벨상의 근거는 핵에너지의 평화적 이용을 위한 공헌과 노력에 대한 것이었습니다. 그는 또한 1932년에 공유 결합들의 특성 차이를 설명하기 위한 전기 음성도 개념을 제안했으며, 그것은 오늘날까지도 활용되고 있습니다.

탄소의 혼성 오비탈과 수소의 오비탈이 겹치면서 결합이 형성된다고 하면 메테인의 탄소-수소 결합 4개가 왜 똑같은가를 설명할 수 있습니다. 즉 탄소의 2*s* 오비탈 1개와 2*p* 오비탈 3개로 형성되는 4개의 혼성 오비탈(sp^3)과 수소의 1*s* 오비탈 4개가 서로 겹치는 방식으로 형성되는 4개의 탄소-수소 결합은 모두 동등한 결합이 됩니다. 이런 예는 화학 결합, 특히 탄소가 포함된 결합을 설명하는 데 혼성 오비탈 이론이 왜 적합한지를 말해 주는 예입니다. 한편 메테인의 탄소-수소 결합이 각각의 전자 1개씩을 공유하는 단일 결합이라고 생각할 수도 있습니다. 그렇게 완성된 결합을 보면 탄소 원자의 최외각 오비탈에는 전자 8개(2*s*에 2개, 3개의 2*p*에 모두 6개)가 채워져 있고, 수소 원자의 최외각 오비탈에는 역시 전자 2개(1*s*에 2개)가 채워져 있습니다. 두 원자의 입장에서는 비활성 기체족의 전자 배치처럼 최외각 오비탈에 전자를 모두 채운 것처럼 보입니다. 그러나 이런 방식의 설명은 실제 분자의 결합 특성을 설명하기에 부족합니다.

다중 결합의 혼성 오비탈

세상에는 수많은 유기 화합물이 존재하며, 모두 탄소 원자를 포함한다는 특징이 있습니다. 물론 탄산처럼 탄소 원자를 포함해도 무기 화합물(inorganic compound)로 분류되는 물질도 있습니다. 혼성 오비탈 이론은 탄소가 포함된 유기 분자의 결합 특성을 설명할 때 유용하게 이용되며, 확장된 혼성 오비탈 이론은 탄소 이외의 다른 종류 원자들이 형성하는 분자의 결합 특성과 형식을 설명할 때도 적절하게 이용할 수 있습니다.

탄소 원자는 자신들끼리 이중 결합, 그리고 삼중 결합도 형성할 수 있습니다. 메테인의 탄소 원자(sp^3, 혼성 오비탈 4개)는 모두 4개의 결합이 가능합니다. 이중 결합 및 삼중 결합을 하는 탄소 원자는 단일 결합의 설명에 사용된 혼성 오비탈(sp^3)과는 다른 종류의 혼성 오비탈(sp, sp^2)을 형성할 수 있습니다. 또한 혼성체를 만들 때 참여하지 않은 p 오비탈까지 결합에 이용되어 총 4개의 결합이 가능합니다. 구체적으로 말하자면 탄소 원자는 sp^2 혼성 오비탈 3개와 p 오비탈 1개(오비탈 4개, 2종류), 혹은 sp 혼성 오비탈 2개와 p 오비탈 2개(오비탈 4개, 2종류)를 이용해 모두 4개의 결합을 완성할 수 있다는 것입니다. 그것으로 탄소의 이중 결합과 삼중 결합 형성을 설명할 수 있습니다.

단일 결합이 두 원자 사이가 연결된 선 1개로 나타낸 것이라면 이중 결합 및 삼중 결합은 연결된 선이 각각 2개, 3개입니다. 그런데 2개의 선으로 나타낸 이중 결합도 특성이 다른 2개의 결합으로 구성되어 있습니다. 그 결합의 종류는 각각 시그마(σ) 결합과 파이(π) 결합입니다. (그림 4.1) 탄소-탄소 이중 결합은 시그마 결합(한 탄소의 sp^2 오비탈과 또 다른 탄소의 sp^2 오비탈이 서로 축을 연결하는 방법으로 오비탈이 중첩되어 형성하는 결합) 1개와 파이 결합(시그마 결합이 포함된 평면에 대해 수직인 p 오비탈과 또 다른 탄소의 p 오비탈이 측면으로 중첩되어 형성하는 결합) 1개로 구성됨을 알 수 있습니다. (그림 4.2) 그러므로 탄소와 탄소의 이중 결합은 다

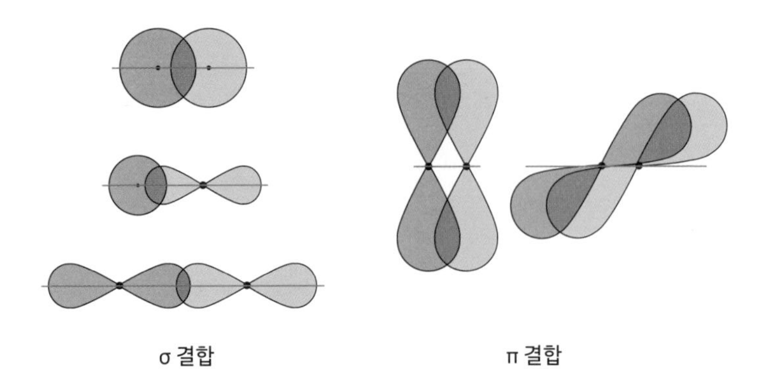

그림 4.1. 시그마 결합과 파이 결합. 맨 왼쪽에 있는 결합 3종이 시그마 결합이다. 빨간색으로 표시된 결합 축 방향으로 오비탈이 겹치는 것을 확인할 수 있다. 위에서부터 s-s 시그마 결합, s-p 시그마 결합, p-p 시그마 결합이다. 오른쪽에 있는 결합 2종은 파이 결합이다. 빨간색으로 표시된 결합 축의 90도 방향에서 측면으로 오비탈이 겹치고 있다.

른 특성을 지닌 2개의 결합으로 이루어진 것입니다. 마찬가지로 탄소-탄소 삼중 결합은 시그마 결합 1개(*sp* 오비탈의 중첩)와 파이 결합 2개(2개의 *p* 오비탈의 측면 중첩)로 구성된 것이라 할 수 있습니다. (그림 4.3)

결합 개수가 많을수록 탄소와 탄소 사이의 결합 길이는 짧아집니다. (그림 4.4) 또한 이중 결합 혹은 삼중 결합에서 종류가 다른 2개의 결합(시그마 결합과 파이 결합)으로 구성되어 있다는 것도 실험 결과와 잘 일치합니다. 실험 결과를 보면 탄소-탄소 이중 결합을 부수는 데 필요한 에너지는 탄소-탄소 단일 결합을 부수는 데 필요한 에너지의 2배보다 작습니다. (표 4.2) 만약 이중 결합이 동등한 2개의 단일 결합이라

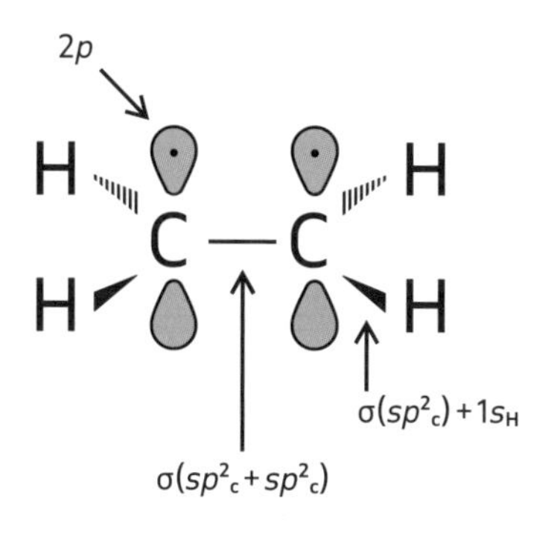

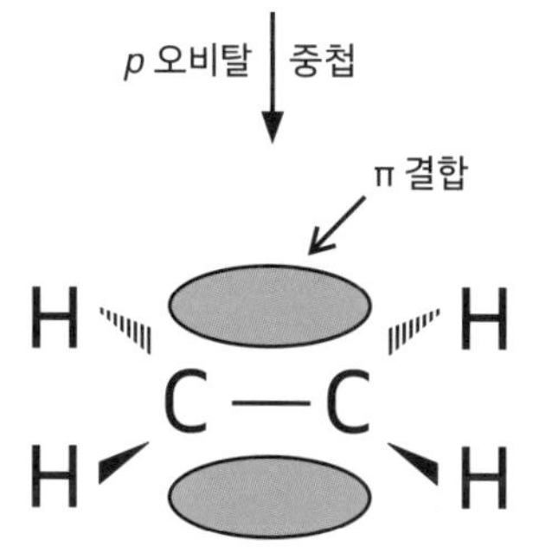

p 오비탈 중첩이 되려면
모든 원자는 동일한 평면에 위치해야 한다.

=

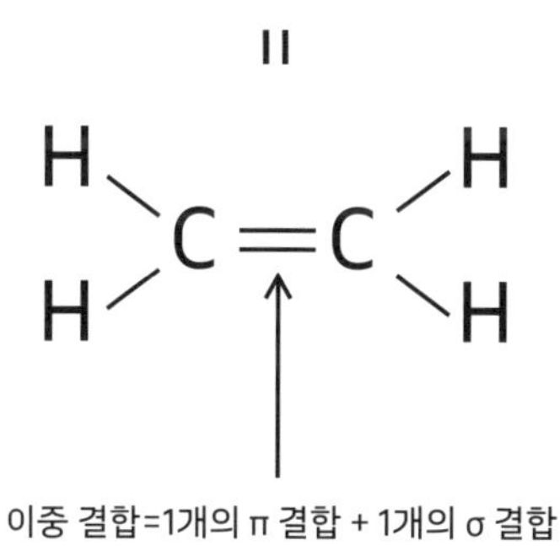

그림 4.2. 탄소와 탄소의 이중 결합.

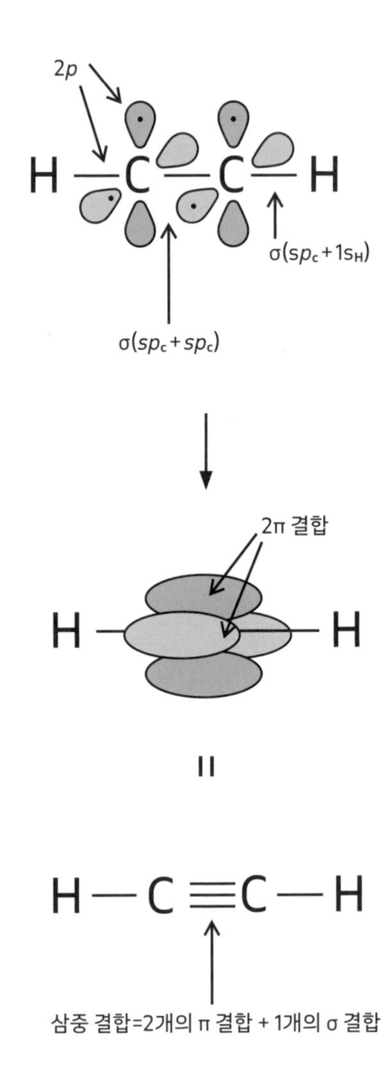

그림 4.3. 탄소와 탄소의 삼중 결합.

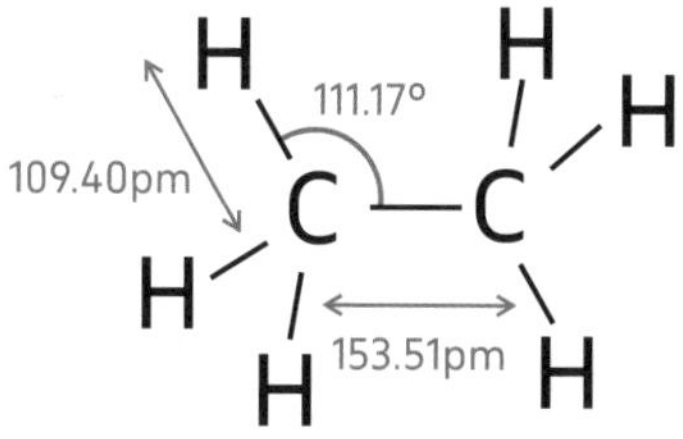

H H H
111.17°
109.40pm
C — C
H H
153.51pm
H H

에테인의 탄소 결합(σ 결합 1개)

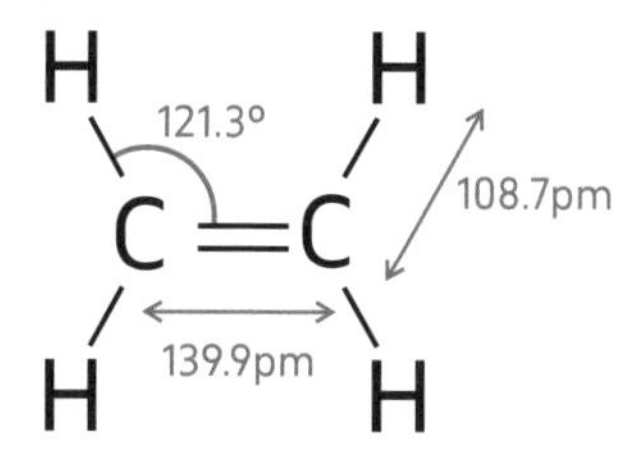

에틸렌의 탄소 결합(σ 결합 1개+ π 결합 1개)

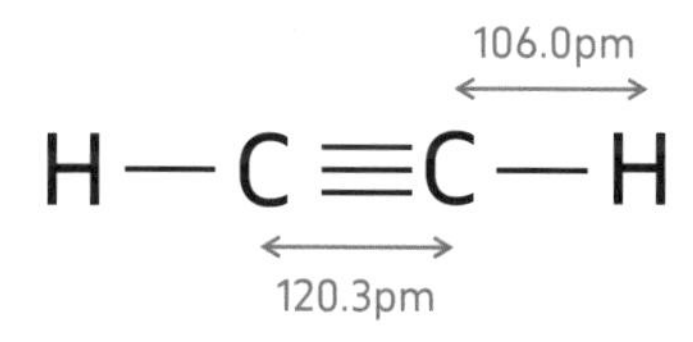

아세틸렌의 탄소 결합(σ 결합 1개 + π 결합 2개)

그림 4.4. 탄소 원자 2개와 수소 원자로 형성되는 탄화수소의 결합 종류와 분자 구조.

표 4.2. 탄소 결합의 종류와 특성.

결합의 종류	표기	결합 특성	혼성 오비탈	결합 길이 (pm)	결합 에너지 (kJ/mol)
단일 결합	**C-C**	시그마 결합 1개	sp^3	153.5	348
이중 결합	**C=C**	시그마 결합 1개+ 파이 결합 1개	sp^2	133.9	614
삼중 결합	**C≡C**	시그마 결합 1개+ 파이 결합 2개	sp	120.3	839

면, 결합을 끊는 데 필요한 에너지는 단일 결합을 끊는 데 필요한 에너지의 2배가 될 것입니다. 그러나 실험 결과는 그렇지 않으며, 이는 결합 2개의 성격이 다르다는 사실을 의미합니다. 따라서 이중 결합은 시그마 결합 1개와 파이 결합 1개로 이루어지며, 파이 결합의 세기는 시그마 결합의 세기보다 약하다고 할 수 있습니다.

탄소-탄소 이중 결합을 한 분자 중에는 에틸렌 기체($H_2C=CH_2(g)$)가 있습니다. 그것은 식물 호르몬으로 알려져 있으며, 과일 숙성에 영향을 미치는 화학 물질입니다. 또한 그것은 고분자 물질(폴리에틸렌)을 생산하는 **단량체(monomer, 분자 1개를 가리키는 용어)**이기도 합니다. 탄소-탄소가 삼중 결합한 아세틸렌 기체($HC\equiv CH(g)$)는 용접에 이용됩니다. 아세틸렌 기체와 산소의 화학 반응으로 형성되는 불꽃의 온도가 무려 3,000℃를 넘기 때문입니다.

분자 오비탈 이론

지금까지 전자 오비탈의 겹침으로 분자를 형성하는 결합의 종류를 설명했습니다. 그러나 이것만으로는 분자의 특성을 설명하기에 부족한 점이 있으며, 그것을 보완하는 분자 오비탈 이론이 있습니다. 분자 오비탈은 원자 오비탈의 선형 결합으로 형성되는 오비탈이며, 그것을 이용하면 분자의 전자 배치 형식을 자세히 알아볼 수 있습니다. 그 결과 전자 배치 형식으로 분자의 다양한 특성(결합의 수, 안정성, 공명 구조, 자기 성질)을 설명할 수 있고, 그것은 흥미롭게도 실제 분자들의 특성을 측정한 실험 결과와 일치합니다. 그러므로 분자 오비탈 이론은 분자 결합을 설명할 때 매우 유용합니다.

분자 오비탈의 특징

분자 오비탈에는 몇 가지 중요한 특징이 있습니다. (그림 4.5) 첫째, 원자 오비탈의 선형 결합으로 형성되는 분자 오비탈의 수는 원자 오비탈의 수를 모두 합한 것만큼 형성됩니다. 둘째, 분자 오비탈의 절반($\frac{1}{2}$)은 결합 형성에 기여하는 **결합성(bonding)** 분자 오비탈이고, 또 다른 절반($\frac{1}{2}$)은 결합 형성에 걸림돌이 되는 **반결합성(antibonding)** 분자 오비탈입니다. 셋째, 결합성 분자 오비탈의 에너지는 원자 오비탈의 에너지보다 낮고,(안정) 반결합성 분자 오비탈의 에너지는 원자 오비

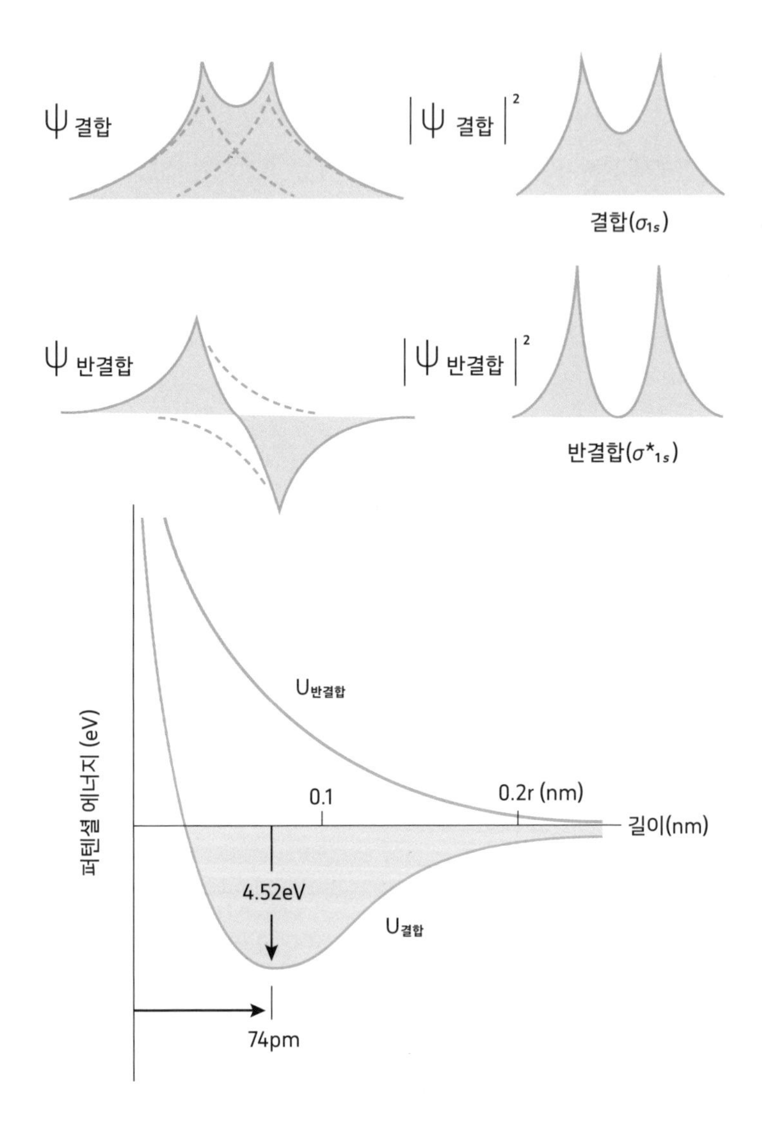

그림 4.5. 위 그림은 파동 함수(ψ)와 파동 함수 제곱(ψ^2)의 모양 및 결합성 분자 오비탈(σ_{1s})과 반결합성 분자 오비탈(σ^*_{1s})에 대응되는 전자 밀도의 분포이다. 아래 그림은 수소 분자의 결합 길이에 따른 결합성 및 반결합성 에너지의 변화 모습이다.

탈의 에너지보다 높습니다. (불안정) 넷째, 원자 오비탈에 있는 모든 전자의 수와 분자 오비탈에 있는 전체 전자의 수는 정확히 같습니다. 분자 오비탈에 전자가 채워지는 순서는 다음과 같습니다. 훈트 규칙에 따라서 분자 오비탈에 채워지는 2개의 전자는 스핀 양자수(m_s)가 다른 종류($-\frac{1}{2}$과 $+\frac{1}{2}$)여야 합니다. 전자의 수가 분자 오비탈의 수보다 적을 경우에는 전자는 먼저 쌍을 이루지 않고 스핀 양자수가 같은 전자가 1개씩 분자 오비탈을 우선 채웁니다. 분자 오비탈에 전자 1개씩이 다 채워진 후에 비로소 다른 종류의 스핀 양자수를 갖는 전자가 쌍을 이루며 채워집니다.

이원자 분자의 형성

수소 원자는 원자 오비탈에 전자 1개가 있습니다. 그러므로 2개의 수소 원자 오비탈(1s)의 선형 결합으로 형성되는 수소 분자 오비탈은 2개입니다. 그것은 결합성 오비탈 1개(σ_{1s}, 시그마 결합)와 반결합성 오비탈 1개(σ^*_{1s}, 시그마 스타 결합)입니다. 시그마 결합은 공유 결합의 한 종류이며, 결합 중에서 가장 강한 결합입니다. 분자 오비탈 표시에서 결합 종류(시그마)와 함께 표시되는 아래 첨자는 원자 오비탈의 종류를 나타낸 것입니다. 또한 반결합성 오비탈은 결합성 오비탈과 구분하기 위해 위 첨자로 별표(*) 표시를 합니다. 결합에 참여하는, 수소 원자 오비탈에 각각 1개씩 있었던 전자는 원자 오비탈 에너지보다 안정된 에

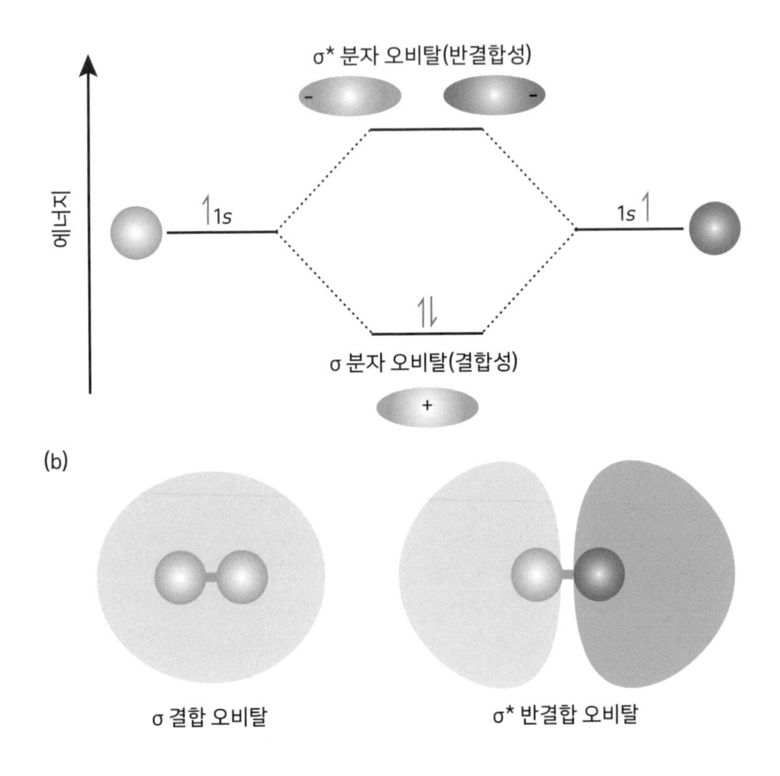

그림 4.6. 수소 분자 오비탈의 에너지 준위와 분자 내의 전자 분포. 결합 오비탈에서 결합되는 두 원자 사이의 전자 밀도는 원자의 전자 밀도보다 증가했지만, 반결합 오비탈의 경우에는 오히려 두 원자 사이의 전자 밀도가 0이 되는 것을 볼 수 있다.

너지를 갖는 결합성 분자 오비탈에 2개 모두 채워지면서 결합(σ_{1s}^2)이 완성됩니다. (그림 4.6)

수소 분자의 결합처럼 헬륨도 원자 오비탈 2개를 이용해 헬륨 분자(He_2)를 형성할까요? 일단 헬륨의 원자 오비탈로 분자 오비탈 2개가 형성될 것입니다. 그러나 1개의 헬륨 원자 오비탈은 2개의 전자가 있으므로 모두 4개의 전자가 헬륨 분자 오비탈에 채워집니다. 전자 4개 중 2개는 결합성 분자 오비탈(σ_{1s}^2)에, 2개는 반결합성 분자 오비탈($\sigma^*_{1s}{}^2$)에 채워질 것입니다. 그 결과 결합 형성으로 얻을 수 있는 에너지 이득(안정화)이 전혀 없기 때문에 이원자 헬륨 분자(σ_{1s}^2와 $\sigma^*_{1s}{}^2$)는 형성될 수 없습니다. 그것은 자연에서 헬륨 분자를 관찰할 수 없다는 사실과 일치합니다.

2주기 원자들은 1주기의 수소, 헬륨 원자들과는 달리 $1s$ 오비탈은 물론 $2s$ 및 $2p$ 오비탈도 갖고 있습니다. 전자가 늘어날수록 그것에 비례해서 분자 오비탈의 수도 늘어납니다. 그런데 헬륨(He_2)에서 보았듯이 분자 오비탈에 전자가 꽉 차 있으면(σ_{1s}^2와 $\sigma^*_{1s}{}^2$) 결합과 반결합의 분자 형성에 대한 기여도가 서로를 상쇄해 결합을 형성할 수 없습니다. 따라서 2주기 원자가 결합해 분자를 형성할 때 $1s$ 분자 오비탈은 결합 형성에 기여하지 못하므로 2주기 분자 오비탈만으로 결합 특성을 설명해도 전혀 문제가 되지 않습니다.

이원자 분자의 결합

분자 오비탈을 이용해 2주기에서 질량이 작은 이원자 분자(Li_2, Be_2, B_2, C_2, N_2) 결합에 대해 생각해 봅시다. 공기 중에 풍부하게 존재하는

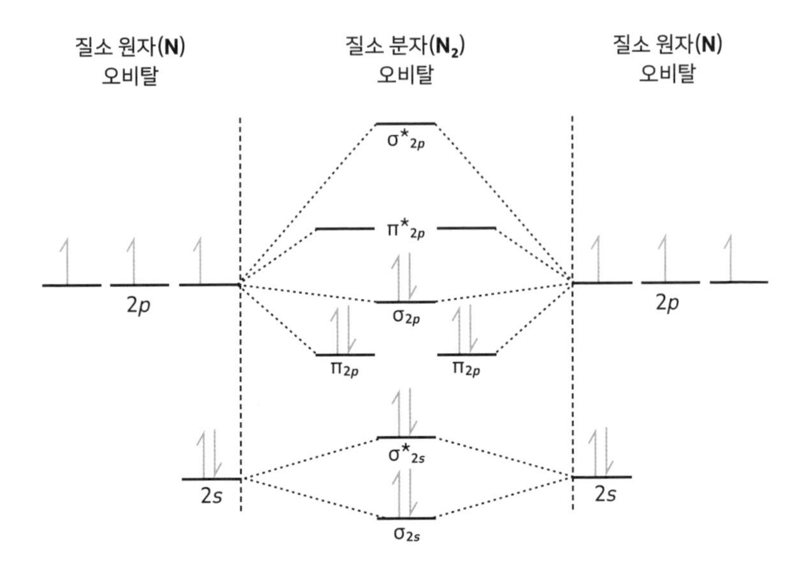

그림 4.7. 질소 분자(N_2)의 분자 오비탈과 전자 배치도.

N_2 분자의 분자 오비탈을 먼저 알아보겠습니다. (그림 4.7) 질소 원자는 3종류의 원자 오비탈(1*s*, 2*s*, 2*p*)이 있으며, 모두 5개(1*s* 1개, 2*s* 1개, 2*p* 3개)입니다. 따라서 질소 원자 오비탈 2개로 형성되는 질소 분자(N_2) 오비탈은 모두 10개입니다. 또한 질소 원자의 전자($1s^2$, $2s^2$, $2p^3$)는 7개이므로 질소 분자 오비탈에 채워질 수 있는 전자는 모두 14개입니다. 헬륨 분자의 경우처럼 1*s* 분자 오비탈 2개에 있는 전자 4개(${\sigma_{1s}}^2$ 와 ${\sigma^*_{1s}}^2$)는 결합에 기여하지 못합니다. 따라서 1*s* 분자 오비탈 2개를 제외하고 나머지 분자 오비탈 8개와 전자 10개를 이용해서 결합을 설명해도 문제가 없습니다. 즉 질소 분자(N_2)의 결합은 2*s*와 2*p* 분자 오비탈 8개가

참여하는 것으로 결합과 분자의 특성을 설명해도 괜찮다는 것입니다.

결합을 설명할 때 필요한 질소의 분자 오비탈 8개는 다음과 같습니다. 일단 2s 원자 오비탈 2개의 선형 중첩으로 형성되는 결합성 및 반결합성 분자 오비탈 2개(σ_{2s}, σ^*_{2s})와 2p 원자 오비탈 선형 중첩으로 형성되는 결합성(σ_{2px}) 및 반결합성 분자 오비탈(σ^*_{2px})이 있습니다. 또한 2개의 2p 원자 오비탈들(모두 4개)이 **측면 중첩**으로 형성되는 2개의 결합성 분자 오비탈(π_{2py}, π_{2pz})과 2개의 반결합성 분자 오비탈(π^*_{2py}, π^*_{2pz})이 있습니다. 여기서 괄호에 있는 분자 오비탈은 세계 공통으로 사용되는 기호입니다. 그것은 결합의 종류를 구분한 기호(시그마 결합(σ)과 파이 결합(π)) 및 분자 오비탈을 형성하는 원자 오비탈의 종류를 구분하는 기호(2s, 2p_x, 2p_y, 2p_z)입니다. 또한 결합성 분자 오비탈과 구분하기 위해서 반 결합성 분자 오비탈에는 위 첨자 별표(*) 표시를 합니다.

결합 차수와 다중 결합

분자 오비탈의 전자 배치로부터 원자들 사이의 결합이 몇 개가 될지도 알아낼 수 있습니다. 결합의 수는 결합성 분자 오비탈에 있는 전자 수에서 반결합성 분자 오비탈의 전자 수를 뺀 후에 2로 나눈 것으로, **결합 차수**라고 합니다. 예를 들어서 질소의 경우 결합에 기여하지 못하는 1s 분자 오비탈(σ_{1s}^2와 $\sigma^*_{1s}{}^2$)에 있는 4개의 전자를 제외하고 남은 전자 10개는 에너지가 낮은 분자 오비탈의 순서로(σ_{2s}^2, $\sigma^*_{2s}{}^2$, π_{2py}^2,

$\pi_{2pz}{}^2$, $\sigma_{2px}{}^2$) 채워집니다. 일반적으로 시그마(σ) 분자 오비탈의 에너지 준위는 파이(π) 분자 오비탈의 에너지 준위보다 낮습니다. 그러나 질소 분자는 p 오비탈로 형성되는 결합성 파이 분자 오비탈($\pi_{2py}{}^2$, $\pi_{2pz}{}^2$)의 에너지 준위가 결합성 시그마 결합 분자 오비탈($\sigma_{2px}{}^2$)의 에너지 준위보다 낮습니다. 이 에너지 준위의 반전은 2주기의 원자들이 이원자 분자를 형성할 때 질소 분자까지는 유지됩니다. 질소보다 질량이 큰 산소, 플루오린 분자는 시그마 결합 분자 오비탈의 에너지 준위가 파이 결합 분자 오비탈의 에너지 준위보다 낮은 정상적인 상황이 됩니다. 분자 오비탈의 에너지 준위가 역전이 되는 이유는 뒤이어 나올 's-p 혼합'에서 자세히 설명할 것입니다. 결국 결합성 분자 오비탈의 전자 8개($\sigma_{2s}{}^2$, $\pi_{2py}{}^2$, $\pi_{2pz}{}^2$, $\sigma_{2px}{}^2$)에서 반결합성 분자 오비탈의 전자 2개($\sigma^*{}_{2s}{}^2$)를 빼면 6이 되고, 그것을 2로 나누면 3이 됩니다. 이것이 질소 분자의 결합 차수이며, 그것은 곧 질소 분자는 결합 3개로 구성이 되어 있으므로 삼중 결합을 한다고 말하는 것입니다. 이때 우리는 질소의 분자 오비탈의 순서는 에너지 준위가 낮은 오비탈에서 높은 오비탈 순으로 표기한 것이며, 분자 오비탈에 있는 전자는 각각 2개씩이라는 것을 알 수 있습니다. 다른 이원자 분자의 경우에도 똑같은 방법을 사용해 결합 차수를 계산할 수 있습니다.

s-p 혼합

일반적으로 시그마 결합 오비탈의 에너지 준위는 파이 결합 오비탈의 에너지 준위보다 낮습니다. 그것은 선형 중첩(σ 결합)과 측면 중첩(π 결합)의 차이에 의한 것입니다. 그런데 질소 분자를 포함해서 2주기의 이원자 분자(Li_2, Be_2, B_2, C_2, N_2)는 2*s* 분자 오비탈의 시그마 결합(σ_{2s}, σ^*_{2s})과 2*p* 분자 오비탈의 시그마 결합(σ_{2px}, σ^*_{2px})의 에너지 준위의

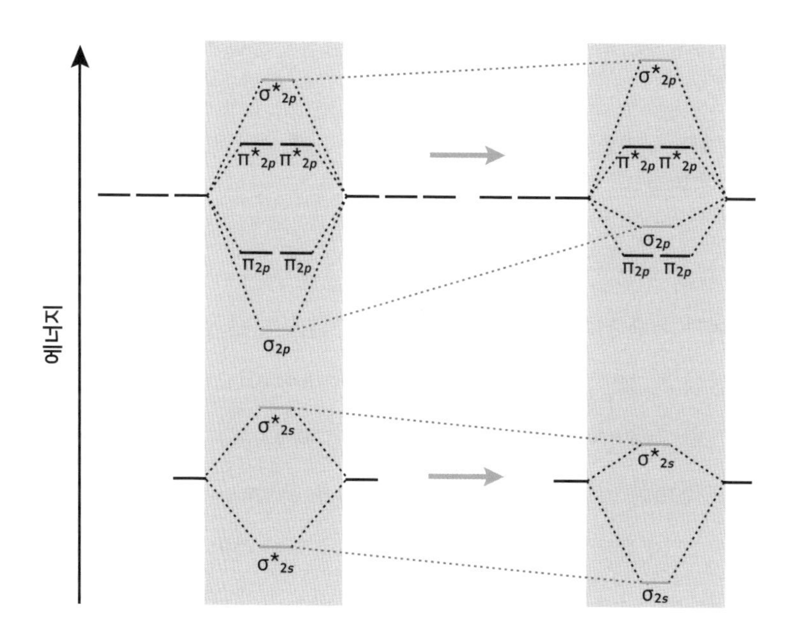

그림 4.8. s-p 혼합의 영향. 분자 오비탈의 에너지 준위의 변화와 역전이 일어난 경우. (적용되는 분자: Li_2, Be_2, B_2, C_2, N_2)

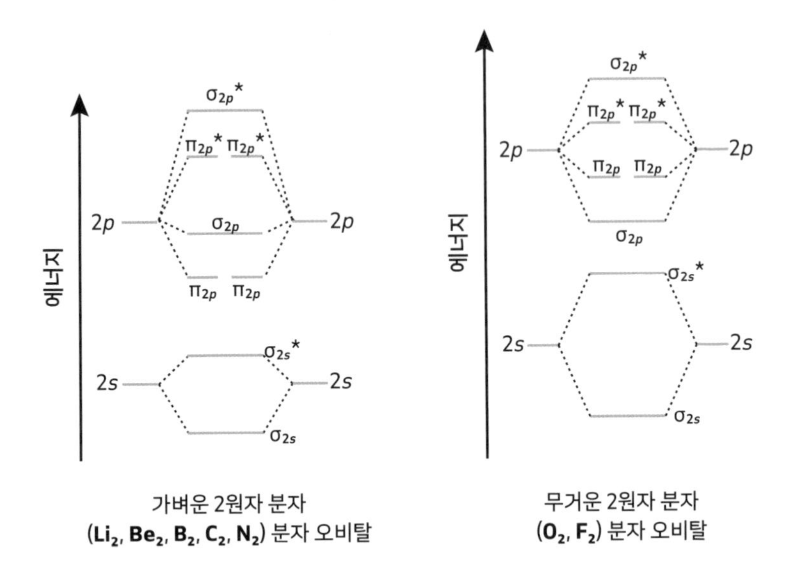

그림 4.9. s-p 혼합으로 에너지 준위가 영향을 받는 것은 2주기의 가벼운 이원자 분자에만 적용된다.

차이가 매우 작기 때문에 서로 영향을 미칩니다. 그 결과, $2p$ 분자 오비탈의 시그마 결합(σ_{2px}) 에너지 준위가 $2p$ 분자 오비탈의 파이 결합(π_{2py}, π_{2pz}) 에너지 준위보다 높아집니다. (그림 4.8) 즉 에너지 준위의 뒤바뀜(역전)이 일어나는 것이며, 그것을 s-p 혼합(s-p mixing)이라 부릅니다. 분자 오비탈의 혼합이 진행되면 p 분자 오비탈로 형성되는 시그마 결합의 에너지 준위와 역시 p 분자 오비탈로 형성되는 파이 결합의 에너지 준위의 뒤바뀜만 일어나며, 새로운 분자 오비탈이 형성되는 것은 아닙니다. 에너지 준위의 뒤바뀜 현상은 2주기의 가벼운 분자(Li_2,

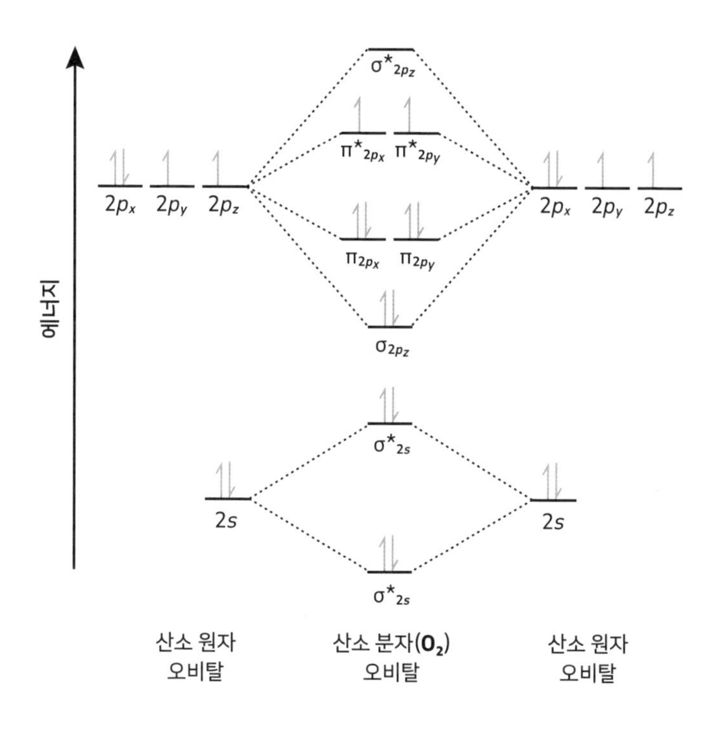

그림 4.10. 산소 분자 오비탈의 전자 배치. (σ_{1s}와 σ^*_{1s}는 생략했다.) 액체 산소가 상자기성을 갖는 원인은 전자쌍을 이루지 않는 홀전자에 있다.

Be_2, B_2, C_2, N_2)의 형성 및 분자의 결합 특성(상자기성 및 반자기성), 결합의 개수(결합 차수) 등이 실험 결과와 일치하는 설명이 가능하도록 해 줍니다. (그림 4.9)

그러나 산소를 포함해서 2주기의 무거운 분자(O_2, F_2)는 $2s$ 분자 오비탈의 시그마 결합(σ_{2s}, σ^*_{2s})과 $2p$ 분자 오비탈의 시그마 결합(σ_{2px}, σ^*_{2px})의 에너지 차이가 크기 때문에 에너지 준위의 뒤바뀜이 일어나지 않습니다. (그림 4.10) 그것은 분자의 크기가 증가하며 그에 따라 에너지 준위 간격의 차이도 커지기 때문에 분자 오비탈의 영향이 서로 미치지 않는 것으로 볼 수 있습니다.

산소의 특성: 분자 오비탈

액체 산소($O_2(l)$)의 자기적 성질(상자기성)은 분자 오비탈에 전자가 채워질 때 전자 배치의 규칙(훈트 규칙)에 따라 **홀전자**(unpaired electron)의 배치가 가능하기 때문입니다. 산소 분자(O_2)의 전자점 구조를 보면 산소 원자 2개가 서로 전자 2개씩을 공유하며, 각 원자는 결합에 참여하지 않는 비공유 전자쌍을 2개 가지고 있습니다. 때문에 산소 원자는 각각 (비활성 기체의 최외각 오비탈에는 전자가 모두 8개라는) 8전자 규칙을 만족하며, 산소 분자는 전자를 2개씩 공유하는 방식으로 이중 결합을 형성합니다. 이는 실험 사실과 일치합니다. 그러나 산소 분자의 전자점 구조는 모든 전자가 쌍을 이루고 있으므로 산소 분자의 상자기성 특성을 설명할 수 없습니다. 왜냐하면 스핀 양자수(m_s)가 다른($-\frac{1}{2}$, $+\frac{1}{2}$) 2개의 전자가 쌍을 이루고 있다면 전자의 운동으로 형성되는 자기장은 서로 상쇄되어 자기적 성질을 관찰할 수 없기 때문입니다.

산소 분자에서 모든 전자가 쌍을 이룬 전자 배치를 하고 있다면 외부에서 자기장을 걸어 주어도 영향을 받지 않을 것입니다. 그러나 실험에서 액체 산소는 외부 자석의 영향으로 밀침과 끌림이 일어나므로, 산소 분자는 분명히 쌍을 이루지 않는 홑전자를 반드시 가지고 있어야 합니다. 산소의 분자 오비탈에서 낮은 에너지 준위의 분자 오비탈부터 전자를 채우다 보면 반결합성 분자 오비탈(π^*_{2py}, π^*_{2pz})에 각각 1개씩 홑전자가 채워질 수밖에 없다는 사실(훈트 규칙)을 알 수 있습니다. 그런 전자 배치 때문에 산소 분자는 상자기성 성질을 띠게 되는 것입니다.

비편재 분자 오비탈

벤젠(C_6H_6)을 구성하는 탄소 원자 6개 모두는 각각 4개씩 결합이 가능합니다. 에틸렌의 탄소 원자처럼 벤젠의 탄소 원자도 3개의 sp^2 혼성 오비탈과 1개의 p 오비탈로 이루어져 있다면 탄소-탄소 이중 결합과 탄소-탄소 단일 결합이 번갈아 형성되면서 6각형 구조를 할 것이라 예상할 수 있습니다. 그런데 이렇게 이중 결합과 단일 결합이 교차되면서 6각형 구조를 형성한다는 예측은 벤젠 고리의 탄소-탄소 결합과 특성이 모두 같다는 실험 사실과 다릅니다. 이것을 해결하는 방법은 벤젠 분자가 새로운 형식의 전자 배치, 즉 한 탄소 원자에 속해 있지 않고 6개의 원자에 전자들이 균등하게 배치되는 소위 **비편재 분자 오비탈**(delocalized molecular orbital)을 형성한다고 생각하는 것입니다. (그림 4.11)

전자가 균일하게 배치되어 있다는 실험 사실과 비편재 분자 오비

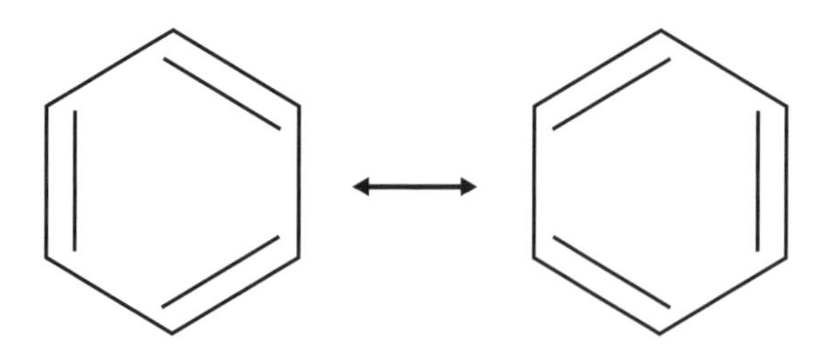

그림 4.11. 벤젠의 공명 구조.

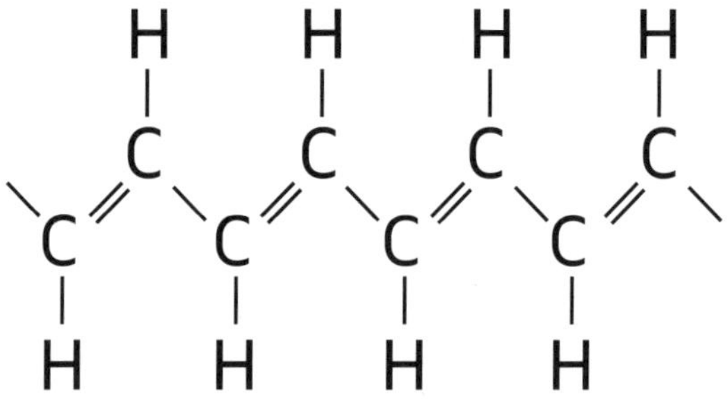

트랜스 구조

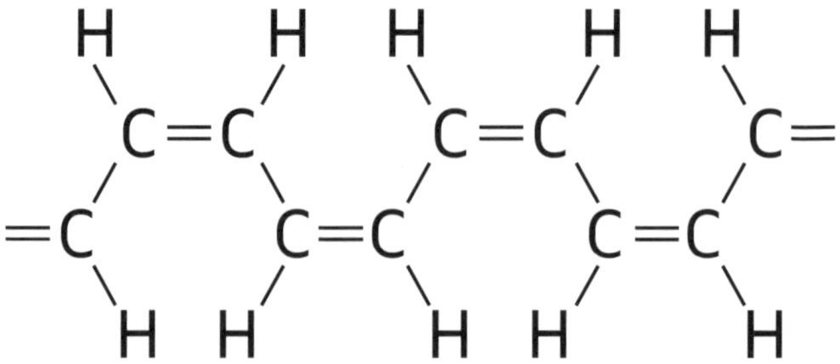

시스 구조

그림 4.12. 폴리아세틸렌. 비편재 전자를 가진 탄소 고분자는 전도성과 안정성이 뛰어나다.

탈 이론은 벤젠과 같은 결합 특성을 지닌 분자들의 결합을 설명하는데 적절하게 이용됩니다. 비편재 분자 오비탈에 있는 전자들은 자유롭게 운동할 수 있으며, 그런 전자들은 분자의 안정성에 크게 기여하므로 비편재 전자를 가진 분자는 그만큼 안정된 분자입니다. 탄소 고분자도 비편재 오비탈에서 전자들이 운동하는 형식이라고 생각하면 탄소 고분자의 전기 전도성 및 뛰어난 안정성을 설명할 수 있습니다. (그림 4.12)

이온 결합

이온 결합은 말 그대로 반대 전하를 띤 이온들끼리 결합하는 것입니다. 중성 원자에서 전자를 스스로 잃으면(혹은 강제로 빼앗기면) 원자의 전하 균형이 깨집니다. 전기 중성인 원자에서 음(−)전하를 띤 전자가 1개 혹은 그 이상이 없어지면 남은 부분은 양(+)전하를 띠는 양이온으로 변합니다. 반대로 원자가 전자를 1개 혹은 그 이상 얻게 되어도(혹은 강제로 빼앗아 와도) 원자의 전하 균형은 역시 깨집니다. 전자를 얻었으니 그것은 음(−)전하를 띠는 음이온이 됩니다. 이온 결합은 반대 전하를 띤 양이온과 음이온 사이에서 정전기적 인력으로 만들어지는 화학 결합의 한 종류입니다. 화학 물질(이온, 분자, 화합물)의 물리적 상(고체(s), 액체(l), 기체 (g))은 조건에 따라 달라지며, 이온의 결합과 반응에 따른 에너지 변화도 그에 따라 모두 다 제각각입니다. 따라서 반응의 설명에서 화학 물질의 원소 기호와 함께 그것의 상을 함께 표시하는 것이 중요합니다.

우선 이온의 형성과 그에 따른 에너지 변화를 알아봅시다. 소듐 원자($Na(g)$)에서 전자 1개를 떼어 내면 소듐 이온($Na^{+}(g)$)이 됩니다. 표기를 보면 원자와 이온이 모두 기체라는 사실을 알 수 있습니다. 소듐 이온은 원자핵의 양성자 수보다 전자가 1개 부족하므로 양이온입니다. 또한 염소 원자($Cl(g)$)는 전자 1개를 얻으면 염화 이온($Cl^{-}(g)$)이 됩니다. 염소 이온은 원자핵의 양성자 수보다 전자가 1개 더 많으므로 음이온입니다. 소듐 원자가 전자 1개를 잃으면 비활성 기체 네온(Ne)의 전자 배치와 같고, 염소 원자가 전자 1개를 얻으면 비활성 기체 아르곤(Ar)의 배치와 같아집니다. 그런데 소듐 원자에서 전자 1개를 떼어 내는 일($Na(g) \rightarrow Na^{+}(g) + e^{-}$)에는 일정량의 에너지가 필요합니다. 이때 필요한 에너지는 +496kJ/mol이며, 그것을 소듐의 이온화 에너지라 부릅니다. 식으로 나타내면 다음과 같습니다.

$$Na(g) \rightarrow Na^{+}(g) + e^{-}(\text{전자}) \qquad \Delta H = +496\text{kJ/mol}$$

2장 「이온화 에너지」 절에서 설명한 것처럼 금속 소듐이 물과 반응해 수산화 소듐과 수소 기체가 되는 반응($Na(s) + H_2O(l) \rightarrow NaOH(aq) + 1/2H_2(g)$)에 대한 에너지 변화는 $\Delta H = -184.26$kJ/mol입니다. 소듐을 물에 넣었을 때 볼 수 있는, 엄청난 속도로 진행되는 반응이 바로 이것입니다. 이 반응은 기체 소듐 원자가 기체 소듐 양이온으로 되는

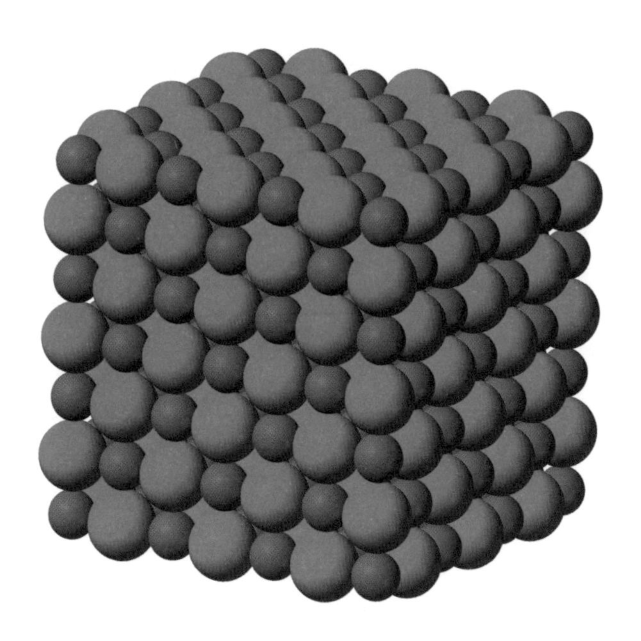

그림 4.13. 소금 결정의 구조. 소금은 양이온(Na^+)과 음이온(Cl^-)의 결합으로 형성된 이온 결합 물질이다.

반응과는 전혀 다른 경우입니다.

한편 염소 원자($Cl(g)$)에 전자를 1개 넣으면 음이온($Cl^-(g)$)이 되어 안정한 상태를 이룹니다. 이 반응($Cl(g) + e^- \rightarrow Cl^-(g)$)에 대한 에너지 변화는 $\Delta H = -349kJ/mol$입니다. 그러므로 염소 원자는 에너지를 방출하고 안정된다고 할 수 있습니다. 그것은 염소 원자의 전자 친화도입니다.

$$Cl(g) + e^- \rightarrow Cl^-(g) \qquad \Delta H = -349kJ/mol$$

소듐 양이온($Na^+(g)$)과 염소 음이온($Cl^-(g)$)은 반대 전하를 띠고 있기 때문에 정전기적 인력이 작용합니다. 그러므로 가까워지면 두 이온은 저절로 끌리게 될 것입니다. 서로 반대 전하를 띠고 있으므로 쿨롱 힘이 작용하는 것입니다. 그런 형식으로 화학 물질 사이의 결합이 형성되는 것을 이온 결합이라고 합니다. 따라서 소듐 양이온과 염소 음이온이 교대로 결합해 형성된 소금(고체, $NaCl(s)$)은 이온 결합 물질입니다.

소듐 이온 1mol과 염화 이온 1mol이 반응해 소금 1mol(58.44g)이 형성되는 반응을 반응식으로 나타내면 다음과 같습니다.

$$Na^+(g) + Cl^-(g) \rightarrow NaCl(s)(\text{소금}) \qquad \Delta H = -788\text{kJ/mol}$$

이것은 이온 결합으로 소금 결정($NaCl(s)$)이 만들어지는 것에 대한 화학식과 에너지 변화를 나타낸 것입니다. 서로 반대 전하의 기체 이온들의 결합으로 결정이 형성되면 두 이온이 분리되어 있을 때보다 그만큼 안정이 됩니다. 그때 반응계는 에너지를 잃고(발열 반응) 소금이 되는 것입니다.

만약 원소 상태의 소듐($Na(s)$)과 염소($Cl_2(g)$)가 반응해 소금 결정($NaCl(s)$)이 만들어진다면 그때 에너지의 변화는 어떻게 되며, 소듐 양이온과 염소 음이온의 반응과 무슨 차이가 있을까 궁금해집니다. 두 반응에서 형성되는 생성물 모두 똑같은 소금 결정입니다.

$$Na(s) + \frac{1}{2}Cl_2(g) \rightarrow NaCl(s) \qquad \Delta H = ???$$

이 반응의 생성물(NaCl(s), 결정)은 소듐 이온($Na^+(g)$)과 염화 이온($Cl^-(g)$)의 이온 결합으로 형성되는 생성물과 조금도 차이가 없습니다. 자연 상태의 원소가 두 종류의 화학 반응을 거쳐 결국에는 똑같은 생성물이 만들어지는 것입니다. 이것을 한눈에 볼 수 있게 해 둔 것이 그림 4.14입니다. 첫 번째 경로에서는 원소(고체 소듐(Na(s)), 기체 염소 분자($Cl_2(g)$))로부터 각각 기체 소듐 양이온과 기체 염소 음이온을 형성하고 그것들이 결합해 소금 결정이 만들어지는 것이고, 두 번째 경로에서는 원소가 직접 반응해 소금 결정이 만들어지는 것입니다.

첫 번째 경로(경로 2)에서 이온 결합으로 소금이 형성되려면 원소로부터 반응물인 $Na^+(g)$와 $Cl^-(g)$를 만들어야 합니다. 여러 단계의 반응

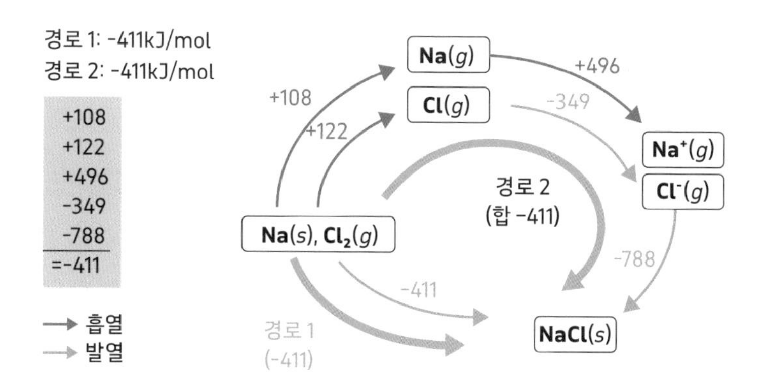

그림 4.14. 소금 결정의 형성 과정. 최초 반응물은 원소(Na(s), $Cl_2(g)$)이며 최종 생성물은 소금 결정(NaCl(s))이다.

을 거쳐야 만들 수 있는 이온들입니다. 단계마다 반응의 종류와 성격에 따라 에너지의 흡수 혹은 방출이 함께할 것입니다. 첫 번째 경로를 다시 정리하면 원소로부터 소듐 양이온과 염소 음이온을 만들어, 최종 단계에서 그것들의 이온 결합으로 소금 결정이 형성되는 것입니다.

두 번째 경로(경로 1)에서는 원소 소듐(Na(*s*))과 원소 염소 분자 ($Cl_2(g)$)가 직접 반응해 소금 결정(NaCl(*s*))이 형성됩니다. 이때도 당연히 에너지의 흡수 혹은 방출이 있을 것입니다. 결국 두 가지 경로는 서로 다르지만 시작할 때 반응물은 모두 원소이고, 최종 생성물 역시 모두 소금입니다. 이것은 소금 결정을 두 가지 경로를 통해 만들 수 있다는 사실을 말해 주고 있습니다.

처음 상태의 물질과 나중 상태의 물질이 같다면 어떤 경로를 거쳤어도 결국은 처음 상태와 최종 상태의 에너지는 같고, 그 차이 역시 같을 것입니다. 그것은 화학 반응이 반응 경로가 아니라 오직 처음 상태와 최종 상태의 에너지에 달려 있다는 사실을 의미합니다. 원소(처음 시작 물질)의 에너지를 0이라고 정했으므로, 어떤 화학 반응 경로를 거치든 그에 따른 전체 에너지 변화는 결국 처음 에너지 값(0)과 최종 화학 물질의 에너지 값의 차이입니다. 그것은 경로에 상관없으며, 오직 화학 물질의 처음과 최종 상태에 의존하므로 **상태 함수**입니다. 화학 반응이 진행될 때 동반되는 에너지 변화를 엔탈피 변화 혹은 반응 엔탈피라고 부릅니다. 화학 반응식에서 반응 엔탈피는 ΔH로 표시하며, 반응 엔탈피는 상태 함수의 한 종류입니다.

이제 원소로부터 소금 결정이 형성되는 두 가지 경로를 따라가면서 반응과 에너지를 살펴봅시다. 경로 2는 원소를 출발 물질로 해서 최종 단계에서 이온($Na^{+}(g)$, $Cl^{-}(g)$) 반응으로 소금 결정이 형성되는 것입니다. 그렇다면 경로 2의 첫 번째 단계는 원소인 고체 소듐($Na(s)$)이 기체 소듐 원자($Na(g)$)로, 원소인 기체 염소($Cl_2(g)$)가 기체 염소 원자($Cl(g)$)로 변환되는 것입니다. 이때 소듐은 상이 변하며($s \rightarrow g$), 염소 분자는 **해리**(dissociation)되어 원자로 변하게 됩니다. ($Cl_2(g) \rightarrow 2Cl(g)$) 화학 물질의 변화가 있으므로 그에 따른 에너지 변화도 당연히 있게 마련입니다. 각 반응에 대한 화학식과 엔탈피 변화는 다음과 같이 나타낼 수 있습니다.

$$Na(s) \rightarrow Na(g) \qquad \Delta H = +108kJ/mol \text{ (승화)}$$
$$\frac{1}{2}Cl_2(g) \rightarrow Cl(g) \qquad \Delta H = +122kJ/mol \text{ (해리)}$$

두 반응 모두 플러스 값이므로 반응계에 에너지를 넣어야 하는 흡열 반응입니다. 고체가 기체로 되는 현상은 **승화**(sublimation), 분자가 각각의 원자로 분리되는 현상은 해리의 한 종류입니다.

경로 2의 두 번째 단계는 소듐 기체 원자가 소듐 기체 양이온($Na(g) \rightarrow Na^{+}(g)$)으로, 염소 기체 원자가 염소 기체 음이온($Cl(g) \rightarrow Cl^{-}(g)$)으로 변하는 과정입니다. 전기적으로 중성인 기체 원자에서 전자를 1개 떼어 내서 기체 양이온이 되는 것은 이온화 반응이며, 그때 필요한 에너지를 이온화 에너지라고 합니다. 또한 기체 원자에 전자를 1개 넣어서 기체 음이온을 만들 때 필요한 에너지는 전자 친화도입니다. 그 각각의 반응과 에너지 변화는 다음과 같습니다.

$Na(g) \rightarrow Na^{+}(g) + e^{-}$ $\Delta H = +496kJ/mol$ (이온화)

$Cl(g) + e^{-} \rightarrow Cl^{-}(g)$ $\Delta H = -349kJ/mol$ (전자 친화)

경로 2의 세 번째 단계는 기체 소듐 양이온($Na^{+}(g)$)과 기체 염소 음이온($Cl^{-}(g)$)이 반응해 고체 소금 결정($NaCl(s)$)이 되는 반응입니다.

$Na^{+}(g) + Cl^{-}(g) \rightarrow NaCl(s)$ $\Delta H = -788kJ/mol$ (결정 형성)

경로 2의 반응식과 에너지를 합치면 다음과 같습니다.

$Na(s) \rightarrow Na(g)$ $\Delta H = +108kJ/mol$ (승화)

$\frac{1}{2}Cl_2(g) \rightarrow Cl(g)$ $\Delta H = +122kJ/mol$ (해리)

$Na(g) \rightarrow Na^{+}(g) + e^{-}$ $\Delta H = +496kJ/mol$ (이온화)

$Cl(g) + e^{-} \rightarrow Cl^{-}(g)$ $\Delta H = -349kJ/mol$ (전자 친화)

$Na^{+}(g) + Cl^{-}(g) \rightarrow NaCl(s)$ $\Delta H = -788kJ/mol$ (결정 형성)

$Na(s) + \frac{1}{2}Cl_2(g) \rightarrow NaCl(s)$ $\Delta H = -411kJ/mol$

관례에 따라 반응식 화살표의 왼편에 반응물, 오른편에 생성물을 나타냈습니다. 관련된 모든 반응식을 더하고, 화살표 양쪽에서 똑같은 화학 물질이 있으면 같은 양(mol)만큼 제외하면 최종적으로 완결된 반응식이 됩니다. 그것은 소듐 원소와 염소 원소로부터 소금 결정이 형성되는 경로 1과 반응식은 물론 그에 따른 에너지 변화도 같아야 합니다. 왜냐하면 처음 상태와 나중 상태의 화학 물질 성분과 상이 모두 같기 때문입니다.

한편 경로 1은 원소로부터 직접 소금 결정이 형성되는 반응이므로 그에 따른 반응식과 에너지 변화는 다음과 같습니다.

$$\mathrm{Na}(s)+\frac{1}{2}\mathrm{Cl}_2(g)\rightarrow \mathrm{NaCl}(s)\qquad \Delta\mathrm{H}=-411\mathrm{kJ/mol}$$

경로 1의 반응은 원소로부터 생성물(NaCl(s))이 형성되는 것이므로 에너지 변화는 곧 소금(NaCl)의 생성 에너지가 됩니다. 화학 물질의 **생성 에너지(생성 엔탈피)**는 원소로부터 순수한 물질이 형성될 때 그에 따른 에너지 변화입니다. 순수한 소금 1mol(58.5g)이 형성될 때 반응계는 열을 잃어버리는 발열 반응이며, 그것(ΔH)의 크기는 −411kJ/mol입니다. 결국 반응계가 열을 잃었다는 말은 생성물(NaCl(s))의 에너지가 처음 반응물(Na(s), $\frac{1}{2}\mathrm{Cl}_2(g)$)의 모든 에너지보다 더 작다는 뜻입니다. 더 안정된 상태가 된 것이라고 생각할 수 있습니다.

이온 결정이 형성되는 전체 과정을 우리는 **보른-하버 순환(born-haber cycle)**이라고 부릅니다. 보른-하버 순환은 원소(출발 물질)로부터 최종 화학 물질이 되기까지 반응에 관련된 각종 물질의 종류와 상태, 반응 단계에서 동반되는 에너지 변화를 종합적으로 나타낸 것으로, 1919년 이 방법을 제창한 독일 물리학자 막스 보른(Max Born, 1882~1970년)과 화학자 프리츠 하버(Fritz Haber, 1868~1934년)의 이름을 따서 명명되었습니다. 보른은 양자 역학에 기여해 1954년 노벨 물리학상을, 하버는 암모니아의 합성에 성공해 1918년 노벨 화학상을 받습니다.

기체 이온이 결정을 형성할 때 그 반응계가 잃어버리는 에너지는 $\Delta H = -788kJ/mol$입니다. 만약 소금 결정($NaCl(s)$)으로 소듐 양이온($Na^+(g)$)과 염소 음이온($Cl^-(g)$)을 만들려고 한다면 반응계에 에너지를 넣어야 합니다. 그때 필요한 에너지는 $\Delta H = +788kJ/mol$입니다. 그것을 결정의 **격자 에너지(lattice energy)**라고 부릅니다. 갑자기 반응 종류가 많아져서 복잡하게 느껴질 수도 있겠지만, 순서대로 이해한다면 그렇게 어려운 내용은 아닙니다.

$$NaCl(s) \rightarrow Na^+(g) + Cl^-(g) \qquad \Delta H = +788kJ/mol \text{ (격자 에너지)}$$

이온 결합 물질

이온 결합 물질들은 양이온과 음이온이 정전기적 인력을 통해 결합하며, 특징이라면 녹는점과 끓는점이 높습니다. 또한 소금과 같이 단단한 결정이라도 부서지기가 쉽습니다. 그러나 소금처럼 물에 잘 녹는 이온 결합 물질은 물에 녹으면 각각의 양이온과 음이온으로 해리되어 그 이온 주위를 물 분자들이 둘러싸게 됩니다. 물이 극성 용매이므로, 양이온 주위로는 부분 음전하를 띤 물 분자의 산소들이 접근할

표 4.3. 다양한 종류의 다원자 음이온 및 양이온. 양이온과 음이온이 결합해 물질을 형성할 수 있다.

	화학식	이름
음이온	NO_3^-	질산염(nitrate) 이온
	NO_2^-	아질산염(nitrite) 이온
	SiO_4^-	규산(silicate) 이온
	$C_2O_4^{2-}$	옥살산염(oxalate) 이온
	ClO_4^-	과염소산(perchlorate) 이온
	IO_4^-	과아이오딘산(periodate) 이온
	MnO_4^-	과망가니즈산(permanganate) 이온
	O_2^{2-}	과산화(peroxide) 이온
	PO_4^{3-}	인산(phosphate) 이온
	$P_2O_7^{4-}$	파이로인산(pyrophosphate) 이온
	SO_4^{2-}	황산(sulfate) 이온
	SO_3^{2-}	아황산(sulfite) 이온
	SCN^-	싸이오시안산(thiocyanate) 이온
	$S_2O_3^{2-}$	싸이오황산(thiosulfate) 이온
양이온	NH_4^+	암모늄(ammonium) 이온
	H_3O^+	하이드로늄(hydronium) 이온
	Hg_2^{2+}	수은(I)(mercury I) 이온

것이고, 음이온 주위로는 부분 양전하를 띤 물 분자의 수소들이 가까이 접근해서 이온들을 둘러쌉니다. 그것을 **수화**(hydration)라고 합니다.

이온 결합 물질은 종류가 매우 많습니다. 일반적으로 원자에서 음이온이 되는 화학종(할로겐 이온(F^-, Cl^-, Br^-, I^-), 산소 이온(O^{2-}), 황 이온(S^{2-}) 등)과 2개 이상의 원자로 형성되는 다원자 음이온들(수산화 이온(OH^-), 황산 이온(SO_4^{2-}), 인산 이온(PO_4^{3-}), 탄산 이온(CO_3^{2-}), 옥살산 이온

($C_2O_4^{2-}$) 등)이 수많은 종류의 금속 양이온(M^+, M^{2+} 등)과 결합해 형성될 수 있는 이온 결합 물질의 경우의 수는 셀 수 없을 정도로 다양하며, 그 특징과 사용되는 용도 또한 매우 넓습니다. (표 4.3)

질산 암모늄($NH_4^+NO_3^-$)은 여러 원자들로 이루어진 양이온과 음이온이 결합된 이온 결합 물질의 하나로 주로 질소 비료로 사용됩니다. 질소 비료 중에서 가장 많이 생산되는 것이 질산 암모늄입니다. 원료는 암모니아(NH_3)이며, 전 세계에서 매년 약 1억 7000만 톤 이상 생산됩니다. 1950년대에는 25억 명을 조금 넘을 정도였던 세계 인구가 현재 80억 명을 넘어선 것에는 의학 발달, 환경과 위생의 향상 등이 물론 큰 역할을 했지만, 식량 증산을 가능하게 해 준 질산 암모늄 생산량의 증가도 한몫을 했다고 볼 수 있습니다.

자연산 질산 암모늄을 비롯한 질소 산화물은 콩과 식물의 뿌리에 기생하는 뿌리혹박테리아(Rhizobium)가 만듭니다. 콩을 뽑으면 뿌리에 달린 수많은 조그마한 혹을 관찰할 수 있는데, 그곳에 박테리아가 살고 있습니다. 다른 종류의 미생물들도 질소(N_2)를 암모늄 이온(NH_4^+), 질산 이온(NO_3^-) 등의 화합물로 만들어서 식물이 사용할 수 있게 해 줍니다. 말 그대로 자연산 비료인 셈입니다. 안정한 질소를 식물이 이용할 수 있는 화학 물질로 변환해 주는 박테리아들은 땅에 있는 천연 화학 공장이라 할 수 있습니다. 식물은 미생물이 생산하는 질소 화합물, 동식물이 죽고 부패해서 방출되는 수많은 종류의 질소 화합물을 흡수해 영양분으로 활용합니다. 미생물들은 식물이 흡수하기 좋은 암모늄염 혹은 질산염을 제공해 주는 대가로 식물로부터 포도당을 받습니다.

질산 암모늄은 다친 부위를 냉찜질할 때 쓰는 의료용 콜드 팩으로도 사용됩니다. 플라스틱 주머니 안에 든 물과 질산 암모늄을 섞고 흔든 후에 필요한 부위에 얹어 놓으면 차갑게 느껴집니다. 이처럼 질산 암모늄은 물에 녹을 때 주변의 열을 흡수합니다. 반응계가 에너지를 흡수하는 것이므로 ΔH는 플러스 값이겠지요? 약 250g의 질산 암모늄(용해도: 20℃에서 150g/100mL)을 물 250g에 녹인다고 했을 때 낮출 수 있는 온도 변화는 무려 약 38℃나 됩니다. 이처럼 질산 암모늄 반응계는 주위에서 상당히 많은 열을 흡수한다는 사실을 알 수 있습니다. 몇 도를 낮출지는 열효율과 반응물의 양에 따라 다르겠지만, 냉찜질 효과는 충분히 있을 것입니다.

몇몇 국가에서는 질산 암모늄 비료를 마음대로 살 수가 없습니다. 왜냐하면 그것으로 소형 폭탄을 만들어 테러에 사용할 가능성이 있기 때문입니다. 질산 암모늄($NH_4NO_3(s)$)은 좋은 산화제이기 때문에 연료를 섞고 불을 붙이면 폭발이 일어납니다. 2020년 레바논 베이루트에서 질산 암모늄 비료를 운반하는 선박에 실수로 불이 나 큰 폭발로 이어진 것처럼, 건물을 통째로 날려 보내는 테러에도 질산 암모늄이 사용된 적이 있습니다. 질산 암모늄에 액체 연료를 흡수시키면 폭약과 다름이 없기 때문입니다. 따라서 연료 흡수를 방지하기 위해서 질산 암모늄 표면에 얇은 고분자막을 입힌 비료를 생산하기도 합니다. 나중에 고분자는 물에 녹아서 흡수되고 분해되기 때문에 비료의 기능에는 문제가 없습니다. 일부 국가에서는 질산 암모늄 비료를 탄산 칼슘과 일정 비율 이상으로 섞어서 판매해야 한다고 법으로 정하고 있지만, 그 조치만으로는 질산 암모늄의 폭발력을 완전히 배제할 수는 없을 것입니다.

질산 암모늄은 비료로 너무 많이 사용하면 문제를 일으킵니다. 그것은 엄청나게 물에 잘 녹는 화학 물질입니다. 농작물이 미처 다 흡수하지 못한 질산 암모늄이 강으로 흘러 들어가면 수중 식물의 영양분 역할을 합니다. 그러면 수중 식물이 필요 이상으로 번식하게 되고, 그 식물들이 죽어서 부패가 진행되면 물에 녹아 있는 용존 산소를 많이 사용합니다. 산소가 부족한 물은 수중 동물에게는 매우 위협적인 상황입니다. 그뿐만 아니라 작물이 소화하지 못하고 남은 질산염 비료는 아산화질소(N_2O)를 생성할 수 있습니다. 이산화탄소보다 지구 온난화에 더 크게 기여하는 아산화질소의 대량 발생은 무척 심각한 일이 될 것입니다. 화학 물질은 적절한 양이 아니면 환경 혹은 사용자에게 문제를 일으킬 수 있다는 것은 틀림없는 사실입니다.

공유 결합

원자들이 전자를 공유해 분자를 만드는 형식의 결합을 **공유 결합**(covalent bond)이라고 합니다. 원자들 사이에 끈 혹은 신축성 막대가 형성되거나 혹은 원자들이 탄성을 지닌 스프링으로 연결된 모습을 상상하면 됩니다. 공유 결합을 가상의 스프링에 비유해 진동수를 추정해서 계산해 보면 분자들의 진동수와 비슷한 결과를 얻을 수 있습니다. 공유 결합이라는 이름도 한 원자가 다른 종류의 원자 혹은 같은 종류의 원자와 전자들을 공유해 분자를 형성하기 때문입니다. 앞서 분자 오비탈로 이원자 분자의 결합 차수 및 결합 특성을 설명한 바 있습니다. 지금부터는 이원자 분자가 형성될 때 전자들을 공유하는 형식과 최외각 오비탈에 있는 전자 수를 이용해 공유 결합의 특성을 설명합니다. 최외각 오비탈에 있는 전자들이 이원자 분자의 결합 개수, 결합 길이, 결합 에너지 같은 특성과 밀접한 관계가 있기 때문입니다.

단일 결합

수소 원자는 전자를 1개 갖고 있습니다. 수소 원자 2개(Ha, Hz)가 서로 접근하면 각 원자에 있는 전자들의 음전하 때문에 어느 정도 반발하리라는 사실은 예상할 수 있습니다. 그러나 더 가까워지면 하나의 수소 원자(Ha)의 전자는 또 다른 수소 원자(Hz)의 원자핵과 정전기적 인력으로 끌리게 됩니다. 그 반대의 경우도 마찬가지로 인력이 작용할 것으로 예상할 수 있습니다. 그러나 2개의 수소 원자가 너무 가까이 접근하면 이번에는 원자들의 원자핵이 띤 양(+)전하로 서로 반발하기 때문에 전체 계는 오히려 불안정해집니다. 그런 이유로 2개의 수소 원자는 적절한 간격을 유지해야 안정될 것입니다. 수소 분자를 구성하는 수소 원자들은 너무 멀지도 혹은 너무 가깝지도 않은 적

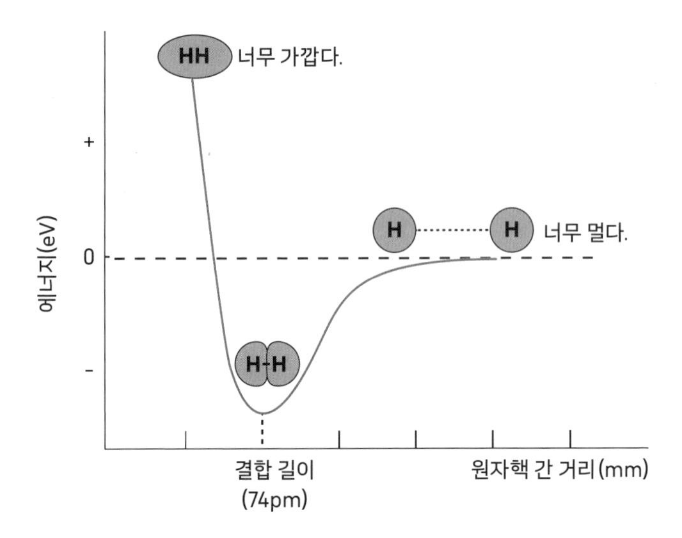

그림 4.15. 수소 원자들이 적절한 거리(74pm)를 유지할 때 수소 분자의 에너지는 최소가 되며, 그때 수소 분자의 안정성은 최대이다.

절한 거리를 유지할 때 계의 총 에너지가 낮아져서 안정이 됩니다. 그 원자 사이 거리(Ha − Hz)는 약 74pm입니다. (그림 4.15)

수소 원자가 전자를 공유해 이원자 수소 분자(H_2)가 되는 것은 앞서 사용했던 루이스 점 구조(H:H)로도 설명이 가능합니다. 수소 원자의 최외각 오비탈에는 전자가 1개($1s^1$) 뿐입니다. 그러나 수소 분자가 되면 각각의 수소 원자에서 보면 마치 최외각 오비탈에 전자가 모두 채워진 것($1s^2$)처럼 느낄 수 있습니다. 따라서 분자를 형성한 2개의 수소 원자 각각은 마치 최외각 오비탈에 전자가 꽉 채워진 헬륨 원자(1주기 비활성 기체족)의 전자 배치와 같은 모양입니다.

이중 결합

산소의 원자 번호는 8입니다. 그래서 전자 배치($1s^2$, $2s^2$, $2p^4$)를 보면 산소 최외각 오비탈에 있는 전자는 모두 6개($2s^2$, $2p^4$)입니다. 비활성 기체의 전자 배치를 하려면 최외각 오비탈에 전자 2개가 더 채워져야 합니다. 한 가지 방법은 산소 원자(Oa)가 다른 산소 원자(Oz)와 전자 2개를 공유하면 될 것입니다. 그렇게 되면 완성된 산소 분자의 산소 원자들은 최외각 오비탈에 모두 8개의 전자가 되는 조건을 충족합니다. 그때 각 산소 원자의 겉보기 전자 배치는 최외각 오비탈에 전자가 모

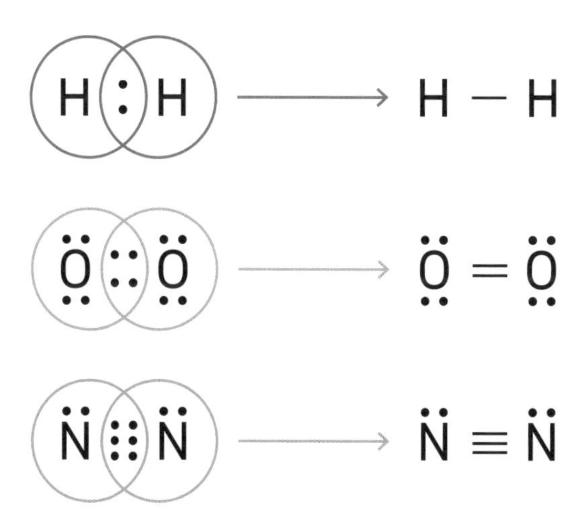

그림 4.16. 수소, 산소, 질소 분자의 공유 결합 모습. O와 N에 있는 쌍점(• •)은 비공유 전자쌍을 뜻한다.

표 4.4. 이원자 기체 분자의 결합 특성.

분자	결합 개수	결합 길이(pm)	결합 에너지 (kJ/mol)
H_2	1	74	436
O_2	2	121	498
N_2	3	109	946

두 채워져 있으며($1s^2$, $2s^2$, $2p^6$), 비활성 기체 네온(Ne)의 전자 배치와 같게 됩니다. 하나의 산소 원자(Oa)가 공유한 2개의 전자들은 다른 산소 원자(Oz)의 원자핵에 끌리게 될 것입니다. 그 반대의 경우도 마찬가지입니다. 수소 원자의 반지름보다 산소 원자의 반지름이 커서 접근 가능한 거리도 제한을 받기 때문에 산소 분자의 결합 길이는 수소 분자의 결합 길이보다 길며, 약 121pm입니다. (표 4.4)

삼중 결합

질소의 원자 번호는 7입니다. 질소 원자의 전자 배치($1s^2$, $2s^2$, $2p^3$)를 보면 최외각 오비탈에 전자가 5개($2s^2$, $2p^3$) 있습니다. 질소가 2주기 비활성 기체인 네온(Ne)의 전자 배치($1s^2$, $2s^2$, $2p^6$)처럼 최외각 오비탈에 전자가 8개가 있으려면 전자 3개를 더 채워야 합니다. 질소 원자 2개(Na, Nz)는 각각의 원자들이 상대방 원자의 전자들을 3개씩 공유하면서 질소 분자(N_2)가 완성됩니다. 그때 질소 분자의 질소 원자들은 최외각 오비탈에 전자가 모두 8개씩 채워진 전자 배치를 하게 될 것입니다. 질소 원자의 크기(반지름 71pm)는 산소 원자(반지름 66pm)보다 크지만, 전자를 3개나 공유하고 있어서 질소 분자의 결합 길이(약 109pm)는 산소 분자의 결합 길이보다 짧습니다.

결합 에너지

결합 에너지란 이원자 분자(H_2, O_2, N_2)의 결합을 부숴서 각각의 원자로 만들 때 필요한 에너지를 말합니다. 결합 에너지는 삼중 결합하는 질소가 가장 크고, 그다음 산소, 수소 순일 것이라고 예상할 수 있습니다. 결합의 수가 많을수록 결합을 부수는 데 필요한 에너지가 더 크리라는 예상이 자연스럽기 때문입니다.

자료를 보면 결합 에너지는 예상대로 질소($\Delta H = +946kJ/mol$), 산소($\Delta H = +498kJ/mol$), 수소($\Delta H = +436kJ/mol$) 순으로 작아집니다. 결합 에너지는 반응계가 받는 에너지이기 때문에 플러스입니다. 그런데 산소보다 결합이 1개 늘어난 질소 결합을 파괴하는 데 필요한 에너지($946 - 498 = 448$)는 수소보다 결합이 1개 더 늘어난 산소 결합을 파괴하는 데 필요한 에너지($498 - 436 = 62$)보다 훨씬 더 큽니다. 결합 개수는 1개 늘었지만, 질소 분자의 결합 길이가 산소 분자보다 훨씬 짧아지면서 더욱더 안정되었기 때문입니다. 질소 결합을 깨트릴 때 필요한 에너지가 예측값을 뛰어넘는다는 사실도 이제 이해할 수 있을 것입니다.

H_2O 분자

물은 세상에 꼭 필요한, 놀라운 힘을 지닌 화학 물질입니다. 물 분자(H_2O)는 산소 원자(O) 1개와 수소 원자(H) 2개가 공유 결합으로 형성된 삼원자 분자입니다. 원자 번호 8인 산소 원자에는 전자가 8개($1s^2$, $2s^2$, $2p^4$) 있습니다. 최외각 오비탈에 전자 6개($2s^2$, $2p^4$)가 있으므로, 전자 2개를 더 채우면 비활성 기체의 전자 배치와 같은 특성을 갖출 수 있습니다. 그러므로 산소의 $2p$ 오비탈($2p_x^2$, $2p_y^1$, $2p_z^1$)이 수소 원자의 전자($1s^1$) 2개를 공유하면 산소의 최외각 오비탈에는 8개의 전자가 모두 채워지게 됩니다. 한편 수소 원자의 전자($1s^1$)는 1개이므로 산소 원자에게 전자 2개를 주려면 수소 원자 2개가 필요합니다. 따라서 수소 원자 2개의 전자들이 산소 원자와 전자를 1개씩 공유하는 방법으로

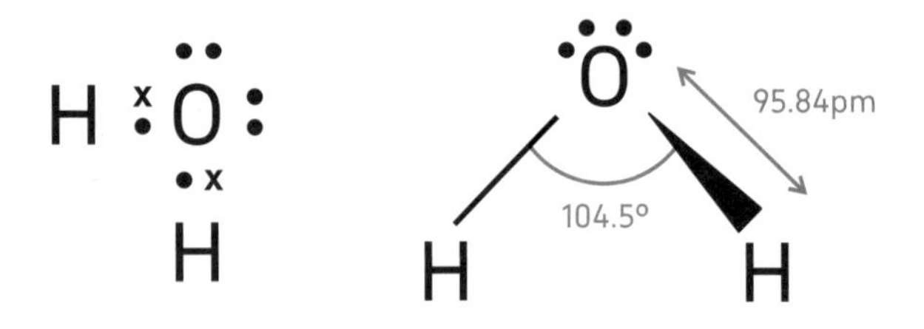

그림 4.17. 물의 분자 구조와 비공유 전자쌍.

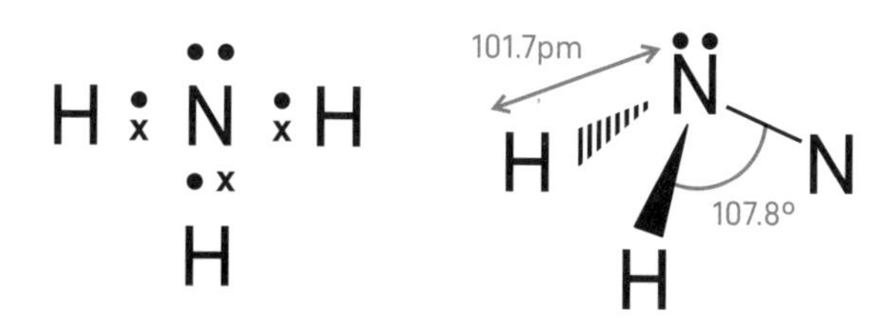

그림 4.18. 암모니아의 분자 구조와 비공유 전자쌍.

전자를 채운다면 물 분자의 산소 원자는 비활성 기체 원자의 전자 배치를 갖게 됩니다. 그 결과 산소 원자의 최외각 오비탈에는 전자 8개가, 수소의 최외각 오비탈에도 전자 2개가 모두 채워집니다. 즉 결합이 완성된 물 분자에서 산소와 수소 원자는 최외각 오비탈에 전자가 다 차 있게 됩니다. 산소의 *p* 오비탈의 모양을 보면 서로 직교하고 있으므로 형성되는 2개의 수소-산소-수소 결합은 직각(90도)일 것으로 예상되지만, 실제 결합각은 104.5도입니다. 여기에는 산소-수소 결합을 이루는 공유 전자쌍과 산소의 공유하지 않은 전자쌍 사이의 반발이 영향을 끼친 것이라고 해석합니다. 공유 전자쌍과 비공유 전자쌍 모두 같은 음전하를 띠기 때문입니다. 수소 전자와 공유하지 않는 산소의 전자쌍을 **비공유 전자쌍**(unshared electron pair)이라고 하며, 산소 원자 주위에 2개의 점으로 나타내기도 합니다. 물 분자의 구조를 나타낼 때 일반적으로 비공유 전자쌍의 표시는 생략합니다. (그림 4.17)

이 방법은 질소 원자 1개와 수소 원자 3개가 결합된 암모니아 분자(NH_3)에도 적용됩니다. 그 결과 우리는 암모니아 분자의 질소 원자가

비공유 전자쌍을 1개 갖는다는 사실을 알 수 있습니다. (그림 4.18)

공유 결합 화합물

세상에는 수많은 공유 결합 화합물이 있습니다. 공유 결합 화합물은 이온 결합 물질과는 다르게 실온에서 기체 혹은 액체로 존재한다는 점이 특징입니다. 우리가 잘 알고 있는 이산화탄소(CO_2), 염산(HCl), 이원자 분자들(H_2, N_2, O_2)을 비롯한 수많은 유기 화합물이 바로 탄소와 다른 종류의 원자들이 공유 결합으로 형성되는 화학 물질입니다. 공유 결합 화합물은 전자를 서로 공유하는 특성 때문에 분자들이 극성을 띠는 일이 드뭅니다. (물 같은 분자들은 분자를 구성하는 원자들의 전기 음성도 차이가 크기 때문에 부분 전하를 띨 수도 있습니다.) 또한 물에 녹아 이온이 되면서 전기 전도성을 띠는 이온 결합 물질과는 달리 공유 결합 물질들은 전기 전도성을 띠지 않는 것이 대부분입니다. 그러나 염산처럼 물에 녹아 해리되어 양이온과 음이온으로 분리되는 경우에는 전기 전도성을 띠기도 합니다.

단백질

단백질은 일반적으로 수많은 종류의 원자들이 공유 결합해 만드는 분자량이 매우 크고 구조가 복잡한 분자입니다. 인체에서 필수 효소 생성, 생리 기능과 면역 체계 조절, 영양 공급처럼 다양하고 중요한 기능을 하며, 우리에게 꼭 필요한 화학 물질입니다. 근육, 피부, 머리카락부터 생리 활성 효소나 인슐린 같은 중요 호르몬까지 모두 단백질입니다. 몸에서 단백질을 만들려면 재료인 아미노산이 꼭 필요한데, 아미노산은 매일 먹는 음식에 포함되어 있습니다. 몸속에 있는 단백질의 종류는 얼마나 될까요? 단백질은 워낙 다양해서 정확한 종류와 수를 아는 것은 현재까지도 어려운 일입니다. 유전 물질의 명령에 따라 몸에서 생산되는 단백질은 그야말로 엄청나게 많습니다. 유전 정보를 연구하는 과학자들은 인체의 단백질을 8만에서 40만 개 정도로 보고 있습니다.

약 혹은 독이 단백질인 경우도 많이 있습니다. 동물이 가지고 있는 독은 같은 생물에 작용해야 하기에 대부분 단백질인 경우가 많습니다. 미용과 성형에 이용되는 약인 보톡스(BOTOX®)도 단백질인데, 그것은 보톨리누스균(*Clostridium botulinum*)이 만들어 내는 세상에서 가장 무서운 독(Botulinum Toxin)을 묽게 한 것입니다.

혈액의 포도당(혈당) 농도를 조절하는 호르몬인 인슐린도 단백질입니다. 그것은 아미노산 51개(21개+30개)가 이황화 결합(-S-S-) 2개로 서로 연결된 구조를 하고 있습니다. 인슐린을 구성하는 아미노산의 결합 순서와 특징을 알아낸 생화학자 프레더릭 생어는 1958년에 노벨상을 받았습니다. 그는 1980년에는 DNA 염기 서열의 분석에 대한 공로로 두 번째 노벨상을 받아 현재까지 노벨 화학상을 두 번 받은 화학자 2명 중 한 명입니다. 또 다른 과학자는 2022년에 두 번째 노벨 화학상을 받은 칼 샤플리스(Karl Sharpless, 1941년~) 교수입니다.

인슐린은 구체적으로 혈액에 있는 포도당을 간 혹은 근육 세포에 저장하는 기능과 역할을 합니다. 그런데 선천적, 혹은 후천적으로 인슐린이 부족해서 혈액에 있는 포도당 농도를 조절하지 못하면 소변에서 당이 검출되는 당뇨병에 걸리게 됩니다.

아미노산: 단백질 재료

모든 단백질의 기본 재료(블럭)는 아미노산 분자($RC(NH_2)(COOH)$)입니다. 그것은 염기성 성질을 띤 아미노기($-NH_2$)와 산성 성질을 띤 카복실기(-COOH)가 동시에 결합된 알파 탄소($C\alpha$)를 가지고 있는 특별한 구조의 분자입니다. (그림 4.19) 아미노산 분자의 특징 중 하나는 녹아 있는 용액의 수소 이온 농도 지수(pH)에 따라서 분자의 전하가 달라진다는 것입니다. 다시 말해서 양이온, 음이온, 중성 분자로 변신이 가능합니다. 또한 같은 pH 용액에서도 아미노산의 종류에 따라 각각 양이온, 음이온, 중성 분자로 있을 수 있습니다. 아미노산 분자는 특정 pH 용액에서 카복실기(-COOH)에서 양성자(H^+)가 해리(분리)되면 음이온($-COO^-$)으로, 아미노기($-NH_2$)에 양성자(H^+)가 결합하면 양이온($-NH_3^+$)이 됩니다. 그런 상태의 아미노산 분자들은 한 분자 내에 양이온과 음이온이 공존하며, **양쪽성 이온 또는 쯔비터 이온**(zwitter ion)이라 부

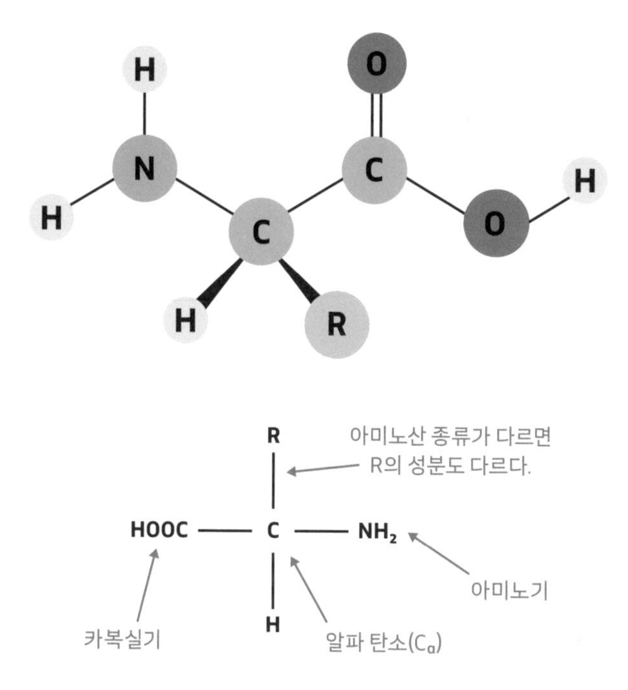

그림 4.19. 모든 단백질의 기본 재료, 아미노산. 알파 탄소에 아미노기($-NH_2$)와 카복실기(-COOH)가 결합되어 있고 R는 분자단이며, 그것에 따라 아미노산 종류와 이름이 달라진다.

릅니다. ('쯔비터'는 혼혈, 자웅동체라는 뜻의 독일어입니다.)

양쪽성 이온의 전체 전하는 0이므로 전기 중성이지만, 양이온($-NH_3^+$)과 음이온($-COO^-$)을 동시에 갖고 있습니다. 아미노산 종류가 다르면 양쪽성 이온이 될 수 있는 용액의 pH도 다릅니다. 양쪽성 이온 상태로 있는 아미노산 분자는 외부에서 전극(양(+)극, 음(−)극)을 이용해 전기장을 걸어 주어도 어느 쪽 전극으로도 이동하지 않습니다. 용액의 pH가 산성이면 그 안에 있는 아미노산 분자는 양전하를 띠고, 용액의 pH가 염기성(알칼리성)이면 음전하를 띱니다. 따라서 여러 아미노산들은 혼합되어 있는 환경의 pH를 조절하고, 전기장을 걸어 주면 각각 분리됩니다. 특정한 pH 환경에서 양이온을 띤 아미노산은 음(−)극으로, 음이온을 띤 아미노산은 양(+)극으로 이동하며, 중성 아미노산은 이동하지 않습니다. 이런 현상을 이용하면 많은 종류의 아미노산이 섞여 있는 혼합물에서 각각의 아미노산을 분리할 수가 있습니다. 그런 분석법을 **겔 전기 영동법(gel electrophoresis)**이라고 합니다.

아미노산이 공유 결합으로 단백질을 형성하는 과정은 다음과 같습니다. 아미노산 분자의 아미노기와 다른 종류 혹은 같은 종류의 아미노산 분자의 카복실기가 반응을 하면 아미노산 분자 2개가 결합된 새로운 분자 1개와 물(H_2O)이 만들어집니다. 그런 결합을 펩타이드 결합이라 하며, 그렇게 아미노산 2개가 결합해 형성된 분자를 **다이펩타이드(dipeptide)**라고 부릅니다. (다이(di)는 2를 뜻하는 그리스 어입니다.) 아스파탐은 2개의 아미노산(아스파르트산과 페닐알라닌)이 펩타이드 결합으로 연결된 다이펩타이드(분자)입니다. 사카린보다는 당도가 떨어지지만, 설탕보다 약 200배쯤 단맛이 나는 물질입니다. 한편 선천적으로 페닐알라닌 소화 효소가 없으면 아스파탐처럼 페닐알라닌 성분이 포함된 음식 혹은 음료를 먹어서는 안됩니다. 페닐알라닌 소화 효소가 없어서 몸에 쌓이는 질병, 페닐케톤뇨증을 앓게 되기 때문입니다.

화학에서 분자의 수를 셀 때 혹은 하나의 분자 내에 있는 탄소의 수는 조금 전 사례처럼 그리스 어 접두사로 나타낼 때가 많습니다. 그런 용어를 기억하고 있으면 이름만 들어도 그 분자가 탄소 원자를 몇 개 포함하고 있는지를 쉽게 알 수 있습니다. (표 4.5와 4.6)

아미노산 분자들은 공유 결합을 하며, 이를 **펩타이드 결합**(peptide bond)이라고 부릅니다. 단백질은 수많은 아미노산 분자가 펩타이드 결합으로 연결된 거대 분자입니다. 단백질을 **폴리펩타이드**(polypeptide)라고 부르는 것도 다 그런 이유입니다. (폴리(poly)는 '많다.'라는 의미를 지닌 영어 접두사입니다.) 일상에서는 중합체 혹은 폴리머(polymer, 고분자)라는 단어도 많이 사용됩니다. 단백질은 수많은 아미노산 단량체들이 펩타이드 결합을 통해서 만들어진 중합체인 것입니다.

표 4.5. 화학 물질의 이름과 특징을 구별하는 그리스 어 숫자 접두사.

1	mono-	2	di-	3	tri-	4	tetra-	5	penta-
6	hexa-	7	hepta-	8	octa-	9	ennea-	10	deca-
11	hendeca-	12	dodeca-	13	trideca-	14	tetradeca-	15	pentadeca-
16	hexadeca-	17	heptadeca-	18	octadeca-	19	enneadeca-	20	icosa-

표 4.6. 유기 화합물의 이름에서 탄소의 개수를 의미하는 접두사.

1	meth-	2	eth-	3	prop-	4	but-	5	pent-
6	hex-	7	hept-	8	oct-	9	non-	10	dec-
11	undec-	12	dodec-	13	tridec-	14	tetradec-	15	pentadec-
16	hexadec-	17	heptadec-	18	octadec-	19	enneadec-	20	icosa-

자연에는 20종류의 아미노산이 있습니다. 아미노산 가운데 12종류(글라이신(glycine), 알라닌(alanine), 아르기닌(arginine), 아스파라긴(asparagine), 아스파르트산(aspartate), 시스테인(cysteine), 글루탐산(glutamate), 글루타민(glutamine), 히스티딘(histidine), 프롤린(proline), 세린(serine), 티로신(tyrosine))는 몸에서 형성(합성)되거나 혹은 음식으로 공급이 됩니다. 그러나 나머지 8종류(아이소루신(isoleucine), 루신(leucine), 라이신(lysine), 트립토판(tryptophan), 발린(valine), 메티오닌(methionine), 페닐알라닌(phenylalanine), 트레오닌(threonine))는 몸에서 합성되지 않기에 반드시 음식으로 섭취해야만 합니다. 이들을 필수 아미노산이라고 부릅니다. 대학생들이 학교에서 졸업하기 위해 반드시 학점을 이수해야 하는 과목을 필수 과목이라고 하듯이, 필수 아미노산 역시 몸에서 만들지 못하기 때문에 반드시 외부에서 공급을 해 주어야 몸이 제대로 작동할 수 있는 필수품입니다.

몸이라는 화학 공장에서는 20종류의 아미노산 블록으로 기능과 구조가 다른 다양한 특성의 단백질을 만들어 내고 있습니다. 아미노산 단량체의 종류와 결합 순서, 결합되는 아미노산의 수에 변화를 주면 그야말로 엄청난 종류의 단백질이 가능해집니다. 이 세상과 사람의 몸에 그토록 다양한 특성을 갖춘 수많은 단백질이 어떻게 존재하는지 이제 이해할 수 있을 것입니다.

필수 아미노산을 어떻게 기억하면 좋을까요? 꼭 기억해야 할 의무는 없지만 필요할 때 바로 이용하려면 아무래도 암기해 두는 편이 좋습니다. 이렇게 외워야 할 것이 많다고 생각해서 화학을 싫어하는 사람도 있고, 그런 이유로 첫 단계에서 화학 공부를 포기한 예비 과학자도 있을 것입니다. 저는 대학교에서 강의하면서 학생들에게 필수 아미노산의 암기법을 하나 제시했습니다. 그것은 아미노산의 영어 이름에서 첫 글자만 모아서 만든 일종의 문구입니다.

ILL, TV, MPT.

필수 아미노산이 없다면 아프고(ILL), 텔레비전(TV)보면서 멍 때리고, 군대에서 훈련할 때처럼(military physical training, MPT) 힘들다는 개념을 떠올리며, 그것을 필수 아미노산의 이름을 기억해 내는 데 활용하라는 것입니다. 다시 말해서 아프고(ILL: 아이소루신, 루신, 라이신), 생각 없이 텔레비전(TV: 트립토판, 발린) 보고, 군대에서 체력 단련(MPT: 메티오닌, 페닐알라닌, 트레오닌)했던 일을 생각하며 필수 아미노산 분자의 영어 단어를 연관 지어 기억하는 것입니다. 필수 아미노산 이름을 기억하는 새로운 방법을 찾는 데 독자들도 도전해 보면 좋을 듯합니다.

아미노산 분자의 특성

아미노산은 매우 특이한 성질을 지닌 분자입니다. 아미노산의 **알파 탄소**(아미노기와 카복실기가 함께 결합된 탄소)에 결합한 원자 및 분자(혹은 작용기)는 모두 같지만 3차원 공간 배열이 달라, 결과적으로 빛(편광)에 대한 반응이 달라지는 2종류의 분자가 있습니다. (편광의 좌회전성(levorotatory, L) 혹은 우회전성(dextrorotatory, D)으로 구분합니다.)

아미노산 용액에 선형 편광(빛의 진행 방향에 평행한 하나의 평면을 따라서 진행되는 전자기파, 평면 편광이라고도 함)을 통과시키면 2종류의 분자는 다르게 반응합니다. 선형 편광을 용액에 비추면, 한 종류의 아미노산 분자 용액은 편광을 왼쪽으로, 또 다른 종류는 편광을 오른쪽으로 회전시킨다는 것입니다. 즉 용액을 통과한 편광면은 용액에 비추기 전의 편광면과 비교해 볼 때 왼쪽 혹은 오른쪽으로 회전된다는 것입니다. 결합한 원자 및 분자들이 모두 같으므로 이 2종류의 분자는 분자량도, 물리적 특성도 정확히 같습니다. 단지 특정한 성질을 띤 빛, 평면 편광에 대해서만 다르게 반응합니다.

물리 화학적 특성은 같고 단지 선형 편광에 대한 반응만 차이가 나는 분자들을 **광학 이성질체(enantiomer)**라고 부릅니다. 선형 편광에 반응을 나타내는 분자들의 공통된 특징은 분자 내의 탄소(C) 원자에 결합된 4개의 것(원자, 분자, 작용기 등)들이 모두 다르다는 점입니다. 그런 탄소를 **비대칭 탄소(asymmetric carbon)**라 합니다. 사실 아미노산 분자들 가운데 오직 1개(글라이신)를 제외한 나머지 아미노산 분자들은 알파 탄소들이 모두 비대칭 탄소이기 때문에 편광 특성을 지니고 있습니다. 탄소 여러 개로 구성된 유기 화합물은 비대칭 탄소가 1개 이상 있을 수 있고, 비대칭 탄소마다 편광 특성이 다 다릅니다.

어렵다고 느끼는 독자들을 위해서 조금 더 설명하자면 다음과 같습니다. 여름에 선글라스를 한번쯤 써 본 적이 있지요? 편광 선글라스를 끼고 빛을 바라본다고 가정해 봅시다. 그 빛은 전자기파이므로 모든 방향(360도)으로 진동하면서 눈을 향해 광속으로 올 것입니다. 그런데 편광 선글라스는 빛의 전자기파 중에서 어느 한 방향(축)만 남기고 나머지 방향의 전자기파는 모두 흡수합니다. 사실은 전자기파의 벡터 성분 중에서 한 방향으로 진동하는 것만 흡수하지만, 편의상 한 방향만 남기고 모두 흡수하는 것으로 이해하면 됩니다. 그러므로 편광 선글라스를 통과한 빛은 마치 빛의 진행 방향과 평행한 하나의 가상 평면 위에서만 진동하는 전자기파가 될 것입니다. 그것을 선형 편광(평면 편광)이라 부릅니다. 그런 특성을 지닌 편광을 아미노산 용액에 비추면 광학 이성질체 중에서 한 종류는 편광면이 본래의 편광면과 비교할 때 왼쪽으로 회전(L형 아미노산)을 하고, 또 다른 종류는 편광면이 오른쪽으로 회전(D형 아미노산)한다는 것입니다. 그것이 광학 이성질체가 나타내는 편광 특성입니다.

유기 분자 중에는 편광 특성을 나타내는 분자가 아미노산 외에도 수없이 많이 있습니다. 아미노산 20개 가운데 글라이신을 제외한 19개가 광학 특성을 나타냅니다. 글라이신은 알파 탄소에 수소 원자 2개가 결합되어 있기 때문에 비대칭 탄소가 없고, 따라서 편광 특성을 나타낼 수 없습니다. 그런데 신기한 일은 광학 이성질체 중에서 우리 몸을 구성하는 단백질을 형성하는 데 이용되는 아미노산은 오직 L형 아미노산뿐이라는 것입니다. D형 아미노산으로 만들어진 단백질은 우리 몸에서 만들 수도 없고, 쓰지도 않습니다. (정말 신기한 일이 아닐 수 없습니다.)

그러나 예외 없는 법칙은 없겠지요? 노인의 눈 수정체 혹은 뇌에서 D형 아미노산 조각이 발견되었다는 연구 결과가 있습니다. 단백질을 합성하는 신체의 기능이 떨어져서 D형 아미노산이 일부 섞인 단백질이 합성된다면 그것은 몸을 아프게 하는 원인으로 해석할 여지가 있어 보입니다. 노인들이 흔히 앓는 병인 백내장, 알츠하이머병의 원인도 제자리에 있어야 할 L형 대신 D형 아미노산 블록이 끼어들어 만든 단백질이 문제를 일으키기 때문으로 추정되고 있습니다.

광학 이성질체의 또 다른 특징은 3차원 공간에서 서로 거울상 분자라는 것입니다. 거울상은 매우 간단하지만 흥미로운 개념입니다. 예를 들어 내가 거울을 보면서 오른팔을 들고 있다면, 거울에 비친 나는 왼팔을 들고 있을 것입니다. 거울 안에 있는 나와 거울 밖에 있는 나는 서로 거울상입니다. 왼손과 오른손을 들어 서로 마주 보게 하면 그것은 마치 왼손과 오른손 사이에 거울이 있는 것과 같은 모습이어서 서로 거울상이 됩니다. 그런데 왼손과 오른손은 모양도 같고 5개의 손가락 모양도 모두 같지만, 3차원 공간에서 서로 겹칠 수가 없습니다. 광학 이성질체는 왼손과 오른손처럼 서로 거울을 보고 마주하고 있는 거울상 특징을 가진 아주 독특한 분자입니다.

이처럼 물리적 특성도 흥미롭지만, 광학 이성질체의 화학적 특성에는 더 놀라운 차이가 있습니다. 예를 들어 같은 광학 이성질체 하나는 약이 되고, 다른 하나는 독이 되기도 합니다. 괴혈병을 치료하는 비타민 C도 광학 이성질체입니다. 비대칭 탄소를 포함하는 분자를 고

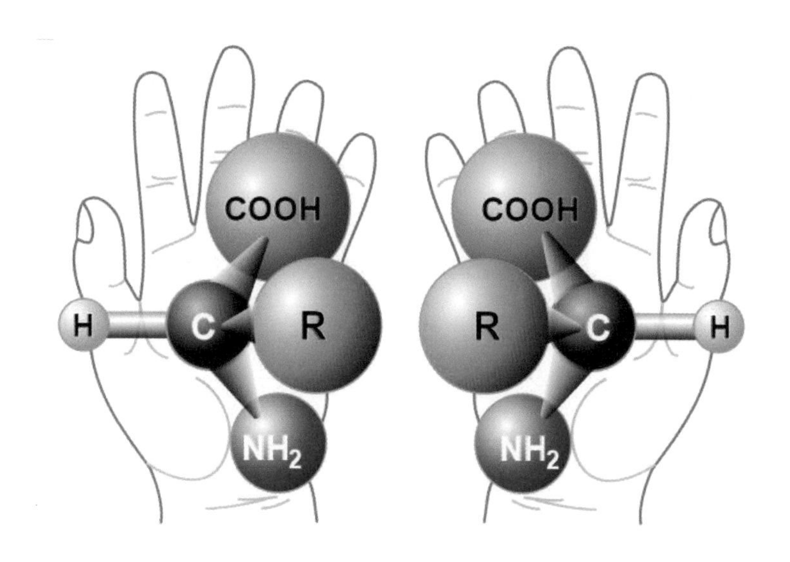

그림 4.20. 광학 이성질체의 분자 구조. 2개의 분자는 왼손과 오른손처럼 서로 거울을 마주 보는 구조를 갖고 있다.

안하고 그것을 실험실에서 합성하면, 많은 경우에 L형과 D형 광학 이성질체가 모두 만들어집니다. 약이 되는 광학 활성 분자만 따로 분리하려면 많은 돈과 노력이 필요하므로, 경제성을 위해 광학 이성질체 중에서 오직 필요한 한 종류의 분자만 합성하는 일이 중요한 과제가 됩니다. 소위 말하는 **비대칭 합성법**(asymmetric synthesis method)입니다. 이를 연구한 과학자 세 사람, 윌리엄 놀스(William Knowles, 1917~2012년), 노요리 료지(野依良治, 1938년~), 칼 샤플리스는 2001년 노벨 화학상을 받기도 했습니다. 그들이 발견한, "필요로 하는 분자만을 얻어내는 광학 이성질체 합성법"이 엄청나게 중요하며 인류에게 도움을 주었다고 인정받은 것입니다. 앞서 설명했던 것처럼 샤플리스 교수는 2022년도 노벨 화학상을 받으면서 노벨 화학상을 두 번이나 받는 영예를 얻게 되었습니다.

더욱 재미난 부분은 우리 몸에서 합성되고 소화도 되는 L형 아미노산 분자와 달리, D형 아미노산 분자들은 소화도 합성도 할 수 없다는 사실입니다. 지구에 있는 많은 생물이 L형 아미노산 분자를 이용하며 D형 아미노산 분자는 세균 정도에만 존재할 뿐입니다. 이러한 일이 어떻게, 왜 일어났는지 정말로 궁금하지 않나요?

20종류의 아미노산 분자로 수와 종류, 결합 순서를 달리해 형성될 수 있는 단백질의 종류는 상상을 초월할 정도로 많습니다. 음식으로 섭취하고 몸에서 합성한 아미노산을 재료로 사용해 몸에 있는 단백질을 만드는 조그마한 화학 공장이 한순간도 멈추지 않고 정확하게 작동하는 것 자체가 기적이라고 저는 늘 생각합니다. 얼마나 정확하고 정밀한 공정 설계도가 DNA의 형식을 빌어서 저장되어야, 자손을 통해 전달되면서 변화무쌍한 환경 아래서도 차질 없이 필요한 단백질을 잘 만들 수 있을까요? 만약 인간이 D형 아미노산 분자로 단백질을 만들고 활동을 했다면 우리의 물리적인 모습과 화학적 성격이 얼마나 달라졌을지 궁금할 따름입니다.

광학 이성질체의 표기법

광학 이성질체 분자의 명명법은 조금 복잡한 전문 영역입니다. 그러나 일반적으로 선형 편광 방향에 따라 + 기호와 − 기호를 분자 이름 앞에 붙여서 구분합니다. 또한 D, L 기호 외에도 R(라틴 어 '오른쪽(rectus)'의 첫 글자), S(라틴 어 '왼쪽(sinestra)'의 첫 글자)를 붙여서 구분하기도 합니다. 그것은 비대칭 탄소에 연결된 원자, 분자, 작용기 그룹이 공간에서 어떻게 배열이 되었는지를 구분하는 방법(+, −, D, L, R, S)이며, 광학 이성질체를 구분하는 체계에 따라서 달리 사용한 것입니다. 따라서 분자의 이름 앞에 D, L이 있으면 그것은 광학 이성질체로 편광의 회전 방향을 나타낸 것이라 보면 됩니다. 만약 광학 이성질체 이름 앞에 R, S가 있다면 그것은 분자 내에 여러 개의 비대칭 탄소 특성을 구별하는 정보로 보면 됩니다. 그렇지만 R, S, D, L의 본래 의미(왼쪽/오른쪽)와 실제로 빛이 회전하는 방향과는 무관합니다. 그것은 오른쪽을 의미하는 R 혹은 D의 광학 이성질체인데 편광이 왼쪽으로 회전하는 경우도 있고, 반대로 S 혹은 L의 광학 이성질체인데 편광이 오른쪽으로 회전하는 경우도 있기 때문입니다. (S)-(+)-젖산(lactic acid) 혹은 (R)-(−)-젖산, L-(+)-타타르산(tartaric acid) 혹은 D-(−)-타타르산이라는 이름도 있습니다. 하나의 분자 내에 비대칭 탄소가 2개인 광학 이성질체에는 (1R, 2S)-(−)-에페드린(ephedirine) 혹은 (1S, 2R)-(+)-에페드린 등과 같은 이름도 가능합니다.

광학 이성질체를 처음 발견한 과학자는 프랑스의 루이 파스퇴르

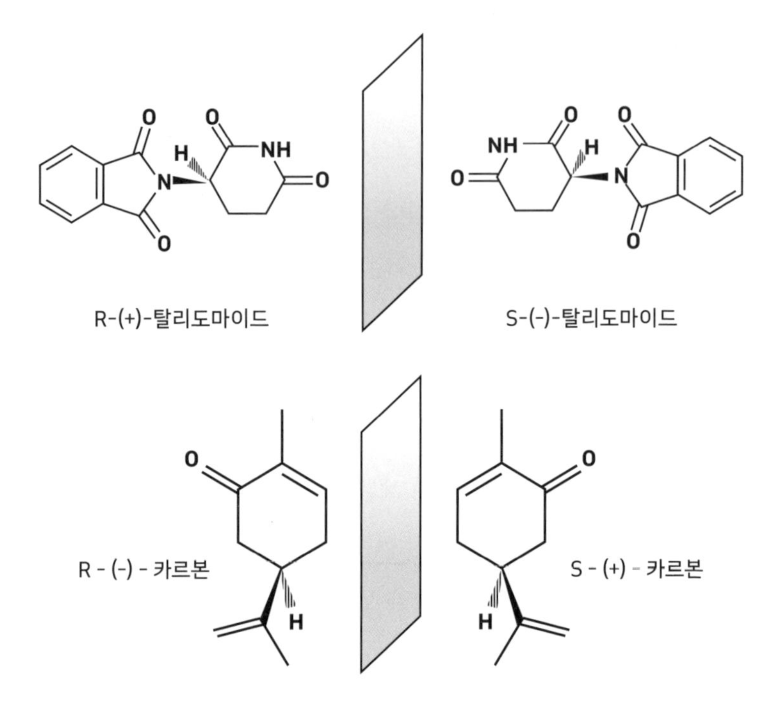

그림 4.21. 탈리도마이드(위)와 카르본(아래)의 광학 이성질체.

(Louis Pasteur, 1822~1895년)입니다. 그는 포도주병 바닥에 침전된 타타르산 결정이 모두 한쪽 방향을 향하며, 공장에서 생산된 타타르산 결정은 양쪽 방향을 향하고 있다는 것을 관찰했습니다. 두 종류의 결정을 분리하고 용액을 만들어 평면 편광을 비춘 결과 편광이 회전하는 각도의 크기는 같고, 방향은 반대라는 사실을 알아차렸던 것입니다. 편광의 성질을 연구하고 화합물이 편광을 회전시킬 수 있음을 알아낸 파스퇴르의 스승, 장바티스트 비오(Jean-Baptiste Biot, 1774~1862년)의

가르침이 이 발견에 기여했을 것으로 짐작이 됩니다.

앞서 이야기했던 것처럼 하나는 약이 되고 하나는 독이 되는, 광학 이성질체의 화학 특이성을 보여 주는 대표적인 예로 탈리도마이드(thalidomide) 사건을 들 수 있습니다. 탈리도마이드란 1950년대 말부터 1960년대 초에 걸쳐서 콘테르간(Contergan)이라는 상품명으로 유럽에서 입덧 증상 완화제로 판매된 약에 들어 있던 분자의 이름입니다. 그것은 광학 활성을 띤 분자였습니다. 그중 한 분자(R형)는 입덧을 완화하는 효과가 있지만, 다른 분자(S형)는 **유전자 변형**(teratogenic)을 일으킵니다. 때문에 두 광학 이성질체 분자가 혼합된 입덧 치료제를 복용한 임산부들이 기형아를 출산하게 되었습니다. 이후 문제의 원인을 밝혀냈지만, 이미 1만 2000여 명의 아기들이 태어난 뒤였습니다. 또 다른 예로 카르본(carvone)이 있습니다. 식물에서 향기의 원인이 되는 분자인 카르본의 한 분자(S형)는 캐러웨이 향이 나고, 또 다른 분자(R형)는 스페어민트 향이 나는 것으로 알려져 있습니다. 그것은 코에서 분자를 결합하는 수용체의 종류가 달라서 각기 다른 향으로 인식하기 때문입니다. (그림 4.21)

수소 결합

원자들은 전자를 공유하며 결합을 형성해 분자를 만듭니다. 그런데 같은 원자라면 공유 전자를 자기 쪽으로 끌어당기는 힘이 같겠지만, 종류가 다른 원자로 구성된 분자들은 원자마다 전자를 끌어당기는 힘이 차이가 납니다. 앞서 설명한 것처럼 전기 음성도는 분자 내에서 전자를 끌어당기는 정도의 차이를 나타내는 일종의 지표입니다. 그것을 이용하면 공유 결합 분자가 극성을 띨 것인지 아닐지를 짐작할 수 있습니다. 전기 음성도 차이가 큰 원자들이 공유 결합을 하면 극성 분자가, 전기 음성도 차이가 작은 원자들이 공유 결합하면 비극성 분자가 형성됩니다.

수소 결합(hydrogen bond)은 수소 원자가 포함된 분자 가운데 수소 원자와 전기 음성도 차이가 큰 원자들(산소, 질소, 플루오린)이 결합해 형성된 극성 분자들 사이에 형성되는 결합의 한 종류입니다. 수소 결합은 다른 종류의 결합에 비해서 세기가 매우 약합니다. 그것은 분자들 사이의 결합이기 때문에 분자를 형성하는 원자 간의 결합과는 차이가 많이 납니다. 예를 들어 공유 결합 혹은 이온 결합의 세기는 수백 kJ/mol 정도입니다. 그에 비해 수소 결합의 세기는 약 40kJ/mol입니다. 그러나 수소 결합의 세기는 극성 분자들 사이에 형성되는 **쌍극자**(dipole)-**쌍극자 상호 작용**의 세기보다는 약간 크고, 비극성 분자에서 전자들의 편중으로 인한 비극성 분자들 사이의 상호 작용을 의미하는 힘인 **런던 분산력**(London dispersion force)보다는 훨씬 더 큽니다.

물 분자

물 분자는 산소 원자 1개, 수소 원자 2개의 공유 결합으로 이루어집니다. 그런데 분자 내에서 산소 원자는 결합에 사용된 전자를 (수소보다) 자기 쪽으로 더 끌어당기고 있습니다. 산소의 전기 음성도는 수소의 전기 음성도보다 크므로 물 분자에서 산소 원자 주위로 전자가 더 많이 쏠리게 됩니다. 그 결과 산소 원자는 부분 음(−)전하를 띠고, 수소 원자는 전자가 부족해 부분 양(+)전하를 띤 상태가 됩니다. 그러

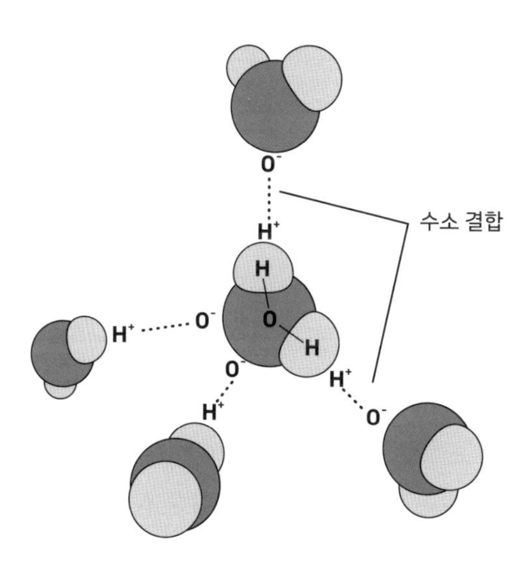

그림 4.22. 액체 상태 물의 수소 결합. 중심 물 분자의 산소 원자 주위로 다른 물 분자의 수소 원자가, 중심 물 분자의 수소 원자 주위로 다른 물 분자의 산소 원자가 정렬된다.

므로 물 분자는 부분 양(+)전하와 부분 음(−)전하를 띠고 있는 극성 분자입니다. 액체 물($H_2O(l)$)은 극성 물 분자들이 엄청나게 많이 모인 집합체입니다. 하나의 물 분자를 중심에 놓았다고 상상을 하면 그 분자의 바로 이웃에 위치한 물 분자들은 중심 물 분자의 극성에 맞추어 배열(정렬)될 수밖에 없습니다. 때문에 중심 물 분자의 산소 원자 주위로 다른 물 분자의 수소 원자가 정렬되는 모습이 자연스럽게 형성되리라 쉽게 예상할 수 있습니다. (그림 4.22)

그런 배열로 물 분자들 사이에 형성되는 약한 결합을 수소 결합이라고 부릅니다. 물 분자처럼 수소 원자가 전자를 잘 끌어당기는(전기 음성도가 큰) 다른 종류의 원자(질소, 플루오린)들과 결합된 분자들은 그들 분자들 사이에 수소 결합을 형성할 가능성이 매우 높습니다. 그러므로 일반적으로 수소 결합은 전기 음성도가 큰 원자와 수소 원자가 결합으로 형성된 분자들이 집합체로 있을 경우에 자연스럽게 형성되는 분자 간의 결합입니다. 그것은 분자들이 잘 뭉치도록 해 주는 분자와 분자 사이에 형성되는 약한 결합이지만, 물의 특성에 매우 큰 영향을 미치고 있습니다.

물에는 수많은 수소 결합이 있습니다. 그것은 물 분자가 극성을 띠고 있기에 가능한 것입니다. 극성을 띤 이온 혹은 분자들은 극성을 띤 물에 잘 녹습니다. 그러므로 물은 여러 화학 물질을 녹일 수 있는 극성 용매입니다. 그러나 극성이 약하거나 혹은 없는 분자들은 물에 녹지 않습니다. 예를 들어 기름은 극성을 띠지 않아서 극성 용매인 물에는 녹지 않습니다. 그러나 기름은 극성이 약한 혹은 극성이 없는 유기 용매에는 잘 녹습니다. 이미 우리가 경험으로 다 알고 있는 사실입니다. 이처럼 극성 용매에는 극성 분자가, 비극성 용매에는 비극성 분자가 녹는 경향을 화학에서는 "끼리끼리 녹는다."라고 표현합니다.

수소 결합의 영향: 물의 끓는점

수소 결합 때문에 물(분자량: 18g/mol)은 매우 독특한 성질을 갖습니다. 예를 들어 물의 끓는점(100℃)은 거의 비슷한 분자량을 지닌 다른 액체의 끓는점에 비해 월등히 높습니다. 실온에서 기체인 암모니아(분자량: 17g/mol)의 끓는점(−33.34℃)과는 비교가 되지 않을 정도입니다.

산소와 같은 족으로 분류되는 (S, Se, Te 등의) 16족 원소 원자가 (물의 산소처럼) 수소 원자 2개와 결합된 화학 물질을 보면 수소 결합이 물질의 특성에 미치는 영향이 얼마나 큰지를 알 수 있습니다. 수소 결합이 없는 황화수소(H_2S, S는 O와 같은 16족 원자)의 끓는점(−60℃)은 매우 낮습니다. 만약 물에 수소 결합이 없었다고 추정해 보면 물은 −80℃에서 −100℃ 정도에서 끓었을 것입니다. 그것은 지구에서 물이 액체 상태를 유지하는 것은 불가능하다는 말과 같습니다. 물이 우주로 모두 증발해 사라지지 않고 지구에 남아 있는 까닭도, 우리가 살 수 있는 까닭도 모두 물이 수소 결합을 하고 있는 덕분입니다.

그림 4.23은 수소 결합이 없는 14족 원소의 원자가 포함된 화합물과 15, 16, 17족 원소의 원자와 수소 원자로 이루어진 화합물들의 끓

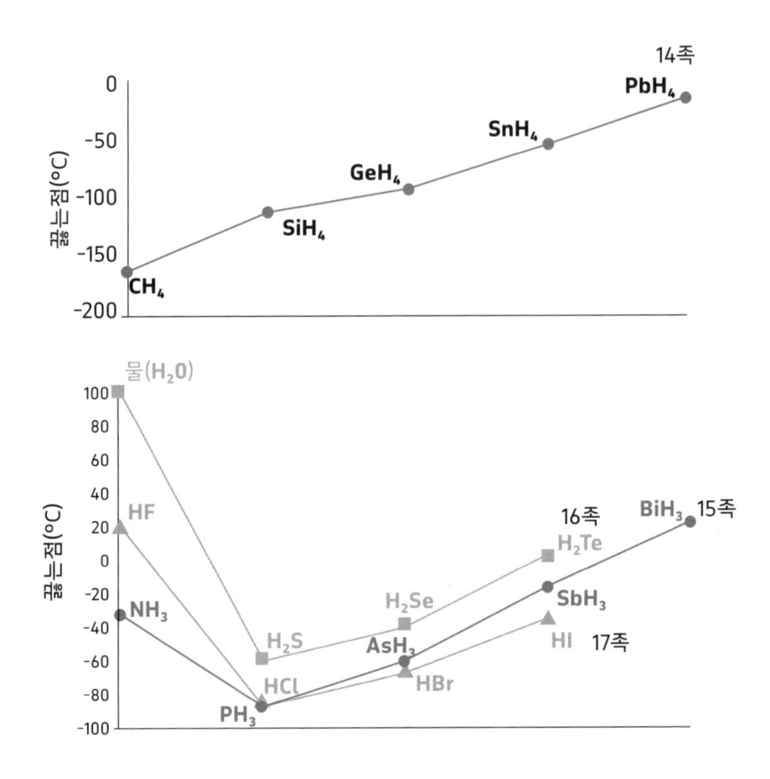

그림 4.23. 수소 결합 물질의 끓는점은 예측보다 훨씬 높은 온도를 갖는다는 특징이 있다. 위: 14족 원자가 포함된 화합물의 끓는점 변화. 아래: 15, 16, 17족 원자가 포함된 화합물의 끓는점 변화.

는점을 비교한 것입니다. 14족 원소의 원자와 수소 원자로 이루어진 분자의 경우에는 분자량이 작을수록 끓는점이 낮아지는 것을 알 수 있습니다. 산소 원자가 포함된 16족의 원자(O, S, Se, Te)와 수소 원자 2개가 결합된 분자들(H_2O, H_2S, H_2Se, H_2Te)의 끓는점 역시 분자량이 작을수록 낮아지는 일반적인 경향을 따르고 있습니다 그러나 수소 결합이 포함된 물 분자는 그런 경향에서 크게 벗어나서 분자량이 작음에도 불구하고 오히려 끓는점이 엄청나게 높아진 것을 볼 수 있습니다. 수소 결합의 영향을 실감할 수 있는 자료입니다.

수소 결합의 영향: 물의 어는점

많은 화학 물질은 액체가 고체로 변하면 부피가 줄어듭니다. 그러나 물은 액체에서 고체로 변하면서 오히려 부피가 늘어납니다. 질량은 변함이 없고 부피만 늘어나기 때문에 밀도(g/L, g/dL, g/cm^3)는 작아집니다. 그 결과 얼음은 물보다 가벼워서 물 위에 뜹니다. 봄철 강물에 조각난 얼음들이 물 위로 떠다니는 모습과 수백 톤이나 되는 빙하가 바다 위에 떠 있는 모습을 볼 수 있습니다. 그것은 부피가 늘어나고 그에 따른 밀도가 감소되는 변화 때문에 진행되는 자연 현상을 직접 눈으로 구경하는 것입니다. 추운 겨울날에 외부로 노출된 수도관이 터져서 물이 새는 것도 물이 얼면서 부피가 늘어났기 때문에 벌어지는 일입니다. 액체 상태에서는 수소 결합을 하고 있는 물 분자들의 움직임은 비교적 자유롭습니다. 그런데 온도가 영하로 내려가 얼음이 되면 물 분자들은 수소 결합 때문에 일정한 간격을 유지한 채 비교적 규칙적인 배열을 하게 됩니다. 그것이 부피가 늘어나는 원인입니다.

얼기 전에 액체 상태의 물 온도가 내려갈 때도 밀도 변화가 일어납니다. 이런 변화는 매우 신비롭기까지 합니다. 물의 밀도는 4℃에서 최대로 1.0g/cm³ 입니다. 4℃ 이상의 물은 기온이 내려가서 공기와 맞닿아 물의 온도가 낮아지면 점점 무거워집니다. 그렇게 온도가 낮아진 윗물은 무겁기 때문에 자연스럽게 바닥으로 내려갈 것입니다. 대신 바닥에 있었던 밀도가 작은 물이 위로 떠오르게 됩니다. 자연 대류가 진행되는 것입니다. 이제 물의 온도가 4℃ 이하로 내려가면 물의 밀도는 다시 작아져서(0.1℃에서 0.9998g/cm³) 무겁지 않기에 바닥으로 더 이상 내려가지 못합니다. 그때 차가워진 공기와 접촉된 윗물은 온도가 0℃에 이르면 얼음이 얼기 시작합니다. 물의 자연 대류는 바다에서도 일어납니다. 극지역의 차가운 물은 무겁기 때문에 바닥으로 내려가고, 내려간 물의 빈자리는 적도 지역의 따뜻한 물이 흘러와 메꾸어 줄 것입니다. 이런 자연스러운 이동은 바닷물들이 대양을 순회하면서 천천히 섞이는 결과를 낳습니다.

상상력을 동원해 호수에서 물이 자연 대류하는 모습을 상상해 보기 바랍니다. 누가 젓지 않아도 밀도 차이로 자연 순환이 일어나고 있는 것입니다. 정말로 놀라운 일이지만, 더욱더 놀라운 사실도 있습니다. 만약 물의 밀도가 온도에 따라 변하지 않는다면, 그래서 호수 바닥에 있는 물부터 얼어 버렸다면 호수 안의 생물들은 한 번의 겨울도 나지 못하고 모두 죽어서 멸종하지 않았을까요? 생명을 가능하게 한 놀라운 자연의 비밀입니다.

수소 결합의 영향: 물의 열용량

물은 비열(4.18J/g ℃, 1cal/g ℃, 4.18kJ/kg ℃)이 매우 큰 물질입니다. 에너지 단위에서 1cal는 4.18J이므로 괄호 안의 비열의 크기는 모두 같은 것입니다. 물($H_2O(l)$) 1g의 온도를 1℃ 올리려면 4.18J(1cal)의 에너지가 필요하다는 의미입니다. 그러므로 물의 몰 열용량은 75.24J/mol ℃(4.18J/g ℃ × 18g/mol H_2O)입니다. 물질의 온도를 1℃ 높이는 데 필요한 에너지는 그 물질의 양(g, mol)에 따라 달라지므로, 단위 질량의 에너지 크기로 나타내는 것이 편리합니다. 비열의 크기가 다른 두 가지 물질에 같은 크기의 에너지가 흡수되면 비열이 큰 물질의 온도 변화는 작지만, 비열이 작은 물질의 온도 변화는 크다는 사실을 우리는 경험으로 알고 있습니다. 철로 된 주전자(0.448J/g ℃)에 물을 끓이면 주전자의 온도는 물보다 훨씬 빨리 올라가며, 여름철 한낮에 에너지(햇볕)를 받은 해변의 모래(0.71~0.8J/g ℃)는 바닷물보다 훨씬 온도가 높습니다. 모두 물질의 비열 차이에서 비롯된 것입니다.

물은 열용량이 크기 때문에 물의 온도를 1℃ 높이려면 다른 물질의 온도를 1℃ 높일 때보다 더 많은 에너지를 주어야 합니다. 이런 특성 역시 물의 수소 결합 때문입니다. 열이 흡수되면 일단 수소 결합이 끊어져야 물 분자들이 자유롭게 움직이게 됩니다. 올리브오일의 비열(1.79J/g ℃)은 물의 비열보다 작기 때문에 프라이팬에서 오일의 온도는 물보다 훨씬 빠르게 증가합니다. 사람 몸무게의 70%가 물이라는 사실도 신비스럽고 놀라운 일이 아닐 수 없습니다. 비열이 큰 물이 혈액의 주성분이라는 것은 정말 다행스러운 일입니다. 만약 혈액의 주성분이 비열이 작은 액체였다면 큰일이 났을 것입니다. 체액 및 혈액의 주성분이 물이라서 뜨거운 여름에도 몸이 끓어오르지 않고, 추운 겨울에도 몸이 얼지 않아서 우리가 살 수 있는 것입니다. 만약 혈액 혹은 체액의 주성분이 비열이 작은 액체였다면 기후 변화에 적응하지 못하고 생명은 전멸하지 않았을까 싶습니다.

수소 결합의 영향: 물의 표면 장력

액체 분자들 간의 상호 작용은 기체 분자들 간의 상호 작용보다 훨씬 큽니다. 그러나 고체 분자들 간의 상호 작용보다는 훨씬 작습니다. 액체의 밀도가 기체의 밀도보다 크지만, 고체의 밀도보다는 작은 것도 같은 맥락입니다.

깨끗한 바닥에 떨어진 물방울은 공처럼 둥그런 모양을 하고 있습니다. 물 분자($H_2O(l)$)들은 이웃한 분자들끼리 수소 결합을 하고 있고, 물 분자의 극성으로 상호 작용이 활발합니다. 물방울의 표면(계면)은 공기와 접촉되어 있습니다. 때문에 물방울에서 공기와 접촉된 물 분자와 내부에서 공기와 전혀 만나지 못한 물 분자의 에너지 상태는 다릅니다. 물방울 내부의 물 분자들은 주위의 물 분자들과 모든 방향에서 인력(수소 결합)이 작용해 균형을 이루며 안정된 상태입니다. 그러나 공기와 직접 접촉된 물 분자들은 안쪽으로는 인력이 작용하겠지

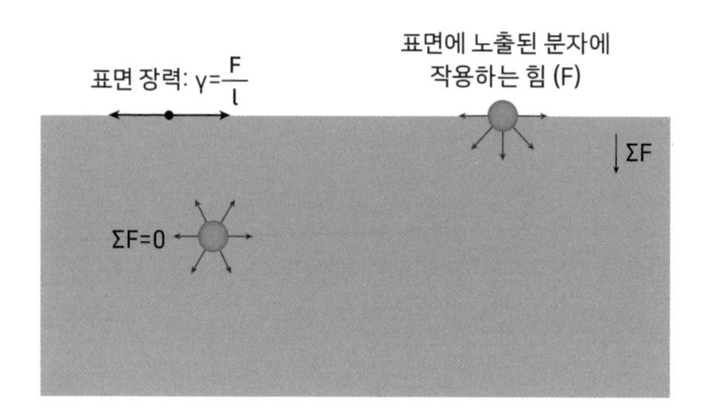

그림 4.24. 서로 잡아끄는 힘을 가진 분자 혹은 원자로 구성된 액체가 갖는 특별한 힘, 표면 장력.

만, 바깥쪽(공기)으로는 그런 힘을 기대할 수가 없습니다. 따라서 그런 물 분자들은 물 내부의 분자들보다 에너지 면에서 불안정합니다. 한편 공기와 직접 접촉된 물 분자들은 내부로 끌리는 힘(F, 수소 결합과 상호 작용 인력 등)과 그것에 저항하는 힘($F = pm^2$, p는 압력, m^2은 면적)이 균형을 이루고 있습니다. 따라서 불안정 상태의 물 분자 수가 최소일 때 물방울의 안정성은 최대가 될 것입니다. 일정한 부피로 겉면적이 최소가 되는 입체는 구입니다. 따라서 구 형태로 된 물방울 모양은 불안정한 물 분자의 수를 최대한 줄인 것으로 자연스런 결과입니다. (그림 4.24)

물방울 표면을 물 분자를 끌어당기는 힘과 그것에 저항하는 힘이 균형을 이루는 가상의 탄성 막으로 가정해 봅시다. 그런 표면에 작

표 4.7. 온도가 증가하면 물의 표면 장력은 감소한다. 단위는 밀리뉴턴퍼미터(mN/m)이다.

온도(℃)	10	15	20	25	30
표면 장력 (mN/m)	74.01	73.26	72.53	71.78	71.03

용하는 힘은 단위 길이(l)에 작용하는 힘($\gamma = \frac{F}{l}$)으로, **표면 장력**(surface tension)이라 부릅니다. 그것은 물과 같이 서로 잡아끄는 인력을 가진 액체들이 갖는 특별한 힘입니다. 물의 표면 장력(0.072N/m, N은 힘의 단위인 뉴턴이며, m은 길이 단위인 미터입니다.)은 액체 중에서도 최고 수준입니다. 물보다 표면 장력이 큰 액체는 금속 결합을 하고 있어서 표면장력이 물보다 몇 배나 되는(0.487N/m) 수은 정도입니다. 바닥에 흘린 수은이 조그마한 크기로 계속 줄어들어도 늘 구 모양을 유지하는 이유도 표면 장력이 크기 때문입니다.

물의 표면 장력을 느끼고 싶은 독자는 직접 실험해 보기 바랍니다. 컵에 물을 가득 채우고 물 위에 조심스럽게 페이퍼 클립(paper clip)을 놓으면 가라앉지 않고 둥둥 떠다니는 모습을 볼 수 있습니다. 소금쟁이가 물 위를 거침없이 걸어 다니는 이유도 물이 표면 장력이 큰 액체이기에 가능한 일입니다.

금속 결합

금속은 상온(25℃)에서 수은을 제외하고는 모두 고체입니다. 상온보다 약간 높은 온도에서 액체로 되는 금속들(Ga, Cs, Fr)도 있습니다. 그러나 일반적으로 금속은 원자 번호가 큰 원자로 이루어진 고체이며, 수많은 전자를 갖습니다. 그중에는 원자핵의 양전하에 끌려서 움직이는 범위가 한정된 전자도 일부 있지만, 많은 수가 묶여 있지 않고 자유롭게 돌아다닙니다. 이런 전자들의 모습을 **전자 바다**(electron sea)라고 표현하기도 합니다. 전자로 이루어진 바다에 바위 같은 양전하의 원자핵들이 듬성듬성 박혀 고정된 것과 같은 모습을 연상하면 됩니다. 많은 자유 전자들은 금속 원자를 단단하게 묶어 주는 접착제 역할을 합니다. 이렇게 금속 원자들이 결합된 것을 **금속 결합**(metallic bonding)이라 부릅니다.

원자핵에 묶여 있지 않은 금속의 전자들은 아주 쉽게 떨어져 나올 수 있습니다. 전자들이 튕겨져 나오는 모습을 상상의 눈으로 볼 수도 있습니다. 한 예로 알칼리 금속(Na(*s*)) 조각을 물에 넣으면 격하게 반응하면서 불도 납니다. 물에 뜰 정도로 가벼운 조각은 반응하면서 물 위에서 아주 빠르게 움직입니다. 알칼리 금속은 물과 너무 반응을 잘하기 때문에 물기가 없는 유기 용매에 보관합니다. (또한 알칼리 금속으로 실험을 할 때는 화재의 위험이 있어 반드시 실험실에서 전문가의 도움을 받아야 합니다.)

수많은 원자들이 금속 결합으로 밀착되어 있는 금속은 그 밀도가 다른 액체, 고체보다 훨씬 큽니다. 예를 들어 금(Au(*s*))의 밀도(19.3g/cm^3)는 똑같은 부피의 물(4℃ 기준 1.0g/cm^3)보다 19.3배 큽니다. 그런데 오스뮴(Os(*s*))의 밀도(22.59g/cm^3)는 금의 밀도보다 더 큽니다. 가로 세로 높이가 한 뼘(약 20cm) 정도의 오스뮴(부피 8,000cm^3)은 무게가 180.72kg이나 됩니다. 천하장사라고 해도 이 오스뮴 덩어리를 들어 올리기란 무리일 것입니다. 여러분도 한 뼘 크기의 금 덩어리는 얼마나 무거울지 한번 계산해 보기 바랍니다.

배위 공유 결합

일반적으로 산은 수소 이온(H^+)을 줄 수 있는 물질(분자)이며, 염기 혹은 알칼리는 수산화 이온(OH^-)을 줄 수 있는 물질(분자)입니다. 그렇게 산과 염기를 구분하는 것은 **브뢴스테드-로리 산-염기 이론**(Brønsted-Lowry theory of acids and bases)에 따른 것입니다. 산과 염기를 다른 형식(특징)으로 구분하는 **루이스 산-염기 정의**(Lewis acid-base theory)도 있습니다. 이 이론에서 산은 전자쌍을 받는 물질(분자), 염기는 전자쌍을 제공해 주는 물질(분자)입니다. 그러므로 루이스 전자점 구조에서 비공유 전자쌍을 가지고 있는 분자, 이온 등은 모두 루이스 염기입니다. 반면에 전자를 잃어버려 양이온이 된 금속 이온들은 전자쌍을 받을 수 있으므로 모두 루이스 산입니다. 전자쌍을 주고받는다는 것을 전자가 채워지지 않고 비어 있는 오비탈을 가진 분자와 그곳에 전자쌍을 가

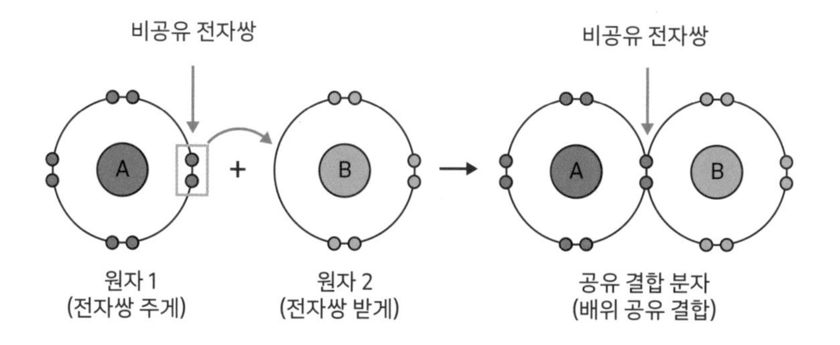

그림 4.25. 그림으로 보는 배위 공유 결합의 원리.

진 분자가 서로 오비탈이 중첩되어 반응이 진행되는 것이라고 생각해도 됩니다. (그림 4.25)

분자들이 결합해 새 분자를 만들 때 어느 한 분자가 전자쌍을 모두 제공하는 형식으로 결합이 형성될 때도 있습니다. 그것은 루이스의 산과 염기가 반응하는 형식과도 같으며, 결합이 완성되면 새로운 물질이 됩니다. 한 분자가 다른 분자에게 일방적으로 전자쌍을 주어서 이루어지는 결합을 **배위 공유 결합**(coordinate covalent bond)이라고 합니다. 금속과 리간드(ligand)라고 부르는 분자와의 상호 작용도 배위 공유 결합의 한 종류라 할 수 있습니다. 왜냐하면 금속은 비교적 쉽게 전자를 잃어 금속 이온이 되고, 그것은 물 혹은 암모니아와 같이 비공유 전자쌍을 지닌 분자(금속 리간드)와 결합하기 때문입니다.

원자들이 결합해 하나의 분자가 되면 원자들의 최외각 오비탈은 전자로 꽉 채워져 있습니다. 특히 완성된 분자에서 각 원자들의 전자

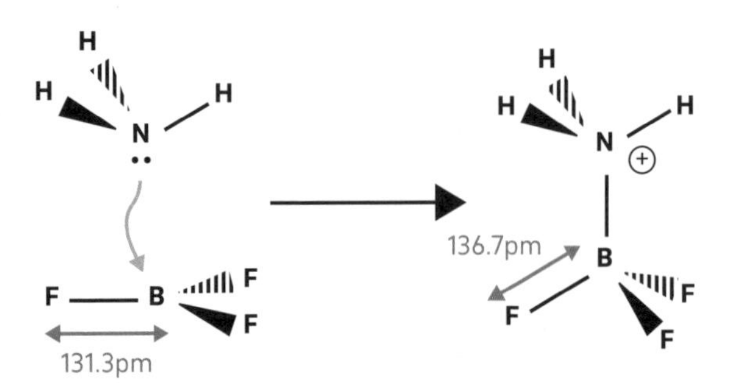

그림 4.26. 대표적인 전자 부족 물질로 8전자 규칙의 예외인 삼플루오린화 붕소의 배위 공유 결합.

배치가 비활성 기체 배치가 되어 안정적이라고 설명을 했습니다. 그러나 예외가 되는 분자들도 있습니다. 예를 들어 삼플루오린화 붕소 분자(BF_3)의 중심 원자 붕소(B)의 전자 배치($1s^2$, $2s^2$, $2p^1$)의 경우 최외각 오비탈에는 전자가 3개($2s^2$, $2p^1$)뿐입니다. 최외각 오비탈에 있는 3개의 전자가 플루오린의 전자 1개씩을 공유하면 모두 3개의 공유 결합이 완성됩니다. 그때 붕소(B)의 최외각 오비탈에 있는 전자 수는 6개이므로 8전자 규칙에서 벗어납니다. 규칙의 예외인 것입니다. 그렇지만 그 분자는 실제로 존재하고 있습니다. 그것은 실온에서 기체이며, 매우 독성이 강한 물질입니다. 삼플루오린화 붕소를 대표적인 전자 부족 물질(분자)이라고 부르는 것도 최외각 오비탈에 있는 전자가 6개이기 때문입니다. (그림 4.26)

암모니아(NH_3) 분자의 질소 원자는 수소와 결합하지 않은 채 남아있는 전자쌍(비공유 전자쌍) 1개를 가지고 있습니다. 전자가 부족한 플

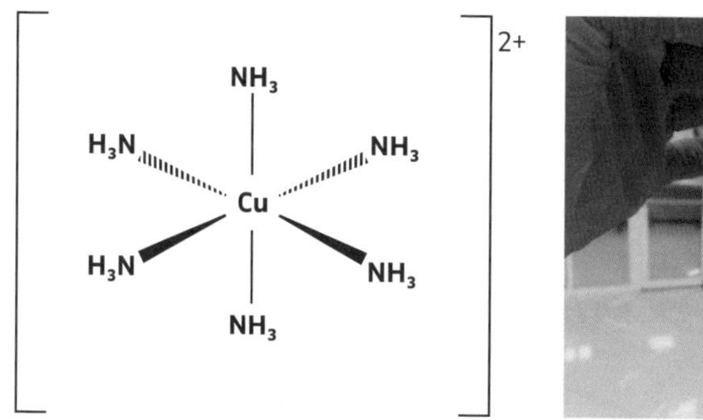

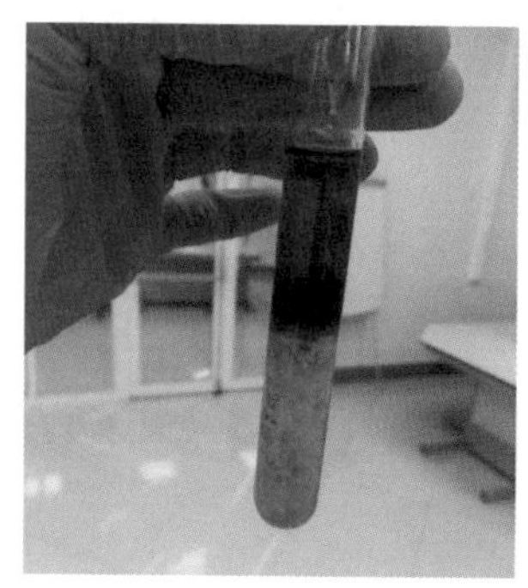

그림 4.27. 황산구리 수용액에 암모니아를 첨가한 모습. 색 변화는 새로운 화합물 ($[Cu(NH_3)_6]^{2+}$)의 형성을 알려 준다.

루오린화 붕소(BF_3)와 비공유 전자쌍을 가진 암모니아는 암모니아의 비공유 전자쌍을 플루오린화 붕소에게 모두 제공해 주는 형식으로 결합이 완성될 수 있습니다. 그렇게 이 분자는 배위 공유 결합을 합니다.

암모니아 분자의 질소는 1개, 물 분자의 산소는 2개의 비공유 전자쌍을 가지고 있습니다. 암모니아와 물 분자들은 비공유 전자쌍을 이용해 금속 이온들과 배위 공유 결합을 해 배위 화합물(분자)을 형성합니다. 황산구리 수용액의 파란색은 구리 이온(Cu^{2+})과 물 분자의 비공유 전자쌍이 결합해 형성된 배위 화합물($[Cu(H_2O)_6]^{2+}$)의 색입니다. 이 용액에 암모니아(NH_3)를 첨가하면 물 분자가 암모니아 분자로 교환되는 반응이 진행되어 새로운 배위 화합물($[Cu(NH_3)_6]^{2+}$)이 형성됩니다. 용액의 색이 짙은 파란색으로 변하는 사실로부터 새로운 화합물이 형성되었음을 알 수 있습니다. (그림 4.27)

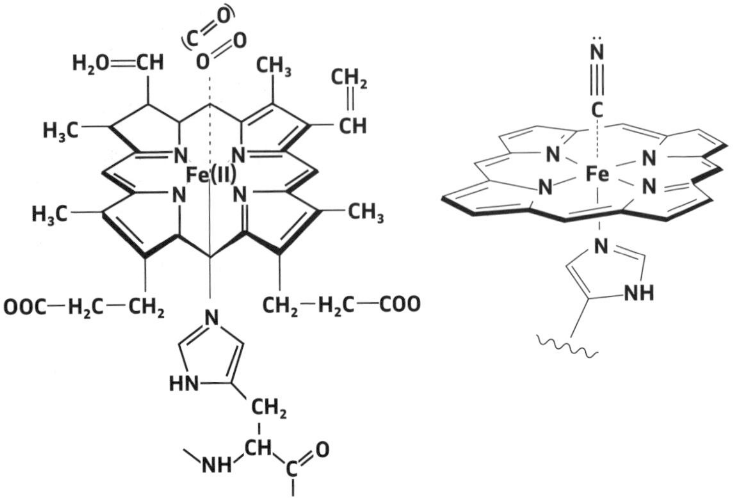

그림 4.28. 왼쪽 그림은 산소(일산화탄소)와 결합하는 헤모글로빈이고 오른쪽 그림은 시안 이온과 결합하는 헤모글로빈이다.

산소와 헤모글로빈

공기에 있는 산소는 허파에서 혈액에 녹아 있는 헤모글로빈 분자의 중심에 자리잡고 있는 철 이온(Fe^{2+})과 배위 공유 결합을 한 후에 산소가 필요한 세포로 운반됩니다. 산소 분자는 비공유 전자쌍을 무려 4개나 가지고 있습니다. 허파에서 헤모글로빈 분자와 접촉한 산소는 비공유 전자쌍을 헤모글로빈의 철 이온에게 일방적으로 제공해 배위 공유 결합을 하게 됩니다. 만약 이때 산소보다 철 이온과 더 강하

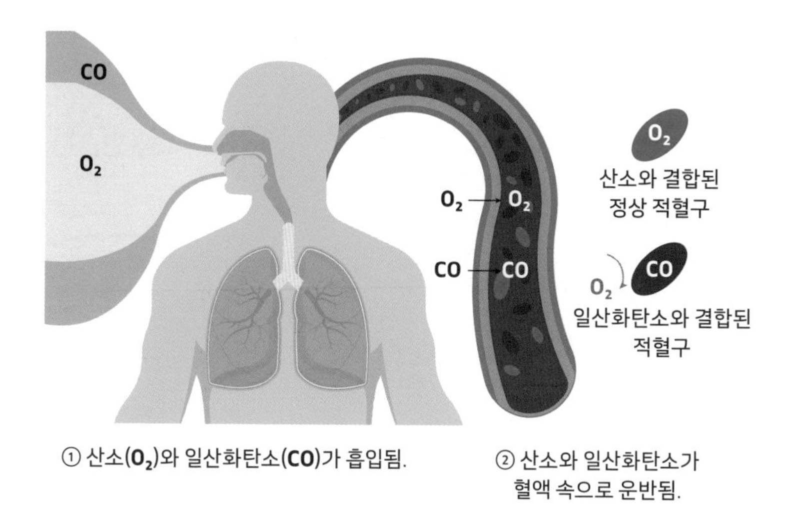

그림 4.29. 일산화탄소는 산소보다 빠르게 헤모글로빈과 결합해 세포 호흡을 방해하는 결과를 낳는다.

게 결합하는 분자나 이온이 있다면 심각한 문제가 발생합니다. 예를 들어 청산가리(KCN)를 구성하는 시안 이온(CN^-) 혹은 불완전 연소에서 발생되는 일산화탄소(CO) 등은 산소보다 훨씬 더 빠르고 강하게 헤모글로빈의 철 이온과 결합합니다. (그림 4.28) 그런 상황에서는 혈액을 통해서 산소를 세포로 공급할 수 없게 됩니다. 따라서 청산가리나 일산화탄소 중독으로 사망하는 사람의 혈액에는 산소 농도가 정상인보다 현저히 낮게 측정됩니다.

5장 반응

세상에는 수많은 화학 반응이 있습니다. 5장에서는 화학 반응을 산 염기 반응, 침전 반응, 산화 환원 반응, 분해 반응, 치환 반응으로 분류하고, 각 반응에 과학적 설명과 일상에서 경험할 수 있는 예를 들며 화학에 대한 관심을 끌어 보려 노력했습니다. 대부분 일반인들도 이미 경험했을 사례이지만, 그것이 어떤 화학 반응과 관련이 있는지를 구체적으로 안내하고 설명합니다.

화학 반응과 평형

화학 반응이란 하나의 화학 물질이 다른 종류의 화학 물질로 변환되는 과정을 의미합니다. 화학 반응이 진행되기 전의 물질을 반응물, 반응이 끝난 후의 물질을 생성물이라 부르는 것이 일반적입니다. 그러므로 화학 반응이 진행되면 반응물이 생성물로 변하기 시작합니다. 또한 화학 반응의 진행에는 에너지의 출입이 반드시 있으며, 에너지는 열, 빛, 전기, 화학 물질과 같은 형식으로 반응계에 참여합니다. 화학 반응이 시작되고 일정 시간이 흐른 후에 반응이 더는 이루어지지 않고 그 상태에 머물러 있는 듯한 때가 있습니다. 이는 반응물이 생성물로 변하는(정반응) 속도와 생성물이 반응물로 변하는(역반응) 속도가 정확하게 같아 겉으로는 아무런 변화가 없어 보이는 상태입니다. 이것을 화학 반응이 평형(동적 평형)에 이르렀다고 합니다. 정원이 꽉 차 있는 강당에 일정한 수의 사람들이 들락거리는 모습을 상상해 봅시다. 사람들은 끊임없이 오고 가지만, 강당의 좌석은 다 차서 변화가 없는 듯 보일 것입니다.

동적 평형에 이른 계가 외부에서 자극(온도, 압력, 부피, 반응물과 생성물의 농도 변화)을 받으면 계는 그 자극을 완화 혹은 없애려는 방향으로 화학 반응이 진행되고, 일정 시간이 흐른 후에는 새로운 평형에 이릅니다. 그것이 곧 **르 샤틀리에의 원리**입니다. 이를 표현하는 방법으로 **평형 상수**(equilibrium constant)가 사용되며 그것은 온도의 함수입니다. 따라서 온도가 변하면 평형 상수의 크기도 변합니다.

평형 상수의 특성과 크기

평형 상수는 평형 상태에 있는 반응물과 생성물의 농도 비율(혹은 압력 비율)을 나타낸 것으로, 단위가 없는 하나의 숫자입니다. 평형 상수는 온도의 함수이므로 특정 반응에서 온도가 변하면 평형 상수의 크기도 변합니다. 그러므로 평형 상태에 있는 화학 반응에는 반드시 평형 상수가 있으며, 그것은 반응의 특징을 강조해 종종 다른 이름으로 부르기도 합니다. 앞으로 사용될 용어인 '약산의 해리 상수', '약염기의 해리 상수', '용해도 곱상수', '착물 형성 상수' 등이 모두 반응의 종류와 특징을 나타내는 평형 상수들입니다. 관례에 따라 평형 상수는 대문자 K로 나타냅니다. 반응의 특성을 나타내기 위해서 평형 상수에 이어 아랫첨자를 표기하기도 합니다. 예를 들어 K_a는 산 해리 상수를, K_b는 염기 해리 상수를 나타냅니다. 아래 첨자 a는 산(acid)의 영어 단어 첫 글자, b는 염기(base)의 영어 단어 첫 글자이므로, 각각 산과 염기의 해리 반응에 대한 것이라고 이해하면 됩니다.

대표적인 화학 반응의 하나인 산 염기 반응을 예로 들어 평형 상수의 의미와 크기를 알아봅니다. 상온에서 암모니아(약염기성) 수용액(0.5M)의 pH는 11.47($pH = -\log 10^{-11.47}$)입니다. 그것을 이용해 염기 해리 상수를 계산하는 과정을 생각해 봅시다. 물에 녹은 암모니아 분자($NH_3(aq)$)의 일부는 물 분자($H_2O(l)$)와 반응(가수 분해)해 암모늄 이온($NH_4^+(aq)$)과 수산화 이온($OH^-(aq)$)이 만들어집니다. 일정한 시간이 흐른 후 암모늄 이온의 생성(정반응) 속도와 분해(역반응) 속도는 정확하게 같은 평형에 이릅니다. 평형 상태에 있는 반응물과 생성물의 농도 비율(K)이 암모니아의 염기 해리 상수(K_b)입니다. 반응물인 암모니아의 농도(0.5M)에 비해서 물의 농도(55.5M, $[\frac{1{,}000g}{1L}] \times [\frac{1mol}{18g}] = 55.5mol/L(M)$)는 무척 큽니다. 더구나 가수 분해 반응에 직접 참여하는 물($H_2O(aq)$)의 양은 작아서 물 분자($H_2O(l)$)의 농도는 반응 전과 후에 거의 차이가 없다고 보아도 틀리지 않습니다.

$$NH_3(aq) + H_2O(l) \rightarrow NH_4^+(aq) + OH^-(aq)$$

$$K = \frac{\text{생성물의 농도 곱}}{\text{반응물의 농도 곱}} = \frac{[NH_4^+][OH^-]}{[NH_3][H_2O]}$$

물의 농도가 일정하므로 앞의 식을 정리하면 다음과 같이 염기 해리 반응에 대한 평형 상수 K_b가 됩니다.

$$K[H_2O] = \frac{[NH_4^+][OH^-]}{[NH_3]} = K_b$$

평형 상태에서 측정된 용액의 pH 정보로부터 수소 이온의 농도를 계산할 수 있고, 수용액에서 pH + pOH = 14이기 때문에 수산화 이온의 농도를 계산할 수 있습니다. 결국 평형 상수 계산에 필요한 모든 화학종의 평형 농도(eqilibrium concentration)를 계산해 그 값을 앞의 식에 넣으면 염기 해리 상수(K_b)를 구할 수 있는 것입니다.

$$pH = 11.47 = -\log[H^+] \text{ (수용액: pH + pOH = 14.0)}$$

$$pOH = 2.53 \ [OH^-] = 2.95 \times 10^{-3}$$

$$[OH^-] = [NH_4^+] = 2.95 \times 10^{-3}$$

$$[NH_3] = 0.5 - [NH_4^+] = 0.49705 = 4.97 \times 10^{-1}$$

$$K_b = \frac{[2.95 \times 10^{-3}][2.95 \times 10^{-3}]}{[4.97 \times 10^{-1}]} = 1.75 \times 10^{-5}$$

이 값(1.75×10^{-5})은 물에 녹아 있는 암모니아의 평형에 대한 평형 상수로, 또 다른 이름은 암모니아의 염기 해리 상수(K_b)입니다.

평형의 교란과 르 샤틀리에 원리

노란색 철 이온($Fe^{3+}(aq)$) 용액에 싸이오시안산염(KSCN, NaSCN) 용액을 한 방울 떨어뜨리면 붉은색으로 변합니다. 그것은 다음과 같은 반응이 진행되어 형성되는 생성물($Fe(SCN)^{2+}$)의 색입니다.

$$Fe^{3+}(aq) + SCN^{-}(aq) \rightarrow Fe(SCN)^{2+}(aq)$$

$$K = \frac{[Fe(SCN)^{2+}]}{[Fe^{3+}][SCN^{-}]}$$

반응이 평형에 이른 후에 철 이온(Fe^{3+})을 더해 평형을 교란(자극)하는 상황을 가정해 봅시다. 첨가된 철 이온이 곧 자극이므로, 그것을 없애는 방법은 정반응으로 반응이 진행되어 새로운 평형에 이르는 것입니다. 이 반응은 흡열 반응입니다. 따라서 온도를 올리는 방법으로 평형을 자극하면 열을 없애는 방향, 즉 정반응으로 반응이 진행되어

표 5.1. 르 샤틀리에의 원리. 평형 상태의 반응에 반응물, 생성물의 첨가, 온도 증가, 반응물과 생성물의 농도 감소 같은 자극(변화)을 주면 그 변화를 줄이는 방향으로 반응이 진행되어 새로운 평형 상태에 이른다.

반응	평형 이동 방향 및 용액의 색 변화	
$Fe^{3+}{}_{(aq)} + SCN^{-}{}_{(aq)} \rightleftharpoons FeSCN^{2+}{}_{(aq)}$	Fe^{3+}(노란색), $FeSCN^{2+}$(빨간색)	
평형 자극 수단	평형 이동 방향	용액의 색
반응물($Fe^{3+}{}_{(aq)}$, $SCN^{-}{}_{(aq)}$) 농도 증가	→	빨간색이 증가
반응물($Fe^{3+}{}_{(aq)}$, $SCN^{-}{}_{(aq)}$) 농도 감소	←	노란색이 증가
생성물($FeSCN^{2+}$) 농도 증가	←	노란색이 증가
생성물($FeSCN^{2+}$) 농도 감소	→	빨간색이 증가
온도(T) 증가	→	빨간색이 증가
물(H_2O) 첨가, 농도 묽어짐	←	노란색이 증가

야 하는 것입니다. 만약 이 반응이 발열 반응이라면, 열을 가하면 반응은 역반응으로 진행될 것입니다. 물을 더 첨가해도 반응은 역반응으로 진행될 것입니다. 왜냐하면 반응물의 양은 모두 2mol이고, 생성물의 양은 모두 1mol이기 때문입니다. 물을 넣으면 더 많은 반응물이 받는 자극 효과(묽어짐)는 적은 생성물이 받는 자극 효과보다 크고, 그 자극을 완화하려면 반응물이 형성되어야 하므로 역방향으로 반응이 진행됩니다. 이처럼 평형에 도달한 화학계에 온도, 압력, 부피, 반응물과 생성물의 농도 변화와 같은 자극을 주면 그 자극을 완화 혹은 흡수하는 방향으로 반응이 진행되어 새로운 평형에 이른다는 것이 르 샤틀리에의 원리입니다. (표 5.1)

평형 상수와 반응 지수의 차이

평형 상수는 반응물과 생성물이 평형 상태일 때 반응물과 생성물의 농도(기체는 부분 압력)의 비를 숫자로 표현한 것입니다. 그것은 모든 생성물의 농도를 반응물의 농도로 나누면 됩니다. 만약 반응물과 생성물이 여러 종류 있다면, 각각의 농도를 모두 곱한 값을 분모(반응물)와 분자(생성물)로 사용합니다. 평형 상수를 구할 때 반응물과 생성물의 농도를 각각의 표준 농도(1mol/L)로 나눈 값을 사용하기 때문에 평형 상수의 단위는 없습니다. 그러므로 평형 상수는 단위 없는 하나의 값(수)이며 그것은 평형을 표현하는 방법의 하나입니다.

한편 아직 평형에 이르지 못한 상태 혹은 평형을 지나친 상태의 어느 순간에 반응물과 생성물의 비율도 평형 상수와 같은 형식으로 나타낼 수 있을 것입니다. 그것도 하나의 상수가 될 것이며, **반응 지수(reaction quotient)**라고 하고 Q로 표기합니다.

$$A + B \rightleftharpoons C + D$$

평형 상수: $K = \dfrac{[C][D]}{[A][B]}$

반응 지수: $Q = \dfrac{\{C\}\{D\}}{\{A\}\{B\}}$

반응 지수와 평형 상수를 비교하면 반응이 어느 방향으로 진행될지 판단할 수 있습니다. 만약 반응 지수가 평형 상수보다 작으면 ($Q < K$, 혹은 $((\frac{Q}{K}) < 1)$, 반응은 정방향으로 진행될 것입니다. 그러나 반응 지수가 평형 상수보다 크다면($Q > K$, $(\frac{Q}{K}) > 1$), 반응은 역방향으로 진행될 것입니다. Q, 혹은 $\frac{Q}{K}$의 크기는 평형($Q = K$, $\frac{Q}{K} = 1$)에 이르기까지 반응이 어떻게 진행될지 판단할 하나의 기준으로 사용할 수 있습니다.

산-염기의 특성과 종류

대학교에서 산과 염기에 대해 강의할 때 갑자기 '산토끼'의 반대는 무엇이냐고 질문하면 많은 학생이 어리둥절해 합니다. 제가 원하는 정답인 '염기 토끼'를 말하는 학생도 가끔 있었지만, 대부분 많은 학생이 '죽은 토끼', '집토끼', '들토끼' 같은 답을 말하곤 했습니다.

수용액에 녹은 분자들이 쪼개져서(해리되어) 특정한 형식(OH^-)을 갖춘 화학 물질을 염기(base)라고 부르자고 처음으로 제안한 사람은 1902년 노벨 화학상을 받았던 스웨덴 화학자 스반테 아레니우스(Svante Arrhenius, 1859~1927년)로 알려져 있습니다. 그 후 20세기 초에 덴마크 화학자 요하네스 니콜라우스 브뢴스테드(Johannes Nicolaus Brønsted, 1879~1947년)와 영국의 화학자 토머스 마틴 로리(Thomas Martin Lowry, 1874~1936년)가 제각기 산은 수소 이온(H^+)을 낼 수 있는 화학 물질이며, 염기는 수소 이온을 받아들일 수 있는 화학 물질이라

그림 5.1. 산과 염기를 구분하는 기준을 처음으로 정립한 사람들. 왼쪽부터 아레니우스, 브뢴스테드, 로리이다.

고 발표했고 그것은 산과 염기를 구분하는 기준이 되었습니다.

산

산(acid)의 어원은 '시큼하다.'라는 의미를 지닌 라틴 어 형용사 acidus입니다. 산은 물에 녹아서 수소 이온($H^+(aq)$)을 내놓을 수 있는 화학 물질을 말합니다. 그것이 물과 결합한 하이드로늄 이온($H_3O^+(aq)$)도 마찬가지로 산입니다. $H^+(aq)$와 $H_3O^+(aq)$의 괄호 안에 있는 *aq*는 물을 나타내는 세계 공용어이며, 화학 기호 다음에 (*aq*)라고 적혀 있으면 수용액을 의미합니다. 그런데 수소 이온을 주고받지 않아도 산의 특성을 갖는 화학 물질이 있다고 이미 설명한 바 있습니다. 그것은 곧 루이스 산-염기 정의에서 산은 전자쌍을 받을 수 있는 물질입니다. (반대로 염기는 전자쌍을 줄 수 있는 물질을 말합니다.)

산은 종류도 많고 그 쓰임새도 다양합니다. 사과, 레몬, 오렌지처럼 시큼한 맛의 과일은 보통 산을 포함하며, 그 종류 또한 매우 다양합니다. 대부분 유기산인데, 유기산의 공통점 가운데 하나는 카복실기(-COOH)를 포함한다는 것입니다. 분자 구조에서 일부분이 특정한 구조를 갖추고 있으면 그 분자들은 독특한 성질을 나타내거나 혹은 독특한 화학 반응을 합니다. 그런 독특한 구조를 **작용기(functional group)**라 부릅니다. 분자에는 수많은 종류의 작용기가 있으며, 그것을 나타낼 때 'OO 작용기'라고 하는 대신에 'OO기'라고 줄여서 나타내는 것이 관례입니다. '카복실 작용기'를 '카복실기'라고 나타내는 것처럼 말입니다. 예를 들어 많은 과일에 함유된 구연산($C_8H_8O_7$)에는 카복실기(-COOH)가 3개나 있습니다. 구연산은 신체 대사에서 중요한 역할을 하는 유기산으로, 세포 속 미토콘드리아가 에너지를 만들어 내는 **구연산 회로(citric acid cycle)**의 출발 물질입니다. 신맛 나는 탄산 음료에는 식용 구연산이 첨가된 것이 많습니다. 확인하고 싶다면, 음료의 라벨에 표시된 성분표를 읽어 보면 됩니다.

비타민 C($C_6H_8O_6$)의 분자 이름은 아스코르브산입니다. 15~16세기, 이른바 '대항해 시대(Age of Discovery)'에는 오랜 항해 중 원인 불명의 병으로 잇몸, 피부, 관절에서 피를 흘리며 사망하는 선원이 많았습니다. 그 병은 괴혈병이었습니다. 그런데 채소나 과일을 비교적 더 먹

그림 5.2. 비타민C 합성 효소가 퇴화한 동물들. 대사를 통해 스스로 비타민 C를 만들지 못하는 인도왕박쥐와 기니피그, 인간.

을 수 있었던 고위 선원 및 장교들은 이 괴혈병에 걸리지 않았습니다. 그 차이를 예리하게 관찰했던 한 선원이 괴혈병은 채소나 과일을 못 먹을 때 생긴다는 사실을 발견했습니다. 나중에 밝혀진 사실에 따르면, 유인원과 인간은 채소나 과일에 함유된 비타민 C를 스스로 만들지 못하므로 반드시 음식으로 섭취해야 합니다. 인도왕박쥐(*Pteropus giganteus*), 기니피그(*Cavia porcellus*)도 마찬가지로 대사를 통해서 비타민 C를 만들지 못하기 때문에 과일(채소)을 먹어야 살 수 있는 동물입니다.

부엌에 있는 식초에는 일정 비율(3~5%)의 아세트산(CH_3COOH)이 들어 있습니다. 거의 순수한 농도(99.5%)의 아세트산은 빙초산이라고 합니다. 그것은 부식성 외에 인화성도 가지고 있으며, 사람도 죽일 수 있는 매우 위험한 물질입니다.

자동차 배터리(납전지)에는 진한 농도(18~35%)의 황산($H_2SO_4(aq)$) 용액이 포함되어 있고, 전지의 충전/방전 정도에 따라서 농도가 변합니다. 즉 황산의 농도를 측정하면 배터리의 상태를 점검할 수 있습니다. 예전에 자동차 수리점에서 비중계를 이용해 배터리 액을 검사하는 것도 황산의 농도를 알기 위한 것이었습니다. 황산은 매우 위험한 물질로, 피부 등에 접촉되지 않도록 주의해야 합니다. 우리가 하수구가 막혔을 때 쓰는 세정제 중에도 진한 황산이 포함된 제품이 있습니다. 한 국가의 화학 공업 발달 수준을 알아볼 때 황산의 생산/소비량을 기준으로 할 정도로 황산은 매우 다양한 용도로 쓰이는 산입니다.

염산($HCl(l)$)은 위에서 분비되어 균을 죽이고 소화를 돕는 산입니다. 사실 위액은 pH가 거의 1.5~2.0 정도로, 진한 염산 용액의 pH와 비슷합니다. 때문에 위산이 위에서 벗어나서 역류하면 식도염이 발생합니다. 위산의 예에서 보는 바와 같이 화학 물질은 반드시 있어야 할 곳에 적정한 양(혹은 농도)으로 사용되어야 안정성을 유지(혹은 보장)할 수 있습니다.

유기산과 무기산

유기산은 산성을 띠는 유기 화합물(탄소 원자를 갖는 화합물) 전부를 일컫는 이름이며, 그것들은 수소 이온을 낼 수 있습니다. 유기산은 기본적으로 탄소를 포함하고, 산의 특성을 나타내는 카복실기(-COOH)

혹은 설폰산기(-SO_3H)를 갖습니다. **작용기(functional group)**는 화학 물질의 특성을 잘 나타내는 분자의 일부분을 의미하는 용어라고 앞서 설명한 바 있습니다. 작용기는 몇 개 안 되는 원자로 구성되지만, 독특한 분자 구조를 하고 있습니다. 분자에 포함된 작용기가 같다면, 분자들의 특성과 화학 반응성 또한 매우 비슷합니다. 그러므로 분자 구조에 특정 작용기가 있다면 그 특성을 대략 짐작할 수 있습니다. 따라서 작용기와 그것에 대한 각각의 특성을 함께 아는 것이 중요합니다. 작용기는 우리가 낯선 사람들의 직업을 쉽게 유추하게 해 주는 제복과 같은 역할을 한다고 보면 됩니다.

지금까지 알아보았던 아세트산, 구연산, 아스코르브산, 폼산(HCOOH, 혹은 개미산) 등은 모두 유기산입니다. 혈관과 뇌 건강에 도움을 준다고 알려진 오메가-3 지방산도 유기산입니다. 그러나 탄산(H_2CO_3)은 탄소를 가지고 있음에도 무기산으로 분류됩니다.

카복실기를 포함하는 대표적인 유기산으로 폼산과 아세트산(CH_3COOH)이 있습니다. 폼산의 수소(H) 혹은 아세트산의 메틸기(CH_3-) 자리에 탄소와 수소 원자들로 이루어진 다양한 종류의 분자 그룹(R-)이 결합되어 있는 분자도 모두 유기산입니다. 동식물에 있는 수많은 유기산은 적어도 1개 이상의 카복실기를 포함하고 있습니다. 카복실기의 탄소를 포함해 탄소가 4개 이상 포함된 유기산을 지방산이라 부릅니다. 그것은 여러 개의 탄소로 이루어진 분자 그룹(R-)을 가진 유기산이 체내 지방(fat) 분자에서 유래된 것에서 그 이유를 찾을 수 있습니다. 음식으로 먹은 지방(중성 지방)은 분해되면 카복실기를 포함하는 유기산(지방산)이 되고, 그 유기산들은 혈액에 녹아서 필요한 곳으로 운반됩니다. 그런 유기산 중에서 탄소의 수가 적은 유기산은 물에 녹지만, 탄소의 수가 많아서 분자 그룹이 마치 긴 사슬처럼 보이는 유기산은 기름에 더 잘 녹습니다.

시스 지방산과 트랜스 지방산

분자 그룹(R-)에 탄소-탄소 이중 결합(-C=C-)을 포함하는 지방산도 있습니다. 그것들은 이중 결합의 형식에 따라 시스 지방산 혹은 트랜스 지방산으로 나누어집니다. (**시스**(cis)는 '같은 방향', **트랜스**(trans)는 '반대 방향'이라는 뜻의 라틴 어입니다. 그림 4.12 참조.) 분자량은 같지만 이중 결합을 중심으로 분자 그룹의 결합 위치가 같은 쪽(시스)이냐 혹은 다른 쪽(트랜스)이냐에 따라 특성이 달라집니다. 그러므로 이름 앞에 시스 혹은 트랜스가 붙어 있다면, 그것은 분자의 구조가 다르다는 것을 의미합니다. 유해 물질을 다루는 기사에서 한 번쯤 들어 보았을 '트랜스 지방'에서 트랜스가 바로 이 뜻입니다. 시스 분자와 트랜스 분자를 **구조 이성질체**(structural isomer)라고 부릅니다. 재미있는 사실은 자연에 존재하는 지방산은 대부분 시스 지방산이며, 탄소의 총 개수가 카복실기의 탄소를 포함해 짝수(4, 6, 8, …, 20개 이상)인 유기산이 대부분입니다.

유기산 중에서 카복실기가 2개 포함된 것을 화학에서는 **다이카복실산**(dicarboxylic acid)이라 합니다. (이제 '다이'가 무엇을 뜻하는지는 모두 알고 있겠지요?) 시금치에 포함된 옥살산(HOOC-COOH)은 분자 그룹(R, -COOH)이 카복실기입니다. 그러므로 옥살산도 다이카복실산의 한 종류입니다. 사탕무, 사과, 콩과 식물의 잎 등에 존재하는 말론산($C_3H_4O_4$, malonic acid)은 2개의 카복실기 가운데 메틸렌기($-CH_2-$) 1개가 결합된 산입니다. 2개의 카복실기 사이에 메틸렌기가 2개($-CH_2-CH_2-$) 있는

표 5.2. Oh My, Such Good Apple Pie, Sweet As Sugar. 카복실산(-COOH) 2개로 이루어진 유기산의 구조와 이름.

탄소 사슬($-CH_2-$) 개수	구조식	어원(라틴 또는 그리스)	일반명
0	**HOOC-COOH**	oxal-	옥살산(oxalic acid)
1	**$HOOC-CH_2-COOH$**	malon-	말론산(malonic acid)
2	**$HOOC-(CH_2)_2-COOH$**	succin-	석신산(succinic acid)
3	**$HOOC-(CH_2)_3-COOH$**	glutar-	글루타르산 (glutaric acid)
4	**$HOOC-(CH_2)_4-COOH$**	adip-	아디프산(adipic acid)
5	**$HOOC-(CH_2)_5-COOH$**	pimel-	피멜산(pimelic acid)
6	**$HOOC-(CH_2)_6-COOH$**	suber-	수베르산(suberic acid)
7	**$HOOC-(CH_2)_7-COOH$**	azela-	아젤라인산(azelaic acid)
8	**$HOOC-(CH_2)_8-COOH$**	sebac-	세바스산(sebacic acid)

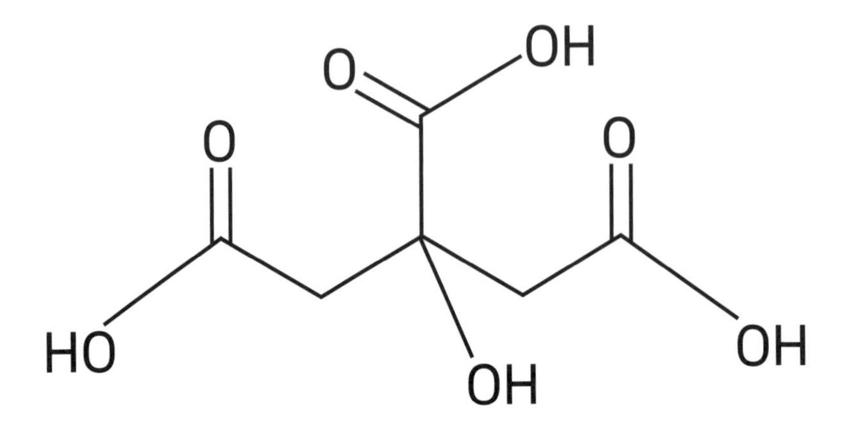

그림 5.3. 구연산. 레몬을 비롯한 많은 과일에 함유되어 있는 유기산이다.

산의 이름은 석신산(succinic acid, 혹은 호박산)입니다. 옥살산처럼 메틸렌기가 없는 유기산도, 심지어 8개의 메틸렌기가 2개의 카복실기 중간에 연결된 유기산도 있습니다.

이 산들을 쉽게 암기하는 방법으로는 "Oh My Such Good Apple Pie, Sweet As Sugar"라는 문장이 유명합니다. 각각 옥살산(oxalic acid), 말론산(malonic acid), 석신산(succinic acid), 글루타르산(glutaric acid), 아디프산(adipic acid), 피멜산(pimelic acid), 수베르산(suberic acid), 아젤라인산(azelaic acid), 세바스산(sebacic acid)의 앞 글자를 모아 기억하기 좋은 문장으로 만든 것입니다. (표 5.2) 관심 있는 독자는 인터넷에 "화학 암기법(chemistry mnemonics)"으로 검색해 보면 더 많은 자료를 볼 수 있습니다. 이것은 제가 대학 2학년 때 유기 화학 강의에서 변종서 교수님께서 알려 주신 내용 중 일부로, 매우 인상적이어서 아직도 기억하고 있는 문구입니다.

구연산은 3개의 카복실기를 갖는 유기산입니다. (그림 5.3) 일렬로 결합된 탄소 원자 3개에, 각각 카복실기가 1개씩 결합되어 모두 3개의 카복실기를 포함하고 있습니다. 구연산은 레몬을 비롯한 많은 과일에 포함된 산으로 시큼한 맛이 납니다. 분자단의 다양성과 카복실기의 수 등의 조합을 생각해 보면 카복실산의 종류는 셀 수 없을 정도로 다양하다는 사실을 이해할 수 있습니다.

방향족 유기산

벤젠(C_6H_6)에 카복실기가 1개 결합된 산은 벤조산(benzoic acid)으로 때죽나무(*Styrax japonica*)를 비롯한 많은 나무에서 발견되는 유기산의 한 종류입니다. (그림 5.4) 벤조산은 세균 혹은 곰팡이의 세포에 침투했을 때 내부의 pH를 낮추어 대사를 방해하며, 사람이 먹는 식품에 첨가해도 안전함이 확인되어 대한민국 식품위생법에서 허용하는 방부제 중 하나입니다. 샐러드드레싱, 탄산음료 같은 몇몇 식품과 약에도 포함되어 있습니다.

벤조산 용액에 수산화 소듐(NaOH)을 첨가해 반응이 진행된 후에 물이 증발하면 흰색 고체가 남는데, 이것이 곧 벤조산 소듐염입니다. 벤조산 소듐염은 벤조산보다 물에 잘 녹기 때문에 식품 혹은 약품에

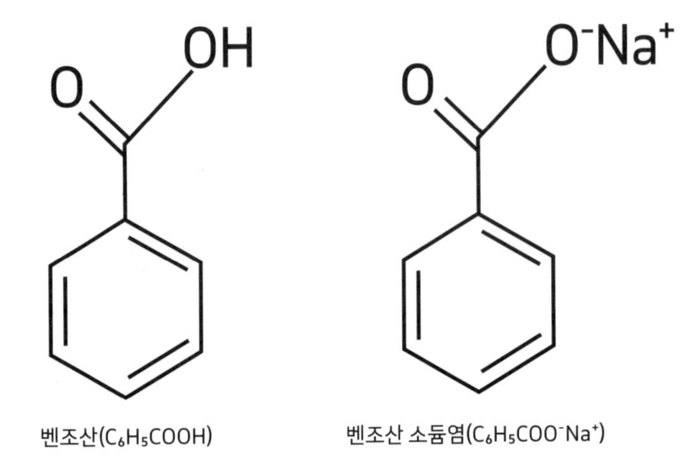

그림 5.4. 식품 첨가물로 허가된 물질인 벤조산과 벤조산 소듐염의 분자 구조.

첨가할 때 농도 조절을 쉽게 할 수 있습니다. 벤조산 소듐을 비롯한 식품 첨가물은 작은 글씨로 인쇄된 상품의 라벨에서 확인할 수 있습니다. 실제로 방부제 효과를 내는 것은 벤조산 분자입니다. 그런데 첨가된 벤조산 소듐은 산성 조건에서 벤조산으로 변하기 때문에 효과에는 문제가 없습니다.

벤젠은 탄소와 수소로만 구성된 육각형 고리 모양의 탄화수소로, 벤조산처럼 분자 구조에 페닐기(C_6H_5-(R-))가 결합된 방향족 유기산입니다. 페닐기를 비롯해 고리 구조를 포함하는 분자들은 독특한 냄새(향기)가 나기 때문에 '방향족'이라고 불립니다. 한편 탄소 원자가 6개이지만 그것들이 긴 끈(막대)처럼, 혹은 몇 개의 곁가지가 달린 나뭇가지처럼 생긴 탄화수소 그룹(C_6H_{13}-)도 있습니다. 그런 구조의 분자 그룹이 결합된 분자들은 방향족과는 달리 냄새가 잘 나지 않는데, '지방족'이라 부릅니다. 두 그룹 모두 탄소 원자가 6개로 같지만, 분자들의 특성은 많이 다릅니다.

벤젠의 구조를 처음으로 제시한 것으로 알려진 독일 화학자 아우구스트 케쿨레(August Kekulé, 1829~1896년)는 본래 건축학을 공부하려고 대학교에 입학했으나, 첫 학기에 화학 강의를 듣고 그 매력에 빠져서 전공을 변경했습니다. 벤젠 구조를 알아내려고 골똘히 생각을 거듭하다 꿈에서 머리로 꼬리를 문 채로 동그랗게 몸을 말고 있는 뱀을 보고 힌트를 얻었다는 전설적인 일화가 전해 옵니다. 이처럼 후세에 이름을 남긴 화학자라도 그 출발점은 화학이 아니었습니다. 지금 많은 업적을 내고 있는 화학자 중에도 학부생으로 공부할 때 화학 전공이 아니었던 분이 많습니다. 대학교는 인문 계열로 마치고 대학원에서 화학을 공부해 뚜렷한 업적을 남기는 연구자도 보았습니다. 아직도 많은 비밀을 간직한 넓고도 깊은 화학의 세계는 그 비밀을 밝혀 줄 미래의 화학자를 기다리고 있습니다.

무기산

무기산(inorganic acid 혹은 mineral acid)은 유기산과는 달리 탄소 원자 대신 비금속 원자(황(S), 인(P), 질소(N), 염소(Cl))를 포함하는 산으로, 염산

(HCl), 질산(HNO_3), 황산(H_2SO_4), 인산(H_3PO_4) 등이 있습니다. (표 5.3) 다만 탄산(H_2CO_3)은 탄소 원자를 포함함에도 무기산으로 분류되며 이산화탄소($CO_2(g)$)가 물에 녹으면 형성되는 산입니다. 유기산의 탄소 원자에는 수소 원자가 적어도 1개는 결합되어 있지만, 탄산의 탄소 원자에는 수소 원자가 결합되어 있지 않다는 점이 탄산이 다른 유기산과 구별되는 부분입니다.

무기산은 유기산보다 종류는 많지 않지만, 활용되는 곳은 다양합니다. 염산은 음식물의 소화를 돕는 위액의 주성분이며, 질산은 비료와 폭약의 제조, 로켓 연료의 산화제 등 다양한 용도에 활용됩니다.

표 5.3. 무기산의 종류. 유기산보다 종류는 비록 적지만, 다양한 용도로 사용된다.

우리말 이름	분자식	영어 이름
염산	**HCl**	hydrochloric acid
질산	**HNO_3**	nitric acid
인산	**H_3PO_4**	phosphoric acid
황산	**H_2SO_4**	sulfuric acid
붕산	**H_3BO_3**	boric acid
과염소산	**$HClO_4$**	perchloric acid
불산	**HF**	hydrofluoric acid
브로민산	**$HBrO_3$**	hydrobromic acid
아이오딘산	**HI**	hydroiodic acid

붕산은 소독약과 바퀴벌레 퇴치제 성분으로 쓰이기도 합니다. 인산은 콜라 같은 음료수에 탄산과 함께 들어가는 산입니다. 마지막으로 황산은 비료 생산을 비롯해 화학 산업에 널리 사용됩니다. 일반적으로 무기산은 유기산보다 더 강하며 (pH가 낮으며) 물에 잘 녹는 편입니다. 유기산은 탄소의 수와 결합하는 분자 그룹의 특성에 따라 물 혹은 유기 용매에 녹지만, 무기산은 일반적으로 물에 더 잘 녹습니다.

강산과 약산

유기산과 무기산은 물에 녹으면 수소 이온(H^+, H_3O^+)을 형성합니다. 수소 이온이 해리되는 정도가 강산 혹은 약산으로 구분하는 기준이 됩니다. **해리**(dissociation)는 분자들이 그것의 구성 성분으로 나누어지는 것을 말합니다. 분자 중에는 일부만 해리되는 분자도 있고, 모두 해리되는 분자도 있습니다. **해리도**(degree of dissociation)는 전체 분자 중에서 해리된 분자의 비율입니다.

산이 해리되면 수소 이온과 나머지 성분으로 나누어지는 것이 보통입니다. 예를 들어 염산 용액에 있는 염산(HCl) 분자는 수소 이온(H^+)과 염화 이온(Cl^-)으로 완전히 해리됩니다. 즉 해리도가 100%입니다. 그런데 아세트산(CH_3COOH) 용액에 있는 아세트산 분자는 일부만 수소 이온(H^+)과 아세트산 이온(CH_3COO^-)으로 나뉘며, 대부분 해리되지 않고 그대로 있습니다. 해리되는 정도로 강산과 약산을 구분하므로 염산은 강산이고, 아세트산은 약산입니다. 따라서 농도가 진한 산이 강하고 농도가 묽은 산이 약하다는 통념과 화학에서 말하는 산의 세기를 구별하는 기준은 차이가 있습니다.

예를 들어 물이 전혀 없는 아세트산(무수 아세트산)은 실온보다 낮은 온도(약 17℃)에서 얼음 같은 모양의 결정을 만들어 내기 때문에 빙초산(氷酢酸)이라 불립니다. 식초(食醋)의 주성분 역시 초산(醋酸)의 주성분과 똑같습니다. 빙초산은 농도가 매우 진하지만, 아세트산이기 때문에 해리도가 크지 않은 약산이며 농도가 진한 산입니다.

수소 이온 농도와 pH

순수한 물에서 물 분자(H_2O)의 일부는 수소 이온(H^+)과 수산화 이온(OH^-)으로 해리됩니다. 그것을 물의 **자동 이온화**(autoionization) 반응이라고 합니다.

$$H_2O \rightleftharpoons H^+ + OH^-$$

산성 용액에서 수소 이온(H^+, 혹은 하이드로늄 이온(H_3O^+($H_2O + H^+$)))의 농도는 순수한 물에 있는 수소 이온 농도보다 진합니다. 수소 이온의 농도는 pH 단위를 사용해서 나타냅니다. pH는 수소 이온 몰 농도(M)의 상용 로그 값이며, 숫자로 표시되고 다음과 같이 표현합니다.

$$\mathrm{pH} = -\log[\mathrm{H}^+], \qquad \mathrm{pH} = -\log[\mathrm{H_3O}^+]$$

사실 pH의 계산은 수소 이온의 농도 대신 **활동도**(activity)를 넣어서 계산해야 정확합니다. 활동도는 용액에 있는 이온의 '유효 농도'를 말합니다. 중성 분자, 혹은 매우 묽은 이온 용액의 경우에는 활동도와 농도는 같습니다. 그러므로 수소 이온이 매우 묽은 용액일 경우에 pH의 크기는 차이가 없겠지만, pH에 대한 정확한 정의는 다음과 같습니다.

$$\mathrm{pH} = -\log\{\mathrm{H_3O}^+\}$$

$\{\mathrm{H_3O}^+\}$: (수소 이온의 활동도)

하이드로늄 이온은 수소 이온을 물과 결합된 형식으로 표현한 것입니다. 그러므로 수용액에서 수소 이온과 하이드로늄 이온은 같은 화학종이며 단지 이름과 화학식이 다를 뿐입니다. 순수한 물($H_2O(l)$)에 있는 수소 이온의 몰 농도(1×10^{-7}M)의 pH를 계산하면 7($-\log[1 \times 10^{-7}]$)입니다. 그것을 기준으로 삼아서 수용액의 pH 값이 7보다 작으면 산성 용액, 7보다 크면 염기성 용액으로 구분합니다. 또한 여기서 pH 단위로 1 차이는 수소 이온 농도로는 10배 차이가, pH 단위로 2 차이가 나는 것은 수소 이온 농도로는 100배 차이가 나는 것을 알 수 있습니다. 한편 부분적으로 해리되는 약산의 수소 이온 농도는 약산의 종류에 따라서 달라집니다. 더구나 같은 약산일지라도 농도가 달라지면 해리되는 정도(해리도)가 달라지기도 합니다. 즉 약산의 농도에 따라서 수소 이온의 농도가 달라지는 것입니다. 예를 들어 아세트산 수용액은 진한 용액보다 묽은 용액일 때 더 많이 해리됩니다. (0.1M 아세트산: 1.3% 해리, 1×10^{-3}M 아세트산: 12% 해리)

약산의 해리와 산 해리 상수

수소 이온이 1개 해리되는 약산의 분자식을 HA라고 합시다. 약산(HA(aq)) 용액에서 분자들의 일부가 해리되면($HA \rightarrow H^+ + A^-$), 같은 농도의 수소 이온($H^+(aq)$)과 음이온($A^-(aq)$)이 형성됩니다. 그러나 형성된 음이온($A^-(aq)$)의 일부는 다시 물과 반응해 도로 HA로 변합니다. ($A^- + H_2O \rightarrow HA + OH^-$) **가수 분해(hydrolysis)** 반응이란 어떤 화학 물질이 물 분자와 반응해 새로운 화학 물질을 형성하는 모든 반응을 말합니다. 따라서 A^- 이온이 물과 반응해 수산화 이온(OH^-)과 약산(HA)을 형성하는 것도 가수 분해 반응의 한 종류입니다. 수산화 이온은 염기의 특성을 나타내는 대표적인 화학종입니다. 그러므로 약산이 해리되어 형성되는 약산의 음이온(아세트산의 경우 CH_3COO^-)들은 모두 가수 분해 반응으로 수산화 이온(OH^-)을 형성할 수 있기 때문에 염기성 물질입니다. 그런 음이온($A^-(aq)$)을 약산(HA)과 대응되는 염기라 해 **짝염기(conjugate base)**라고 부릅니다. 일반적으로 약산의 음이온들을 포함하는 수용액은 대부분 염기성 용액입니다. 예를 들어 아세트산 이온을 포함하고 있는 아세트산 소듐염($CH_3COO^-Na^+$)을 물에 녹이면 아세트산 이온(CH_3COO^-)의 가수 분해 반응으로 수산화 이온(OH^-)이 형성되므로 그 용액은 염기성 용액이 됩니다. 용액의 pH를 측정하지 않아도 알 수 있는 것입니다.

한편 약산(HA)이 해리되면 짝염기(A^-)가 형성되고, 짝염기의 일부는 가수 분해 반응으로 HA로 변합니다. 그 결과 어느 시점에서 용액의 음이온 농도($[A^-]$)는 일정한 값으로 유지됩니다. 그때가 곧 약산(HA)이 해리되어 사라지는 속도와 가수 분해 반응으로 약산이 형성되는 속도가 같아져 계가 평형에 이르렀을 때입니다. 평형 상태에서는 생성물의 형성과 소멸 속도가 같아서 생성물의 농도가 일정하며, 그런 상황에서 반응물의 농도도 일정합니다. 따라서 일정한 온도에 있는 약산 용액이 평형에 이르렀을 때 짝염기의 평형 농도($[A^-]$)와 수소 이온의 평형 농도($[H^+]$)를 곱하고, 그것을 약산의 평형 농도($[HA]$)로 나눈 값은 상수입니다. 그것을 K_a라고 쓰고, **산 해리 상수(acid dissociation constant)** 또는 산의 평형 상수라 부릅니다. 그러므로 약산의 해리 상수는 평형 상수의 한 종류입니다.

$$\text{산 해리 상수}\ K_a = \frac{[H^+][A^-]}{[HA]}$$

모든 약산은 산 해리 상수가 있어 그 상수를 이용하면 용액에 있는 수소 이온 농도를 계산할 수 있고, 그것은 곧 약산의 pH를 계산할 수 있다는 것과 같습니다. 약산에는 해리가 많이 되는 산(약산 중에서도 비교적 강산)도, 해리가 적게 되는 산(약산 중에서도 상대적으로 더 약한 산)도 있습니다. 예를 들어 아세트산(CH_3COOH)의 산 해리 상수($K_a = 1.75 \times 10^{-5}$, pK_a: $4.76(= -\log 1.75 \times 10^{-5})$)는 폼산(HCOOH, 개미산)의 산 해리 상수($K_a = 1.80 \times 10^{-4}$)보다 작지만, 탄산($H_2CO_3$)의 해리 상수($K_{a1} = 4.46 \times 10^{-7}$, $K_{a2} = 4.69 \times 10^{-11}$)보다는 큽니다. 그러므로 같은 농도의 폼산, 아세트산, 탄산 용액의 pH를 비교하면 탄산의 pH가 제일 큽니다. 산의 세기 역시 폼산, 아세트산, 탄산의 순으로 줄어듭니다. pK_a는 산 해리 상수의 상용 로그 값이며, pH 정의와 같은 형식이어서 다음과 같이 나타낼 수 있습니다.

$$pK_a = -\log K_a, \qquad pH = -\log [H^+]$$

탄산(H_2CO_3)은 두 단계에 걸쳐서 해리가 진행됩니다. 첫 번째 해리 반응($H_2CO_3 \rightarrow H^+ + HCO_3^-$)이 진행된 후에 형성된 화학종(탄산수소 이온, HCO_3^-)이 다시 해리($HCO_3^- \rightarrow H^+ + CO_3^{2-}$)되기 때문입니다. 그러므로 탄산의 산 해리 상수는 2개이며, 두 번째 해리 상수는 첫 번째보다 무척 작습니다. 그것은 음이온(HCO_3^-)에서 양이온(H^+)이 해리되는 것이 중성 분자(H_2CO_3)에서 양이온(H^+)이 해리되는 것보다 훨씬 어렵기 때문입니다.

인산(H_3PO_4)은 분자식으로 알 수 있듯이 산 해리 상수가 3개입니다. ($K_{a1} = 2.3 \times 10^{-2}$, $K_{a2} = 1.60 \times 10^{-7}$, $K_{a3} = 1.42 \times 10^{-12}$) 그러므로 인산은

수소 이온(H^+)이 3개까지 해리될 수 있는 약산이며, 수소 이온(H^+)이 생성되는 해리 반응은 첫 번째, 두 번째, 세 번째 순으로 힘들어질 것임을 예측할 수 있습니다. 탄산의 해리 상수가 점차 줄어드는 것과 같은 이유로 인산의 산 해리 상수 역시 점차로 현저하게 작은 값이 되는 것을 볼 수 있습니다. ($K_{a1} > K_{a2} > K_{a3}$)

염기

물($H_2O(l)$)에 녹아서 수산화 이온(OH^-)을 내놓는 화학 물질을 염기라고 합니다. 또한 염기는 다른 화학 물질(분자)로부터 수소 이온(H^+)을 받거나 혹은 전자쌍을 다른 물질에게 줄 수 있습니다. 염기 수용액의 pH는 7 이상입니다. 염기 또한 산처럼 강염기와 약염기로 구분할 수 있습니다. 수산화 소듐($NaOH(s)$)은 물에 잘 녹으며, 물에 녹은 수산화 소듐($NaOH(aq)$)은 양이온(Na^+)과 음이온(OH^-)으로 100% 해리됩니다. 그러므로 수산화 소듐 용액은 강염기입니다. 염기 용액에서 수산화 이온(OH^-, $H_3O_2^-(H_2O + OH^-)$)은 엄청 많기 때문에 수소 이온(H^+)은 거의 없는 것과 마찬가지입니다. 수소 이온이 있다고 해도 즉시 수산화 이온과 반응해 물 분자가 되지만, 평형 농도 만큼은 있습니다. 왜냐하면 수용액에서 수소 이온 농도와 수산화 이온 농도의 곱은 1.0×10^{-14}이라는 조건이 항상 만족되어야 하기 때문입니다.

염기 용액에는 수산화 이온($OH^-(aq)$)이 풍부합니다. 그런데 용액 전체로는 양이온과 음이온의 전하가 같아서 전기적 중성을 유지해야 합니다. 즉 소듐 양이온($Na^+(aq)$)과 수소 이온($H^+(aq)$)의 전하를 합친 양(+)전하와 수산화 음이온의 음(−)전하가 균형이 맞아야 합니다. 염기 용액에서 수소 이온의 양은 무시해도 되므로, 보통 소듐 양이온과 수산화 음이온 사이의 전하 균형이 이루어집니다. 전하 균형이 맞아야 하는 것은 산성 용액의 경우에도 마찬가지입니다. 예를 들어 염산(HCl)은 강산입니다. 물에서 100% 해리되는 염산 용액에서도 수소 이온($H^+(aq)$)과 염화 이온($Cl^-(aq)$)의 전하는 같고, 산성 용액이므로 수산화 이온($OH^-(aq)$)의 전하는 무시해도 될 정도로 적습니다. 결국 전기 중성을 이루려면 양이온과 음이온의 전하는 용액 전체에서 같아야 합니다.

염기 용액은 수산화 이온(OH^-)의 전하와 같은 크기의 전하를 가진 양이온이 반드시 있어야 합니다. 주기율표에서 주로 1족(알칼리 금속)과 2족(알칼리 토금속)의 금속 양이온들이 수산화 이온(OH^-)과 전하 균형을 맞추고 있습니다. 사실 1족과 2족 금속 산화물 혹은 금속 수산화물이 물에 녹으면 염기 용액이 됩니다. 예를 들자면 수산화 소듐(NaOH), 수산화 포타슘(KOH), 수산화 마그네슘($Mg(OH)_2$), 수산화 바륨($Ba(OH)_2$) 등은 강염기로 물에 녹아 염기 용액을 만듭니다. 수산화 소듐(용해도: 25℃에서 1,000g/L)을 녹여서 만든 0.1M 용액의 pH는 13입니다. 수산화 포타슘(용해도: 121g/dL)도 비교적 물에 잘 녹아 염기 용액을 만듭니다. 그러나 수산화 마그네슘(용해도: 0.00064g/dL)과 수산화 바륨(용해도: 4.68g/dL)은 잘 녹는 물질이 아닙니다. 그럼에도 강염기라고 분류하는 까닭은 수산화 마그네슘과 수산화 바륨이 녹으면 100% 해리되기 때문입니다. 물에 녹아 있는 것은 100% 해리가 되지만, 그렇다고 물에 잘 녹는 물질은 아니라는 것입니다. 화학에서 강산과 강염기는 농도가 진한 산과 염기가 아니고 100% 해리되는 산과 염기를 말합니다. 강산과 강염기는 100% 해리되므로, 그것의 농도를 알면 용액의 수소 이온과 수산화 이온의 농도를 알 수 있습니다.

우리는 위산 과다로 속이 쓰릴 때 약(제산제)을 먹습니다. 보통 제산제는 흰색 가루가 둥둥 떠서 뿌옇게 보이는 액체 혹은 젤로 되어 있습니다. 그것의 주요 성분은 수산화 마그네슘 혹은 수산화 알루미늄($Al(OH)_3$, 용해도: 0.0001g/dL)이며, 물에 거의 녹지 않기 때문에 입자로 떠 있어서 그렇게 보이는 것입니다. 그렇지만 위산(HCl)을 중화시키는 효과가 있는 염기이기 때문에 제산제 역할을 합니다. 위산과 반응하는 염기 물질이 약으로 작용하는 것입니다. 그런데 수산화 알루미늄의 과다 복용은 변비를, 수산화 마그네슘의 과다 복용은 설사를 일으킬 수 있습니다. 즉 약(화학 물질)도 자신의 몸 상태에 맞는 것을 선택해야 합니다.

약염기

암모니아($NH_3(g)$)는 대표적인 약염기로 물에 매우 잘 녹습니다. 암모니아의 용해도(308g/L)와 그것의 포화 용액(밀도 0.88g/L)으로 만든 진한 암모니아 용액(28wt%(질량 백분율 농도))의 몰 농도는 14.8M(mol/L)입니다. 암모니아 수용액에 있는 암모니아 분자($NH_3(aq)$)의 일부는 물과 반응해 암모늄 이온(NH_4^+)과 수산화 이온(OH^-)을 형성합니다. 그러므로 그것을 수산화 암모늄($NH_4^+OH^-$) 용액이라고 부르기도 합니다. 암모니아로부터 암모늄 이온과 수산화 이온이 형성되는 반응도 가수 분해 반응의 한 종류입니다.

$$NH_3 + H_2O \rightarrow NH_4^+ + OH^-$$

암모니아처럼 가수 분해 반응으로 수산화 이온을 형성할 수 있는 물질은 약염기입니다. 앞서 설명한 것처럼, 약산의 짝염기인 음이온들 역시 가수 분해 반응을 통해서 수산화 이온을 형성하므로 약염기입니다. 암모니아(NH_3) 분자에서 수소 원자 자리에 다른 종류의 분자 그룹(R-)이 결합하면, 아민(RNH_2, R_1R_2NH, $R_1R_2R_3N$)이 됩니다. 아민은 물에 녹으면 약염기 용액이 됩니다. 왜냐하면 물에서 암모니아처럼 가수 분해 반응으로 수산화 이온(OH^-)을 형성할 수 있기 때문입니다.

$$RNH_2 + H_2O \rightarrow RNH_3^+ + OH^-$$

아민은 암모니아의 수소 원자 3개가 모두 같은 혹은 다른 종류의 분자 그룹(R_1-, R_2-, R_3-)으로 결합할 수 있으므로 그 종류는 엄청나게 많습니다. 1차 아민(RNH_2), 2차 아민(R_2NH), 3차 아민(R_3N)이라고 들어 본 적이 있나요? 암모니아의 수소 원자가 분자 그룹(R-)으로 변경된 수에 따라 분류하며, 종류가 무척 다양합니다. 따라서 아민의 이름을 보면 암모니아 분자의 수소 원자가 몇 개의 분자 그룹으로 변경되었는지 금방 알 수 있습니다.

암모니아의 루이스 전자점 구조를 보면 질소 원자에는 비공유 전자쌍이 1개 있습니다. 그 전자쌍을 다른 분자 혹은 이온에 줄 수 있으므로 아민은 전자쌍을 줄 수 있는 물질이므로 루이스 염기입니다. 질소에 결합하는 분자 그룹의 성질과 구조에 따라서 비공유 전자쌍을 다른 분자에게 줄 수 있는 능력 및 가수 분해 정도가 달라집니다.

일반적으로 약산의 짝염기를 포함하고 있는 염은 물에 녹으면 염기성 용액이 됩니다. 약산(예: 아세트산(CH_3COOH))의 짝염기(CH_3COO^-)를 포함하고 있는 아세트산 소듐염($CH_3COO^-Na^+(s)$)을 물에 녹이면 아세트산 이온과 물의 가수 분해 반응으로 수산화 이온(OH^-)이 형성되기 때문에 염기라고 이미 설명한 바 있습니다. 마찬가지로 탄산(약산)의 음이온들(CO_3^{2-}, HCO_3^-)이 포함된 탄산염($Na_2CO_3(s)$) 및 중탄산염(탄산수소 소듐, $NaHCO_3(s)$)을 물에 녹인 용액도 가수 분해 반응이 진행되고 수산화 이온이 형성되기 때문에 약염기 용액입니다. 그런 용액의 pH는 모두 7보다 큽니다. 탄산 이온(CO_3^{2-})이 가수 분해되면 탄산수소 이온(HCO_3^-)과 수산화 이온이 형성되고, 탄산수소 이온이 다시 가수 분해되면 탄산(H_2CO_3)과 수산화 이온이 형성됩니다. 물에 탄산염이나 중탄산염을 녹이면 수산화 이온이 형성되고, 같이 녹아 있는 소듐 이온(Na^+)이 함께 있으므로 겉보기로는 묽은 수산화 소듐 용액($NaOH(aq)$)과 다를 바가 없습니다.

$$CO_3^{2-} + H_2O \rightarrow HCO_3^- + OH^-$$

$$HCO_3^- + H_2O \rightarrow H_2CO_3 + OH^-$$

화장품으로도 사용되는 베이킹파우더, 제산제에는 중조(탄산수소 소듐($NaHCO_3(s)$))가 포함되어 있습니다. 물에 녹거나 혹은 피부 수분과 접촉하게 되면, 염기성 용액이 될 것입니다.

잿물은 볏짚과 나뭇잎을 태우고 남는 재에 물을 부으면 만들 수 있습니다. 비누가 귀한 시절 잿물은 옷을 세탁하는 세제 대용품으로 사용되었습니다. 탄산 포타슘(K_2CO_3)에는 재를 뜻하는 단어(potash)가 들어 있습니다. 식물에는 각종 이온(탄산 이온 및 포타슘 이온)과 포도당을 비롯한 수많은 화학 물질이 포함되어 있습니다. 식물이 불에 타면 포타슘 이온은 산화 포타슘($K_2O(s)$)으로 변화될 것이고, 그것이 물과 반응하면 수산화 포타슘(KOH) 용액이 형성됩니다. 또한 물에 있는 탄산 이온(CO_3^{2-})의 가수 분해로 형성된 수산화 이온(OH^-)과 식물에 있던 양이온(K^+)이 만나도 수산화 포타슘(KOH) 용액이 형성될 수 있습니다. 그런 잿물 용액을 끓이면 세제로 사용하기에 충분한 농도로 증가됩니다.

바다 식물의 재에는 포타슘 이온(K^+)보다 소듐 이온(Na^+)이 훨씬 많습니다. 그러므로 바다 식물을 태운 재를 가지고 수산화 소듐(NaOH) 용액(양잿물)을 만들기란 어려운 일이 아닙니다. 농축된 양잿물은 pH가 12~13 정도 되며, 질감이 매끄럽습니다. 피부에 닿으면 상처가 나므로 맨손으로 만져서도 안 되고, 마시면 목숨을 잃게 되는 무서운 독극물이므로 주의해야 합니다. 염기를 알칼리라고 부르는 것도 아랍 어의 '알 칼리(al qaliy, 태운 재)'에서 온 것입니다. 어원을 알고 나면 알칼리와 염기가 같은 의미로 사용되는 이유가 이해됩니다.

우리 주변에서도 수많은 염기성 물질 혹은 염기성 용액을 찾아볼 수 있습니다. 한 예로 비누 제조에는 수산화 소듐 용액을 주로 이용하며, 수산화 포타슘 용액도 가능합니다. 동식물성 기름과 진한 농도의 수산화 소듐 용액을 섞으면 화학 반응이 진행되고 고체가 형성됩니다. 그것이 곧 비누(지방산 소듐)입니다. 포타슘 이온 혹은 암모늄 이온이 포함된 비누들은 찬물에서도 잘 풀어지는 특징이 있습니다. 집의 욕실 및 변기 청소에 사용되는 암모니아 용액도 염기입니다. 묽은 암모니아 용액은 유리창 청소에도 사용됩니다. 산성으로 변한 토양에 재를 뿌리는 것은 염기성 토양으로 토질을 바꾸려고 하는 것입니다. 마찬가지로 땅에 탄산 칼슘($CaCO_3$)을 뿌리면 염기성 토양으로 만들 수도 있고, 칼슘 성분 보충도 됩니다. 산화 칼슘(생석회, CaO), 수산화 칼슘(소석회, $Ca(OH)_2$)도 산성 토양 개선을 위해서 사용하는 염기성 물질입니다. 생석회는 농작물에 칼슘 성분이 공급되도록 땅에 뿌리는 비료로 사용되기도 합니다.

염기 해리 상수: 약염기의 서열

약산의 분자식을 HA라고 했듯이 이번에는 약염기의 분자식을 B라고 합시다. 물에 녹은 약염기(B)의 일부에서 가수 분해 반응($B + H_2O \rightarrow BH^+ + OH^-$)이 진행되면 같은 농도의 산($BH^+$)과 수산화 이온($OH^-$)이 형성됩니다. 어느 때에 이르면 짝산의 형성 반응 속도와 짝산의 해리 반응 속도가 같아집니다. 즉 반응은 평형에 이르며, 그때 용액에 있는 화학종의 농도는 곧 평형 농도가 됩니다. 그런 산(BH^+)의 일부는 다시 해리 반응($BH^+ \rightarrow B + H^+$)을 거쳐서 수소 이온(H^+)이 형성됩니다. 이런 반응에서 생성되는 산은 염기와 대응되는 산이라는 뜻에서 **짝산**(conjugate acid)이라 부릅니다.

짝산의 평형 농도($[BH^+]$)와 수산화 이온의 평형 농도($[OH^-]$)를 곱한 것을 약염기의 평형 농도($[B]$)로 나누면 일정한 온도에서 상수입니다. 그것을 **염기 해리 상수**(base dissociation constant, K_b)라고 하며, 약산의 산 해리 상수와 마찬가지로 평형 상수의 한 종류입니다.

$$\text{평형 상수 } K = \frac{[BH^+][OH^-]}{[B][H_2O]}$$

$$\text{염기 해리 상수 } K_b = \frac{[BH^+][OH^-]}{[B]} = K[H_2O]$$

약염기의 종류에 따라 염기 해리 상수의 크기도 모두 다릅니다. 그것의 크기를 보면 약염기의 서열(해리 정도)도 알 수 있습니다. 예를 들어서 암모니아(NH_3)의 염기 해리 상수(1.75×10^{-5})는 암모니아 분자(NH_3)에서 수소 원자 1개가 페닐기(C_6H_5-)로 치환된 아닐린($C_6H_5NH_2$)의 염기 해리 상수(4.27×10^{-10})보다 엄청나게 큽니다. 그러나 암모니아 분자(NH_3)의 수소 원자 1개가 메틸기(CH_3-)로 치환된 메틸아민(CH_3NH_2)의 염기 해리 상수(3.7×10^{-4})보다는 작습니다. 그러므로 같은 농도의 암모니아, 아닐린, 메틸아민 용액의 pH는 메틸아민, 암모니아, 아닐린 순서로 작아질 것입니다.

중화 반응: 산과 염기의 반응

강산과 강염기가 반응하면 염과 물이 생성됩니다. 예를 들어 염산(HCl)과 수산화 소듐($NaOH$)이 반응하면 소금($NaCl$)과 물(H_2O)이 형성됩니다. 그렇다고 소금을 만들려고 산과 염기 반응을 일으키지는 않습니다. 또 다른 예로 약산인 아세트산(CH_3COOH)과 강염기인 수산화 소듐($NaOH$)이 반응해도 염(아세트산 소듐, $CH_3COO^-Na^+$)과 물이 형성됩니다. 이런 형식의 반응은 모든 산과 염기의 반응에 적용되며, **중화 반응(neutralization)**이라고 합니다.

물때 청소

석고($CaSO_4(s)$, 용해도: 20℃에서 0.21g/dL)와 대리석($CaCO_3(s)$)으로 만든 조각 작품들은 세월이 지나면서 표면이 깎이고, 결국에는 형체를 알아보지 못할 정도로 부식이 됩니다. 석고는 산성 용액에서 더 잘 녹으며, 산성비가 자주 내리는 지역의 야외 조각이 더 빨리 부식되는 모습을 볼 수 있습니다. 석회석의 주성분은 탄산 칼슘($CaCO_3$)이며, 석회석이 열과 압력을 받아서 변한 광물이 대리석입니다. 탄산 칼슘은 달걀껍데기, 조개껍데기, 분필, 진주의 주성분이기도 합니다.

탄산 칼슘(용해도: 25℃에서 0.015g/L)은 순수한 물($H_2O(l)$)에는 아주 조금 녹지만, 공기 중 이산화탄소가 녹아 있는($CO_2(aq)$) 물에는 약 3배 정도 더 잘 녹습니다. 그런 조건에서 탄산 칼슘은 1L에 0.047g까지 녹을 수 있습니다. 탄산 칼슘이 이산화탄소와 반응하면 탄산수소 칼슘($Ca(HCO_3)_2$)으로 변합니다. 탄산수소 칼슘의 용해도(20℃에서 166g/L)는 탄산 칼슘의 용해도보다 훨씬 큽니다. 즉 물에 매우 잘 녹는 물질입니다. 그것의 용해도를 소금(360g/L)과 비교해 보면 탄산수소 칼슘이 물에 녹는 정도를 짐작할 수 있을 것입니다. 그러므로 이산화탄소($CO_2(g)$), 질소 산화물($NO_2(g)$), 황산화물($SO_2(g)$) 등이 녹아 있는 자연산 산성비를 맞은 탄산 칼슘은 탄산수소 칼슘으로 변하고, 그것이 녹는 속도는 비의 산성도에 비례해 증가합니다. 공장에서 배출된 황 혹은 질소 산화물이 녹아 있는 비의 pH는 이산화탄소만 녹아 있는 비의 pH보다 작습니다. 더 강한 산성비인 것입니다.

탄산 칼슘을 식초 용액에 담그면 물에 잘 녹는 탄산수소 칼슘($Ca(HCO_3)_2$)으로 변합니다. 탄산수소 칼슘은 극성 용매인 물에서 칼슘 이온(Ca^{2+})과 탄산수소 이온(HCO_3^-)으로 해리가 잘 됩니다. 그런 이온들이 녹아 있는 물(예: 수돗물)은 투명하게 보일 것입니다. 그러나 물을 끓이면 탄산 칼슘이 형성됩니다. 탄산 칼슘은 물에 거의 녹지 않으므로 결국 물 끓이는 주전자에 하얀 때처럼 끼게 됩니다. 가열식 가습기의 전기 열선 부분에는 눈에 보일 정도로 많은 탄산 칼슘 때가 붙어 있습니다. 재미난 사실은 탄산 칼슘은 다른 화학 물질과 달리 온도가

그림 5.5. 가열식 가습기의 열선에 낀 탄산 칼슘($CaCO_3(s)$)의 때. 탄산 칼슘은 온도가 올라가면 용해도가 오히려 감소한다.

올라가면 용해도가 오히려 감소하므로, 끓인다고 제거되지 않습니다. 그보다는 세탁솔을 사용해 문지르는 물리적 방법이 좋습니다. 그러나 식초(산)를 물에 약간 넣어서 다시 끓이면 탄산 칼슘이 물에 잘 녹는 탄산수소 칼슘으로 변하고, 그것은 물에 녹으므로 때가 빠지게 됩니다. 이렇게 화학 반응을 이용하면 솔이 잘 안 닿지 않는 구석진 곳까지 청소할 수 있습니다.

탄산 칼슘이 이산화탄소가 녹아 있는 물에서 탄산수소 칼슘으로 변하는 반응식은 다음과 같습니다.

$$CaCO_3 + H_2O + CO_2 \rightarrow Ca(HCO_3^-)_2$$

그리고 탄산수소 칼슘이 녹아 있을 때, 물을 가열해 탄산 칼슘(흰색)으로 변하는 반응식은 다음과 같습니다.

$$Ca(HCO_3)_2(aq) + H_2O(l) \rightarrow CaCO_3(s) + HCO_3^-(aq) + H_3O^+(aq)$$

횟집에서

횟집에서 생선회를 먹기 전에 보통은 레몬즙을 뿌립니다. 레몬 향기를 좋아하는 사람도 있겠지만, 화학적으로는 생선의 아민 화합물을 레몬의 구연산과 반응시켜서 염으로 만들기 위해서입니다. 생선의 근

그림 5.6. 아민 분자를 아민염으로. 생선 비린내를 줄이거나 없앨 때 화학 반응이 이용된다.

육에 함유되어 삼투압을 조절하는 역할을 하는 아민은 코를 자극하는 특유의 냄새가 납니다. 암모니아도 소위 '화장실 냄새'로 잘 알려져 있지만, 암모니아의 수소 원자 대신에 분자 그룹(R-)으로 바뀐 아민 화합물도 암모니아처럼 냄새가 고약합니다. 더구나 분자량이 작은 아민들은 차가운 생선회의 표면에서도 쉽게 증발합니다. 예를 들어 메틸아민(CH_3NH_2, 끓는점 −6.3℃), 다이메틸아민($(CH_3)_2NH$, 끓는점 7℃), 트라이메틸아민($(CH_3)_3N$, 끓는점 2.9℃) 같이 분자량이 작은 아민 화합물은 모두 끓는점이 매우 낮기 때문에 실온에서 쉽게 기체로 변합니다. 그런 아민들이 레몬즙 속에 풍부하게 들어 있는 구연산($C_6H_8O_7$)과 반응하면 아민염이 됩니다. 즉 산 염기 반응이 진행된 것입니다. 아민염은 물에 잘 녹기 때문에 생선회에 있는 물기에도 충분히 녹아, 아민이 증발해 기체가 되는 일을 막을 수 있습니다. 냄새의 원인을 없애는 데 화학 반응을 이용하는 것입니다. 냄새의 원인인 아민 분자를 구연산과 반응시켜서 수용성 분자(염)로 변환하는 화학 반응이 바로 그것입니다. 레몬이 없을 때는 구연산 음료 혹은 시큼한 맛이 나는 과일즙을 살짝 뿌려도 같은 효과를 얻을 수 있습니다.

계면 활성제의 종류와 성질

중성 지방을 가수 분해하면 글리세롤과 3개의 지방산이 됩니다. 비누는 지방산과 염기의 반응으로 형성되는 염입니다. 비누 제조도 결국은 산(지방산)과 염기(수산화 소듐, NaOH)의 반응으로 염(비누)과 물이 형성되는 화학 반응을 이용한 것입니다. 그때 생성된 물의 양과 화학 물질의 종류에 따라 고체 혹은 액체 비누를 만들 수 있습니다. (그림 5.7)

비누는 **계면 활성제**(surfactant)의 하나입니다. 계면 활성제는 종류도 많고 사용 범위도 대단히 넓습니다. 약, 음식, 세제, 샴푸, 치약에 이르기까지 수많은 생활용품에 계면 활성제가 포함되어 있습니다. 계면 활성제 분자는 물을 좋아하는 성질(친수성)의 분자 그룹과 물을 싫어하는 성질(소수성)의 분자 그룹을 동시에 포함한다는 특징이 있습니다.

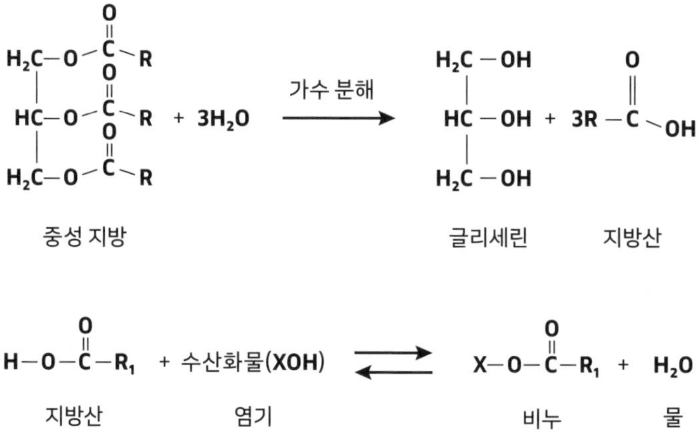

$$\text{(중성 지방)} + 3H_2O \xrightarrow{\text{가수 분해}} \text{(글리세린)} + 3R-\overset{O}{\overset{\|}{C}}-OH \ \text{(지방산)}$$

중성 지방 / 글리세린 / 지방산

$$H-O-\overset{O}{\overset{\|}{C}}-R_1 + \text{수산화물}(XOH) \rightleftharpoons X-O-\overset{O}{\overset{\|}{C}}-R_1 + H_2O$$

지방산 / 염기 / 비누 / 물

그림 5.7. 비누는 지방산과 염기의 반응으로 생성된 염의 한 종류이다. X는 Na^+, K^+, NH_4^+ 등이다.

계면 활성제에서 물과 상호 작용을 활발하게 하는 부분은 기름을 싫어하고, 기름과 상호 작용이 더 많은 부분은 물을 싫어합니다. 각 부분의 분자 구조를 살펴보면 물을 싫어하는 부분은 탄소 원자가 여러 개 연결된 분자 그룹(R-)으로 구성된 유기 화합물의 일부로 비극성입니다. 또한 그것과 결합되어 있는 나머지 부분은 극성을 띠고 있는 분자 구조를 이룹니다. 극성 부분은 크기도 작고 전하를 띠는 특성 때문에 극성 용매인 물과 상호 작용이 활발합니다. 많은 계면 활성제는 분자 내에 극성과 비극성 특성 부분을 동시에 갖고 있습니다.

계면 활성제에서 보통 극성 부분은 머리(head), 비극성 부분은 꼬리(tail)라고 부릅니다. (그림 5.8) 콩나물이나 성냥개비의 구조를 연상하면

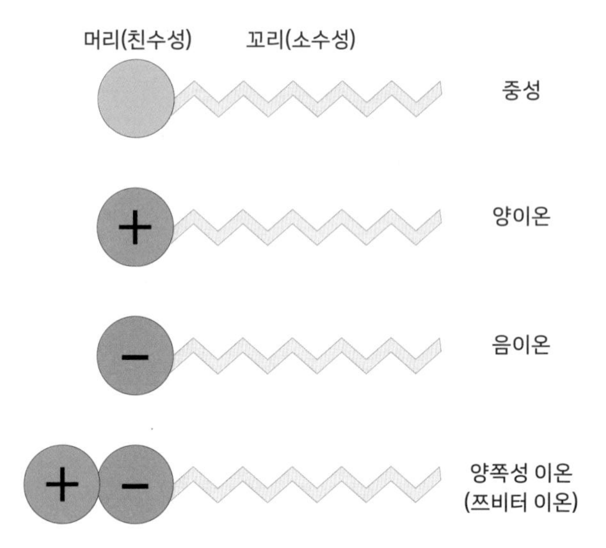

그림 5.8. 다양한 종류의 계면 활성제. 분자 구조 및 특성에 따라 계면 활성제의 종류를 구분한다.

쉽게 이해가 될 것입니다. 꼬리 부분은 비극성으로 기름과 상호 작용을 잘하고, 머리 부분은 극성으로 물과 상호 작용을 더 잘합니다. 3장의 「용액, 용질, 용매」 절에서 설명했듯이, 화학 물질은 극성 용매에는 극성 분자들이 잘 녹고, 비극성 용매에 비극성 분자들이 잘 녹는 성질을 가지고 있습니다. 이런 특성은 사람 관계에서도 비슷한 성향의 사람들이 그렇지 않은 사람들보다 비교적 활발하게 관계를 유지하는 것과 크게 다르지 않다고 생각됩니다.

계면 활성제는 분자의 구조 특성에 따라 음이온, 양이온, 중성, 양쪽성 이온형으로 분류됩니다. 머리 부분이 음이온(예: $-COO^-$)이면 음이온 계면 활성제, 양이온(예: $-N((CH_3)_n)_4^+$)이면 양이온 계면 활성제, 전기적으로 중성인 그룹(예: 폴리에틸렌 옥사이드($HO(CH_2O)_nH$))이면 중성 계면 활성제, 양이온과 음이온이 모두 한 분자(쯔비터 이온)를 이루고 있다면 양쪽성 계면 활성제입니다. 머리와 꼬리 부분의 분자 구조를 변형하면 그에 따라 기능과 활용도가 다른 계면 활성제를 만들 수 있습니다.

계면 활성제의 활용

계면 활성제를 물에 첨가하면 그 분자들은 물 표면으로 모입니다. 그때 모습은 물을 좋아하는 머리 부분은 물에 잠겨 있고, 꼬리 부분은 공기 밖으로 향해 있습니다. 그렇게 공기와 접촉된 물 표면을 다 채우고 나면, 계면 활성제 분자들은 자기들끼리 물속에서 뭉치기 시작합니다. 그 모습은 마치 구형의 작은 입자처럼 보일 것입니다. 주변이 온통 극성 물 분자이기 때문에 극성의 머리 부분은 구의 바깥쪽으로, 비극성의 꼬리 부분은 가급적 구의 안쪽으로 배열되는 구조를 하고 있습니다. 일종의 분자 뭉치(화합체)를 **마이셀**(micelle)이라고 합니다. 마이셀이 형성되는 농도를 **임계 마이셀 농도**(critical micelle concentration)라고 하며, 이는 계면 활성제의 농도, 용액의 온도, pH, 용액에 있는 다른 이온들의 농도(이온 세기)에 따라 다릅니다.

반대로 기름(혹은 비극성 용매)에 계면 활성제를 첨가하면 마이셀과는 전혀 다른 모습이 됩니다. 극성의 머리 부분은 가급적 기름을 피해 서로 뭉치고, 비극성의 꼬리 부분은 기름과 더 많이 상호 작용할 수 있는 형식으로 배열될 것입니다. 그것은 마이셀의 안과 밖이 뒤집혀진 구형의 분자 뭉치로, **역마이셀**(reverse micelle)이라 부릅니다. 역마이셀에서 계면 활성제의 머리로 형성되는 구 모양과 크기는 물의 양과 온도에 따라서 달라집니다.

물에 기름을 한두 방울 넣고 흔들면 기름은 미세한 입자가 되어 물속에 퍼집니다. 반대로 기름에 물 한두 방울을 넣고 흔들면 물 역시 작은 입자처럼 기름에 분산됩니다. 그리고 흔들기를 멈추면 금세 물과 기름이 분리됩니다. **에멀션**(emulsion)은 이처럼 액체인 물과 기름이 섞여 분산된 상태를 말하며, **유화제**(emulsifier)는 그 상태를 유지해 주는 화학 물질입니다.

한 종류의 액체가 작은 입자로 다른 액체에 분산되면 뿌옇게 보이거나 불투명한 흰색으로 보입니다. 그것은 액체 입자 때문에 빛이 산란되기 때문입니다. 분산된 작은 입자들이 분산된 상태를 오래 유지하려면 계면 활성제를 첨가하면 됩니다. 즉 유화제는 계면 활성제의 별명이기도 합니다. 우유도 물에 지방과 지질 단백질(기름)이 잘 분산된 에멀션 상태이며, 자연산 계면 활성제(레시틴)가 들어 있습니다. 식용유와 식초를 섞어서 만든 샐러드 드레싱은 불안정한 상태이기 때문에 두 층의 액체로 쉽게 분리되는 모습을 볼 수 있습니다. 에멀션 상태를 오랫동안 안정되게 유지하는 드레싱에는 보통은 계면 활성제가 첨가되어 있습니다.

마요네즈는 달걀 노른자에 식용유를 넣고 계속 저어서 만듭니다. 달걀 노른자에 들어 있는 계면 활성제, **레시틴**은 **인지질**(phospholipid)의 한 종류입니다. 인지질은 머리 부분이 인산염 구조로 된 분자이며, 콩기름에 많이 포함되어 있습니다. 식용 계면 활성제로 많이 활용되는 레시틴은 마가린과 같은 유제품에도 들어갑니다. 달걀 노른자에도 2g 정도의 레시틴이 들어 있습니다. 레시틴의 꼬리 부분이 식용유 입자 혹은 지방을 둘러싸기 때문에 안정된 상태(에멀션)를 유지합니다. **마요네즈** 역시 레시틴 덕분에 안정된 상태를 유지하기 때문에 만들어진 후 물과 기름으로 분리되지 않습니다. 피부에 바르는 화장품도 안정된 상태를 유지하려면 계면 활성제를 첨가해야 합니다. 피부의 먼지 혹은 기름기를 닦아 주는 **클렌징 크림**은 물에 지방산 구조의 기름이 혼합된 물질에 계면 활성제를 첨가해 만든 것입니다.

침전 반응

포화 용액은 일정한 온도에서 화학 물질이 침전되지 않으면서 가장 많이 녹아 있는 용액을 말합니다. 물질의 녹는 양(용해도)는 온도와 압력에 따라 다릅니다. 사실 일정한 압력(대기압)을 유지하는 실험실에서 포화 용액을 만들기란 쉽습니다. 화학 물질을 약간의 침전이 남아 있을 때까지 녹인 후에 용액만 다른 용기로 옮기면 그것이 곧 포화 용액이기 때문입니다.

이온 결합 물질의 하나인 소금($NaCl(s)$)은 물에 매우 잘 녹으며, 포화 용액을 만드는 일도 어렵지 않습니다. 그 용해도(25℃에서 360g/L)는 온도에 따라 약간씩 증가합니다. 소금의 용해도를 이용하면 포화 소금 용액에 있는 양이온($Na^{+}(aq)$)과 음이온($Cl^{-}(aq)$)의 몰 농도를 계산할 수 있습니다.

$$360g/L \times [\frac{1mol}{58.44g}] = 6.16mol/L = 6.16M$$

계산 결과, 소금 포화 용액에 있는 소듐 이온과 염소 이온의 농도는 각각 6.16M입니다. 그것은 25℃에서 만들 수 있는 소금 용액 중 최고로 진한 농도입니다. 한편 최대로 녹을 수 있는 양 이상의 소금을 물에 넣으면 그것은 결정 형태를 유지한 채 침전으로 남습니다. 그러나 이 상황을 상상해 보면 소금이 이온으로 변하는 속도와 이온이 재결합해 소금 결정이 되는(침전) 속도가 같은 평형 상태가 유지되고 있는 것입니다. 그것에 대한 평형 상수는 두 이온의 몰 농도(M)를 곱한 것으로 일정한 온도에서 상수입니다. 그것을 소금의 용해도곱 상수(K_{sp})라고 부릅니다. 평형에서 고체(소금 결정)는 일정한 양을 유지하기 때문에 소금 결정은 이온들의 평형 농도의 곱을 나타내는 평형 상수에는 영향을 미치지 않습니다.

$$K_{sp} = [Na^{+}][Cl^{-}] = 6.16 \times 6.16 = 37.95$$

이제 거의 녹지 않는 염에 속하는 염화은($AgCl(s)$)이 물에 잠겨 있는 경우를 생각해 봅시다. 염화은의 용해도(50℃에서 520μg/dL)는 소금에 비해 너무나도 작기에 물에 거의 녹지 않습니다. 따라서 염화은 용액에서 은 이온($Ag^+(aq)$)과 염화 이온($Cl^-(aq)$)의 농도는 매우 낮습니다. 다시 말하면 염화은을 포함하는 물($H_2O(l)$)에는 극히 적은 양의 양이온과 음이온만 있으며, 그것들은 염화은 결정($AgCl(s)$)과 평형을 이룹니다. 이때 두 이온의 농도를 곱한 값($[Ag^+][Cl^-]$)이 염화은의 용해도곱 상수($K_{sp} = 1.6 \times 10^{-10}$)입니다. 이 값은 소금의 용해도곱 상수와 비교해 볼 때 엄청나게 작습니다. 염화은과 같이 녹지 않는 고체 염들의 **용해도곱 상수(solubility product constant)** 자료는 표로 만들어 있어서 쉽게 찾아볼 수 있습니다. 용해도곱 상수가 작으면 작을수록 그 물질은 물에 녹지 않는다고 보면 됩니다. 비교적 물에 잘 녹는 염들의 용해도곱 상수는 자료에 없는 경우도 많습니다. 그런 염의 용해도곱 상수는 염의 용해도를 이용해 계산할 수 있습니다. 앞서 보여 준 염화 소듐($NaCl$)의 용해도곱 상수도 용해도 자료를 이용해 계산한 것입니다.

물에 잘 녹지 않는다는 말은 거꾸로 생각하면 침전(결정) 형성이 잘 된다는 뜻이기도 합니다. 예를 들어 물에 잘 녹는 질산은($AgNO_3$, 용해도: 25℃에서 256g/dL) 용액과 역시 잘 녹는 염화 암모늄(NH_4Cl, 용해도: 25℃에서 383g/L) 용액을 서로 섞으면 흰색 알갱이의 침전이 형성되는 모습을 눈으로 직접 볼 수 있습니다. 흰색 알갱이들은 은 이온($Ag^+(aq)$)과 염화 이온($Cl^-(aq)$)이 결합한 염화은($AgCl(s)$)입니다. 두 용액을 섞었을 때 은 이온의 농도($[Ag^+]$)와 염화 이온의 농도($[Cl^-]$)

를 곱한 값이 염화은의 용해도곱 상수($K_{sp} = 1.6 \times 10^{-10}$)보다 크면 침전이 형성됩니다. 그것은 이온들이 평형 농도 이상으로 용액에 녹아 있을 수 없기 때문입니다. 혼합 용액에는 다른 종류의 이온들(NO_3^-와 NH_4^+)도 있지만, 그것들의 반응으로 형성될 수 있는 물질($NH_4NO_3(s)$, 용해도: 187.5g/L)은 물에 매우 잘 녹기에 침전을 형성하지 않습니다. 우리의 관심은 침전이 형성되는 반응입니다. 침전 반응이 관심 대상이므로 그 반응(예: $Ag^+(aq) + Cl^-(aq) \rightarrow AgCl(s)$)에 대한 것만 식으로 나타냅니다. 이를 **알짜 반응**이라 부릅니다. 한편 반응에 참여하지 않은 이온은 **구경꾼 이온**(spectator ion)이라 합니다. 일반적으로 17족 원소의 원자로 형성된 음이온과 금속 양이온이 반응해 형성되는 결정은 물에 거의 녹지 않는 것이 대부분입니다. (물론 소금 같은 예외도 있습니다.)

염화은 결정($AgCl(s)$)이 순수한 물($H_2O(l)$)에 잠겨 있는 상황에서 물과 맞닿은 결정 표면에 있는 양이온($Ag^+(aq)$)과 음이온($Cl^-(aq)$)은 비교적 쉽게 떨어져 나와 이온이 됩니다. 물이 극성 용매라는 것을 기억하고 있지요? 그러나 이러한 변화는 어느 순간에 이르면 진행되지 않습니다. 양이온과 음이온 들이 최대 농도 조건에 도달하면 더는 이온 상태로 있을 수 없기 때문이며, 이때부터는 침전이 다시 형성될 것입니다. 즉 이온이 형성되는 속도와 결정이 만들어지는 속도가 같은 동적 평형에 이릅니다. 그때 각 이온의 농도([x])를 곱한 것이 용해도곱 상수입니다. 염화은처럼 1:1 이온으로 구성되는 결정은 용해도곱 상수를 이용해서 각 이온의 농도를 계산할 수 있습니다. 다음은 하나의 예입니다.

$$[Ag^{+}(aq)][Cl^{-}(aq)] = K_{sp} = 1.6 \times 10^{-10} = [x][x]$$

$$[x] = 1.26 \times 10^{-5}$$

$$[Ag^{+}(aq)] = [Cl^{-}(aq)] = 1.26 \times 10^{-5}$$

이 계산 결과, 즉 염화은 결정을 물에 넣었을 때 그 수용액에서 은 이온과 염화 이온의 최대 농도는 1.26×10^{-5}M입니다.

한편 다른 염인 염화납($PbCl_2(s)$)이 물에 잠겨 있을 때는 용액에 있는 염화 이온($Cl^{-}(aq)$)의 농도는 납 이온($Pb^{2+}(aq)$) 농도의 2배입니다. 납 이온의 농도를 [x]라 하면 염화 이온의 농도는 [2x]가 될 것입니다. 용액에 있는 모든 이온의 농도를 곱한 용해도곱 상수는 다음과 같으며, 그것을 이용하면 각 이온의 농도를 계산할 수 있습니다.

$$[Pb^{+}(aq)][Cl^{-}(aq)][Cl^{-}(aq)] = K_{sp} = 1.7 \times 10^{-5}$$

$$[x][2x][2x] = [x][2x]^{2} = 1.75 \times 10^{-5}$$

$$[x] = 1.64 \times 10^{-2}$$

$$[Pb^{2+}(aq)] = 1.64 \times 10^{-2}M, \quad [Cl^{-}(aq)] = 3.28 \times 10^{-2}M$$

용액에서 양이온의 농도와 음이온의 농도를 곱한 값이 용해도곱 상수(K_{sp})보다 크다면 침전이 형성됩니다. 그러나 그 값이 용해도곱 상수보다 작으면 양이온과 음이온이 더 녹아야 평형에 이를 것입니다. 즉 염이 더 녹을 수 있는 상태이며, 아직 평형에 이르지 못한 것입니다. 일반적으로 염(AB(*s*))과 그것을 구성하는 이온들이 물에 있을 때 양이온의 농도를 $[A^+]$, 음이온의 농도를 $[B^-]$라 하면 그것들의 농도 곱을 용해도곱 상수와 비교해 염이 더 녹을지, 아니면 침전이 형성될지를 알 수 있습니다.

$[A^+] \times [B^-] > K_{sp}$ (침전 형성)

$[A^+] \times [B^-] < K_{sp}$ (염이 녹음)

$[A^+] \times [B^-] = K_{sp}$ (평형 상태)

수산화 이온(OH^-)과 결합하는 양이온(M^{n+})들도 침전을 형성합니다. 그런 종류의 침전은 잘 녹는 것, 조금 녹는 것, 녹지 않는 것으로 크게 분류할 수 있습니다. 물질의 용해도는 물질마다 다를 뿐만 아니라 온도에 따라 변하므로 제법 복잡합니다. 일단 수산화 이온과 1족 원자의 양이온으로 구성된 화학 물질은 용해도가 큽니다. (예: LiOH(12.7g/dL), NaOH(100g/dL), KOH(121g/dL)) 그러나 수산화 이온과 2족의 양이온으로 구성된 물질은 물에 거의 녹지 않습니다. (예: $Mg(OH)_2(K_{sp} = 6 \times 10^{-10})$, $Ca(OH)_2(K_{sp} = 6.5 \times 10^{-6})$, $Ba(OH)_2(K_{sp} = 3 \times 10^{-4})$) 즉 용해도곱 상수가 작은 값을 갖는 염들의 용해도는 매우 낮다는 것과 같은 의미입니다. 주기율표에서 같은 족에 있는 금속의 양이온이 형성하는 수산화 금속($M(OH)_2$)은 원자 번호가 큰 금속의 양이온으로 형성되는 수산화 금속이 더 잘 녹습니다. 같은 고체 결정이라도 결정의 모양과 크기에 따라 약간 차이가 납니다. 그러나 많은 수산화 금속($M(OH)_2(s)$, $M(OH)_3(s)$)은 물에 거의 녹지 않습니다. 철과 크롬 이온으로 형성되는 수산화 금속염들($Fe(OH)_2$, $Fe(OH)_3$, $Cr(OH)_3$)이 잘 녹지 않는 수산염의 대표적인 예입니다.

염의 특성과 용해도

물에 잘 녹는 염(예: $NaCl(s)$)도 많고, 물에 전혀 녹지 않는 염(예: Ir_2S_3, $K_{sp} = 5.0 \times 10^{-197}$)도 있습니다. 또한 염이 녹은 용액이 색을 띠는 것도, 무색인 것도 있습니다. 더구나 염의 용해도는 온도에 따라 차이가 나며, 녹는 경향도 제각각입니다. 온도가 증가하면 더 잘 녹는 염($KNO_3(s)$), 온도가 많이 증가해도 녹는 차이가 별로 없는 염($NaCl(s)$), 온도가 증가하면 오히려 덜 녹는 염($CaCO_3(s)$)도 있습니다. 이처럼 염의 용해도는 염의 종류만큼 다양하지만, 불행하게도 성분을 보고 용해도를 예측하기란 거의 불가능합니다. 다시 말해서 일정한 규칙이 없다는 뜻입니다.

염의 용해도 규칙은 매우 복잡합니다. 일반적으로 17족 원자의 음이온과 1족을 제외한 다른 족 원자의 양이온이 결합된 염들은 잘 녹지 않습니다. 그러나 17족 원자의 음이온이 1족 원자의 양이온 및 암모늄 이온 등과 결합한 염이라면 잘 녹습니다. 예를 들어 소금($NaCl$)과 염화 암모늄(NH_4Cl) 등이 그것입니다. 소금은 매우 다양하게 사용된다는 사실을 우리는 이미 알고 있습니다. 염화 암모늄은 질소 비료

그림 5.9. 은수저 표면의 검은 물질. 달걀에 포함된 황 이온(S^{2-})이 은수저의 은 이온(Ag^{+})과 반응하면 황화은($Ag_2S(s)$)이 형성된다.

혹은 가래 용해제의 성분으로 이용되기도 합니다. 16족에 있는 산소 및 황 원자의 음이온과 다른 족 원자의 양이온이 결합된 산화물, 황화물 역시 잘 녹지 않는 편입니다. 특히 금속 이온(M^{n+})과 황 이온(S^{2-})이 결합된 금속-황 화합물(MS, M_2S, M_2S_3 등)은 거의 녹지 않습니다. 예를 들어 은수저로 삶은 달걀을 먹으면 수저 표면에 검은 막이 생기는 모습을 볼 수 있습니다. 그 정체는 황화은(Ag_2S)입니다. 달걀에 있는 황 이온(S^{2-})과 은수저의 은 이온(Ag^{+})이 화학 반응해 검은색의 황화은($Ag_2S(s)$)이 형성되었기 때문입니다.

황화은의 용해도곱 상수($K_{sp} = 8.0 \times 10^{-51}$)는 워낙 작기 때문에 아주 낮은 농도의 황 이온과 은 이온만 있어도 염이 형성될 수 있습니다. 황화은의 엄청나게 작은 용해도곱 상수는 침전이 형성되는 조건($[A^+][B^-] > K_{sp}$)을 쉽게 만족시킬 수 있기 때문입니다.

자연 온천 혹은 물의 웅덩이 주변에서는 다양한 색의 작은 결정을 볼 수 있습니다. 그 결정들은 용해도곱 상수가 매우 작은 침전이거나 혹은 용해도 이상으로 염이 녹아서 더 이상 녹을 수 없는 포화 상태이기 때문에 결정이 되어 그 모습이 드러난 것입니다. 이제 독자들도 멋진 광경 뒤에 숨어 있는 화학의 비밀을 느끼고 이해할 수 있기를 바랍니다.

한편 물에 잘 녹는 염도 많습니다. 1족 원자의 양이온 및 암모늄 이온(NH_4^+)과 음이온으로 형성되는 많은 염은 물에 비교적 잘 녹습니다. 질산 이온(NO_3^-) 및 탄산수소 이온(HCO_3^-), 염소산 이온(ClO_3^-)처럼 음이온과 양이온으로 형성되는 다양한 종류의 염들도 대부분 잘 녹습니다. 또한 수산화 이온(OH^-)이 1족 원소의 원자로 형성된 양이온(Na^+, K^+ 등)과 결합한 염들 역시 잘 녹는 편입니다. (예: NaOH)

염의 다양한 종류와 용도

우리는 일상에서 많은 종류의 염과 함께 살아가고 있습니다. 염은 신체 내부의 여러 기관을 촬영하는 목적으로 활용되기도 하지만, 한편으로 몸 안에서 형성되어 병의 원인이 되기도 합니다. 무기 및 유기

염들은 때로는 약으로, 때로는 식품 보존제 등으로 활용됩니다. 또한 염의 특성을 이용해 환경을 개선하는 방법도 있습니다. 예를 들어 중금속 이온이 포함된 물에 중금속과 거의 녹지 않는 침전을 형성할 수 있는 음이온(예: OH^-)을 첨가하고, 그 후에 형성된 침전만을 분리하면 깨끗한 물이 됩니다.

위와 장 안에 병이 있는지를 알려고 할 때 보통 내시경 촬영을 합니다. 그러나 내시경 영상만으로는 위와 장의 외형이 변했는지 확인할 수가 없으며, 이를 위해서는 엑스선 촬영이 필요합니다. 엑스선 촬영 전에 환자는 하얀색 용액을 마십니다. 그것은 황산 바륨($BaSO_4(s)$, 용해도: 25℃에서 2.85×10^{-4}g/dL) 현탁액입니다. 황산 바륨의 용해도곱 상수는 매우 작아서(1.08×10^{-10}) 바륨 이온(Ba^{2+})과 황산 이온(SO_4^{2-})으로 쉽게 해리되지는 않지만, 일부는 해리되어 바륨 이온(Ba^{2+})이 되는데 그것은 몸에 해롭습니다. 바륨 이온의 농도를 줄이는 길은 황산 바륨을 황산 이온이 포함된 용액과 함께 섞는 것입니다. 황산 이온의 증가로 황산 바륨의 용해도곱 상수보다 큰 조건($[Ba^{2+}][SO_4^{2-}] \gg K_{sp}$)이 형성됩니다. 그것은 침전이 더 잘 되는 상황이 만들어진 것으로 용액의 바륨 이온 농도는 더욱 줄어들게 됩니다. 즉 침전이 형성되는 방향으로 반응을 진행시켜서 몸에 해로운 바륨 이온의 농도를 줄이는 것입니다. 이처럼 결정(침전)의 구성 이온과 같은 이온을 용액에 첨가해 침전을 조절하는 것이 가능합니다. 이것을 **공통 이온 효과**(common ion effect)라고 합니다.

용액에서 특정 이온의 농도가 높으면 침전이 형성되고, 결국 딱딱

한 결정이 됩니다. 몸에서는 신장 결석이 그런 예에 해당됩니다.(그림 5.10) 그것은 혈액에서 칼슘 이온($Ca^{2+}(aq)$)과 옥살산 이온($C_2O_4^{2-}(aq)$)의 농도가 높아져 옥살산 칼슘 침전이 된 후에 딱딱하게 굳어서 생긴 것입니다. 옥살산 칼슘 침전($Ca(C_2O_4)(s)$, 용해도: 20℃에서 0.67mg/L)은 칼슘 이온 농도($[Ca^{2+}]$)와 옥살산 이온 농도($[C_2O_4^{2-}]$)를 곱한 값이 용해도곱 상수($K_{sp} = 2.3 \times 10^{-9}$)보다 클 때 형성됩니다. 만약 옥살산 칼슘의 용해도곱 상수가 지금보다 더 큰 값이었다면, 신장 결석이 생길 가능성은 지금보다 훨씬 줄어들었을 것입니다. 염의 용해도와 침전의 용

그림 5.10. 신장 결석의 모습. 혈액 내의 이온 농도($Ca^{2+}(aq)$, $C_2O_4^{2-}(aq)$)가 높으면 침전이 형성되고, 침전의 일부는 신장 결석($CaC_2O_4(s)$)의 주성분인 결정으로 변한다.

해도곱 상수는 자연의 관찰 결과 얻어진 지식의 한 측면입니다. 자연의 원리를 이해하고 그 안을 들여다보면 눈에 보이지 않던 새로운 현상이 보이는 놀라운 경험을 할 수 있습니다.

중금속 폐수 처리에도 침전 형성의 원리가 활용되고 있습니다. 예를 들어 자동차 외부의 장식물을 도금할 때 주로 크롬 이온($Cr^{6+}(aq)$) 용액을 사용합니다. 그것은 유해한 중금속 이온이므로 사용하고 남은 용액을 바르게 처리하지 않으면 환경 문제를 일으킬 수 있습니다. 따라서 1차로 덜 유해한 화학 물질(예: Fe^{2+})을 사용해 크롬 이온(Cr^{6+})을 독성이 덜한 다른 종류의 크롬 이온(Cr^{3+})으로 변경(환원)합니다. ($Cr^{6+} \rightarrow Cr^{3+}$) 그 후에 수산화 소듐(NaOH)을 첨가하면 삼수산화 크롬 침전($Cr(OH)_3(s)$, $K_{sp} = 1.6 \times 10^{-30}$)이 형성됩니다. 침전을 걸러내고 남은 용액에는 최소한의 크롬 이온만 남게 될 것입니다.

산화 환원 반응

산화 반응은 화학 반응의 한 종류입니다. 그것은 분자 혹은 이온이 전자를 잃어서 산화수가 증가하는 반응(예: $Fe^{2+} \rightarrow Fe^{3+}$), 산소 원자와 결합하는 반응($H_2 \rightarrow H_2O$), 수소 원자를 잃는 반응($CH_3CH_2OH \rightarrow CH_3CHO$) 중 하나에 해당됩니다. 세상에는 수많은 산화 반응이 있습니다. 그런데 산화 반응은 반드시 환원 반응과 함께 진행됩니다. **환원 반응**은 물질이 전자를 얻어 산화수가 감소하는 반응(예:

$Fe^{2+} \rightarrow Fe$), 수소 원자와 결합하는 반응($N_2 \rightarrow NH_3$), 산소 원자를 잃는 반응($CO_2 \rightarrow CO$) 중 어느 하나에 해당되는 반응입니다. 결국 산화 환원 반응은 산화되는 물질과 환원되는 물질이 반드시 짝을 이루며 동시에 같은 곳에서 진행된다는 특징이 있습니다. 예를 들어 자동차의 연료인 유기 화합물을 구성하는 탄소 원자(C)들은 산화되어 이산화탄소($CO_2(g)$)로 변합니다. 그때 이산화탄소와 반응한 산소 분자($O_2(g)$)는 환원이 된 것입니다. 그 반응은 연소 반응의 한 종류로, 산화 환원 반응이 진행되는 것입니다.

그러나 예외적으로 전지 내부에서만은 산화와 환원 반응이 함께 일어나지만, 반응이 진행되는 위치는 분리되어 있습니다. 그것은 전지에서 진행되는 반응만이 갖는 특징이기도 합니다. **전지**는 화학 물질의 화학 에너지를 전기 에너지로 변환하는 도구입니다. (이차 전지에서는 거꾸로 전기 에너지를 화학 에너지로 변환도 가능합니다.)

산화수는 화학 물질(분자, 이온, 원자)에서 원자들의 산화 상태를 자연수로 나타낸 것입니다. 그것은 0을 비롯해 양의 정수와 음의 정수를 사용하며, 일반적으로 원소 기호 다음에 위 첨자로 표시합니다. 산화수가 양수이며 클수록 '높다.'라고 하며, 음수이고 작을수록 '낮다.'라고 합니다. 산화수가 낮은 경우는 거꾸로 환원 상태가 높다고 할 수 있습니다. 화학 반응이 진행되기 전과 후에 특정 원자 혹은 이온의 산화수가 증가하면 산화이며, 산화수가 감소하면 환원입니다. 예를 들어 2가 철 이온(Fe^{2+})이 3가 철 이온(Fe^{3+})이 되는 경우에는 산화수가 2에서 3으로 증가하였으므로 산화에 해당됩니다. 철 이온과 결합해 산화철(FeO, Fe_2O_3)을 이룰 때 산소의 산화수는 -2입니다. 산화철이 전체적으로 전하 중성이므로 산소는 음전하를 띠어야 하기 때문입니다. 산소(O_2)의 경우 산화수가 0이므로 산화철과 결합된 산소는 환원이 된 것입니다. 왜냐하면 산소의 산화수는 철과 결합하기 전에는 0이었지만, 철과 결합해 -2로 감소했기 때문입니다. 한편 여러 종류의 원자로 구성된 이온의 경우에는 양전하와 음전하의 크기가 다르면 전체 산화수는 양 혹은 음의 값이 됩니다.

철 구조물의 산화와 산소의 환원

제련소에서 갓 나온 철($Fe(s)$)의 표면은 매끄럽고 금속 특유의 광택이 납니다. 그런데 건물을 지탱하는 콘크리트 벽면에 들어간 낡은 철근은 붉은 갈색으로 변한 모습을 볼 수 있습니다. 이처럼 철이 수분과 함께 공기에 노출되면 녹이 슬게 됩니다. 그것은 철이 산화철 상태로 되돌아갔다는 뜻입니다. 철광석에 있는 철 산화물에서 산소를 떼어 내면 철은 환원된 것이며, 철 금속에 녹이 슬면 산소와 결합한 것이므로 철이 산화된 것입니다. 철광석(FeO, Fe_2O_3, Fe_3O_4)에서 산소와 결합된 철 이온(Fe^{2+}, Fe^{3+})은 용광로에서 철(Fe)로 환원됩니다. (산화수의 감소) 그때 산화철과 반응하는 일산화탄소($CO(g)$)는 이산화탄소($CO \rightarrow CO_2$)가 되므로 산화된 것입니다. (탄소 산화수 2에서 4로 증가 및 산소와 결합) 한편 녹이 슬면서 철은 다시 철 이온으로 산화($Fe \rightarrow Fe^{2+}$,

Fe^{3+})하고, 동시에 산소는 음이온으로 환원($O_2 \rightarrow 2O^{2-}$)되어 그 둘이 결합하면 녹(산화철, FeO, Fe_2O_3, $Fe_3O_4(FeO + Fe_2O_3)$)이 됩니다. 구분하기 위해서 나누어 설명했지만, 철의 환원 및 산화에는 산소의 산화 및 환원 반응이 항상 함께하고 있습니다.

철이 녹스는 속도는 물질의 상태와 반응 조건에 따라 다르다는 사실은 우리가 피부로 느낄 수 있습니다. 바닷가 근처에 있는 철 구조물은 바닷물 속 염화 이온(Cl^-)의 영향으로 비교적 빨리 산화가 진행됩니다. 즉 녹이 형성되는 속도가 빨라지는 환경은 염화 이온의 탓입니다. 그러나 물($H_2O(l)$)이 없는 건조한 사막에서는 그 속도가 매우 느립니다. 그것은 녹스는 데 필요한 물 성분에서 공급되어야 하는 산소가 제한되기 때문에 벌어지는 일입니다. 철이 녹슨다는 점은 같지만, 주변 환경에 따라 녹스는 속도에 차이가 나는 것입니다. 한 곳은 철의 부식을 촉진하는 이온과 함께 산소를 제공할 물이 풍부하기 때문에 화학 반응이 빠르게 진행된 것이며, 다른 곳은 녹의 성분이 되는 산소의 공급이 물 부족으로 화학 반응이 느리게 진행되었기 때문입니다.

포도주의 변질과 산화

식사나 축하 자리에서 따서 미처 다 마시지 못한 포도주를 시간이 흐른 후에 다시 마시면, 시큼한 맛이 납니다. 그것은 포도주의 에탄올과 공기 중 산소가 반응해 아세트산이 형성되었기 때문입니다. 이것 역시 산화 환원 반응의 한 종류입니다. 산소가 에탄올(CH_3CH_2OH)과 반응하면 에탄올은 산화되어 아세트산(CH_3COOH)이 되고, 산소($O_2(g)$)는 환원됩니다. 산화되었다는 것은 아세트산이 에탄올보다 산소가 1개 증가한 것을 뜻하며 분자식에서 확인할 수 있습니다. 화학 반응에서 산화되는 화학종이 있으면 반드시 환원되는 화학종이 있습니다. 이 경우에는 산소가 환원된 것입니다.

술을 마시면 에탄올은 몸에서 산화되어 아세트알데히드(CH_3CHO)가 되며, 한 차례 더 산화되면 아세트산으로 변합니다. 즉 2단계의 산화 반응입니다. 이런 반응에는 알코올 분해 효소가 중요한 역할을 합니다. 효소가 부족하면 에탄올의 산화가 잘 진행되지 못합니다. 효소의 부족으로 에탄올이 아세트산까지 완전히 산화되지 못하고 반응이 첫 단계까지만 진행된다면 아세트알데히드가 몸에 쌓입니다. 그것은 곧 얼굴과 피부를 붉게 물들이고 숙취가 오는 원인 물질입니다. (2단계 각각에 필요한 2종류의) 알코올 분해 효소를 많이 가진 사람일수록 술을 많이 마셔도 문제가 없어 보입니다.

산화수 변화: 산화/환원의 판단

화학 물질의 산화 혹은 환원 여부를 판단하기 위해, 우리는 산소와 결합(산화)하는지 혹은 산소가 분리(환원)되는지를 봅니다. 또한 반응물과 생성물의 산화수가 반응 전후에 증가(산화)하는지 혹은 감소(환원)

하는지를 보고 판별할 수 있습니다. 전체 전하가 전기적으로 중성(전하 0)인 분자라도 그것을 구성하는 원자들의 산화수는 제각각입니다. 여러 종류의 원자들이 결합된 중성 분자는 양의 산화수를 가진 이온과 음의 산화수를 가진 이온이 균형을 이루고 있습니다. 즉 분자 전체의 전하는 0(중성)이지만, 그것을 구성하는 원자들은 양(+)전하와 음(−)전하를 띨 수 있다고 여기는 것입니다. 앞서 예로 든 산화철(FeO)도 전기적으로 중성이지만, 철은 +2, 산소는 −2의 산화수를 갖고 있습니다.

산화수의 첫 번째 일반 규칙은 원소의 산화수가 0이라는 것입니다. 또한 분자가 2개 이상의 원자로 되어 있다면 1족 원소의 원자들은 +1, 2족은 +2, 3족은 +3의 산화수를 갖습니다. 반면에 17족 원소의 원자들은 −1, 16족은 −2, 15족은 −3의 산화수를 갖는 것이 일반적입니다. 그러나 일반 규칙에 맞지 않는 원자들도 있습니다. 예를 들어 14, 15, 16족 비금속 원소의 원자들은 분자를 구성할 때 다양한 산화수가 가능합니다. 또한 분자를 구성하는 수소 원자의 산화수는 대부분 +1, 산소 원자의 산화수는 −2이며, 일부 예외도 있습니다. 수소 분자($H_2(g)$)에서 수소 원자의 산화수는 0입니다. 그러나 수소 원자가 다른 원자와 결합해 분자 혹은 전하를 띤 화합물이 된다면 그때 수소 원자의 산화수는 특별한 경우를 제외하고는 +1입니다. 마찬가지로 산소 분자($O_2(g)$)에서 산소 원자의 산화수는 0입니다. 그러나 산소 원자가 다른 원자와 결합해 분자가 될 경우에 산소 원자의 산화수는 특별한 경우를 제외하고는 −2입니다. 예를 들어 물 분자(H_2O)의 경우 수소 원자의 산화수는 +1, 산소 원자의 산화수는 −2입니다.

총 전하가 중성인 분자도 있지만, 2개 이상의 원자가 결합한 분자의 총 전하가 양(+) 혹은 음(−)인 이온인 경우도 있습니다. 예를 들어 암모늄 이온(NH_4^+)의 총 전하는 +1이고, 질산 이온(NO_3^-)의 총 전하는 −1입니다. 산화수를 표기할 때 보통 1은 생략하므로, NH_4^+로 표기합니다. 그런데 암모늄 이온은 수소 원자의 +1 전하 4개와 질소 원자의 −3 전하가 합쳐져서 총 전하는 +1(=[(+1)×4]+[(−3)×1])이 됩니다. 같은 방법으로 질산 이온(NO_3^-)은 산소 원자의 −2 전하 3개와 질소 원자의 +5 전하 1개로 총 전하는 −1(=[(+5)×1]+[(−2)×3])이 됩니다. 원소 상태의 질소 분자($N_2(g)$)에서 질소 원자의 산화수는 0이지만, 질소 원자를 포함하는 이온과 분자에서 질소 원자의 산화수는 다양합니다. 예로 들은 암모늄 이온에서 질소 원자의 산화수는 −3이며, 질산 이온에서 질소 원자의 산화수는 +5입니다.

원자의 산화수는 흔히 각 원소 기호의 오른쪽에 위 첨자로 표시합니다. (예: Fe^{2+}) 또한 원소 기호의 오른쪽 괄호에 로마 숫자(I, II, III 등)로 표시하기도 합니다. (예: Fe(II)) 원자의 종류가 2개 이상이며 총 산화수가 +2 이상 되는 양이온은 많지 않지만, 원자가 2개 이상이며 총 산화수가 −2 이하가 되는 음이온은 많이 있습니다. (예: CO_3^{2-}, SO_4^{2-}, PO_4^{3-}) 총 전하가 0이 되는 전기 중성인 분자에서 원자들의 산화수는 따로 표시하지는 않지만 그것들의 산화수는 짐작해 볼 수 있습니다. 예를 들어 산화철(FeO)에서 산소 원자의 산화수가 −2(O^{2-})이면 철의 산화수는 +2(Fe^{2+})가 됩니다. 왜냐하면 겉보기 전하가 0이기 때문입니다. 그러므로 전하가 중성인 분자에서 각 원자의 산화수를 별도로 표기하지 않아도 각각의 산화 상태는 다르다는 것을 알 수 있습니다.

화학 물질이 반응을 겪고 난 후에 전자의 수가 줄어들면, 즉 전자를 잃으면 그것은 산화된 것입니다. 그때 생성물의 산화수는 반응물의 산화수보다 큽니다. 중성 원자를 예로 들어 봅시다. 원자는 양성자의 수와 전자의 수가 똑같아서 총 전하는 0이며, 전기 중성입니다. 원자핵에서 양성자의 수에 해당하는 양(+)전하와 전자의 수에 해당하는 음(−)전하가 같아서 원자의 겉보기 산화수는 0입니다. 그런데 중성 원자가 전자 1개가 부족하면(저절로 전자를 방출하거나 혹은 전자를 빼앗기면) 양이온이 됩니다. 그때 양이온의 산화수는 +1이며, 원자의 산화수가 0에서 1로 증가했다고 말합니다. 반면에 전자 1개가 더 많아지면(전자 1개를 얻거나 혹은 다른 물질로부터 전자 1개를 빼앗아 오면) 음이온이 됩니다. 그때 음이온의 산화수는 −1이고, 원자의 산화수가 0에서 −1로 감소했다고 말합니다. 예를 들어 철 원자($Fe(s)$)에서 전자 2개가 부족해지면 그것은 양이온(Fe^{2+}, Fe^{++}, Fe(II), 2가 철 이온)이 되며, 그것의 산화수 변화는 +2입니다. 전자 1개를 더 잃은 양이온(Fe^{3+}, Fe^{+++}, Fe(III), 3가 철 이온)의 산화수는 +3이 됩니다. 이 경우에도 철 이온의 산화수가 2에서 3으로 증가했으므로 산화된 것입니다. 만약 염소(Cl) 원자가 전자를 얻는다면, 그것은 음이온인 염화 이온(Cl^-)이 됩니다. 원자의 산화수가 0에서 −1로 감소했습니다. 화학 물질이 본래 지닌 전자보다 더 많은 전자를 갖게 되면 그 화학 물질의 산화수는 감소하며, 그것은 물질이 환원된 것입니다. 그러므로 산화수의 변화를 따져 보면 그 화학 물질이 산화된 것인지 환원된 것인지 알 수 있게 됩니다.

금속의 산화와 이온화 경향

장신구에 많이 사용하는 귀금속(금, 백금)은 거의 산화되지 않고 **원자가**(valence)가 0인 순수한 금속으로 있습니다. 금이 철처럼 쉽게 녹스는 부서지기 쉬운 금속이라면 귀한 대접을 받지 못했을 것입니다. 금속은 수많은 전자를 갖고 있으며, 전자를 잃는 정도는 금속마다 차이가 큽니다. 금속은 산소와 결합해 전자를 잃고 산화되면(산화수가 증가하면) 금속 산화물을 형성합니다. 자연에서 많은 금속이 산화물 상태로 존재하며, 비슷한 성질의 금속 산화물이 혼합되어 있는 경우가 흔합니다. 산화가 잘 되는 금속일지라도 산소를 포함하는 물질(공기 혹은 물)과 처음부터 접촉이 없었다면 순수한 상태로 발견되기도 합니다.

금속이 전자를 잃는 정도를 순서대로 나타낸 것이 곧 **이온화 경향**(ionization tendency)입니다. 이온화 경향에는 제일 산화되기 쉬운 금속이 맨 처음에 등장하며, 그것은 곧 산화수가 쉽게 증가할 수 있다는 뜻입니다.

금속의 이온화 경향을 외우는 방법도 있습니다. 제 방법은 잘 이온화되는 순서대로 포타슘, 칼슘, 소듐, 마그네슘, 알루미늄, 아연, 철, 납, 구리, 수은, 은, 금이라는 금속 이름의 앞글자를 따서 "포칼소(가)

표 5.4. 금속 반응성의 경향. 포타슘은 쉽게 산화되며, 금은 산화되지 않은 환원 상태를 유지한다.

원소 기호	이름	반응성
K	포타슘	
Ca	칼슘	높음(산화 경향이 큼)
Na	소듐	
Mg	마그네슘	
Al	알루미늄	
Zn	아연	
Fe	철	
Pb	납	
Cu	구리	
Hg	수은	
Ag	은	낮음(산화 경향이 작음)
Au	금	

마알아철(에) 납(시면) 구리, 수은과 은(이) 금으로 변한다."라는 문장으로 기억하는 것입니다. 신화의 한 장면을 연상하면서 외우면 도움이 될 것입니다. '신의 화신인 소(포칼소)가 특별한 계절(마알아철)에 등장하면(납시면) 구리, 수은, 은이 금으로 변하는 기적이 일어난다.'라고 상상해 보시기 바랍니다.

이온화(산화) 경향이 큰 금속 조각을 이온화 경향이 비교적 작은 금

그림 5.11. 질산은($AgNO_3(aq)$) 용액에 구리 조각($Cu(s)$)을 넣으면 화학 반응이 자발적으로 진행되어 용액은 파란색(구리 이온(Cu^{2+})과 물의 결합으로 형성된 착물 ($[Cu(H_2O)_6]^{2+}$)의 색)으로 변한다.

속 이온이 포함된 용액에 담그면 무슨 일이 일어날까요? 금속 조각은 산화되어 이온이 되어 용액에 녹을 것이며, 대신 용액에 있던 금속 이온은 금속으로 환원될 것입니다. 예를 들어 질산은($AgNO_3$) 용액이 담긴 비커에 구리($Cu(s)$) 조각을 넣는 실험이 있습니다. (그림 5.11) 구리의 이온화 경향은 은보다 큽니다. 따라서 구리는 표면부터 산화되어 구리 이온($Cu^{2+}(aq)$)으로 변하며, 용액에 녹아들어 갑니다. 동시에 질산은 용액에 있는 은 이온($Ag^{+}(aq)$)은 환원되어 은($Ag(s)$)이 되면서 구리 조각 표면에 달라붙게 됩니다. 그러므로 시간이 어느 정도 흐른 후에는 구리 조각의 표면에 은 알갱이가 붙어 있는 것을 볼 수 있고, 동시에 구리 이온이 녹아 나온 용액은 파란색을 띠게 됩니다.

금속의 이온화 경향과 표준 환원 전위

거의 모든 화학 물질은 전자를 잃고 산화되는 정도에 모두 다 차이가 있습니다. 더구나 금속은 그것의 상태와 주변 조건에 따라 산화되는 경향이 차이가 납니다. 여러 화학 물질이 산화/환원되는 경향을 표로 정리한 자료가 있습니다. 환원되는 정도를 숫자로 표기한 그 값은 특정한 반응에 대한 **표준 환원 전위**(standard reduction potential, E^o)입니다.

표준 환원 전위는 특정한 조건에서 수소 이온(H^+)이 환원되어 수소 분자($H_2(g)$)로 되는 반응에 대한 값을 0으로 기준을 삼습니다. 즉 다른 종류의 환원 반응을 수소 이온의 환원 반응과 비교한 것이며, 특정 이온의 환원 반응에 대한 쉽고 어려운 정도를 숫자로 나타낸 것입니다. 그 값이 양수인 반응은 환원으로 진행될 가능성이 크며, 음수인 반응은 환원으로 진행될 가능성이 작다(오히려 산화되는 경향이 크다.)고 생각하면 됩니다.

$$2H^+(aq) + 2e^- \rightarrow H_2(g) \qquad E^o = 0.000V$$

환원 반응 대신에 산화 반응의 표준 전위 값도 사용할 수 있을 것

표 5.5. 금속의 반응성과 표준 환원 전위.

물질	반응	표준 환원 전위(E^o), V
포타슘	$K^+ + e \rightarrow K(s)$	-2.939
칼슘	$Ca^{2+} + 2e \rightarrow Ca(s)$	-2.868
소듐	$Na^+ + e \rightarrow Na(s)$	-2.714
수소(기준)	$2H^+ + 2e \rightarrow H_2(g)$	0.000
구리	$Cu^{2+} + 2e \rightarrow Cu(s)$	0.339
은	$Ag^+ + e \rightarrow Ag(s)$	0.799
백금	$Pt^{2+} + 2e \rightarrow Pt(s)$	1.180
금	$Au^+ + e \rightarrow Au(s)$	1.690

입니다. 그러나 환원 반응의 가능성이 크다는 것은 산화 반응의 가능성이 작다는 것을 의미하며, 그 역도 성립합니다. 따라서 표기에 따른 혼란을 줄이기 위해서 국제 순수 및 응용 화학 연합(International Union of Pure and Applied Chemistry, IUPAC)은 환원 반응의 값을 사용하며, **표준 전극 전위**(standard electrode potential)라고 부르기로 통일했습니다. 그것을 정리한 표 5.5에는 수많은 환원 반응과 표준 전극 전위의 값이 정리되어 있으며 그것을 이용하면 특정 분자 혹은 이온의 산화 혹은 환원 경향성을 판별할 수 있습니다.

수소 이온($H^+(aq)$)과 수소 기체($H_2(g)$)가 모두 표준 상태에 있을 때 그 환원 반응에 대한 전위를 0.000볼트(V)라고 하며, 기준이 됩니다. 수소 이온과 수소 기체의 활동도가 1.0일 때의 값입니다. 활동도란 농도와 같은 개념이며, 특히 용질이 이온이면 유효 농도라고 보면 됩니다. 활동도는 농도에 활동도 계수를 곱한 것으로 매우 묽은 용액에서 활동도 계수는 1이므로 농도와 활동도는 같습니다. 즉 수소 이온 및 수소 기체의 활동도가 모두 1.0이 될 때 그것의 환원 반응에 대한 전극 전위가 0.000V입니다. 마찬가지로 다른 반응의 경우에도 반응에 참여하는 모든 화학종의 활동도가 1.0일 때 그 반응의 표준 전극 전위 값을 나타낸 것입니다. 수소 환원 반응을 기준으로 비교하기 때문에 **표준 수소 환원 전위** 혹은 **표준 수소 전극 전위**라고도 합니다.

특정 환원 반응의 표준 전극 전위와 수소 환원 반응의 표준 전극 전위를 비교해서 그 환원 반응의 쉽고 어려움 정도를 판단합니다. 수소 이온이 환원되어 수소 기체로 되는 반응보다 더 쉽게 환원되는 반응의 표준 전극 전위 값은 플러스이며, 더 어렵게 환원되는 반응의 표준 전극 전위 값은 마이너스입니다. 값이 플러스이고 클수록 환원 반응의 가능성이 크고, 마이너스이고 작을수록 환원 반응의 가능성은 작습니다.

표 5.5의 자료를 보면서 환원 반응의 가능성에 대해 알아봅시다. 예를 들어 포타슘 이온의 환원 반응은 전극 전위로 볼 때 거의 가능성이 없습니다. ($K^+ + e^- \rightarrow K(s)$, $E^o = -2.936V$) 대신 역반응인 산화 반응이 일어날 가능성은 매우 높다고 볼 수 있습니다. 이제 금속의 이온화 경향과 표준 전극 전위의 값의 변화 방향이 어떻게 일치하는지 알 수

있을 것입니다.

표준 전극 전위 값을 보면 금($Au(s)$, $E^{o} = +1.69V$)과 은($Ag(s)$, $E^{o} = +0.799V$)이 왜 귀금속 대접을 받는지 이해할 수 있을 것입니다. 귀금속은 표준 환원 전위의 값이 큰 양수라는 공통점을 갖습니다. 따라서 귀금속 이온의 환원 가능성은 크고, 산화 가능성은 매우 작다고 평가할 수 있습니다. 다만 산화가 잘 되는 금속이라고 반드시 싼 것은 아닙니다. 화학 물질의 가격은 특성과는 상관없이 희귀성과 가능한 생산량 등 경제적 원인이 더 크게 좌우하기 때문입니다. 리튬은 산화가 잘 되는 금속이지만, 매장량과 수요 때문에 가격이 다른 알칼리 금속에 비해서 비쌉니다. (2020년 기준 리튬: 85$/kg, 포타슘: 14$/kg, 칼슘: 2.4$/kg, 소듐: 3.4$/kg)

금속($M(s)$)은 n개의 전자를 잃으면(혹은 빼앗기면) 산화가 되어 금속 이온(M^{n+})이 됩니다. 반면에 금속 이온이 전자를 얻으면(혹은 빼앗으면) 환원이 되어 금속이 됩니다. 주기율표 1족 금속들은 정도의 차이는 있지만 산화가 잘 되는 금속들입니다. 소듐 금속($Na(s)$)의 반응성을 직접 경험한 독자도 있을 것입니다. 저는 대학생 시절 유기 화학 실험을 마치고 실험실 바닥을 물걸레로 청소할 때 소듐의 반응성을 처음으로 경험했습니다. 실수로 실험실 바닥에 떨어뜨렸던 자그마한 소듐 조각들이 물에 닿자마자 타다닥 소리와 함께 불꽃을 튀겼던 모습을 지금도 생생하게 기억하고 있습니다.

앞서 설명했던 구리 조각($Cu(s)$)을 은 이온 용액($AgNO_3(aq)$)에 담갔을 때 반응이 진행되는 이유도 표준 환원 전위 값으로 해석이 가능합니다. 은 이온의 표준 전극 전위($E^o = +0.799V$)는 구리 이온($E^o = +0.339V$)보다 큽니다. 그것은 은 이온의 환원 가능성이 구리 이온보다 크다는 것을 의미합니다. 따라서 은 이온은 환원이 되어 구리 표면에서 은 알갱이로 석출이 되며, 구리는 구리 이온(Cu^{2+})으로 산화됩니다. 용액의 파란색은 구리 이온이 물과 배위 화합물을 만들었기 때문입니다. 한편 환원과 산화 반응은 단독으로 진행되는 것이 아니라 항상 쌍(짝)으로 같은 곳에서 진행됩니다. 그러나 예외도 있습니다. 배터리나 연료 전지에서 진행되는 산화 환원 반응은 동시에 진행되지만, 같은 위치에서 진행되지 않고 각각 분리되어 진행됩니다.

표준 전극 전위는 반응에 참여한 분자 혹은 이온의 열역학적 에너지에 근거를 둔 자료이기 때문에 그것으로부터 화학 반응의 속도를 가늠해 볼 수는 없습니다. 예를 들어 산소가 물로 환원되는 반응($O_2 + 4H^+ + 4e^- \rightarrow 2H_2O$)을 보면 표준 전극 전위 값이 큰 편입니다. ($E^o = +1.229V$)

$$O_2(g) + 4H^+ + 4e^- \rightleftharpoons 2H_2O \qquad E^o = +1.229V$$

이것은 금의 표준 전극 전위($E^o = +1.69V$)보다는 작지만 백금($E^o = +1.18V$)보다는 큽니다. 그러므로 산소의 환원 가능성은 매우 높다고 예측할 수 있습니다. 그러나 이 반응의 속도는 거의 0에 가까울 정도로 매우 느려 진행되기 어려운 반응입니다. 이는 정말로 다행스런 일입니다. 반응이 순조롭게 진행되었다면 지구의 산소는 모두 물로 변하고, 산소가 부족해서 생물이 살아남지 못할 환경이 되었을 것입니다. 그러나 산소의 환원 반응이 매우 느린 것은 연료 전지에서는 문제가 됩니다. 연료 전지의 전체 효율이 산소의 환원 반응 속도에 달려 있기 때문입니다. 많은 과학자와 기술자들은 산소의 환원 반응 속도를 높이는 전극 물질을 찾아내고 반응 속도를 높이는 방법을 개발하는 일에 노력을 기울이고 있습니다.

열역학 에너지만을 생각하면 반응은 에너지가 낮은 화학 물질로 변환되리라고 예측할 수 있습니다. 그러나 반응 속도는 열역학 에너지만으로는 판단이 불가능합니다. 그것은 높은 언덕에 있는 위치 에너지가 큰 돌덩이라도 바닥으로 반드시 굴러 떨어지지는 않는 것에 비유할 수 있습니다.

이미 알고 있듯이 흑연과 다이아몬드는 100% 탄소로 이루어진 동소체입니다. 원소 상태의 흑연(C)과 다이아몬드의 열역학적 에너지 차이는 그렇게 크지 않습니다. 둘의 생성 에너지(흑연: $\Delta H = 0 kJ/mol$, 다이아몬드 $\Delta H = 1.90 kJ/mol$)를 보면 흑연이 더 안정된 물질이라고 볼 수 있습니다. 흑연에 에너지를 넣어야(흡열) 다이아몬드가 될 것이기 때문입니다. 두 물질의 에너지 차이는 매우 작으니 다이아몬드에서 열에너지를 조금만 빼면(다이아몬드가 처음 상태이고 흑연이 나중 상태이므로 그때 엔탈피 변화는 $\Delta H = 0 - 1.90 = -1.90 kJ/mol$입니다. 즉 계에서 열이 빠져나오는 발열 반응입니다.) 흑연이 될까요? 100년을 지나도 결혼 반지의 다이아몬드가 흑연으로 변하는 일은 없습니다. 열역학적 에너지의 차이는 매우 작지만, 다이아몬드를 흑연으로(혹은 흑연을 다이아몬드로) 바꾸는 일은 엄청나게 어렵습니다. 흑연을 다이아몬드로 변경할 때 필요한 온도와 압력(온도: 약 4,000~5,000K, 압력: 10~15 × 10^9Pa)은 극한 환경입니다. 최근 상온에서 엄청난 압력(80 × 10^9Pa)을 이용해 다이아몬드를 합성했다는 논문도 있었으며, 실제로 화학 증기 증착법을 이용하면 실험실에서 인조 다이아몬드를 합성할 수 있습니다. 2012년에 발견된 지구 2배 크기의 다이아몬드 행성, 게자리55e(Cancri 55e)는 어떤 조건에서 그렇게 크고 많은 다이아몬드가 형성되었을지 궁금할 따름입니다.

알루미늄의 산화

알루미늄은 쉽게 산화되어서 산화 알루미늄($Al_2O_3(s)$)이 됩니다. 많은 금속이 이처럼 금속 산화물로 변하며, 일반적으로 산화물은 금속보다 강하지 못합니다. 예를 들어 철의 산화물인 산화철은 부서지기 쉽고 철 표면에서 떨어져 나가기 때문에 철로 만든 구조물들의 원형을 그대로 유지하기가 힘이 듭니다. 그러나 알루미늄 표면에 형성되는 산화 알루미늄은 매우 견고합니다. 두께는 보통 몇십 nm 정도로 얇지만, 쉽게 부서지지도 않습니다. 또한 두께가 얇아서, 산화물 밑에 있는 알루미늄의 광택은 변하지 않고 그대로 유지됩니다. 알루미늄으로 만들어진 다양한 구조물이 오랜 세월을 견디는 까닭도 단단한 산화물이 보호막 역할을 하기 때문입니다. 금속 표면 위에 촘촘한 얇은 산화

막이 형성되면 산화막의 바로 아래에 놓인 금속의 부식 속도는 매우 느려질 것입니다. 이런 종류의 막을 금속의 **부동화막**(passivation film)이라고 합니다.

알루미늄을 전극으로 사용하여 산화 조건을 조절하면 알루미늄 표면에 막 대신 육각형 모양의 매우 작은 구멍들이 균일하게 뚫려 있는 틀을 만들 수 있습니다. 그것은 알루미늄 산화물이 형성되기도 전에 알루미늄 이온이 되면서 용액에 녹는 조건을 만들었기 때문입니다. 조건을 더 세밀하게 조절한다면 형성하는 구멍의 지름과 크기는 물론 구멍의 밀도까지도 조절할 수 있습니다. 그것은 고분자, 탄소 나노 튜브 등을 합성할 때 주형(template)으로 이용되기도 합니다.

알루미늄 제품들은 가볍고 견고합니다. 특히 재미난 사실은 페인트를 사용하지 않고도 매우 다양한 색깔을 낼 수 있다는 것입니다. 그것은 알루미늄 표면에 형성된 산화 알루미늄의 두께에 따라 반사 굴절되는 빛의 파장이 달라지는 원리를 이용한 것입니다. 빛이 산화물 박막에서 반사될 때 산화물 층에서 빛의 간섭이 있습니다. 그때 산화물의 두께에 따라 반사되는 빛의 파장이 달라집니다. 빛의 파장(색)이 산화물의 두께에 따라 변하므로, 두께를 조절하면 다양한 색깔을 띠게 할 수 있습니다. 산화물 두께의 2배에 해당하는 빛이 통과해 보강 간섭이 일어나도록 하는 것입니다. 예를 들어 빨간색의 파장은 약 600nm입니다. 그러므로 알루미늄 제품의 표면에 산화물 층의 두께를 약 300nm로 만든다면 제품이 빨간색으로 보입니다. 한편 색을 내는 물질을 첨가해 알루미늄 복합 산화물을 만들어도 색 변화를 줄 수 있

그림 5.12. 산화 알루미늄 층의 두께나 산화 알루미늄 층에 혼합되는 화학 물질의 종류 변화에 따라 알루미늄 제품의 색깔이 변한다.

습니다.

사실 루비 혹은 사파이어 보석들의 주성분은 산화 알루미늄입니다. 산화 알루미늄에 불순물이 조금 섞이면 불순물의 종류와 양에 따라 보석의 색이 달라집니다. 붉은 루비는 산화 알루미늄에 크롬이 섞인 것이며, 철과 타이타늄이 섞이면 파란색 사파이어가 됩니다. 그러므로 알루미늄 산화물 층을 만들 때 용액의 화학 성분과 양을 조절하면 아름다운 색깔을 띠게 할 수 있는 것입니다. 알루미늄이 엄청나게 비싸고 귀했던 과거에는 재미난 사건도 있었습니다. 1885년 파리 국제 박람회에서 알루미늄이 최초로 선보이기 전에 나폴레옹 3세

(Charles Louis Napoléon Bonaparte, 1808~1873년)는 자신과 귀한 손님은 알루미늄 술잔과 접시, 일반 손님은 금 접시 또는 은 접시를 사용해서 연회를 열었다고 합니다.

환원 반응

환원(reduction)에는 본래의 것으로 되돌린다는 의미가 있습니다. 환원 반응은 화학 물질이 전자를 얻거나, 산소 원자를 잃어버리거나, 수소 원자를 얻는 경우를 말합니다. 철광석이 철로 변하는 것, 이산화탄소가 녹말 혹은 셀룰로스(cellulose)로 변하는 것, 산소가 물 혹은 과산화수소로 변하는 것, 질소 산화물(NO_x)이 질소 혹은 암모니아로 변하는 것이 모두 환원 반응의 예입니다.

분자 혹은 이온을 구성하는 원자의 산화수가 감소하면 환원이 진행된 것입니다. 예를 들어 보크사이트(bauxite)라고 부르는 광석은 알루미늄 산화물($Al_2O_3(s)$)이 주성분입니다. 그것을 녹인 용액에는 알루미늄 이온($Al^{3+}(aq)$)이 있습니다. 그 이온이 전자 3개를 받아서 환원되면 알루미늄 금속($Al(s)$)이 됩니다. ($Al^{3+}(aq) + 3e^- \rightarrow Al(s)$) 알루미늄의 산화수가 +3에서 0으로 줄어들었으므로 환원 반응입니다. 알루미늄 이온의 환원에 필요한 전자는 전극을 통해서 공급됩니다. 전극이라는 매체를 통해서 전기 에너지(전자)를 알루미늄 이온에 전달하는 것입니다. 그것을 **전극 반응** 혹은 **전기 화학 반응**이라고 합니다. 알루

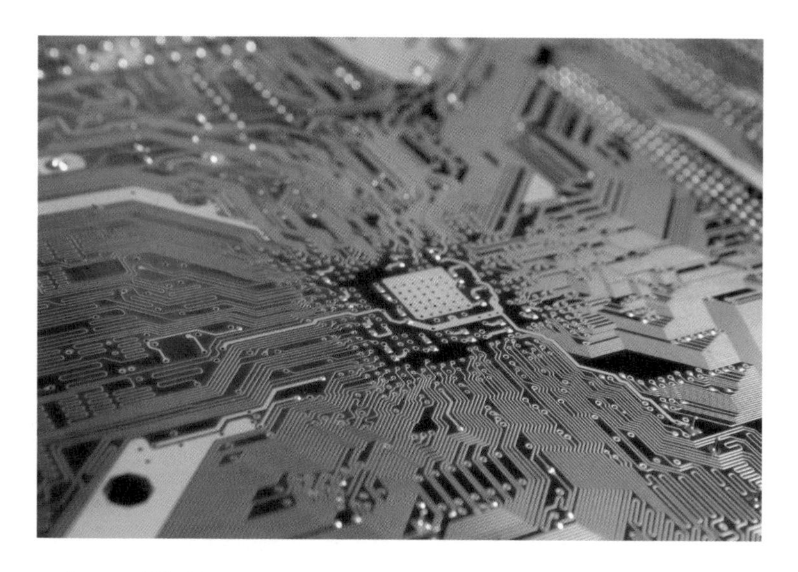

그림 5.13. 화학 반응으로 필요한 구리(회로선과 면 부분)는 남기고, 필요 없는 구리 (초록색 고분자가 드러난 부분)는 녹여서 제거한다.

미늄 생산에는 이처럼 전기 에너지가 많이 필요하기 때문에 알루미늄 공장은 심야 유효 전력 활용을 위해 주로 발전소 근처에 자리잡고 있습니다.

컴퓨터를 비롯한 전자 기기의 내부를 보면 수많은 구리선이 복잡하게 인쇄된 기판이 보입니다. 그런 기판을 만들 때도 산화 환원 반응을 이용합니다. 회로를 인쇄하기 전의 기판은 절연체 플라스틱 수지 위에 얇은 막의 구리가 깔려 있고, 그 위에는 매우 얇은 고분자 막이 덮여 있습니다. 고분자 막 위에 설계 회로를 인쇄한 후에 남기고 싶은 회로 부분을 제외한 나머지 부분의 고분자 막은 벗겨냅니다. 그 후 철 이온(Fe^{3+}) 용액에 그것을 담그면 용액이 닿는 부분의 구리는 녹아서 모두 없어지고, 고분자 막이 덮여 있어서 용액이 닿지 않은 곳의 구리는 그대로 남게 됩니다. 그 결과 절연체 플라스틱 수지 위에 얇은 구리선 회로가 새겨진 기판을 얻을 수 있습니다.

얇은 고분자 막이 벗겨져서 용액에 접촉된 구리($Cu(s)$)와 용액에 녹아 있는 철 이온($Fe^{3+}(aq)$)의 산화 환원 반응이 진행되면 구리는 산화되어 구리 이온($Cu(s) \rightarrow Cu^{2+}(aq) + 2e$)이 되면서 용액에 녹습니다. 한편 용액에 있는 3가 철 이온($Fe^{3+}(aq)$)은 환원되어 2가 철 이온($Fe^{2+}(aq)$)으로 변합니다. ($Fe^{3+} + e^- \rightarrow Fe^{2+}$) 철 이온의 표준 전극 전위($E^o = +0.799V$)는 구리 이온의 전극 전위($E^o = +0.339V$)보다 큽니다. 따라서 철 이온이 환원되려는 경향이 구리 이온이 환원되는 정도보다 훨씬 크며, 반응 속도도 빠르기 때문에 구리는 산화되고 철 이온은 환원된 것입니다. 철 이온 용액 대신에 구리의 표준 전극 전위보다 큰 전위값을 가진 화합물($S_2O_8^{2-}$)을 사용해도 같은 결과를 얻을 수 있습니다.

$Fe^{3+} + 3e^- \rightarrow Fe^{2+}$ $E^o = +0.799V$

$Cu^{2+} + 2e^- \rightarrow Cu(s)$ $E^o = +0.339V$

$S_2O_8^{2-} + 2H^+ + 2e^- \rightarrow 2HSO_4^-$ $E^o = +2.1V$

자동차 머플러

질소 산화물(NO_x)을 질소(N_2)로 환원하는 반응도 생활에서 활용되고 있습니다. 자동차의 머플러(매연 저감 장치)는 배기 가스를 배출하기 전에 질소 산화물들을 질소로 변환해 대기 오염을 줄이도록 설계되어 있습니다. 그러므로 머플러에는 금속 촉매들이 잘 분산된 장치가 포함되어 있습니다. 금속 촉매들은 질소 산화물이 통과하는 짧은 시간에도 유해성 기체를 매우 빠른 속도로 안전한 분자로 변환해 줍니다. 머플러에는 이산화질소와 불완전 연소된 탄화수소를 이산화탄소로 만

그림 5.14. 자동차 머플러 내부의 다공성 구조물. 백금을 비롯한 귀금속 촉매를 포함하고 있다.

드는 산화 반응 촉매도 포함되어 있습니다. 산화와 환원 촉매를 동시에 가진 조그마한 화학 공장인 셈입니다. 반응식은 다음과 같습니다.

$NO_2 + C_xH_y$(탄화수소) $\rightarrow N_2 + CO_2 + H_2O$

이산화탄소의 환원

식물은 태양 에너지를 활용해 이산화탄소($CO_2(g)$)와 물($H_2O(l)$)을 포도당과 셀룰로스로 변환합니다. 그 안을 들여다보면 이산화탄소는 포도당으로 환원되고, 물은 산소로 산화되는 반응이 동시에 진행되고 있습니다. 이는 지구의 많은 생물이 의존하는 대단히 중요한 반응입니다.

$6CO_2 + 6H_2O \rightarrow C_6H_{12}O_6 + 6O_2$

이산화탄소 배출량이 식물의 정화 능력 이상이거나, 혹은 육지 식물과 바다 조류의 부족으로 광합성이 원활하게 진행되지 못하면 이산화탄소의 양이 늘어나게 됩니다. 그것은 지구의 온난화를 더욱 가속할 것입니다. 만약 공장에서 에너지가 적게 드는 방법으로 이산화탄소를 환원하여 사용 가능한 연료(CH_4, HCOOH 등)를 만들 수 있다면 문제가 해결될지도 모릅니다. 그렇게 된다면 기후 위기뿐만 아니라

(유사 석유를 만들어 낼 수 있으므로) 미래의 에너지 문제도 어느 정도 해결할 수 있을 것입니다.

$$2CO_2 + 2H_2O \rightarrow 2HCOOH + O_2$$

$$2CO_2 + 2H_2O \rightarrow CH_4 + 2O_2$$

파마하기

미용실은 산화 환원 반응이 진행되는 화학 실험실입니다. 파마는 환원 반응을 먼저 한 후에 일정 시간을 기다렸다가 산화 반응을 하는 일입니다. 머리카락의 주성분은 케라틴(keratin) 단백질이며, 그것들은 서로 이황화(-S-S-) 결합을 이룹니다. 단백질 사이는 2개의 황 원자로 결합해 있고, 그것들이 묶음이 되어 다발을 이루면 머리카락이 되는 것입니다. 손발톱은 물론 피부에도 케라틴이 있습니다.

파마의 처음 단계에서는 화학 물질(암모늄싸이오글라이콜산염($HSCH_2CO_2^-NH_4^+$))을 녹인 용액으로 이황화 결합(-S-S-)을 끊어서 2개의 싸이올기(-SH)로 변화를 줍니다. 황 원자(S)가 수소(H)와 결합해서 싸이올기로 변했으니 환원 반응입니다. 그다음 파마용 막대(로드)로 머리카락을 말고, 비닐 주머니로 덮은 후에 10분에서 20분 정도 열을 가합니다. 그 열은 환원 반응을 촉진하며, 동시에 말아 올린 머리카락의 모양을 곱슬거리는 상태로 유지되도록 도와줍니다.

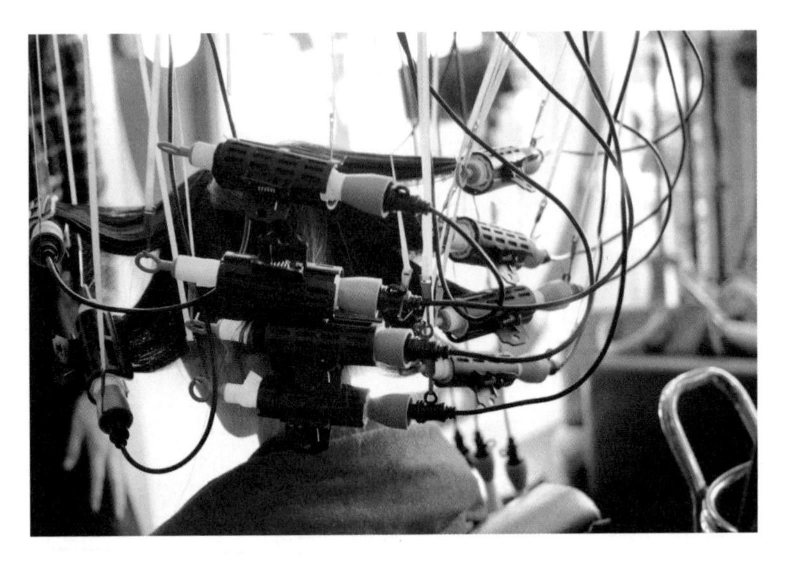

그림 5.15. 파마가 진행 중인 미용실. 산화 환원 반응을 이용해서 머리카락의 모양을 바꾼다.

두 번째 단계는 머리카락 모양을 그대로 유지하기 위해서 중화제(과산화수소(H_2O_2))를 사용해서 다시 이황화 결합을 형성하는 것입니다. 싸이올기가 과산화수소와 반응해 수소가 제거되고, 이황화 결합이 형성됩니다. 수소를 잃어버렸으므로 산화 반응입니다. 이때 형성되는 이황화 결합의 위치는 파마 전의 위치와 다른 곳이 됩니다. 이제 머리카락의 겉모양은 멋진 곱슬머리로 변했고, 속 성분은 화학 반응으로 형성된 새로운 이황화 결합들이 단백질 곳곳에 자리 잡고 있습니다. 머리카락이 새롭게 자라서 본래의 모양으로 되돌아가기 전까지는 멋진 모양이 남아 있을 것입니다. 파마에 이용되는 황이 포함된 화학 물질(암모늄싸이오글라이콜산염)은 독특한 냄새가 납니다. 일반적으로 황이 포함된 분자들은 냄새가 고약합니다. 미용실의 독특한 냄새에도 황 화합물이 포함되어 있을 것입니다. 파마를 하는 작업도 화학 실험의 한 종류이므로 화학 물질의 농도와 시간 조절이 매우 중요한 변수입니다. 첫 번째 단계에서 화학 물질의 농도가 너무 진하면 머리카락이 잘려 나갈 수도 있고, 두 번째 단계에서 화학 물질의 농도가 맞지 않으면 이황화 결합이 형성되지 않습니다. 파마하기의 반응식은 다음과 같습니다.

$$RS\text{-}SR \xrightarrow{HSCH_2COO^-NH_4^+} 2RSH \text{ (환원)}$$

$$2RSH + H_2O_2 \rightarrow RS\text{-}SR \text{ (산화)} + 2H_2O$$

암모늄싸이오글라이콜산염($HSCH_2CO_2^-NH_4^+$)은 산(싸이오글라이콜산($HSCH_2COOH$))과 염기(암모니아(NH_3))의 반응으로 형성된 염입니다. 싸이오글라이콜산 용액은 외과 수술 전에 수술 부위에 있는 털을 화학적으로 제거할 목적으로 사용되는 약품이기도 합니다. 저도 병원에서 그 용액의 효능을 경험해 본 적이 있습니다.

전지의 화학 반응(산화/환원)

전지는 일정한 형식의 용기에 담아 놓은 화학 물질들이 반응해 전기 에너지를 만들어 내거나 혹은 전기 에너지를 공급해 용기 내부에서 화학 반응이 진행되도록 만든 도구입니다. 일반적인 산화 환원 반응과는 다르게 전지에서 진행되는 산화 환원 반응은 2개의 전극에서 산화 반응과 환원 반응이 따로 진행됩니다. 한 전극에서 산화 반응이 진행되면 다른 전극에서 환원 반응이 진행되는 것입니다. 전지에서 보통 불룩 튀어나온 곳이 양(+)극이고, 평평한 곳이 음(−)극입니다. 그런 구분을 할 수 없는 전지에는 +/− 기호로 극성이 표시되어 있습니다.

산화 반응이 진행되는 전극을 애노드(anode), 환원 반응이 진행되는 전극을 캐소드(cathode)라고 부릅니다. 그것은 전기 화학의 아버지라 불리는 과학자, 마이클 패러데이(Michael Faraday, 1791~1867년)가 지었다고 알려져 있습니다. 화학 반응에서 전기 에너지를 얻는가, 반대로 전기 에너지로 화학 반응을 진행하는가에 상관없이 환원 반응이 진행되는 전극을 캐소드, 산화 반응이 진행되는 전극을 애노드라고 기억하기 바랍니다. 전류는 양(+)극에서 음(−)극으로 흐르며, 음전하를 띤 전자는 음(−)극에서 양(+)극으로 흐른다는 것은 관례에 따른 것입니다.

전지를 사용할 때(방전)

음(−)극: 산화 반응(애노드)

양(+)극: 환원 반응(캐소드)

전지의 한 전극에서 화학 물질(분자, 이온, 화합물) 혹은 전극 자체가 산화되어 새로운 화학 물질이 만들어지면서 동시에 전자가 발생합니다. 독자들도 이제 화학 물질이 전자를 잃으면 산화수가 증가하며, 그것이 산화 반응이라는 사실은 알고 있을 것입니다. 그때 발생한 전자들은 전지와 연결된 도선을 따라 흘러서 다른 전극으로 이동합니다. 전자는 음(−)극에서 양(+)극으로 흐르므로 화학 반응으로 전자가 풍부해진 전극은 마이너스이고, 그 전자를 받아들이는 전극은 플러스입니다. 양(+)극에서는 흘러 들어온 전자로 전지 내부에 있는 화학 물질이 환원되거나 혹은 전극 자체가 환원되는 반응이 진행됩니다. 화학 물질이 전자를 얻어서 산화수가 감소하는 환원 반응인 것입니다. 전자는 산화 반응이 진행되는 애노드에서 환원 반응이 진행되는 캐소드로 흐릅니다. 따라서 이런 산화 환원 반응이 진행될 때 전극의 극성은 애노드가 −이고, 캐소드가 +입니다.

전지에 전기 에너지를 채울 때(충전)

외부 전원의 양(+)극과 연결된 전극: 산화 반응(애노드)

외부 전원의 음(−)극과 연결된 전극: 환원 반응(캐소드)

일차 전지는 다 사용한 후에는 재사용이 불가능한 전지입니다. 즉 더는 반응이 진행될 수 없다는 뜻입니다. 일차 전지를 재사용하려고 충전기에 연결하면 매우 위험합니다. 전지 내부의 화학 반응으로 가스가 생길 수도, 심지어 전지 내부의 압력이 높아져 폭발할 수도 있기

표 5.6. 전지를 충방전할 때 전극의 극성, 반응 종류 및 명칭.

일차, 이차 전지	전극의 극성 및 반응 종류와 명칭	
	음(-)극	양(+)극
전지 사용(방전)	산화 반응(애노드)	환원 반응(캐소드)
전선 연결(충전)	환원 반응(캐소드)	산화 반응(애노드)

때문입니다.

이차 전지는 충전해서 반복 사용하는 전지입니다. 수명이 다할 때까지 수백 차례 사용하는 일도 가능합니다. 일차 전지 및 이차 전지를 사용할 때(방전) 산화 반응이 진행되는 전극은 음(−)극이며, 환원 반응이 진행되는 전극은 양(+)극으로 전극의 극성과 반응 성격에 따라 각각 애노드/캐소드가 됩니다. 그러나 이차 전지를 충전할 때 충전기의 음(−)극은 방전할 때 음(−)극이었던 전극에, 충전기의 양(+)극은 방전할 때 양(+)극이었던 전극에 연결해야 합니다. 즉 방전 혹은 충전에서 전극의 극성은 변화가 없습니다. 그러나 이차 전지에서 충전할 때는 음(−)극에서 환원 반응이, 양(+)극에서는 산화 반응이 진행됩니다. 그것은 방전할 때 음(−)극에서 산화 반응, 양(+)극에서는 환원 반응이 진행된 것과는 다른 형식의 반응입니다. 따라서 충전할 때는 음(−)극에서 환원 반응이 진행되므로 캐소드이고, 양(+)극에서 산화 반응이 진행되므로 애노드입니다. 방전이 전기 에너지를 생산하는 것이라면 충전은 전기 에너지를 소비하는 것입니다. 방전은 화학 반응이 저절로 진행되어 전기 에너지를 만드는 것이며, 충전은 전기 에너지를 넣어서 화학 반응을 진행시키는 것입니다. 결국 충전은 전지 내부에 있는 화학 물질을 전기 에너지를 사용해 방전이 시작되기 직전의 화학 물질 상태로 되돌리는 일입니다.

전기 분해(electrolysis)는 전기 에너지로 원하는 화학 반응을 진행시키는 모든 화학 반응을 말하는 용어입니다. 전기 분해하려면 반응에 적합한 용기(셀), 전극, 전해질 등으로 구성된 전기 분해 장치(계)가 필요합니다. 전기 분해 장치에 전극을 통해서 에너지를 넣어 화학 반응이 일어나도록 하는 것입니다. 앞에서 예로 든 알루미늄의 생산도 전기 분해의 한 종류입니다. 전기 분해 장치를 이용해 전기 에너지를 공급하면 음(−)극에서는 알루미늄 이온(Al^{3+})이 환원되어 알루미늄($Al(s)$)이 형성됩니다. 그때 양(+)극에서는 탄소 막대($C(s)$)가 산화되어 이산화탄소($CO_2(g)$)가 형성됩니다. 탄소 막대(양(+)극)는 전극 반응으로 닳아서 없어지므로, 필요할 때마다 교체해 주어야 합니다.

혼란을 피하기 위해

전지가 방전할 때 음(−)극은 (산화 반응이 진행되는) 애노드이고, 충전할 때는 음(−)극은 (환원 반응이 진행되는) 캐소드가 됩니다. 마찬가지로 방전할 때 양(+)극은 환원 반응이 진행되는 캐소드이지만, 충전할 때 양(+)극은 산화 반응이 진행되므로 애노드입니다. 캐소드와 애노드는 물리학과 전자 공학에서도 흔히 사용되는 용어입니다. 그 분야에서는 도구(device) 혹은 기기에 외부 전원의 음(−)극에 연결되어 전자가 방출하는 전극을 캐소드, 그때 대응되는 양(+)극을 애노드라고 규정합니다. 그러나 전지에서 음(−)극은 애노드가 될 때(방전)도, 캐소드가 될 때(충전)도 있습니다. 그러므로 단순히 하나로 고정해서 부르면 안 됩니다. 이런 혼돈이 일어나는 것을 방위에 비유해 보면 쉽게 이해가 갑니다. 우리가 동 혹은 서를 말할 때 그 방향은 사람들이 바라보는 방향에 무관하게 변하지 않습니다. 그러나 방위를 오른쪽 혹은 왼쪽으로 말한다면 문제가 생깁니다. 북을 향한 사람의 오른쪽은 동이지만, 남을 향한 사람의 오른쪽은 서가 되기 때문입니다. 방위는 사람들이 어느 방향으로 서 있든 변함이 없습니다. 그러나 방위를 자신이 바라보는 방향을 기준으로 이야기한다면 사람에 따라 오른쪽이 동이 되거나 혹은 서가 되기도 합니다. 결국 충방전 과정에서 양(+)극과 음(−)극은 변함이 없지만, 전지의 화학 반응에서는 음(−)극이 애노드 혹은 캐소드가 될 수 있으며, 마찬가지로 양(+)극이 캐소드 혹은 애노드가 될 수 있습니다.

만약 다른 분야에서처럼 전지에서도 캐소드는 음(−)극이고 애노드는 양(+)극이라고 고정해서 사용한다면 큰 혼란이 일어납니다. 캐소드를 음(−)극이라고 생각해서 다음 영어 문장을 우리말로 번역한다면 의미가 다르게 전달될 것입니다. 예를 들어, "In a primary cell, the cathode is always the positive electrode."가 단순히 "일차 전지에서는 음(−)극은 항상 양(+)극이다."라고 번역될 수 있다는 것입니다. 이것은 전지의 음(−)극을 단순히 음극 혹은 캐소드라고 부른다면 엄청난 혼란이 올 수 있음을 보여 주는 예입니다. 영어 문장이 본래 전달하려던 내용은 "일차 전지에서 캐소드(환원 반응이 진행되는 전극)는 항상 양(+)극이다."였습니다. 앞으로 캐소드는 환원 반응이 진행되는 전극, 애노드는 산화 반응이 진행되는 전극으로 이해한다면 혼란이 없을 것입니다. 개념을 정확하게 이해하고 올바른 용어를 사용해야 화학 공부가 어렵지 않습니다.

전지의 구성과 종류

전지는 2개의 전극, 전해질, 분리막으로 이루어집니다. 전극들은 각각 전해질과 접촉되어 있지만, 두 전극이 서로 닿지 않도록 절연 물질로 만든 분리막을 사이에 두고 있습니다. 산화와 환원 반응을 각각 전지의 반쪽 반응(반반응)이라고 부릅니다. 그러므로 전극에서 2개의 반쪽 반응이 진행되는 것을 쌍으로 전지를 만든다면 이론적으로 만들 수 있는 전지는 무궁무진합니다. 즉 표준 전극 전위 표에 있는 수많은 반쪽 반응을 2개로 짝짓는 전지의 종류는 이론상 무척 많으리라는 것입니다. 그러나 실용화되려면 여러 제한(전극의 반응성, 구성 물질의 안정성, 실제 제작 가능 여부, 경제성)이 존재하므로 그렇게 많지는 않습니다.

일차와 이차 전지 모두 용기에 화학 물질을 담아 두고 전극 반응이 진행되면서 전기 에너지를 얻습니다. **연료 전지**도 또 다른 형식의 전지입니다. 연료 전지에서는 일차, 이차 전지와는 달리 전극 반응에 필요한 화학 물질(연료)을 외부에서 전지 내부로 계속 공급해 전극 반응을 진행하는 형식입니다. 예를 들어서 **수소 연료 전지**는 한쪽 전극으로 수소를 공급해 산화 반응을 일으키고, 다른 쪽 전극으로 산소(공기)를 공급해 환원 반응을 일으켜서 전지 에너지를 얻습니다. 이 반응으로 형성되는 생성물은 물이 전부이므로, 환경에 이것보다 더 좋은 전지는 없을 것입니다.

일차 전지

일차 전지는 재사용이 불가능한 전지로 종류도 많습니다. 알칼리 전지, 수은 전지, 리튬 전지 등이 일차 전지입니다. 주로 가정에서 사용되는 알칼리 일차 전지는 더블 에이(AA) 혹은 트리플 에이(AAA)라는 등급으로 구별됩니다. 전지의 내용물은 같으며, AAA형의 크기가 AA형보다 작습니다. 전지에서 돌출된 부분이 양(+)극, 평평한 부분이 음(−)극입니다. 음(−)극 전극 물질은 아연($Zn(s)$)이며, 양(+)극 전극 물질은 이산화 망가니즈($MnO_2(s)$)입니다. 2개의 전극과 함께 전해질로 수산화 포타슘(KOH)을 사용하기 때문에 알칼리 전지라 불립니다. (수산화 포타슘이 알칼리이기 때문입니다.)

알칼리 전지를 기계에 넣고 스위치를 켜면 전지 내부에서 자발적인 산화 환원 반응이 즉시 진행됩니다. 아연 금속은 산화 아연($ZnO(s)$)

그림 5.16. 다양한 종류와 모양의 일차 전지. 전극과 반응의 종류가 다른 전지도 있고, 같은 화학 물질을 이용하지만 기기에 맞도록 모양만 다른 전지도 있다. 그러나 모두 자발적 화학 반응을 이용해 전기 에너지를 만든다는 점은 같다.

으로 되는 산화 반응이, 이산화 망가니즈는 삼산화 이망가니즈($Mn_2O_3(s)$)로 되는 환원 반응이 진행됩니다. 반응의 산화수 변화를 보면 아연의 산화수는 0에서 +2로 증가(산화)하며, 이산화 망가니즈의 산화수는 +4에서 +3으로 감소(환원)함을 알 수 있습니다. 산화 아연이 될 때 만들어지는 전자는 사용 기기의 전선을 통해서 이산화 망가니즈 전극으로 이동합니다. 그 전자는 이산화 망가니즈(망가니즈 산화수: +4)에서 삼산화 이망가니즈(망가니즈 산화수: +3)로 변환하는 데 사용됩니다. 이렇게 한 전극에서 다른 전극으로 전자가 흘러가는 동안 기기를 사용할 수 있습니다. 수산화 이온(OH^-)은 애노드에서 사용되고, 캐소드에서 다시 만들어집니다. 전극 물질이 완전히 소모되었거나 혹은 전해질이 없어서 회로 구성이 불가능할 때 전지는 쓸모가 없어집니다.

음(−)극: $Zn(s) + 2OH^-(aq) \rightarrow ZnO(s) + H_2O(l) + 2e^-$ (애노드)

양(+)극: $2MnO_2(s) + H_2O(l) + 2e^- \rightarrow Mn_2O_3(s) + 2OH^-(aq)$ (캐소드)

전체 반응: $Zn(s) + 2MnO_2(s) \rightleftharpoons ZnO(s) + Mn_2O_3(s)$

전지의 전압과 전류

알칼리 일차 전지의 전압은 약 1.43V입니다. 그것은 두 전극 반응의 전위 차이이며, 전압이 크다는 것은 전자를 이동하는 힘이 크다는 것입니다. 이를 두 전극의 '압력' 차이라고 보아도 됩니다. 전압이 큰 전지에서 전자의 이동 속도(전류)는 전압이 작은 전지의 전류보다 큽니다. 마치 물이 한 곳에서 다른 곳으로 흐를 때 두 곳의 높이 차이가 클수록 물의 속도가 빨라지는 것과 같습니다.

전극 반응에서 발생하는 전자의 양은 전극 반응의 종류와 전극 면적에 따라 다릅니다. 전극 반응의 종류가 같은 전지라면 전압도 같습니다. 그러나 전극 반응에서 발생하는 전자의 양은 전극 면적에 비례합니다. 전자가 띠고 있는 전기의 크기인 전하는 **쿨롱**(coulomb, C) 단위로 표기합니다. 전류 1암페어(A)가 1초 동안 흘렀을 때 이동한 전하의 양을 의미하는 1C에서 전자 1개의 전하는 1.602×10^{-19}C이며, 전자 1mol(6.02×10^{23}개)의 전하는 96,485C([1.602×10^{-19}C/개]×[6.02×10^{23}개])입니다. 이것은 전자 1mol의 전하량으로 1F(faraday, 패러데이)라고 합니다.

전지의 용량이란 전지에서 발생하는 전자의 총 전하량입니다. 그것은 전류(A)와 시간(h)을 곱한 값으로 암페어시(Ah), 혹은 밀리암페어시(mAh) 단위를 사용합니다. 흔히 사용하는 알칼리 전지의 용량은 1.7~3.0Ah(1,700~3,000mAh) 정도입니다. 전류는 단위 시간 동안 흐르는 전하량(C/sec)이며, 전지에서 발생하는 전자의 총 전하량은 전류(A: C/sec)와 시간을 곱한 물리량으로 나타냅니다. 예를 들어 전지의 용량이 3,000mAh라면, 1,000mA 전류로 3시간 동안 사용할 수 있습니다. 일반적으로 기기를 사용할 때 전류 세기가 크면 이론상 사용 시간보다 실제 사용 시간은 줄어듭니다. 따라서 용량을 최대로 활용하려면 약한 전류 세기로 전지를 사용해야 합니다. 전지의 용량을 일정한 부피의 용기에 꽉 차 있는 물에 비유할 수 있습니다. 물을 조금씩 마시면 오랫동안 마실 수 있지만, 한꺼번에 많이 마신다면 그만큼 물이 빨리 사라질 수밖에 없을 것입니다. 전지의 용량이 같을지라도 그것을 사용하는 방법에 따라 수명이 달라지는 이유입니다.

이차 전지: 납축전지

이산화납 전지, 니켈-카드뮴 전지, 니켈-수소 전지, 리튬 이온 전지는 충전해서 여러 번 사용할 수 있는 이차 전지입니다. 이산화납 전지는 발명된 지 벌써 150년 이상 지났지만, 아직도 널리 활용되고 있습니다. 독자들에게도 자동차용 배터리로 친숙할 것입니다. 납축전지도 2개의 전극과 전해질이 있습니다. 다른 물질과 접촉되는 일을 막으려고 용기 외부에 노출된 음(−)극은 검은색 플라스틱 덮개로, 양(+)극은 빨간색 플라스틱 덮개로 씌워 놓습니다. 전지 내부에서 음(−)극은 납(Pb) 전극이고, 양(+)극은 이산화납(PbO_2) 전극입니다. 전지 내부에는 2개의 전극과 함께 전해질(진한 황산 용액(6M H_2SO_4) 약 35%(v/v))이 들어 있습니다. 두 전극 사이에는 접촉을 막는 전기 절연체로 된 격리막도 있습니다. 자동차용 배터리의 전압은 약 12V이며, 그것은 이산화납 전지(약 2.05V) 6개가 직렬로 연결되어 있어서 가능한 것(2.05V/개 × 6개 = 12.3V)입니다.

구체적으로는 납 분말(납과 납 산화물 분말이 혼합된 것)과 결합재를 섞어서 젤 반죽을 만들고, 그것을 사각형 격자에 채우고 굳혀서 전극판을 만듭니다. 그렇게 만든 전극 판 2개를 황산 용액에 담그고 직류 전원에 연결하면 전극 판의 납 분말에서 산화 환원 반응이 진행되어 각각 다른 성분으로 변합니다. 음(−)극에 연결된 납 분말 전극은 납(Pb(*s*))으로 변하고, 양(+)극에 연결된 납 분말 전극은 이산화납($PbO_2(s)$)으로 변합니다. 그것을 2개씩 짝지은 전지 6개를 만들어 직

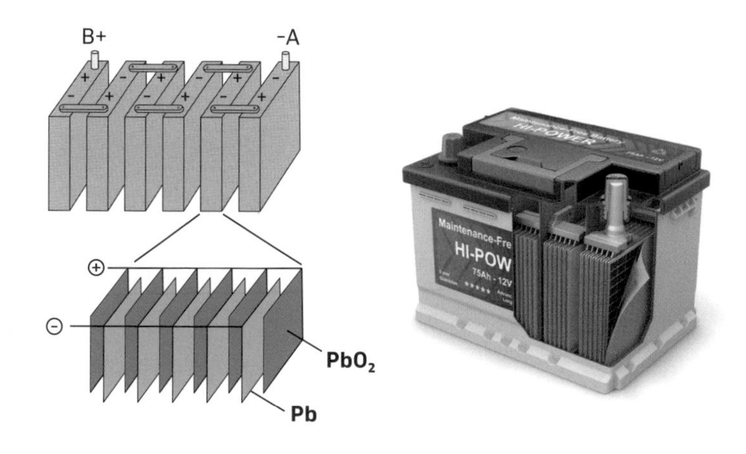

황산 용액(**H_2SO_4**와 **H_2O**)에 담긴 전극 판

그림 5.17. 이산화납 전지의 구조. 내부에는 약 2V 이산화납 전지 6개가 직렬로 연결되어 있다.

렬로 연결하고, 전해질 용액(황산)에 담가서 조립하면 이산화납 전지가 됩니다. (그림 5.17)

전지를 사용할 때 전지 내부에서는 산화 환원 반응이 자발적으로 진행됩니다. 음(−)극인 납 전극은 전자를 2개 잃고 납 이온($Pb^{2+}(aq)$)으로 산화되고(산화수 0에서 +2로 증가), 납 이온은 전해질 황산 이온(SO_4^{2-})과 결합해 황산납($PbSO_4(s)$)으로 변합니다. 산화 반응이 진행되었으므로 애노드입니다. 한편 양(+)극에서는 애노드에서 흘러온 전자 2개로 이산화납 전극(PbO_2)에서 납 이온($Pb^{4+}(aq)$)으로 환원됩니다. (산화수 +4에서 +2로 감소) 환원된 납 이온($Pb^{2+}(aq)$)이 황산 이온과 결합하면 역시 황산납($PbSO_4(s)$)으로 변합니다. 이때는 환원 반응이 진행되었으므로 캐소드입니다. 그러므로 완전히 방전된 납축전지의 두 전극은 모두 황산납($PbSO_4(s)$)으로 변합니다. 황산 이온이 고체가 되는 반응에 사용되었으므로 전해질 용액에서 황산의 비중은 낮아집니다. **밀도**는 특정 물질의 단위 부피당 질량이며, **비중**은 액체의 표준 상태의 질량과 비교된 질량 비율입니다. 그러므로 황산 용액의 비중을 측정하면 전지의 방전 여부를 알 수 있습니다. 자동차 수리점에서 간단한 도구를 사용해 전지의 방전 상태 및 수명 여부를 점검하는 것에는 이런 배경이 있는 것입니다.

방전 반응: 전지 사용할 때

음(−)극: $Pb(s) + HSO_4^-(aq) \rightarrow PbSO_4(s) + H^+(aq) + 2e^-$

(애노드)

양(+)극: $PbO_2(s) + HSO_4^-(aq) + 3H^+(aq) + 2e^- \rightarrow PbSO_4(s) + 2H_2O(l)$

(캐소드)

$$Pb(s) + PbO_2(s) + 2H_2SO_4(aq) \rightarrow 2PbSO_4(s) + 2H_2O(l)$$

한편 자동차가 운행할 때 납축전지는 충전이 됩니다. 그때 진행되는 산화 환원 반응은 방전할 때 산화 환원의 역방향입니다. 즉 음(−)극에서는 ($PbSO_4$가 Pb로) 환원 반응이, 양(+)극에서는 ($PbSO_4$가 PbO_2로) 산화 반응이 진행됩니다. 충전은 방전과는 달리 자발적으로 진행되지 않으므로 외부에서 전지 내부로 에너지를 넣어야 합니다. 자동차 배터리의 충전에 필요한 직류 전원은 자동차에 내장된 발전기에서 생산된 교류 전원을 변환해 만듭니다. 즉 직류 전원으로 배터리를 충전하는 것입니다. 납축전지는 보통 수백 회 이상 충방전이 가능한 안정된 전지입니다.

충전 반응: 전지 충전할 때

음(−)극: $PbSO_4(s) + H^+(aq) + 2e^- \rightarrow Pb(s) + HSO_4^-(aq)$

(캐소드)

양(+)극: $PbSO_4(s) + 2H_2O(l) \rightarrow PbO_2(s) + HSO_4^-(aq) + 3H^+(aq) + 2e^-$

(애노드)

$$2PbSO_4(s) + 2H_2O(l) \rightarrow Pb(s) + PbO_2(s) + 2H_2SO_4(aq)$$

이차 전지: 리튬 이온 전지와 리튬 전지

리튬 이온 이차 전지도 전극 2개, 분리막, 전해질로 구성된 이차 전지입니다. 특이한 점은 양(+)극과 음(−)극으로 사용되는 화학 물질이 리튬 이온(Li^+)이 가역적으로 들락거릴 수 있는 공간을 갖고 있다는 것입니다. **가역적**이라는 것은 변화를 겪었던 상황이 변화 이전의 상황으로 똑같이 되돌아가는 것을 말합니다. 양(+)극은 리튬 코발트 산화물($LiCoO_2$), 리튬 철 인산염($LiFePO_4$), 리튬 망가니즈 산화물($LiMn_2O_4$) 등과 같은 금속 산화물을 사용합니다. 이들의 공통점은 얇은 층의 산화물이 겹겹이 쌓여, 층간에 있는 공간으로 리튬 이온이 충분히 들락거릴 수 있는 층상 구조라는 것입니다. 리튬 이온이 수백 차례씩 반복해서 들락거려도 전극의 물리적 구조가 변하지 않고, 예전의 상태로 변함없이 되돌아갈 수 있기 때문에 리튬 이온이 가역적으로 왕복한다고 표현합니다. 음(−)극은 흑연(그래파이트, C(*s*)), 리튬 타이타늄염($Li_4Ti_5O_{12}$) 등을 사용합니다. 역시 마찬가지로 층상 구조를 하고 있습니다. 같은 종류의 물질이라도 나노 크기의 결정으로 전극을 만들면 전극 면적이 넓어지는 효과를 누릴 수 있습니다. 전극 면적이 넓어지면 충방전 속도와 에너지 밀도가 증가하며 전지의 성능이 향상됩니다. 전극 물질의 크기와 구조도 전지의 성능에 상당한 영향을 주기 때문에 전극 물질의 구조 개선 연구도 활발히 진행되고 있습니다. 또한 2개의 전극 이외에도 전해질과 분리막도 있어야 합니다. 전해질은 주로 리튬염(예: $LiPF_6$)을 유기 용매에 녹인 것을 사용합니다. 전해질에 녹아 있는 리튬 이온(Li^+)들은 충방전할 때 양(+)극과 음(−)극을 왔다 갔다 합니다. 2개의 전극 사이에 놓인 분리(격리)막은 전기 절연성 고분자 물질로, 두 극의 접촉을 막는 동시에 리튬 이온들은 쉽게 왔다 갔다 할 수 있는 특성을 지니고 있어야 합니다.

표준 환원 전위의 크기와 부호에서 알 수 있듯이 알칼리 금속들은 전자를 잃어버리고 양이온이 되려는(산화되는) 경향이 매우 높습니다. 그런 이유로 리튬 금속을 음(−)극 물질로, 이산화 망가니즈를 양(+)극 물질로 사용해서 만든 **리튬 전지**는 약 3V 이상의 전압을 낼 수 있습니다. 그런데 리튬 금속(Li(*s*))을 사용한 이차 전지에서 충방전을 반복하다 보면 양(+)극과 음(−)극이 서로 맞닿게 됩니다. 그런 일이 벌어지면 전지는 파괴되고 화재로 이어지는 심각한 안전 문제의 원인이 될 수 있습니다. 그러나 리튬 이온 전지는 전극 재료의 특성과 작동 방식이 달라서 전압은 유지되면서도 충방전을 수백 차례 해도 문제가 없습니다. 즉 리튬 금속 전지의 문제점을 해결한 전지입니다. 리튬 이온은 크기도 작고 가볍습니다. 그런 리튬 이온들이 양(+)극과 음(−)극의 전극 물질이 형성하고 있는 층 사이로 이동하는 것은 비교적 어렵지 않습니다. 또한 작은 질량의 리튬 이온은 에너지 밀도(전지 무게 1kg이 만들 수 있는 에너지. 단위는 Wh/kg)가 큰 전지를 만들 수 있다는 장점도 가지고 있습니다. 이런 우수한 성능 때문에 리튬 이온 전지는 현재 가장 널리 쓰이는 전지입니다.

리튬 이온과 전자의 이동 방향

리튬 이온 전지는 사용 전에 반드시 충전을 먼저 해야 합니다. 전지를 구입하자마자 곧바로 사용할 수 없다는 뜻입니다. 전지를 충전하면 양(+)극 물질로 사용되는 금속 산화물 전극이 산화되고, 그 결과 전극 전체의 양(+)전하가 증가합니다. 전하가 계속해서 증가한다면 전극 물질의 구조도 변하고, 다른 화학 물질로 변환될 수 있기 때문에 그대로 둔다면 전극 물질의 기능이 망가지게 됩니다. 이를 피하는 방법은 산화로 증가하는 양(+)전하가 전극에 쌓이는 일을 막는 것입니다. 구체적으로는 음(−)전하를 띤 이온이 전극층 사이로 들어오거나 혹은 양(+)전하를 띤 이온이 전극 층에서 빠져나가서 전극의 전하 균형을 유지하는 것입니다. 그런데 양(+)극 전극 물질의 층에는 이미 양(+)전하를 띤 리튬 이온(Li^{+})이 가득 차 있기 때문에 음(−)전하의 이온이 들어올 틈이 없습니다. 따라서 충전으로 증가하는 양(+)전하를 완화할 방법은 양(+)전하를 띤 리튬 이온이 전극에서 빠져나가는 것뿐입니다. 그것은 전극 물질의 구조도 변하지 않고, 전극 물질에 양(+)전하(전극 물질의 산화수 증가 효과)가 쌓이는 것을 막는 유일한 방법이기도 합니다. 그런 이유로 리튬 이온 전지를 충전할 때 리튬 이온은 양(+)극 물질에서 빠져나옵니다. 따라서 완전히 충전된 리튬 이온 전지의 양(+)극 물질의 층에 있던 리튬 이온은 다 빠져서 비어 있게 됩니다. 그곳에서 빠져나간 리튬 이온들은 전해질로, 전해질의 리튬 이온은 음(−)극 층간으로 이동해서 음(−)극 전극 물질의 층 사이를 채워 줍니다. 충전이 끝나면 리튬 이온 전지를 사용할 수 있습니다.

한편 기기의 전원을 켜는 순간 리튬 이온 전지에서는 음(−)극의 리튬 이온이 전극에서 빠져나와서 전해질로 흘러 들어가고, 동시에 음(−)극에서 발생한 전자는 전선을 따라 양(+)극으로 흐릅니다. 음(−)극 물질에서 음(−)전하의 전자가 빠지면 전기 중성을 유지하기 위해 양(+)전하를 띤 이온이 전극 물질의 층간으로 들어가야 합니다. 그런데 충전이 완료된 음(−)극 전극 물질의 층간에는 이미 양(+)전하를 띤 리튬 이온으로 채워져 있으므로 어떤 이온도 들어갈 공간이 없습니다. 결국 전극 물질의 전기 중성을 맞추려면 전자가 빠져나가는 것과 동시에 양(+)전하를 띤 리튬 이온이 전극 물질 밖으로 빠져나가는 수밖에 없습니다. 방전이 시작되자마자 양(+)극 물질의 금속 산화물은 음(−)극에서 흘러온 전자와 반응해 환원됩니다. 양(+)극 물질이 환원되면서 전극 물질의 양(+)전하는 줄어듭니다. 그때 전극 물질의 전기 중성을 유지하려고 양(+)전하를 띤 리튬 이온이 전극 물질의 층 사이로 채워집니다. 양(+)극 가까이에 있는 전해질의 리튬 이온이 먼저 양(+)극의 층 사이를 채우고, 전해질에서 리튬 이온이 빠져나가면 순차적으로 음(−)극에서 빠져나온 리튬 이온으로 채워집니다. 그것은 양(+)극이 리튬 이온으로 꽉 차고, 음(−)극은 리튬 이온이 완전히 빠질 때까지 계속됩니다. 그러므로 완전히 방전된 전지에서 양(+)극은 리튬 이온으로 가득 차 있고, 음(−)극은 리튬 이온이 텅 비어 있는 상태가 되는 것입니다. 리튬 이온 이차 전지의 수명이 다할 때까지 리튬 이온은 양(+)극과 음(−)극 사이를 계속해서 왕복합니다. 마치 두 종점 사이를 왔다 갔다 하는 셔틀버스처럼 보입니다.

연료 전지

연료 전지도 2개의 전극, 전해질, 분리막으로 구성되어 있습니다. 각 전극에서 산화 및 환원이 동시에 진행되어 전기 에너지를 만드는 형식도 다른 전지와 다를 바가 없습니다. 다른 점은 연료 전지는 전극에서 진행되는 산화 환원 반응에 필요한 반응물(연료 및 산소)을 전극에 연속해서 공급하고 산화 환원 반응을 일으켜서 전기 에너지를 만든다는 것입니다. 이미 알고 있듯이, 일차 전지 혹은 이차 전지에서 전기 에너지는 전지의 용기에 담아 놓은 전극 자체 혹은 전극 반응물들의 산화 환원 반응으로 만들어집니다. 전지와 연료 전지는 모두 산화 환원 반응으로 전지 에너지를 만들지만, 전극 반응에 참여하는 반응물을 공급하는 형식과 반응물의 종류가 다른 것입니다.

연료 전지의 산화 환원과 내연 기관 연소의 산화 환원 반응은 어떤 차이가 있을까요? 모두 연료와 공기(산소)의 산화 환원이 진행되는 화학 반응이라는 점은 같습니다. 다만 내연 기관은 연료와 공기를 함께 섞어서 화학 반응을 진행시키고, 그때 발생하는 열에너지를 이용합니다. 열에너지는 자동차를 움직이는 기계 에너지 혹은 모터를 이용해서 변환된 전기 에너지가 됩니다. 연료 전지는 앞서 설명한 것처럼 연료와 공기가 각각 분리되어 전극으로 공급되고 그것들의 반응으로 전기 에너지가 만들어집니다. 내연 기관은 화학 반응으로 발생하는 열 때문에 내연 기관의 온도는 높고, 외부의 온도는 상대적으로 낮습니다. 따라서 내연 기관의 열효율은 기껏해야 30%가 조금 넘을 정도입니다. 그러나 연료 전지의 효율은 약 50% 정도로 상당히 높으며, 효율이 80% 이상 되는 연료 전지도 있습니다.

연료 전지의 명칭과 반응

연료 전지의 연료는 주로 수소($H_2(g)$)이며, 이 밖에도 메탄올을 비롯해 다양한 종류의 연료를 사용하기도 합니다. 연료 및 전해질의 종류에 따라 연료 전지의 작동 온도, 효율, 사용 목적이 달라지며, 그에 맞는 전극들의 특성도 모두 다 다릅니다. 일반적으로 연료 전지의 이름은 연료 혹은 전해질의 명칭을 따서 짓습니다. 수소 연료 전지, 메탄올 연료 전지, 개미산 연료 전지 등은 연료의 특성을 따서 이름을 지은 것이며, 인산염 연료 전지, 고체 산화물 연료 전지, 용융 탄산염 연료 전지의 이름은 각각 진한 인산, 고체 산화물, 용융 탄산염과 같이 전해질의 이름을 붙여서 지은 것입니다. 전해질의 이름이 명칭으로 사용된다는 것은 그만큼 전해질의 역할이 연료 전지의 성능과 운용에 중요함을 의미합니다. 수소 연료 전지를 알칼리 연료 전지라고 부르는 까닭도 전해질로 진한 수산화 포타슘(KOH) 용액(농도 약 30~40%)을 사용하기 때문입니다.

수소 연료 전지의 한 전극에 수소를 공급하면 수소의 산화 반응이 진행됩니다. 그 전극은 산화 반응이 진행되는 전극이므로 애노드(음(−)극)입니다. 전극 반응으로 만들어진 수소 이온($H^+(aq)$)은 전해질에 녹으며, 수소 이온과 함께 발생된 전자는 사용되는 기기의 회로를 통해서 또 다른 전극으로 흐릅니다. 그 전극에서는 반응물로 공기가 공급되고 있습니다. 애노드에서 흘러온 전자로 공기에 있는 산소($O_2(g)$)의 환원 반응이 진행됩니다. 그 전극은 환원 반응이 진행되므로 캐소드이며, 전극의 극성은 플러스입니다. 환원 반응에 사용되는 전자는 애노드에서 발생해 전선을 따라서 양(+)극에서 이동해 온 것입니다. 수소의 산화 반응으로 만들어진 수소 이온은 전해질에 녹습니다. 산

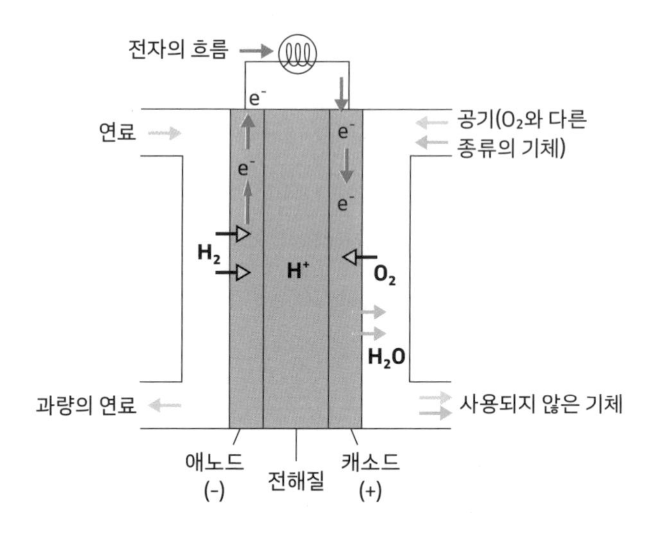

그림 5.18. 연료 전지의 개략도. 애노드: 수소 산화. 캐소드 : 산소 환원.

소의 환원에 필요한 반응물인 수소 이온은 전해질로 사용되는 물 혹은 발생한 수소 이온이 이용됩니다. 전해질 용액의 산성도(pH)에 따라 전극 반응식은 달라지겠지만, 최종적으로 형성되는 화학 물질은 순수한 물($H_2O(l)$)뿐이라는 점에는 변함이 없습니다. (그림 5.18)

연료 전지 반응

산화 반응(음(-)극: 애노드)

$2H_2 \rightarrow 4H^+ + 4e^-$ (산성 용액)

$2H_2 + 4OH^- \rightarrow 4H_2O + 4e^-$ (중성 혹은 염기성 용액)

환원 반응(양(+)극: 캐소드)

$O_2 + 4H^+ + 4e^- \rightarrow 2H_2O$ (산성 용액)

$O_2 + 2H_2O + 4e^- \rightarrow 4OH^-$ (중성 혹은 염기성 용액)

전체 반응

$2H_2 + O_2 \rightarrow 2H_2O$

분리막

연료 전지 전극들이 서로 접촉되는 것을 막으려면 두 전극 사이에 전기 절연 물질로 된 분리막이 필요합니다. 동시에 분리막은 수소 이온이 통과하기 쉬운 특성도 갖춘 물질이어야 합니다. 연료는 가급적 순수한 수소가 필요하며, 산소는 미세 먼지들이 걸러진 공기를 이용합니다. 그렇지만 공기에 있는 다른 기체(예: 이산화탄소 등)는 환원 반응을 방해하거나 혹은 부반응을 일으켜서 연료 전지의 전극 반응 효율을 떨어뜨릴 수 있습니다. 이산화탄소는 알칼리 용액에 잘 녹으므로, 알칼리 용액을 통과한 공기를 전극에 공급하면 이산화탄소를 제거한 산소를 공급하는 것과 같아서 연료 전지의 효율을 높일 수 있습니다.

나피온(Nafion)은 수소 이온을 통과시키는 특성도 있고 절연체이기 때문에 연료 전지에서 분리막 재질로 적합한 고분자입니다. 그것은 다국적 화학 기업 듀퐁에서 생산되는 제품으로 나피온은 상품명입니다. 탄소 플루오린 분자 그룹이 수없이 많이 연결된 고분자이며, 말단에 아황산 작용기($-SO_3^- H^+$)가 결합해 있어서 수소 이온(H^+)의 교환이 가능한 분자 구조를 하고 있습니다. 연료 전지의 전해질 종류와 작동 온도 등이 달라지면 그에 적합한 분리막의 종류도 달라져야 합니다.

수소의 저장과 생산

수소 기체($H_2(g)$)는 부피가 제법 크기 때문에 자동차에 싣고 다니는 것이 문제가 될 수 있습니다. 더구나 수소는 반응성이 크기 때문에 폭발 위험성마저 있어서 안전하게 보관하고 운반하는 것이 꼭 필요합니다. 부피를 줄이기 위해서 압축 기체를 만들기도 하고, 더 압력을 높이면 액체가 되기도 합니다. 폭발 위험성이 없는 보관 용기도 필요할 것입니다. 또한 자동차에서 연료 전지를 사용할 경우에 교통사고가 연료 탱크의 폭발로 이어지지 않도록 하는 것도 매우 중요한 사항이 될 것입니다. 수소를 많이 흡수하고 있다가 필요할 때 방출할 수 있는 특징을 지닌 수소 저장 합금이 있습니다. 예를 들어 팔라듐 금속은 자신의 부피보다 약 800배 이상의 수소를 저장하는 능력이 있습니다. 이처럼 수소의 흡수와 방출이 가역적으로 진행될 수 있고, 저장 능력이 큰 수소 저장 합금을 발명하는 것은 연료 전지의 발전에 중요한 기여가 될 것입니다.

또한 현재 수소는 주로 천연 가스와 석유를 이용해 생산되며, 물을 전기 분해해 수소를 생산하는 비율은 그리 높은 편이 아닙니다. 미래에 태양 에너지를 이용해 효율적으로 물을 분해할 수 있는 장치와 반응이 개발된다면 수소 연료 전지의 활용은 훨씬 높아질 것입니다. 현재에는 대부분의 수소가 석유에서 추출되기 때문에 결과가 아무리 친환경이라고 해도 그것을 준비하기까지는 많은 에너지와 비용이 들어가기 마련입니다.

백금 촉매

백금(Pt)은 수소 산화 반응에 사용되는 매우 효율적인 촉매입니다. 따라서 백금이 첨가된 전극 재료를 사용하면 수소의 산화 반응 효율성과 속도를 높이는 데 효과적입니다. 문제는 백금의 가격입니다. 현재는 전극 물질에 아주 소량의 백금을 분산시켜 만든 전극을 활용하는 것이 대부분입니다. 이 전극에서도 수소의 산화 반응은 비교적 쉽게 진행이 됩니다. 문제는 산소의 환원 반응입니다. 산화 반응은 잘되지만 환원 반응이 안 된다면 연료 전지의 전체 반응은 환원 반응 때문에 제한이 될 것입니다. 산소의 환원은 이론으로 예상할 수 있는 전압보다 훨씬 더 높은 전압을 걸어 주어야 진행이 됩니다. 그 전압 차이를 **과전압**(overvoltage)이라 부릅니다. 연료 전지에서는 산소 환원 반응의 과전압이 작은 전극을 개발하는 것이 중요한 과제입니다. 산소 환원 반응을 잘 일으킬 수 있는 전극 물질 혹은 효율 좋은 값싼 촉매 물질을 고안하고 만들어 내는 것은 연료 전지가 안고 있는 문제를 해결할 돌파구가 될 것입니다. 미래의 화학자를 꿈꾸는 독자들이라면 한번 도전해 보기 바랍니다.

분해 반응

분해 반응이란 하나의 화학 물질이 2개 이상의 화학 물질로 나뉘는 반응을 말합니다. 산화 환원 반응은 곧 분해 반응이기도 합니다. 예를 들어서 물($H_2O(l)$)은 수소($H_2(g)$)와 산소($O_2(g)$)로 분해됩니다. 물 분자에서 수소 원자의 산화수는 +1이며, 수소 분자에서 수소 원자의 산화수는 0입니다. 산화수가 감소했으므로 환원 반응입니다. 한편 물 분자에서 산소 원자의 산화수는 −2이며, 산소 분자에서 산소 원자의 산화수는 0입니다. (−2에서 0으로) 산화수가 증가했으므로 산화 반응입니다. 물의 전기 분해 실험은 간단히 할 수 있습니다. 전지(9V 이상)와 연필심(흑연 막대) 2개만 있으면 가능한 일입니다. (그림 5.19)

연필심에 전원을 연결하면 음(−)극에서 수소 기체가 발생하고, 양(+)극에서는 산소 기체가 발생합니다. 기체 방울들은 보이겠지만 수소와 산소의 구별은 할 수 없습니다. 그런데 페놀프탈레인($C_{20}H_{14}O_4$) 지시약을 한 방울 떨어뜨린 물에서 똑같은 실험을 하면 수소 기체 발생 전극을 알 수 있습니다. 전극 주위의 물이 분홍색으로 변하는 전극이 수소 기체가 발생하는 전극입니다. 이유는 물의 환원으로 수소 기

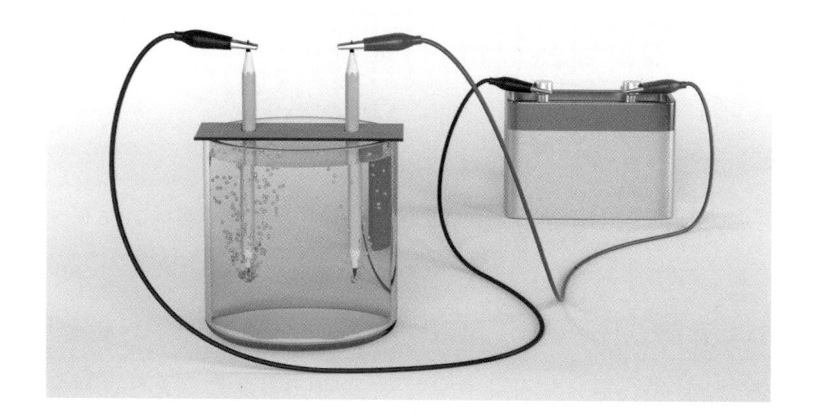

그림 5.19. 수돗물에 연필심 2개(전극)를 꽂고 9V 전지를 연결하면 물이 분해되어 음(-)극(검은색)에서 수소(H_2)가, 양(+)극(빨간색)에서 산소(O_2)가 형성된다.

체와 함께 수산화 이온($OH^-(aq)$)이 형성되어 염기성 조건을 만들기 때문입니다. 페놀프탈레인은 염기성 용액에서 분홍색을 띱니다. 그러므로 전기 분해가 어느 정도 진행되면 음(−)극과 연결된 연필심 전극 주변의 물이 분홍색으로 변하는 모습을 볼 수 있습니다. 또 다른 연필심 전극에서는 물이 산화되어 수소 이온($H^+(aq)$)이 형성됩니다. 재미난 것은 분홍색을 확인한 후에 저어 주면 용액은 곧 무색이 됩니다. 그것은 양(+)극에서 형성된 수소 이온과 수산화 이온의 반응으로 물이 되므로, 그때 용액의 pH는 페놀프탈레인 지시약이 색깔을 띠지 않는 중성으로 되돌아갔기 때문입니다. 페놀프탈레인은 산성과 중성 용액에서 무색입니다.

음(−)극 반응:	$4H_2O(l) + 4e^- \rightarrow 2H_2(g) + 4OH^-(aq)$	(캐소드)
양(+)극 반응:	$2H_2O(l) \rightarrow O_2(g) + 4H^+(aq) + 4e^-$	(애소드)
전체 반응:	$2H_2O(l) \rightarrow 2H_2(g) + O_2(g)$	

시험관에 염소산 포타슘($KClO_3(s)$)을 넣고 외부에서 가열하면 염화 포타슘(KCl)과 산소(O_2)가 되는 반응도 분해 반응의 또 다른 예입니다. 염소 원자의 산화수는 염소산 포타슘에서 +5이며, 염화 포타슘에서는 −1입니다. 염소 원자가 환원이 된 것입니다. 한편 염소산 포타슘에서 산소 원자의 산화수는 −2이며, 발생된 산소에서 산소 원자의 산화수는 0입니다. 산소의 경우에는 산화수가 증가했으므로 산화 반응이 진행된 것입니다. 열분해 반응으로 발생되는 산소($O_2(g)$)의 부피를 측정하면 이상 기체 상태 방정식($PV = nRT$)에 있는 기체 상수(R)를 결정할 수 있습니다. 기체의 상태 방정식과 그것에 관련된 계산 등은 9장에서 설명할 예정입니다. 여기서는 산소의 부분 압력과 부피 및 실험 온도, 발생한 산소의 양을 이용하면 기체 상수를 구할 수 있다는 사실만 알면 됩니다.

$$2KClO_3(s) \rightarrow 2KCl(s) + 3O_2(g)$$

결합 반응

이제 우리는 물의 분해로 수소($H_2(g)$)와 산소($O_2(g)$)가 형성되는 것을 알았습니다. 그런데 수소와 산소가 반응하면 물이 형성됩니다. 즉 2종류의 화학 물질이 결합해 새로운 화학 물질을 형성하는 **결합 반응**입니다. 앞서 설명한 분해 반응의 역반응($2H_2(g) + O_2(g) \rightarrow 2H_2O(l)$)도 결합 반응의 한 종류입니다. 한 종류의 원자들로만 화학 물질이 형성되는 경우도 있고, 2개 이상의 원자들이 결합해 이원자 분자, 화합물을 만드는 반응도 너무나 많이 있습니다. 수많은 원자가 결합한다고 상상해 보면 그로부터 형성되는 화학 물질의 수는 엄청나게 많을 것입니다. 독자들도 이미 잘 알고 있을 이산화탄소($CO_2(g)$)는 탄소 원자 1개와 산소 원자 2개가 결합해 형성된 화학 물질입니다. 이 밖에도 암모니아, 이산화황, 염산같이 우리 삶에 큰 영향을 미치는 많은 화학 물질들이 분자를 구성하는 원자들의 결합 반응 결과입니다. 결합 반응의 종류는 엄청나게 많고 다양하며, 상상할 수 있는 것 이상입니다.

치환 반응

$$AB + CD \rightarrow AC + BD$$

앞의 반응식처럼 두 종류 이상의 분자가 반응해 분자의 구성 원자를 서로 교환하는 반응을 치환 반응이라고 합니다. 이런 화학 반응의 종류도 엄청나게 많습니다. 예를 들어 녹이 슨 철(산화철, $Fe_2O_3(s)$)과 알루미늄($Al(s)$) 금속 조각이 화학 반응을 일으키면 철과 녹슨 알루미늄(산화 알루미늄, $Al_2O_3(s)$)이 됩니다.

$$2Al(s) + Fe_2O_3(s) \rightarrow 2Fe(s) + Al_2O_3(s) \qquad \Delta H = +850 kJ/mol$$

철의 녹은 붉은색이고 알루미늄($Al(s)$)의 녹은 흰색이므로 반응 전후에 색이 변한 것을 알 수 있습니다. 이 반응은 열도 엄청나게 발생해서 생성물인 철($Fe(s)$)을 녹일 정도로 뜨겁기 때문에 반드시 안전 장비를 갖추고 실험해야 합니다. 철길을 용접할 때도 이용되는 반응입니다. 반응 자체는 흡열 반응(ΔH가 +)이기 때문에 처음에 약간의 열을 반응계에 넣어야 반응이 시작됩니다. 그러나 일단 시작되면 자체의 열이 충분히 공급되는 상황이 되어서 반응은 가속이 되고, 폭발적으로 진행되는 모습을 볼 수 있습니다. (그림 5.20)

이 반응은 치환 반응이라고 부르지만, 따지고 보면 산화 환원 반응의 한 종류입니다. 알루미늄은 산화(산화수 0에서 +3으로 증가)되었으며, 철 산화물은 환원(+3에서 0으로 감소)이 되었기 때문입니다. 같은 반응일지라도 관점의 차이에 따라서 붙이는 이름이 다르다는 사실을 알 수 있습니다.

그림 5.20. 철길의 용접. 알루미늄과 산화철 분말의 혼합물인 테르밋(thermit)에 불을 붙이면 산화 환원 반응으로 철이 녹을 수 있는 수천 ℃ 이상의 열이 발생한다.

화약 제조

화약(C, S, KNO_3)에서 가장 비율이 높은 성분이 질산 포타슘(KNO_3)입니다. 그것을 제조할 때도 치환 반응이 이용됩니다. 양잿물(KOH)에 비료(NH_4NO_3)를 넣고 끓이면 치환 반응으로 질산 포타슘(KNO_3)과 수산화 암모늄(NH_4OH)이 형성됩니다.

$$NH_4NO_3 + KOH \rightarrow KNO_3 + NH_4OH$$

이런 반응은 과거에 질산 포타슘의 제조에 이용되었다고 저는 생각합니다. 조선 후기에 발행된 『신전자초방(新傳煮稍方)』에는 화약을 만드는 과학자(장인)들이 화약 제조에 필요한 좋은 원료(흙)를 찾는 방법과 그 흙을 이용해서 화약의 주성분(질산 포타슘)을 만드는 비법이 적혀 있습니다. 그 당시 경험으로 알아낸 질산 포타슘 제조법에 대한 내용을 읽어 보면 마치 연금술사의 노트처럼 느껴집니다. 그 과정을 화학 반응과 연결지어 제가 해석한 내용은 다음과 같습니다.

장인들이 원하는 좋은 원료는 초가지붕 밑 혹은 담벼락에 쌓인 흙인데, 그곳에는 질산 암모늄이 많이 들어 있었을 것입니다. 왜냐하면 땅속 박테리아들은 공기의 질소를 이용해 암모늄 이온과 질산 이온을 만들고, 그것들은 물에 녹기 때문에 식물들이 흡수할 것입니다. 그러므로 화약 장인들이 경험으로 선호하는 흙은 초가지붕의 짚이 오래되고 썩어서 묵혀진 흙이었으며, 당연히 질산 암모늄을 비롯한 많은 종류의 질산염이 포함되었을 것이라고 합리적인 추정을 할 수 있습니다. 장인들은 그 흙을 용기에 담아 양잿물을 섞어서 함께 끓이고(반응), 식혀 만들어진 결정을 화학 제조에 이용했다고 합니다. 바닷가 주변의 흙은 사용하지 않았다고 하는데, 그 이유는 소듐 이온(Na^+)이 많은 바닷가 흙은 질산 포타슘 대신에 질산 소듐($NaNO_3$)을 얻을 가능성이 크기 때문일 것입니다. 질산 소듐은 고체가 수분을 흡수해 녹는 성질인 **조해성(deliguescence)**이 질산 포타슘보다 크기 때문에 물을 잘 흡수합니다. 따라서 질산 소듐으로 화약을 만들면 보관할 때 수분을 흡수해서 화약의 성능을 떨어트릴 것으로 예상할 수 있습니다. 물에 녹는

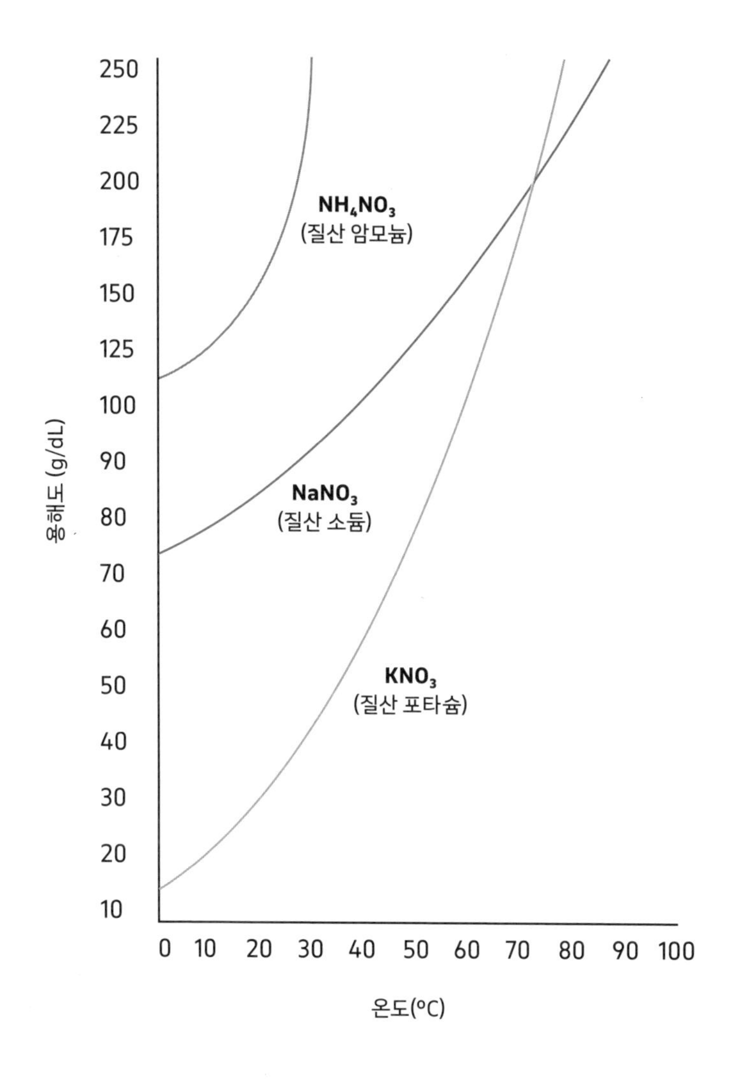

그림 5.21. 질산염의 용해도 곡선. 낮은 온도에서 질산 암모늄(Na_4NO_3)과 질산 소듐($NaNO_3$)의 용해도는 질산 포타슘(KNO_3)의 용해도보다 크다. 낮은 온도에서 질산 포타슘은 침전이 되고, 나머지 두 성분은 용액에 녹은 상태로 있다. 따라서 침전을 체(필터)로 거르면 침전에는 질산 포타슘만 남게 된다.

정도를 비교해 보아도 질산 소듐의 용해도(91.2g/dL)가 질산 포타슘의 용해도(38.3g/dL)보다 월등히 큽니다. 물에 잘 녹는다는 뜻입니다.

장인들이 양잿물(KOH)에 질산 암모늄(NH_4NO_3) 성분이 풍부한 흙을 넣고 끓이면 치환 반응으로 질산 포타슘(KNO_3)과 수산화 암모늄(NH_4OH)이 형성될 것입니다. 그런데 높은 온도에서는 반응물과 생성물 모두 물에 잘 녹는 물질이므로 용액에 녹아 있을 것입니다. 그런 상황에서 용액의 온도를 낮추면(식히면), 상대적으로 용해도가 낮은 질산 포타슘은 결정으로 석출되고, 수산화 암모늄을 비롯한 다른 이온들은 용해도가 높아서 용액에 녹은 상태로 있습니다. 따라서 침전은 곧 질산 포타슘 결정일 것입니다. 순도 높은 질산 포타슘을 얻기 위해서 1차 결정을 물에 녹였다(온도를 올렸다가)가 다시 결정을 만드는(온도를 내리는) 과정을 반복해 얻었을 것으로 추측할 수 있습니다. 그것을 **재결정**(recrystallization)이라고 하는데, 재결정은 화학 물질을 정제하고 순도가 높게 만드는 방법으로 실험실에서도 흔히 사용됩니다.

표 5.7. 염의 용해도. 일반적으로 용액의 온도가 증가하면 염의 용해도는 증가한다.

염의 종류	온도(°C)	용해도(g/dL)	온도(°C)	용해도(g/dL)
NH_4NO_3	0	118	20	150
KOH	0	97	25	121
KNO_3	0	13.3	20	31.6
$NaNO_3$	0	73	25	91.2

따라서 끓인 용액의 온도를 아주 낮추면 질산 포타슘은 석출되고, 질산 암모늄은 용액에 녹아 있기 때문에 초석을 문제없이 제조할 수 있었을 것입니다. 전해 오는 구전과 경험으로 화약 제조에 필요한 화학 물질을 얻었던 비법은 결국 치환 반응과 생성물들의 용해도 차이를 이용했던 것입니다.

Pfiser
FAKE

6장 합성과 분석

물질을 만들고, 확인하고, 그에 따른 에너지 변화를 이해하는 것이 화학의 전부라 볼 수 있습니다. 만드는 것은 합성이며 확인하는 것은 분석입니다. 6장에서는 화학 반응의 이해를 바탕으로 유기 합성, 무기 합성, 전합성, 역합성에 이르는 각종 합성을 설명하고 그것의 실제 사례들을 알아봅니다. 또한 합성의 중요 성과를 소개하고, 그것이 어떻게 산업과 연관되는지 설명합니다. 분석은 물질의 성분과 양을 알아내는 작업이며, 그것들의 특징을 파악하는 일도 포함됩니다. 분석 또한 일상에서 마주칠 수 있는 화학 물질을 예로 들어 설명합니다.

합성

화학이 다른 자연 과학과 확연히 구별되는 특징 중 하나가 바로 분자를 만든다는 점입니다. 화학 반응을 통해 자연과 똑같은, 혹은 자연에 없던 물질을 만드는 일을 **합성**(synthesis)이라고 합니다. 합성의 범위 안에는 기존의 물질을 더 쉽게 만드는 새로운 방법을 연구하는 일은 물론, 새로운 물질의 일부분이 될 분자 조각인 **전구체**(precursor)를 만드는 일도 포함됩니다. (전구체는 최종 분자를 합성하는 단계 이전에 사용되는 분자를 말합니다.)

새로운 분자를 합성하려면 반응의 조건, 온도, 압력은 물론 반응물의 상(고체, 액체, 기체)까지 생각해야 합니다. 지금은 컴퓨터로 분자 구조 모형을 상상하고 모의 합성하는 일이 가능합니다. 더 나아가 합성될 분자의 물리 화학적 특성까지 예측할 수 있어, 합성 전략이 매우 세분화되어 있습니다. 실제 합성에서 불필요한 단계를 모의 실험을 통해 생략할 수도 있습니다. 그러나 실험에는 많은 변수가 있기 때문에, 모의 실험으로 좋은 결과를 얻었어도 실제 합성에서 그대로 되지 않을 때가 많습니다.

자연에는 많은 화학 물질이 있습니다. 오롯이 한 종류의 물질로, 또는 다양한 물질들의 결합으로 수많은 종류의 물질이 만들어집니다. 같은 물질을 가지고도 다양한 물체를 만들 수 있지만, 그것의 화학 성분이 바뀌는 것은 아닙니다. 예를 들어 나무로 의자, 식탁, 침대를 만들 때 나무의 화학적 성질은 변하지 않습니다. 그러나 화학 반응이 진행되면 물질을 구성하는 원자들의 조합이 달라지며, 그것에 따라 특성도 달라져 새로운 물질이 됩니다.

물질을 구성하는 원자의 종류와 개수에 변함이 없어도 결합 방식에 따라 새로운 물질이 만들어질 수도 있습니다. 예를 들어 흑연과 다이아몬드는 모두 탄소 원자로 되어 있지만, 결합 방식에 따라서 겉모

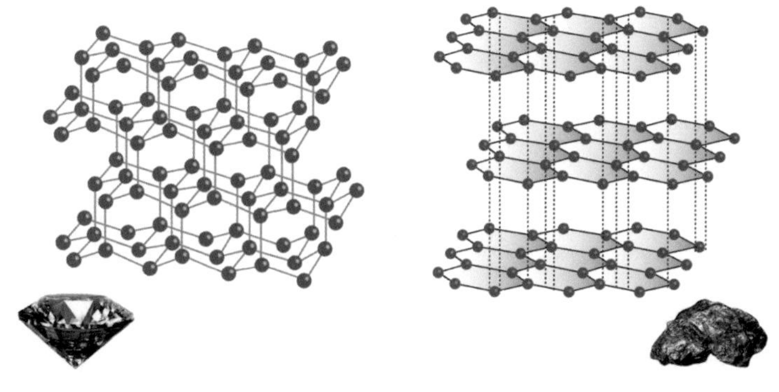

그림 6.1. 다이아몬드와 흑연의 3차원 구조. 물질을 구성하는 원자는 같아도 결합의 종류가 다르면 전혀 다른 성질을 띤다.

양과 경도를 비롯한 물리 화학적 특징들이 현저하게 차이가 납니다. (그림 6.1) 또한 물질의 합성에는 에너지의 출입이 반드시 있어야 합니다. 에너지는 종류가 다양하며, 합성할 때 필요한 온도, 압력, 화학 물질의 양도 중요한 변수입니다.

화학자는 자연에 있는 물질을 본따서 새로운 합성법으로 자연에 없는 물질을 만들어 내기도 합니다. 그중에는 약으로 사용되는 다양한 분자가 있습니다. 예를 들어, 혈중 콜레스테롤 농도를 낮추는 효과가 있는 분자, '스타틴' 계열의 약은 처음에는 곰팡이(*Aspergillus terreus*)에서 발견되었으나 이제는 실험실에서 합성이 가능합니다. 그 후에 구조가 유사한 분자를 설계하고, 효과가 더 좋은 분자를 합성했기 때문에 분자 구조가 비슷한 약들은 물론, 새로운 구조의 분자들이 약으로 많이 팔리고 있습니다. 화학 반응을 이용해 자연산 분자를 대량으로 합성할 수 있었고, 세상에 없었지만 새로운 기능과 효과를 지닌 분자를 합성하는 단계를 밟아 간 것입니다.

합성은 2종류로 구분할 수 있습니다. 하나는 자연산 화학 물질을 실험실에서 만들어 내는 것입니다. 즉 자연산 분자와 똑같은 분자를 말합니다. 껌이나 사탕에 포함된 성분으로 우리에게 친숙한 자일리톨은 설탕보다 단맛이 나는 자연산 물질입니다. 그것은 수많은 광고에서 보았듯이 자작나무에 포함된 분자 중 하나입니다. 하지만 자연산만 고집한다면, 자작나무만으로는 그 수요를 감당할 수 없을 것입니다. 실제로는 자일리톨은 나무의 설탕이라 불리는 자일로스(xylose)를 환원하는 방법으로 공장에서 생산됩니다.

또 다른 하나는 자연에는 없지만 인간 생활에 필요한 화학 물질을 만들어 내는 것입니다. 각종 질병과 질환의 증상 완화를 위한 약은 물론 컴퓨터와 자동차를 비롯한 각종 기기에 들어가는 반도체, (최근에는 너무 많이 사용해서 문제가 되는) 수많은 종류의 합성 플라스틱까지 모두 사람들이 필요해서 만들어 낸 물질입니다. 비록 화학을 전공하지는 않았지만, 유기 및 무기 화합물을 분석해 새로운 용도에 적합한 화학 물질을 합성하는 소재(재료) 공학, 의약학, 농학 전공 과학자와 공학자들도 모두 화학자의 범주에 속합니다.

유기 합성과 무기 합성

보통 유기 화합물이라 하면 탄소 원자를 반드시 포함하는 화합물을 말합니다. 그러나 탄산(H_2CO_3), 이산화탄소(CO_2), 일산화탄소(CO) 분자들은 탄소 원자를 포함하지만 탄소-수소 결합이 없고, 유기 화합물과 특징도 많이 다른 까닭에 무기 화합물로 분류됩니다. 100% 탄소 원자로 이루어진 흑연과 다이아몬드 역시 무기 화합물입니다.

유기 화합물은 자연산 분자, 그리고 자연에 없지만 화학자들이 합성한 분자로 구분해 볼 수 있습니다. 자연은 수많은 유기 화합물을 합성하는 거대 공장입니다. 화학자들도 간단한 분자부터 아주 크고 복잡한 분자까지 많은 물질을 합성합니다. 합성 대상이 무기 화합물인 경우도 많습니다. 그들은 분자를 이용해 원자와 분자를 결합하고 분해하면서 새로운 분자를 만드는 예술가입니다. 다른 예술 작품과는 달리 그들이 제작한 작품을 감상하려면 오랫동안 훈련과 경험을 쌓아야 합니다. 그런 작품을 설계하고 실제로 합성하기란 매우 어려운 일이며, 그것을 이해하고 감상하는 데도 지식과 경험이 필요한 것입니다.

식물의 광합성은 자연에서 진행되는 대표적인 합성 반응입니다. 이산화탄소와 물만으로 포도당과 산소를 만드는 식물은 화학 물질을 제공하며 인간을 비롯한 모든 동식물을 먹여 살리는 놀라운 일을 하고 있습니다. 식물이 만들어 내는 유기 화합물에는 독성을 띤 것도 많습니다. 단백질, 효소 등은 분자량도 크고 구조도 매우 복잡하며, 경우에 따라서는 금속 이온도 포함된 유기 화합물입니다. 비교적 간단한 유기 화합물의 이름을 붙이고 부르는 방법은 화학 공부를 시작하면 배울 수 있습니다. 그렇지만 유기 화합물 합성을 본격적으로 하고, 그 세계에서 대화에 참여하려면 각종 유기 화합물의 이름(명명법)을 확실히 알아야 합니다.

현대 유기 화학자들은 원유에서 추출한 간단한 구조의 유기 화합물을 이용하여 복잡하고 지난한 과정을 거쳐, 자연에 없는 화합물이나 자연산이지만 희귀하고 필요한 물질을 합성합니다. 사실 자연산 유기 화합물과 실험실에서 만든 분자(유기 화합물)가 구조, 분자량, 물리 화학적 특성이 정확히 같다면 그 둘을 구별하는 일은 의미가 없습니다. 예를 들어 식물과 과일에 들어 있는 비타민 C와 공장에서 포도당을 재료로 여러 단계의 화학 반응을 거쳐서 합성한 비타민 C는 정확히 같아서 구별할 수가 없습니다. 몸에서 진행되는 정교한 화학 반응에서조차 그 차이를 구별하지 못합니다.

분자를 합성하려면 화학 결합을 끊고 원하는 위치에 새로운 원자와 결합을 만들어야 합니다. 결합을 이룬 원자들이 제자리에 있는지 확인하는 작업도 해야 합니다. 또한 그것들은 눈으로 볼 수 없으므로, 기기를 통한 측정(기기 분석)과 실험으로 합성 분자의 특성이 목표로 했던 분자와 정확히 일치하는지 확인해야 합니다. 분자의 크기가 클수록 특성을 분석하는 일 또한 쉽지 않습니다.

1828년에 독일 화학자 프리드리히 뵐러(Friedrich Wöhler, 1800~1882년)는 무기 화합물($AgNCO$, NH_4Cl)을 시험관에 넣고 가열해 유기 화합물($(NH_2)_2CO$)이 만들어진다는 사실을 세계 최초로 알아냈습니다. ($AgNCO + NH_4Cl \rightarrow (NH_2)_2CO + AgCl$) 그때까지도 과학자들은 유기 화합물은 생명을 지닌 생물체에서만 만들어진다고 생각하고 있었습니다. 무기 화합물로부터 유기 화합물이 만들어졌다는 놀라운 결과를 그가 최초로 알아낸 것입니다. 이 정도면 뵐러를 '유기 화학의 아버지'라고 부를 만하겠지요? 사실 식물은 훨씬 이전부터 무기 화합물(이산화탄소)을 이용해 유기 화합물(포도당)과 산소를 만들고 있었는데 말입니다.

전합성/역합성 분석

전합성(total synthesis)은 말 그대로 '완전한 화학 합성'이란 뜻으로, 단순한 전구체에서 출발해 많은 단계를 거쳐 구조가 복잡하고 분자량이 큰 자연산 분자 또는 세상에 없었던 분자를 만드는 일입니다. **전구체**는 최종 목표 분자 합성 전까지 사용되는 모든 조각 분자를 말합니다. 즉 작은 분자, 이온, 금속 이온 등이 모두 전구체입니다. 주로 약으로서 효능이 있고 가치가 있는 분자(예: 비타민 B12)를 전합성으로 완성한 사례가 많습니다.

미국의 화학자 로버트 우드워드(Robert Woodward, 1917~1979년)는 콜레스테롤, 비타민 B12를 비롯한 많은 유기 화합물의 전합성에 성공했고 그 공로로 1965년 노벨 화학상을 받았습니다. 그 후에 합성 유기 화학자들은 각고의 노력으로 천연 단백질(폴리펩타이드, 효소, 호르몬)의

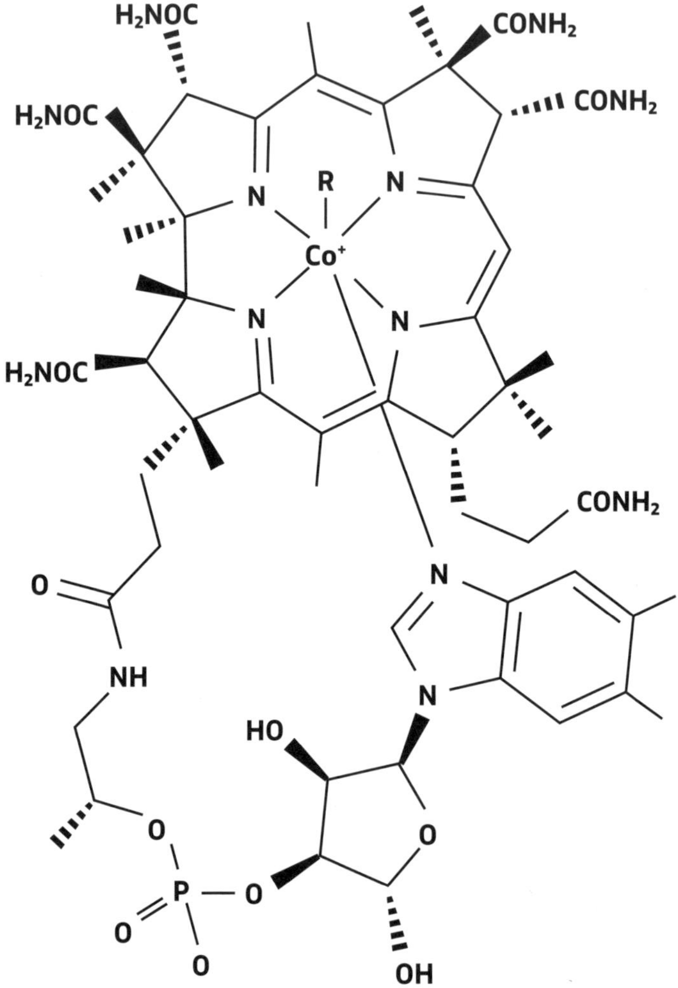

그림 6.2. 미국 화학자 로버트 우드워드가 전합성에 처음으로 성공한 비타민 B12(R=5'-디옥시아데노신, CH_3, OH, CH)의 분자 구조.

전합성에도 성공합니다. 전합성은 많은 시간과 노력이 필요하며, 수많은 반복 실험과 실패와 경험을 바탕으로 분자를 완성해 가는 힘든 작업입니다.

역합성 분석(retrosynthetic analysis)은 전합성의 대상이 되는 거대 분자의 구조를 해체해서 현재 이용 가능한 분자로 합성 가능한지를 실험하기 전에 미리 살펴보는 일입니다. 즉 전합성 전에 분자 및 분자 뭉치(전구체) 조각들을 꿰맞추어 보는 작업입니다. 필요한 새 분자 조각을 합성하는 방법을 알아내는 일도 역합성의 범주에 들어갑니다. 그것을 잘 이용하면 거대 분자의 전합성에 드는 노력과 시간, 비용을 상당히 줄일 수 있습니다. 미국 하버드 대학교의 일라이어스 코리(Elias Corey, 1928년~)는 전합성과 역합성 분석의 개발에 공헌해 1990년에 노벨 화학상을 받았습니다.

비아그라의 합성과 자연 보호

비아그라(Viagra)는 남성 발기 부전 치료제로 더 많이 알려져 있지만, 처음 연구를 시작할 때는 관상 동맥의 혈류가 악화되어 일시적으로 심장이 산소 결핍 상태가 되는 협심증을 치료하는 약을 목적으로 개발된 분자입니다. 그런데 임상 단계에서 발기가 잘 된다는 효과를 우연히 발견했고, 그 후 발기 부전 치료제로 파리면서 지난 20년간 매년 18억 달러(약 2조 1300억 원)라는 놀라운 판매량을 기록하고 있습니

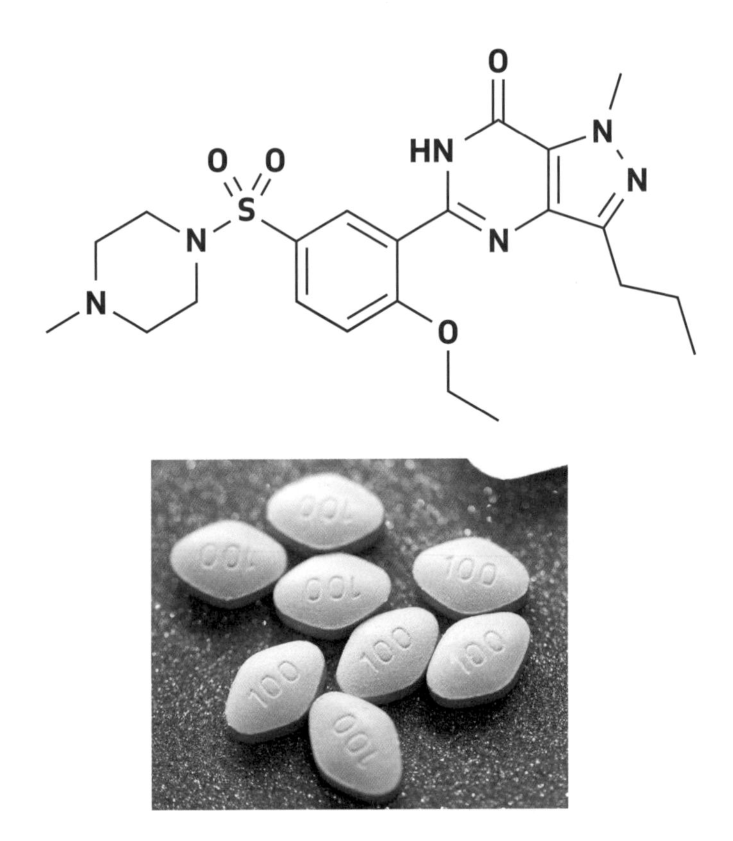

그림 6.3. 비아그라. 발기 부전 혹은 폐동맥 고혈압 치료제로 사용되며 화학 물질명은 실데나필(sildenafil)이다.

다. 비아그라 출시 전에는 발기 부전에 효과가 있다고 알려진 동물에서 (생식기, 뿔 등) 특정 부위를 얻으려고 수많은 생명을 희생시켰습니다. 이제 실험실에서 비아그라를 합성하고 보급하면서, 그런 동물들이 멸종 위기에서 벗어날 수 있게 되었습니다.

무기 합성

무기 합성은 무기 화합물을 대상으로 한다는 점만 다를 뿐, 나머지는 유기 합성과 다르지 않습니다. 무기 화합물은 원칙적으로 탄소를 포함하지 않거나 적어도 분자 내에서 탄소 원자의 역할이 크지 않은 화학 물질입니다. 그렇지만 금속 이온과 유기 화합물이 결합한 유기 금속 화합물, 균일 금속 촉매, 반도체, 발광 소재, 전지의 전극 재료 등 수많은 무기 화합물이 저마다 중요한 역할을 하고 있습니다. 새로운 무기 화합물을 자연에서 찾아내고 그것의 특성을 파악하며, 필요하다면 그것을 똑같이 만드는 일도 무기 합성에 해당됩니다. 인간의 편리함과 안전을 위해서 자연에 없었던 새로운 성능과 특성을 지닌 많은 물질이 무기 화합물입니다. 컴퓨터와 휴대 전화를 비롯해 수많은 전자 기기를 구성하는 각종 반도체들은 인간의 필요 때문에 만들어진 물질입니다.

무기 합성에는 유기물 합성보다 높은 온도와 압력이 필요한 경우가 더 많습니다. 매우 높은 온도가 필요하기 때문에 대체로 용광로를 사용하며, 실험에는 작은 용광로로 충분하지만 시멘트 생산 같은 대용량 무기 화합물 합성에는 거대한 용광로가 필요합니다. 그러나 유기 금속 화합물, 금속 이온이 포함된 배위 화합물과 같은 무기 화합물의 합성 조건은 유기 화합물의 합성 조건과 크게 다르지 않습니다. 심지어 분자를 합성하고 물질을 다룰 때 산소나 혹은 수분이 전혀 없는 환경이 필요하기도 합니다. 흔히 실험실에서 사용하는 **비활성 환경 상**

자(glove box)는 질소 혹은 아르곤 가스를 채워 산소와 수분에 민감한 시약을 보관하거나 그런 시약으로 새로운 분자를 합성할 때 사용합니다. 또한 수분에 민감한 물질을 사용한 제품을 대량 생산할 때는 습도를 대폭 낮춘 건조 방(dry room)을 사용합니다.

시멘트 생산

시멘트는 탄산 칼슘($CaCO_3$)을 주성분으로 하고 몇 가지 금속 탄산염과 금속 산화물이 포함된 무기 화합물로, 공장에서 대량으로 합성됩니다. 원료인 탄산 칼슘의 산지가 국내에서는 삼척시와 동해시 인근에 있어서 시멘트 생산 공장 역시 강원 지역에 많이 있습니다. 석회석(탄산 칼슘), 점토(실리콘 및 알루미늄 산화물), 철광석(철 산화물)을 곱게 간 분말을 용광로에 넣고 1,100~1,400℃의 높은 온도에서 8시간 이상 가

그림 6.4. 왼쪽: 실험실의 소형 전기로. 오른쪽: 제철소의 대형 용광로.

열하면 탄산 칼슘은 생석회라 부르는 산화 칼슘(CaO)과 이산화탄소로 변합니다. 또한 점토 및 규석에 있는 알루미늄, 실리콘, 철을 포함하는 각종 화합물은 산화되어 금속 산화물(Al_2O_3, SiO_2, Fe_2O_3)로 변합니다. 무기 화합물의 반응물이 다른 성분의 화합물(생성물)로 변했으므로 이 또한 무기 합성입니다. 여러 무기물 재료를 혼합해서 만든 최종 시멘트 분말은 용도에 맞추어 성분과 비율을 조절한 것입니다. 시멘트에 물과 모래를 섞어서 콘크리트가 형성되면 산화 칼슘이 수산화 칼슘($Ca(OH)_2$)으로 변합니다. 그것은 발열 반응으로, 콘크리트 양생 과정에서 열이 발생하는 이유는 이 때문입니다.

시스플라틴 합성

시스플라틴(cisplatin)은 화학 요법으로 암을 치료할 때 사용되는 화합물입니다. 많은 종류의 암에 효과를 보이며 주사로 혈관에 투입하는 약입니다. 그 기전은 암세포의 DNA에 결합해 세포 복제를 방해함으로써 결과적으로 암세포의 증식을 막는 것으로 알려져 있습니다. 일단 암세포의 증식이 중지되는 것만으로도 효율적인 치료의 시작점이 될 것입니다. 그렇지만 메스꺼움이나 구토 같은 부작용도 적지 않은 것이 단점입니다.

백금 원자에 2개의 염소 원자와 암모니아가 배위 결합한 시스플라틴은 한 용기에서 합성이 가능합니다. 그것을 **단일 용기(one-pot)** 합성

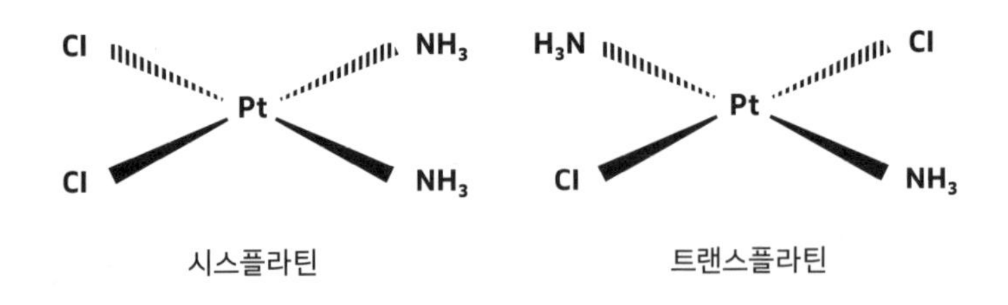

그림 6.5. 플라틴의 구조 이성질체. 시스플라틴과 트랜스플라틴 2종류의 구조 이성질체 중에서 시스플라틴만 항암 효과가 있다.

이라 하는데, 노력과 비용이 많이 절약됩니다. 목표 분자 합성에 여러 단계를 거쳐야 한다면 당연히 전체 수율은 매우 저조할 수밖에 없습니다. 따라서 단일 용기에서 한 번에 최종 원하는 분자가 합성되는 것은 효율이 아주 좋은 합성법이라 볼 수 있습니다.

트랜스플라틴은 시스플라틴의 구조 이성질체이지만, 항암 효과가 없습니다. 암세포 DNA와 효과적으로 결합하려면 분자의 입체 구조도 굉장히 중요하다는 사실을 의미하는 결과입니다. 항암제로 사용되는 약들은 대부분 독성이 높은 화학 물질일 가능성이 높습니다. 스위스의 의학자 및 연금술사였던 필리푸스 파라켈수스(Philippus Paracelsus, 1493~1541년)의 명언처럼 "모든 물질은 독극물이며, 단지 투여량에 따라 독극물인지 아닌지가 결정될 뿐."이기 때문입니다. 심지어 물조차도 너무 많이 마시면 사람에게 해로우므로 조심해야 합니다. (물의 반수 치사량(LD_{50})은 약 6L입니다.)

전극 재료 합성

2019년 노벨 화학상은 리튬 이온 전지의 개발에 공헌한 존 구디너프(John Goodenough, 1922~2023년), 스탠리 휘팅엄(Stanley Whittingham, 1941년~), 요시노 아키라(吉野彰, 1948년~) 3명의 과학자에게 돌아갔습니다. 충방전을 수없이 많이 해도 사용 가능한 이차 전지는 휴대 전화, 자동차, 항공기 같은 전자 기기에 꼭 필요한 에너지 저장 장치입니다. 리튬 이온 전지의 개발 역사와 함께한 세 과학자의 업적을 살펴보면 그야말로 한 편의 드라마를 보는 것 같습니다.

그들은 제일 처음에는 에너지 밀도가 큰 물질을 자연에서 발견하고, 그것을 더 성능이 좋은 물질로 대체하기 위해 자연에 없는 새로운 성분의 무기 화합물을 합성했습니다. 그것은 층간 무기 신물질의 합성이며 그 물질은 리튬 이온이 수백 회 들락날락해도 층이 무너지지 않는 특징을 가지고 있습니다. 또한 그들은 전극 재료에 금속 황화물 대신에 금속 산화물을 사용해 더 높은 전압을 가능하게 했고, 이는 전지의 완성으로 이어졌습니다.

전극 재료로 성능이 더 뛰어난 새로운 무기 화합물을 합성하고, 발견하는 일에 지금도 많은 과학자가 노력하고 있습니다. 동시에 무기 화합물보다 중량이 가벼우며 전지에 사용될 수 있는 전도성 고분자를 합성하려는 노력도 계속되고 있습니다. (그림 6.6)

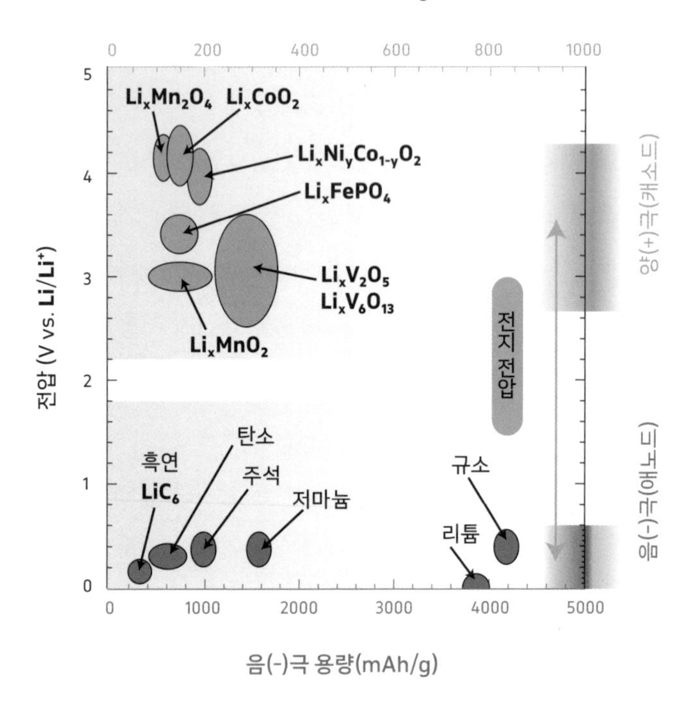

그림 6.6. 다양한 전극 물질의 전압(V)과 전하 용량(mAh/g).

분석

자연산 화학 물질의 종류는 엄청나게 많고, 자연에는 없지만 인간이 합성한 화학 물질의 종류도 많습니다. 이 우주에 존재하는 물질은 현재까지는 모두 화학 물질이라고 할 수 있습니다. 자연산이든, 합성한 것이든 그 물질의 물리 화학적 특성은 물론 물질을 구성하는 분자의 종류와 수를 알아내고 조사하는 작업을 **화학 분석**(chemical analysis)이라고 합니다.

즉 분석은 한마디로 화학 물질의 물리적, 화학적 특성을 파악하는 일입니다. 화학적 특성이란 분자를 구성하는 원자의 종류와 개수, 원자들이 결합한 분자 구조와 반응 특징 등을 의미합니다. 만약 자연에 있는 분자를 실험실에서 합성했다면, 합성된 분자가 자연산과 일치하는지 여부를 확인해야 합니다. 먼저 녹는점, 끓는점, 밀도와 같은 물리적 성질을 측정해 같은 물질인지 여부를 확인합니다. 광학 이성질체처럼 편광 특성을 제외한 다른 종류의 물리적 특성은 같지만 화학적 특성이 완전히 다른 분자의 구조와 특성을 알아내기 위해서는 특수한 실험 방법과 조건이 필요합니다. 그렇게 측정된 특성에 대한 실험 자료를 해석해 물질의 특성을 파악합니다.

더 나아가서 화학자는 분석 대상인 화학 물질에서 특정 분자 혹은 원자의 비율과 양을 측정하고, 측정 자료의 정확성과 신뢰성까지 검토합니다. 예를 들어 레고 블록으로 완성한 집(화학 물질)을 분석한다고 생각해 봅시다. 그렇다면 레고 블록의 모양과 색깔이 어떤 것이 있는지(정성 분석), 특정한 모양과 색을 띠는 블록은 각각 몇 개씩 있는지(정량 분석), 그것들은 어떤 순서 또는 방식으로 연결되어 있는지를 알아내야 비로소 집의 정체를 파악할 수 있을 것입니다.

레고 블록을 분해할 때 품이 드는 것처럼, 화학 물질을 분석할 때도 에너지가 필요합니다. 분석은 분석 대상이 되는 화학 물질이 포함된 계에 에너지를 넣은 후에 그 물질의 반응을 살피는 것입니다. 에너

그림 6.7. 레고 블록으로 지어진 집이 (합성 혹은 자연) 물질이라면 블록의 특징(색과 모양)을 확인하는 것은 정성 분석에, 블록의 개수를 확인하는 것은 정량 분석에 비유할 수 있다.

지를 넣는다는 말은 즉 계에 자극을 준다고도 할 수 있습니다. 자극은 빛, 전기, 열, 화학 에너지의 형태이며, 분석 대상인 화학 물질이 자극에 감응하는 특징을 관찰하고 변화되는 양을 측정해 자료를 만들고 해석합니다. 분자들이 감응하는 특징은 매우 다양한 형태로 나타납니다. 분석 대상 물질은 그 분자 혹은 원자만이 낼 수 있는 특별한 파장을 흡수 혹은 방출합니다. 또한 분석 대상 물질(반응물)이 첨가한 화학 물질(화학 에너지)과 반응해 형성되는 새로운 화학 물질(생성물)의 특성(색, 침전, 최대 파장, 반응성 등)을 파악해 본래의 물질이 무엇인지 알아내기도 합니다. 만약 분석 대상 물질과 선택적 반응을 하는 특정 분자가 있다면 화학 반응만으로도 분석을 할 수 있습니다.

화학 물질의 종류는 다르지만 에너지(자극)에 똑같이 감응하는 분자들이 혼합되어 있다면, 일단은 화학 물질을 각각의 성분으로 분리해야 합니다. 그 후에 자극을 주고 개별 분자들의 특징을 알아내면 될 것입니다. 분리되지 않는다면, 계에 주는 에너지의 종류와 세기를 달리하면서 감응 특성을 살펴야 합니다. 자극의 종류와 물질의 상태가 워낙 다양하므로 특성을 파악하기 위한 분석법과 도구도 그만큼 다양합니다.

정성 분석

자연에서 화학 물질을 새로 발견했을 때, 그리고 신물질을 합성했을 때 우리는 그것이 무엇인지 알아야 합니다. 구성 분자의 특성은 물론, 그 분자를 구성하는 원자의 종류 및 양도 알아내야 합니다. 그러므로 화학 분석은 화학 물질을 합성하는 실험실과 공장의 분석실, 품질 관리실 같은 곳에서 늘 하고 있는 작업입니다. 예를 들어 나라에서 수돗물과 공기의 품질을 개선하려면 먼저 그 안에 있는 화학 물질의 양과 종류를 알아야 할 것입니다. 그래야 오염원을 제거하기 위한 대책도 세울 수 있습니다. 분석은 생산품의 품질 관리에서도 꼭 필요한 일입니다. 불량 제품의 특성을 분석하고, 문제점을 찾아내야 공장에서 정상 제품을 만들 수 있기 때문입니다.

국립 과학 수사 연구원에서도 수많은 물질을 분석합니다. 특히 범죄와 관련된 DNA 분석과 음주 운전 판단을 위한 혈중 알코올 농도 분석이 유명합니다. 분석을 통해서 분자의 종류와 관심 대상이 되는 분자의 양까지 알아내는 것입니다. 국내에도 많이 알려진 유명한 드라마 「CSI 과학 수사대(CSI: Crime Scene Investigation)」에는 각종 화학 분석 장비는 물론 범죄 현장에서 도구를 이용해 의심 가는 물질을 분석, 해석하는 장면이 매회, 그것도 여러 차례 나옵니다. 일반인에게는 외계어처럼 들리는 화학 분석 장비의 이름도 자주 등장합니다. 범죄 원인을 찾아내는 일에는 화학 분석이 빠질 수 없기 때문입니다.

정성 분석(qualitative analysis)은 물질에서 관심 대상이 되는 화학종(이온, 분자)이 있는지 없는지 확인하는 것입니다. 예를 들어 수돗물에 염화 이온(Cl^-)이 있는지 없는지를 알아보는 것은 정성 분석입니다. 수돗물에 염화은($AgNO_3(aq)$) 용액을 한 방울 떨어뜨려서 흰색 콜로이드 입자($AgCl(s)$)가 형성된다면 우선 염화 이온(Cl^-)이 있다고 생각할 수 있습니다. 은 이온과 흰색 침전을 일으킬 수 있는 다른 종류의 음이온이 있다면 정성 분석 작업도 복잡해질 것입니다. 일단 염화 이온(Cl^-)이 있다면 은 이온(Ag^+)과 반응해 흰색의 염화은 침전이 형성된 것이라고 볼 수 있습니다. 만약 브로민 이온(Br^-)이 있었다면 옅은 크림색 침전($AgBr(s)$)이, 아이오딘 이온(I^-)이 있으면 옅은 노란색 침전($AgI(s)$)이 형성될 것입니다. 세 종류의 이온이 다 함께 섞여 있는 수돗물이라면 단순히 침전의 색을 관찰하는 분석법은 이용할 수 없습니다. 더욱 세밀한 분석법으로 염화 이온의 존재를 확인해야 합니다. 이

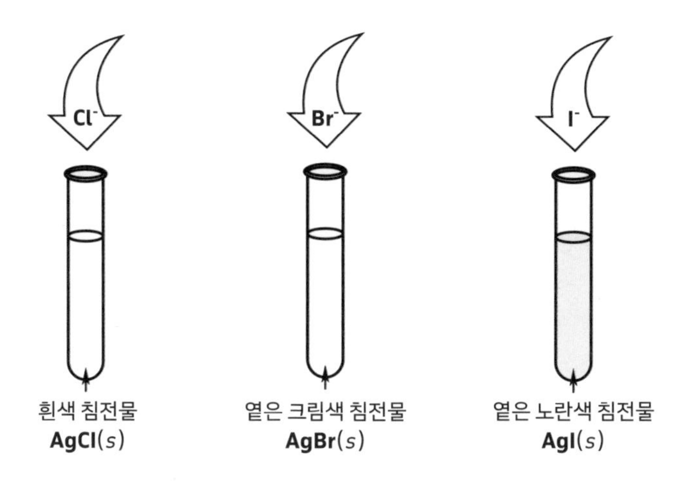

그림 6.8. 정성 분석은 물질의 특징을 이용해 정체를 파악하는 작업이다.

처럼 양과 상관없이 화학 물질의 종류가 무엇인지 알아내는 작업이 정성 분석입니다.

정량 분석

정량 분석(quantitative analysis)은 분석 물질에서 관심 성분의 양을 알아내는 것입니다. 앞서 든 예에서 정성 분석이 수돗물 속 염화 이온의 존재 여부를 확인하는 것이었다면, 정량 분석에서는 그것의 양(혹은 농도)을 알아내는 것입니다. 염화 이온의 양을 알아내는 분석 방법은 여러 가지가 있으며 가장 간단한 것으로 **적정**(titration)이 있습니다. 적정 실험으로 얻은 자료를 이용해 계산하면 염화 이온의 양을 알 수 있습니다. 구체적으로는 농도가 궁금한 염화 이온이 포함된 물에 정확하게 농도를 알고 있는 질산은($AgNO_3(aq)$) 용액을 첨가합니다. 그렇게 되면 염화 이온과 은 이온이 반응해 염화은 침전이 형성됩니다. (그림 6.9)

적정 실험에서는 지시약을 이용해 두 이온의 반응이 정확하게 완

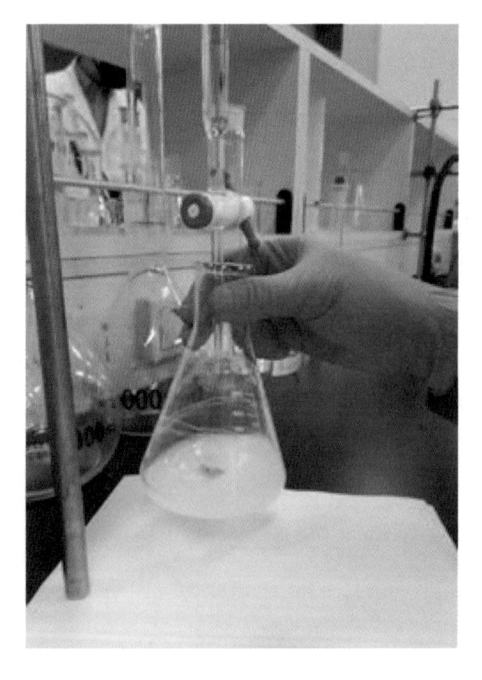

그림 6.9. 비커 용액의 염화 이온과 뷰렛 용액의 은 이온이 반응하면 흰색 침전($AgCl(s)$)이 형성된다. 적정 중간에 보이는 벽돌색 흔적은 지시약과 은 이온이 반응해 형성된 물질의 색이다.

결되는 점(종말점)을 알 수 있으므로 종말점까지 첨가된 질산은 용액의 부피를 측정하는 것입니다. 종말점은 지시약의 색 변화 혹은 용액의 전위가 급격히 변화하는 점을 말합니다. 화학 반응식과 실험 자료(질산은의 농도와 종말점까지 첨가된 부피)를 이용하면 염화 이온의 농도(양)를 계산할 수 있습니다. 질산은 용액에 있는 은 이온과 염화 이온의 알짜 반응식은 다음과 같습니다.

$$Ag^+(aq) + Cl^-(aq) \rightarrow AgCl(s)$$

두 이온이 1:1 반응하므로, 종말점에서 염화 이온과 은 이온의 mol은 같습니다. 그런데 첨가된 질산은의 농도(M: mol/L)와 종말점까지 첨가된 질산은 용액의 부피(L)를 곱한 계산(mol/L × L)의 결과는 은 이온의 mol입니다. 질산은의 농도는 미리 알고 있으며, 적정 실험으로 부피만 측정하면 얼마든지 염소 이온의 양(mol)을 계산할 수 있습니다. 그러므로 종말점까지 첨가된 질산은 용액의 부피(V_{Ag^+}(L))와 농도를 이용해 분석 용액에 있는 염화 이온의 농도(C_{Cl^-}(mol/L))를 계산하는 식은 다음과 같습니다.

$$C_{Cl^-}(mol/L) = \frac{C_{Ag^+}(mol/L) \times V_{Ag^+}(L) \times [\frac{1mol\ Cl^-}{1mol\ Ag^+}]}{V_{Cl^-}(L)}$$

C_{Ag^+}(mol/L): Ag^+ 용액의 농도(실험 전에 농도를 알고 있음)

$V_{Ag^+}(L)$: 종말점까지 들어간 Ag^+ 용액의 부피(실험으로 측정)

$[\frac{1mol\ Cl^-}{1mol\ Ag^+}]$: Ag^+ mol을 Cl^- mol로 변환하기 위한 인자

$V_{Cl^-}(L)$: Cl^-가 포함된 미지 용액의 부피(실험 전에 부피를 측정)

$C_{Cl^-}(mol/L)$: Cl^-의 농도(분석 결과)

소듐의 정성 분석과 불꽃놀이

소금($NaCl(s)$) 알갱이 몇 개를 파란색 불꽃에 뿌리면 불꽃의 색이 잠시 노란색으로 보입니다. 가스레인지에서 국을 끓이다 국물이 넘쳐서 불에 닿을 때, 잠깐 노란색 불빛을 볼 수 있는 것과 같은 현상입니다. 소듐 원자 혹은 소듐 이온의 전자들이 열에너지를 받으면, 전자들이 자신들의 본래 에너지 오비탈의 영역에서 더 높은 에너지 오비탈의 영역으로 잠시 이동했다가 즉시 본래의 오비탈 영역으로 되돌아오면서 노란빛을 냅니다. 그때 빛의 파장은 589.0nm 및 589.6nm입니다. 정확히는 2가닥의 파장이며, 그 파장은 노란색을 띠고 있습니다. (그림 6.10)

터널에 설치되는 노란색 등도 작동 원리는 마찬가지입니다. 다른 것은 램프에는 소듐 기체($Na(g)$)가 들어 있고, 자극을 주는 수단이 전기 에너지라는 점입니다. 소듐 같은 알칼리 금속 화합물을 비롯한 많은 금속 화합물은 이런 과정을 거쳐서 빛을 냅니다. 금속 및 금속 무기

그림 6.10. 가로등의 노란빛은 소듐 기체가 자극을 받아서 발생하는 빛의 색이다. 다른 종류의 기체를 사용하면 빛의 색이 변한다.

그림 6.11. 불꽃놀이의 색은 다양한 금속 원소 및 화합물이 에너지를 받아 화학 반응이 진행된 결과이다. 소리는 화학 반응과 함께하는 급격한 상변화(물리적 변화) 때문이다.

화합물들은 에너지를 받아서 들뜬 상태에 잠시 머물다 바닥 상태로 변환되면서 제각각 고유의 빛을 방출합니다. 그것을 이용하고 밤하늘을 캔버스로 삼아서 다양한 색과 모양을 보여 주는 것이 바로 불꽃놀이입니다. (그림 6.11)

18K 금반지와 금의 비율

우리는 100% 순금을 흔히 **24캐럿**(karat, K)이라고 부릅니다. 이 단위는 그리스의 캐럽나무(*Ceratonia siliqua*) 열매가 서로 무게가 아주 균일해서, 열매 24개의 무게가 순금 비잔틴 금화 1개와 같았다는 점에서 유래했다고 합니다. 그런데 순금으로 금화를 만들면 너무 물러서 유통하기 힘들었기에, 구리를 비롯한 금속을 섞어 합금으로 만든 금화를 화폐로 사용했습니다. 합금 금화에서 금의 비율을 캐럽 씨앗의 개수로 변환해 금의 함량, 즉 순도를 나타냈습니다. 예를 들어 24K 금이면 금이 100%이고, 12K 금이면 50%입니다. 만약 18K 금반지라면 금의 비율이 반드시 75%가 되어야 합니다.

금의 순도와 관련해 제가 경험한 사건이 하나 있습니다. 결혼할 때 18K 반지를 구입한 후에 공증 기관에 분석을 맡겨 보니, 금 비율이 72%라는 분석 결과를 받았습니다. 저는 그 자료를 들고 다시 상점을 찾아가서 정확히 75%가 되는 금으로 결혼 반지를 다시 만들어 달라고 요청했습니다. 결국 정확한 18K 금반지라는 공증 기관 보증서가

그림 6.12. 보석은 특정 금속 산화물에 다른 금속 또는 산화물이 불순물로 섞인 물질로, 불순물의 종류, 양, 균일한 정도에 따라 색과 값이 달라진다.

첨부된 반지를 받을 수 있었습니다.

참고로 보석 광물의 단위는 **캐럿**(Carat)이며, 1캐럿은 국제 표준 질량으로 200mg입니다. 재미난 사실은 보석의 주성분은 이산화규소(SiO_2), 산화 알루미늄(Al_2O_3)과 같은 금속 산화물이며, 그것들이 아름답고 찬란한 색을 띨 수 있는 이유는 그 안에 포함된 (크롬, 철 등의) 불순물 금속이나 산화물 때문이라는 사실입니다. 불순물의 종류, 양, 균일한 정도에 따라 보석의 값어치가 달라집니다. 다이아몬드 또한 (앞서 이야기한 것처럼) 성분은 흑연과 똑같은 탄소(C)지만, 화학 결합의 종류가 달라서 귀한 대접을 받고 있습니다.

극미량 분석

쓰레기를 태울 때 완전 연소가 되지 않으면 다이옥신(dioxin)이 형성됩니다. 다이옥신은 독성이 강한 화학 물질이며, 면역 체계의 이상을 일으키는 주범으로 알려져 있습니다. 현재 우리나라의 배출 허용 기준(0.1ng-TEQ/Sm^3)은 많은 선진국의 기준과 같습니다. 그것은 가로, 세로, 높이가 각 1m인 부피(1,000L)의 공기에 100피코그램(pg)의 다이옥신이 포함된 상태를 의미합니다. (피코(pico)는 SI 단위에서 10^{-12}를 나타내는 접두사입니다.) 다이옥신처럼 시료(공기)에서 매우 적은 양이 포함된 물질을 분석하려면 숙련된 전문가가 필요하며, 비용도 많이 듭니다. 기체 상태에서 다이옥신 분자의 종류와 각각의 분자량, 구조는 물론 양까지 알아내기란 매우 어렵습니다.

기체 상태 분자들을 분리하고 확인할 때 일반적으로 **기체 크로마토그래피(gas chromatography, GC)**와 **질량 분석기(mass spectrometer, MS)**가 결합된 장치(GC-Mass)를 이용합니다. 기체 크로마토그래피는 기체들을 분리 및 확인하는 장치이고, 질량 분석기는 분리된 기체의 원자량 혹은 분자량 및 구조를 측정하는 장치입니다.

휘발성 유기 화합물이 기체 상태로 운반 기체(He, N_2)와 함께 길이가 엄청나게 긴 분리관(column)을 따라 통과할 때 각 기체 분자들의 속도는 차이가 나게 됩니다. 분자들의 분자량, 극성 정도, 끓는점의 차이 같은 물리 화학적 특성의 차이가 분리관에서 탈출하는 분자들의 속도 차이로 이어집니다. 기체의 특성에 따라서 분리하는 관의 종류도 다르며, 화학 물질을 확인하기 위해서 관의 맨 끝에 위치하는 검출기도 화학 물질의 특성에 따라 달라집니다. 분자들이 관에서 이동하는 속도가 다르기 때문에 관을 빠져나오는 시간도 차이가 나는 것입니다. 그러므로 분리 관에 머문 시간을 측정하면 화학 물질의 종류를 알 수 있습니다. (정성 분석) 구체적으로는 분석하려는 물질과 동일한 표준 시료를 이용해 같은 조건에서 측정된 2개의 머문 시간을 비교하면 알 수 있습니다. 만약에 머문 시간이 표준 시료의 것과 정확히 일치한다면 1차로 분석 대상의 분자라고 확인할 수 있습니다. 머문 시간이 같지만 종류가 다른 분자라면 최종 확인 작업에는 또 다른 실험이 필요할 것입니다.

분리관을 빠져 나오는 분자들의 시간이 차이가 나는 것은 결국 분자들의 특성과 관련이 있습니다. 분자를 사람에 비유하고 상점들이 늘어서 있는 지하 상가 터널을 분리관에 비유하면 쉽게 이해할 수 있습니다. 지하 상가에는 기다란 터널 모양으로 상점들이 늘어서 있습니다. 그곳을 통과하는 사람들이 터널을 빠져 나오는 시간은 다 다릅니다. 마치 분자들이 특성에 따라 분리관을 빠져 나오는 시간이 달라서 분리되는 것과 같습니다.

기체 분자들은 동시에 분리관을 빠져나오는 것이 아니기 때문에, 평균적으로 머무는 시간보다 빨리 혹은 늦게 관에서 나오는 분자가 있습니다. 평균 시간과 일치하는 분자들의 양이 제일 많으며, 그것을 중심으로 종 모양의 자연 분포(가우스 분포)를 이룹니다. 측정 자료에서 해당 화학종과 일치하는 종 모양의 봉우리(peak) 높이 혹은 면적을 알면 그것에 해당하는 분자의 양을 알 수 있습니다. 구체적으로는 일정한 양의 표준 시료로 같은 조건에서 실험해서 얻은 봉우리 모양의 높이 혹은 면적과 비교하면 화학종의 양을 파악하는 것이 가능합니다. 요즘은 그런 기기들이 대부분 컴퓨터와 연결되어 있어서, 높이 혹은 면적을 금방 숫자로 나타내 줍니다.

기체 크로마토그래피로 분석할 때 표준 시료가 없거나 혹은 처음 마주하는 분자라면 기체의 분자량을 아는 것이 필요합니다. 질량 분석기는 분자의 질량과 구조를 측정하는 기기입니다. 고에너지로 관심 대상 분자들의 화학 결합을 깨뜨리면 다양한 유형(패턴)의 분자 조각이 형성됩니다. 그 분자 조각들은 전기장이 걸려 있는 장소를 지나게 되어 있습니다. 분자 조각들은 전하를 띠고 있고 질량도 달라서, 전기장 내에서 날아가는 속도가 다릅니다. 분자 조각의 질량과 전하의 비율(m/z)에 따라 검출기에 도착하는(감응) 분자 조각의 종류가 도착하는 시간으로도 구별이 될 것입니다. 그렇게 얻은 분자 조각의 유형(패턴)을 미리 축적된 자료와 비교하는 방법으로 온전한 분자 질량과 구조를 결정하는 것이 질량 분석법입니다. 기체 크로마토그래피의 분리관에서 머문 시간이 정확히 같은 화학 물질의 일부분만을 질량 분석기로 옮겨서 실험하면 관심 대상 분자의 질량과 구조에 대한 정보까지 얻을 수 있습니다. 그것이 소위 말하는 기체 크로마토그래피와 질

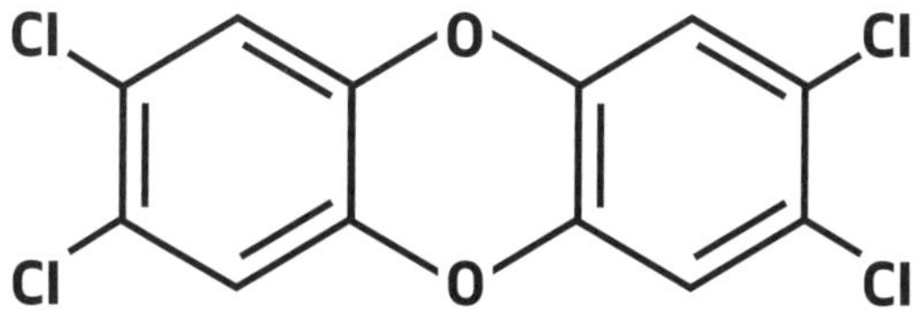

그림 6.13. 2, 3, 7, 8-TCDD의 분자 구조.

량 분석기가 결합된 장치(GC-Mass)입니다.

다이옥신은 2개의 벤젠 분자(C_6H_6)가 산소 원자 2개로 결합된 분자이며, 벤젠의 탄소에는 모두 4개의 염소 원자가 결합되어 있습니다. 그것과 분자 구조가 매우 비슷한 다이옥신의 종류도 많습니다. 결합된 염소 원자의 위치와 개수에 따라 분자의 독성도 차이가 납니다. 다이옥신 가운데 독성이 가장 큰 것은 2, 3, 7, 8-테트라클로로다이벤조-파라-다이옥신(2,3,7,8-tetrachlorodibenzo-p-dioxin, $C_{12}H_4Cl_4O_2$)입니다. 줄여서 TCDD라고 부릅니다. (그림 6.13) 수많은 다이옥신 분자를 분석한 자료를 종합하면, 다이옥신은 유기 화합물이 염소 및 금속 이온이 함께 있는 환경에서 낮은 온도로 연소될 때 많이 형성된다는 사실이 도출됩니다. 과학자들은 분석 자료를 이용해 다이옥신 생성량을 최소로 하는 연소 조건을 찾아낼 수 있었습니다. 화학 물질 분석 자료가 환경 정책의 근거로 활용된 사례입니다.

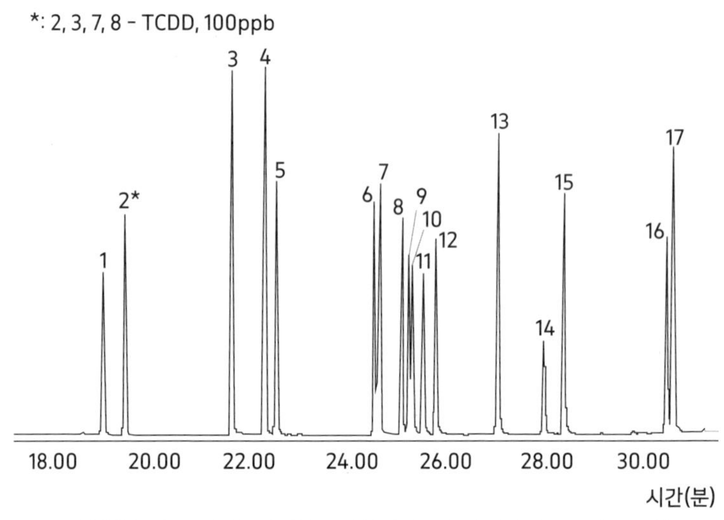

다양한 종류의 다이옥신 화합물이 분리된 모습을 나타낸 크로마토그램.

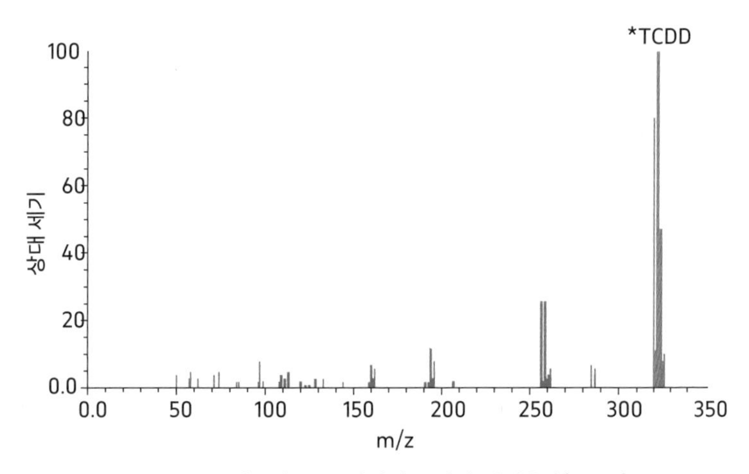

2,3,7,8-테트라클로로다이벤조-파라-다이옥신(TCDD)
(분자량: 321.97g/mol) 질량 스펙트럼.

그림 6.14. 위: 크로마토그램.여러 종류의 다이옥신 분자들이 분리된 것을 볼 수 있다. 아래: 질량 스펙트럼. TCDD의 성분과 구조를 밝히는 데 이용된다.

단백질의 아미노산 순서와 생어 시약

단백질은 여러 종류의 아미노산이 펩타이드 결합을 이루는 거대 분자입니다. 앞서 설명한 것처럼 아미노산 분자에는 반드시 아미노기($-NH_2$)와 카복실기(-COOH)라고 부르는 2종류의 작용기가 있습니다. 생어 시약이라고 불리는 분자(1-플루오로-2, 4-다이니트로벤젠, 1-fluoro-2, 4 dinitrobenzene)는 단백질의 말단에 결합된 아미노산의 아미노기와 결합하는 특징이 있습니다.

단백질을 생어 시약과 결합시킨 후 산성 조건에서 가수 분해 반응을 진행하면 각각의 아미노산으로 해리가 되는데, 단백질의 끝에 위치한 아미노산 분자는 생어 시약과 결합해 가수 분해해도 그 결합을 유지하고 있습니다. 따라서 본래 단백질의 맨 끝에 결합되었던 아미노산의 종류를 확인할 수 있습니다. 이런 식으로 반응과 분리를 계속한다면 전체 단백질을 이루는 아미노산의 종류와 결합 순서를 밝혀낼 수가 있습니다. 생어는 이 방법으로 인슐린이 21개의 아미노산으로 구성된 단백질(A 사슬)과 30개의 아미노산으로 구성된 단백질(B 사슬)이 이황화 결합(-S-S-)으로 연결되는 구조라는 사실을 밝혀냈습니다. 단백질 분석에서 생어 시약을 이용한 화학 반응은 매우 중요합니다. 왜냐하면 단백질을 정확하게 분석할 수 있다는 것은 단백질의 구조 변형, 기능 변화 등을 연구하는 생명 정보학(bioinformatics)과 그것을 응용한 산업의 발전에 많은 도움이 되기 때문입니다.

프레더릭 생어는 노벨 화학상을 2번 받았습니다. 한 번은 인슐린의

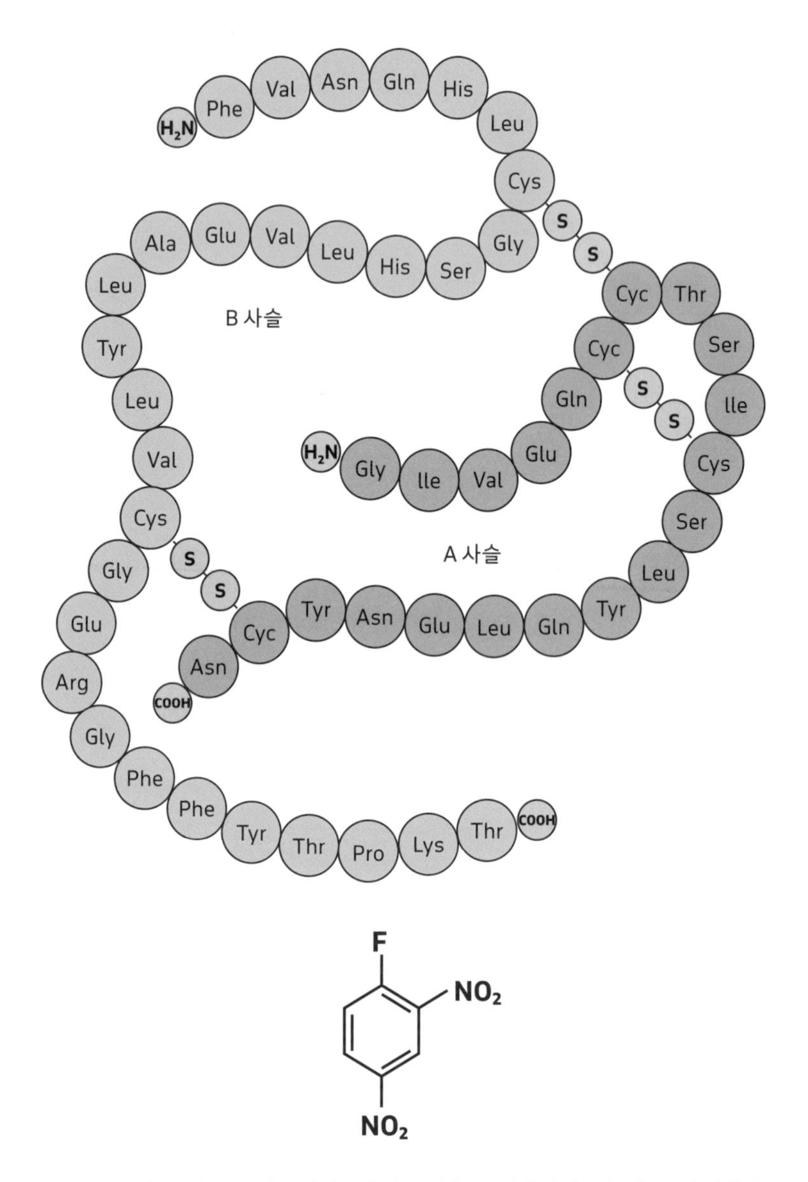

그림 6.15. 위: A 사슬(21개의 아미노산)과 B 사슬(30개의 아미노산)이 2개의 이황화 결합(-S-S-)으로 묶인 인슐린 단백질. A 사슬은 자체 이황화 결합을 포함하고 있다. 아래: 생어 시약의 구조.

구조 분석(1958년 노벨 화학상)에 대한 업적, 다른 한 번은 유전 물질의 구조 분석(1980년 노벨 화학상)에 대한 업적이었습니다.

7장 에너지

화학 물질의 변화는 반드시 에너지 변화를 동반합니다. 에너지는 일을 할 수 있는 능력이고 변하지 않고 모습만 달라질 뿐입니다. 그러므로 화학 공부에는 열역학(열화학) 및 에너지의 종류와 크기를 이해하는 것이 반드시 필요합니다. 7장에서는 열역학 함수, 열역학 방정식의 의미와 활용을 배우고, 열역학 함수를 쉽게 기억하는 방법을 소개합니다. 화학 반응에 따른 에너지의 종류는 물론 한 종류의 에너지에서 다른 종류의 에너지로 변환하는 계산도 함께 설명을 해 보았습니다.

에너지의 정의

에너지란 도대체 무엇일까요? 화학에서 에너지는 '일할 수 있는 능력'으로 정의됩니다. 에너지에는 중요한 특징이 두 가지 있습니다. 1) 에너지는 새로 생기거나 없어지는 것이 아니라, 한 형태에서 다른 형태로 변환될 뿐입니다. 2) 에너지는 변환될 때 그 크기를 측정 혹은 계산을 통해서 간접적으로 알 수 있습니다.

중학교 과학 시간에 배우는 위치 에너지와 운동 에너지는 화학 변화와 상관없는, 물체의 운동과 이동이라는 물리적 현상에 대한 에너지 변화입니다. 예를 들어 높은 곳에 놓인 바위의 위치 에너지는 바위가 떨어질 때 그 일부가 운동 에너지로 변합니다. 바닥에 떨어진 바위는 가지고 있던 위치 에너지를 대부분 잃고, 남아 있는 운동 에너지마저도 바닥과 충돌할 때 열에너지로 변환됩니다.

에너지는 새로 생기거나 없어지지 않고 한 형태에서 다른 형태로 변환될 뿐이라는 것이 곧 **에너지 보존 법칙**(law of conservation of energy)입니다. 열에너지, 기계 에너지, 전기 에너지, 화학 에너지, 핵에너지처럼 서로 모습은 달라도 에너지는 상호 변환이 가능합니다. 다시 말해 한 종류의 에너지가 다른 종류의 에너지로 변할 수 있다는 뜻입니다. 그러나 그 효율은 제각각입니다. (효율이란 한 에너지에서 다른 에너지로 변하는 비율을 말합니다.) 그 과정에서 원하지 않는 에너지로 변환될 수도 있습니다. 한 예로 인류가 석탄 혹은 석유를 연료로 열에너지로, 그것을 다시 전기 에너지로 변환하는 효율은 현재 약 37%라고 알려져 있습니다. 열에너지가 발전소 터빈을 돌리는 기계 에너지로 바뀔 때, 그리고 발전기에서 기계 에너지가 전기 에너지로 바뀔 때 손실이 일어나므로 효율이 낮을 수밖에 없는 것입니다.

계와 주위

우리는 에너지가 포함된 영역을 구분하기 위해 가상의 **경계**(boundary)를 설정합니다. 일반적으로 관심의 대상이 되는 곳을 **계**(system)라고 한다면 계를 제외한 모든 곳을 **주위**(surrounding)라고 부릅니다. 계와 주위를 합치면 우주가 됩니다. 예를 들어 화학 반응이 진행되는 곳이 계이면, 그 반응을 제외한 나머지는 주위입니다. 더 구체적으로 용액에서 화학 반응이 진행되는 경우라면 용액이 계, 비커를 포함해 그 밖은 모두 주위입니다. 계를 더 좁은 범위로 정의할 수도 있습니다. 즉 알짜 화학 반응 자체만 계이고, 반응이 진행되는 용매를 포함한 모든 것을 주위라고 할 수도 있습니다. 계와 주위는 경계로 나누어져 있고, 경계는 관심 대상에 따라 다르게 정의할 수 있다는 것입니다.

계의 종류와 에너지

계는 경계 밖에 있는 주위와 화학 물질, 에너지를 주고받으며, 그 형식에 따라서 종류가 구분됩니다. 일반적으로는 **열린계**(open system)와 **닫힌계**(closed system), **고립계**(isolated system)로 구분합니다. 열린계는 에너지와 화학 물질 모두를 주위와 자유롭게 교환 가능하며, 닫힌계는 에너지의 교환은 가능하지만 화학 물질의 이동은 불가능하고, 고립계는 에너지와 화학 물질 모두 교환이 불가능합니다. 계의 종류를 구분하는 이유는 에너지와 물질이 변화하는 원인을 정확히 알기 위해서입니다. 물을 끓일 때를 예로 들어 계의 특성을 상상해 봅시다. 물이 담긴 용기를 열어 놓고 물을 끓이면 열에너지는 용기를 통해 물에 전달되고, 물은 수증기가 되어 날아갑니다. 이것이 열린계입니다. 그런데 뚜껑을 완전히 막아 놓고 용기를 달구면 열은 물에 전달되지만, 수증기(물질)는 용기를 빠져나갈 수가 없습니다. 이것이 닫힌계입니다. 마지막으로 물을 담은 용기의 벽과 뚜껑까지 완전하게 진공으로 만들면, 용기에 열을 가해도 열에너지의 전달도 수증기의 탈출도 불가능합니다. 이것이 고립계입니다.

화학 변화가 있는 계와 주위에 대해 생각해 봅니다. 예를 들어 메테인의 연소 반응에서 메테인과 산소가 반응해 이산화탄소와 물이 되는 화학 반응이 계라면, 나머지는 모두 주위에 해당합니다. 그러므로 계와 주위를 합치면 우주가 됩니다. (이 경우에는 화학 반응 자체를 계로 보는 것입니다.) 또한 이전에 설명했던 내용을 간단히 정리해 보면 화학 반응계에서 주위로 열(에너지)이 방출되면 발열 반응이고, 주위에서 계로 에너지가 들어가면 흡열 반응입니다. 일정한 기압(대기압)에서 진행되는 화학 반응의 열에너지 변화를 **반응 엔탈피**라고 합니다. 또한 주위에서 에너지가 계로 들어가는 흡열 반응 엔탈피, ΔH는 플러스(+)이고, 계에서 주위로 에너지가 나가는 발열 반응 엔탈피, ΔH는 마이너스(−)입니다.

화학 에너지 계산

화학 반응에서는 서로 같거나 혹은 다른 종류의 원자들의 결합이 끊어지거나 연결되면서 새로운 분자가 만들어집니다. 즉 원자들이 교체되거나 결합 위치의 변화가 일어납니다. 그렇지만 원자의 전체 몰(mol)은 반응 전후에 전혀 변함이 없습니다. 한 종류의 화학 물질이 다른 화학 물질로 변하면 담을 수 있는 에너지의 크기가 다르기 때문에 에너지가 넘치거나 혹은 부족할 것입니다. 화학 물질이 담고 있는 에너지의 크기는 종류마다 달라서 화학 물질이 변하면 그에 따른 에너지의 출입이 반드시 있습니다. 앞서 설명했던 것처럼 분자 에너지의 절대 크기는 알 수 없지만, 반응물에서 생성물로 변할 때 동반되는 에너지 변화의 크기는 측정 및 추정 계산이 가능합니다.

원소가 형성될 때 필요한 생성 엔탈피를 0이라고 정해 그것을 계산의 기준으로 삼는다고 앞서 설명한 바 있습니다. 따라서 원소로부터 만들어지는 모든 화학 물질(원자, 분자, 이온, 화합물)의 생성 엔탈피(ΔH_f)를 측정하거나 혹은 간접 방법으로 계산할 수 있습니다. 화학 반응에서 형성되는 모든 생성물의 생성 엔탈피를 더한 값($\Sigma\Delta H_f$(생성물))과 모든 반응물의 생성 엔탈피를 더한 값($\Sigma\Delta H_f$(반응물))의 차이가 곧 반응의 에너지 변화(ΔH(반응))인 반응 엔탈피입니다.

$$\Delta H(\text{반응}) = \Sigma\Delta H_f(\text{생성물}) - \Sigma\Delta H_f(\text{반응물})$$

화학 물질의 상과 열에너지

화학 반응이 진행되어 새로운 물질이 형성된다는 것은 곧 한 종류의 화합물에서 결합하는 원자들의 뒤바뀜이 일어나서 다른 화합물이 된다는 것을 의미합니다. 결합이 끊어지고 새롭게 형성도 되기 때문에 이 과정에는 에너지 변화가 반드시 따릅니다. 원자들의 결합으로 형성된 분자는 온도에 따라 그 움직임이 달라집니다. 분자는 직선으로 **이동**하며 그 자체가 **회전**도 하고, 분자 내에 있는 원자들의 결합은 마치 스프링처럼 결합 길이를 벗어나지 않는 범위 내에서 계속 **진동**하고 있습니다. 이 모든 움직임은 온도에 따라 속도와 유형이 달라질 것입니다.

기체, 액체, 고체로 상이 나뉘는 화학 물질에서 기체 원자 혹은 분자들은 온도가 높을수록 매우 빠른 속도로 움직이며, 그 운동 에너지는 온도의 함수가 됩니다. 액체 분자들은 분자 사이의 간격은 일정하게 유지되겠지만 역시 활발하게 움직입니다. 온도가 높을수록 움직임이 더욱 활발해질 것이며, 온도가 낮아지면 그것에 비례해서 움직임이 줄어들 것입니다. 또한 온도가 높아질수록 원자와 원자 사이에 있는 결합의 진동도 더 커집니다. 일정한 간격을 유지하는 고체의 경우에도 열에너지를 받으면 원자들이 고정된 위치에서 진동이 빨라집니다. 진동이 더 심해져서 결합 길이의 범위를 벗어나면 더는 결정 구조를 유지하지 못하고 액체처럼 분자들 사이의 간격이 더 줄어들 수 있습니다. 온도가 다른 2개의 고체가 맞닿으면 열에너지는 온도가 높은 고체에서 온도가 낮은 고체로 이동하며, 결국 두 고체는 같은 온도에 있게 될 것입니다. 그것을 우리는 **열평형**에 이르렀다고 합니다. 액체도 마찬가지입니다. 뜨거운 물에 찬물을 부으면 열에너지가 서로 교환되고 결국 미지근한 물로 평형에 이르게 됩니다.

화학 에너지의 변화와 정체

화학 물질이 담고 있는 에너지의 정체는 무엇일까요? 그것들은 물질을 구성하는 분자의 운동(이동, 회전, 진동)에 따른 에너지와 물질 자체가 가지고 있는 내부 에너지입니다. 예를 들어 탄소와 산소 원소의 화학 반응으로 이산화탄소가 형성될 때 계로부터 열이 빠져나옵니다. 그것은 발열 반응이며, 다음과 같은 식으로 나타낼 수 있습니다.

$C(s) + O_2(g) \rightarrow CO_2(g)$ $\Delta H_f = -393.5\,kJ/mol$

$CO_2(g) \rightarrow C(s) + O_2(g)$ (결합의 분해)

$C(s) + O_2(g) \rightarrow CO_2(g)$ (결합의 형성)

원소의 생성 엔탈피를 0으로 정했으므로 이 엔탈피($\Delta H_f = -393.5kJ/mol$)는 온전히 이산화탄소의 생성 엔탈피가 됩니다. 화학 반응에서 엔탈피를 계산할 때처럼 생성물의 총 엔탈피에서 반응물의 총 엔탈피를 뺀 것이 음수이므로, 결국 이산화탄소를 분해할 때의 에너지가 형성될 때보다 크다는 의미가 됩니다. 결합의 형성과 분해에 필요한 에너지의 차이가 곧 이산화탄소가 가지고 있는 화학 에너지라고 여기는 것입니다.

원소로부터 분자가 형성될 때 계가 열을 흡수하는 경우도 있습니다. 아세틸렌의 생성 엔탈피는 양수이므로 흡열 반응입니다.

$2C(s) + H_2(g) \rightarrow C_2H_2(g) \quad \Delta H_f = +228.31 kJ/mol$

$2C(s) + H_2(g) \rightarrow C_2H_2(g)$ (결합의 형성)

$C_2H_2(g) \rightarrow 2C(s) + H_2(g)$ (결합의 분해)

그것은 아세틸렌이 형성될 때의 에너지가 분해될 때보다 크다는 사실을 의미합니다. 큰 수에서 작은 수를 빼면 양수이고, 곧 아세틸렌 분자가 지닌 화학 에너지가 됩니다. 따라서 흡열이든 발열 반응이든 화학 물질(분자)의 생성에 따른 에너지 변화는 결국 그 화학 물질이 갖는 화학 에너지가 될 것입니다. 화학 물질은 특성에 따라 결합할 때 더 많은 에너지가 들 수 있고, 거꾸로 분해할 때 더 많은 에너지가 들 수도 있습니다. 그러나 이것은 단순한 가정일 뿐 각 단계의 에너지 효율이 100%가 아닐 수 있으므로 화학 물질 에너지의 절대 크기는 여전히 알 수 없습니다. 따라서 에너지의 절대 크기보다는 화학 반응에 동반되는 에너지 변화를 파악하는 일이 훨씬 더 중요한 것입니다.

화학 반응에 동반되는 에너지의 변화 모습은 빛, 열, 전기, 소리 등으로 매우 다양합니다. 원소, 원자, 분자, 금속, 이온, 화합물 등은 특성에 따라 화학 물질들을 분류하는 단어입니다. 반응에 참여하는 분자들은 고유의 이름과 함께 생성 에너지가 있습니다. 반응 전후의 화학 물질은 그 이름과 특성이 모두 다 다르며, 그것들이 나타내는 에너지의 크기와 변화도 매우 다양합니다.

화학 반응과 활동 에너지

사람은 살아있는 동안 끊임없이 에너지를 필요로 합니다. 음식으로 공급된, 혹은 몸에서 생산된 포도당 분자들로 세포에서 반응이 진행되면 에너지의 원천인 **아데노신삼인산**(adenosine triphosphate, ATP) 분자가 만들어집니다. 결국 그 분자도 효소, 포도당, 산소 및 기타 성분들을 반응물로 해서 만들어지는 하나의 생성물입니다. 산소는 호흡 과정에서 허파로 들어와 허파꽈리(폐포)에서 혈액 속 헤모글로빈과 배위 결합을 한 다음 세포까지 배달됩니다. 배위 결합이 해체되어 산소를 공급해 주고 나면 헤모글로빈 분자는 다시 산소를 운반할 수 있는 상태가 됩니다.

우리가 몸으로 체감하는 것처럼 많은 음식에는 포도당 또는 포도당의 재료들이 들어 있습니다. 또한 아데노신삼인산 분자를 합성하는 효소(ATP synthase)는 세포 내의 미토콘드리아 매질에 반드시 있는 단백질입니다. 이렇게 만들어진 아데노신삼인산 분자가 분해될 때 발생하는 에너지로 사람은 삶을 영위하고 있습니다. 아데노신삼인산(ATP) 분자가 아데노산이인산(ADP) 분자, 다시 아데노신일인산(AMP) 분자로 가수 분해되면서 각 단계마다 약 7.3kcal/mol의 에너지를 내놓습니다.

흔히 3대 영양소로 지방, 단백질, 탄수화물을 꼽습니다. 그것들이 낼 수 있는 에너지의 크기(열량)는 칼로리(1cal = 4.2J) 단위로 나타냅니다. 우리나라 사람들이 좋아하는 라면의 포장지에는 조리법은 물론 내용물의 질량과 에너지의 크기(예: 500kcal)가 표시되어 있습니다. 성인의 하루 활동에 필요한 에너지는 대략 2,500kcal 정도입니다. 그 에너지를 생산하려면 지방(약 9kcal/g), 단백질(약 4kcal/g), 탄수화물(약 4kcal/g)이 적절한 비율로 들어 있는 음식을 먹어야 합니다. 에너지를 만드는 재료가 한 종류로 너무 치우치면 몸에 이상이 오기 때문입니다.

매일 숨을 쉬고, 먹고 마시며 생활할 때도 에너지가 필요합니다. 숨 쉬는 것은, 음식에 포함된 각종 지방과 단백질, 탄수화물을 먹는다는 것은, 그리고 물을 마신다는 것은 생활에 필요한 에너지를 만드는 곳으로 각종 화학 물질을 보낸다는 사실을 의미합니다. 산소는 삶에 꼭 필요한 화학 물질입니다. 산소 공급이 3분에서 5분 정도만 끊겨도 인간은 살 수가 없습니다. 산소는 세포에서 탄수화물의 한 종류인 포도당과 반응해 ATP를 생성하는 중요한 원료입니다. 내연 기관에서도 연료와 산소의 화학 반응으로 열에너지가 발생합니다. 그 에너지는 기계 에너지로 변환되어 자동차를 움직이고, 자동차에 필요한 전기 에너지도 만들어 냅니다. 내연 기관으로 움직이는 자동차는 인간과 마찬가지로 산소가 없으면 꿈쩍도 못 합니다. 자동차를 움직이는 데 필요한 기계와 전기 에너지 및 인간의 활동에 필요한 에너지는 모두 화학 반응에서 나오는 에너지를 이용한다는 공통점이 있습니다.

전기 자동차 역시 전지 내부의 화학 반응에서 발생하는 전기 에너지를 운동 에너지로 변환해 사용하는 전자 기기입니다. 연료 전지로 움직이는 자동차가 아니라면 산소가 필요 없을 수도 있습니다.

인간도 자동차처럼 화학 반응에 필요한 연료(음식)를 공급받아야 움직일 수 있습니다. 음식은 다양한 종류의 화합물을 포함합니다. 세포에서 생체 에너지를 만들 때 이용되기도 하며, 몸에서 진행되는 수많은 화학 반응에도 활용됩니다. 우리가 정상적인 삶을 살 수 있는 이

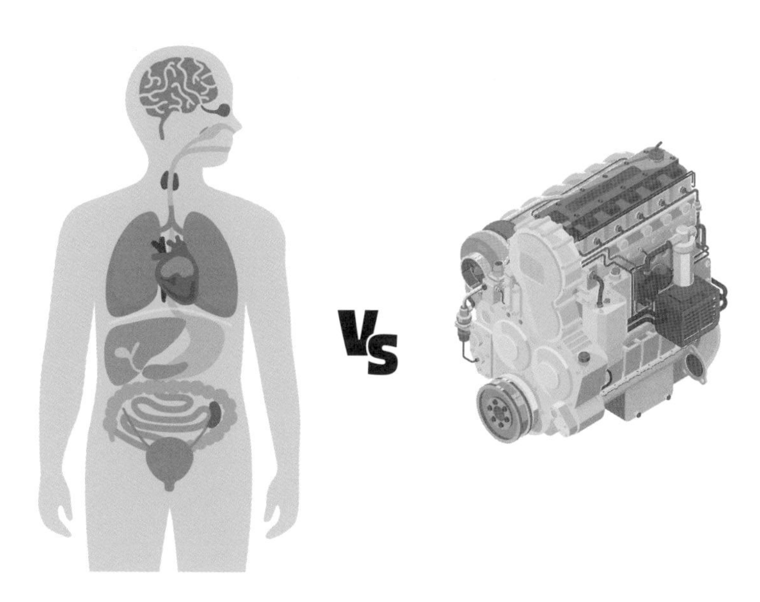

그림 7.1. 연료(음식, 기름)가 필요한 몸과 자동차 엔진.

유는 수많은 화학 반응이 한 치의 오차도 없이 진행되고 그 결과 필요한 에너지를 얻기 때문입니다. 의식조차 하지 못하는 수많은 화학 반응에 의존하며 에너지도 얻고, 형체도 유지하는 것이 삶인 것입니다. 그런 반응이 동시에 혹은 순서대로 정확하고 정밀하게 진행되어야 생명을 유지할 수 있다는 사실은 정말로 놀라운 기적이 아닐 수 없습니다.

빛 에너지로 만드는 화학 물질

식물이 만들어 내는 물질의 화학 에너지는 다양한 에너지로 변환되고 활용됩니다. 즉 식물은 이산화탄소와 물, 빛 에너지를 이용해 포도당과 산소를 만듭니다. 그것이 바로 광합성 반응입니다. 인간과 동물은 식물이 생산한 포도당을 비롯한 각종 분자와 산소로 몸을 유지하는 데 필요한 물질을 만들고, 생활에 필요한 에너지도 얻습니다. 몸 안에서 화학 반응으로 형성되는 수많은 화학 물질 중에서 이용 가치가 없는 물질은 이산화탄소, 땀, 소변, 대변 등 다양한 형식으로 배출됩니다.

화학 반응이 진행되어도 원자는 변함없이 그대로 남기에, 인간과 동물이 쓰고 버린 화학 물질이라도 다른 화학 반응의 재료로 활용됩니다. 인간과 동물이 버린 화학 물질을 활용해서 에너지를 얻는 식물과 동물도 있습니다. 반응 속도가 느린 경우는 원자와 분자로 변하는 데 오랜 세월이 필요하겠지만, 결국에는 순환되고 재활용될 것입니다. 그 과정에도 당연히 에너지의 출입이 있기 마련입니다. 원자들이 수명이 다할 때까지 각자의 특성을 유지하는 것 또한 신비로운 자연 현상입니다.

광합성은 이산화탄소와 물이 반응물이고, 포도당과 산소가 생성물인 화학 반응입니다. 인간과 동물은 식물이 만들고 비축해 둔 탄수화물, 지방, 단백질, 카페인, 비타민 C 같은 화학 물질을 활용해서 살아갑니다. 식물이 화학 반응을 통해서 산소와 음식을 만들지 못했다면 인간의 삶도 없었을 것입니다. 동식물은 서로 화학 물질로 소통하고, 완벽하게 협조하며 지구에 살고 있으므로 '케미'가 무척 좋다고 할 수 있겠습니다.

한 예로 식물은 뿌리를 통해서 흡수한 물의 일부를 식물의 잎에 난 아주 작은 크기의 숨구멍(기공)을 통해 대기로 뿜어냅니다. 그 양이 엄청나게 많기 때문에 식물은 지구의 물 순환에 기여하고 있습니다. 대기의 습도를 조절하는 자연 가습기 역할을 하는 셈입니다. 식물의 습도 유지 기능은 동물에게 쾌적한 환경을 제공하기도 합니다. 자료를 이용해서 계산해 보면 전세계 식물들이 기공을 통해서 뿜어내는 물의 양은 바닷물을 제외한 전세계 지표수의 약 50% 정도나 됩니다. 식물의 잎에서 뿜어내는 아주 작아서 눈에 보이지 않는 물방울을 상상해 보면 정말 대단한 광경이 아닐 수 없습니다. 우리 주변에 식물이 있는 곳이면 자연산 가습기가 작동을 하고 있을 테니까요.

전지 반응과 전기 에너지

휴대 전화를 비롯한 기기에서 전기 자동차까지, 많은 기기가 전지 없이는 무용지물입니다. **전지**는 용기에 담아 놓은 물질들의 화학 반응으로 전기 에너지를 만드는 도구입니다. 전기 에너지가 생산될 때 전지 내부에서는 화학 반응이 자발적으로 진행됩니다. 자발적 반응은 마치 물이 높은 곳에서 낮은 곳으로 흐르는 것처럼 자연스럽게 진행되는 반응을 말합니다. 전자를 사용할 기기에 연결하는 순간 전지 내부에서는 저절로 화학 반응이 진행되는 것입니다.

전지에 대한 내용은 5장의 「산화 환원 반응」 절에서 자세히 설명했지만, 여기서는 에너지 관점에서 볼 필요가 있으므로 다시 요약하면 다음과 같습니다. (그림 7.2)

전지에서 화학 반응이 진행되려면 일정한 조건이 갖춰져야 합니다. 즉 2개의 전극, 전해질, 두 전극의 접촉을 막는 격리막, 산화 환원 반응을 일으키는 화학 물질이 필요합니다. 전지에서 진행되는 화학 반응은 산화와 환원 반응이 분리되어 이루어진다는 점이 특징입니다. 연소 반응은 산화와 환원 반응이 같은 곳에서 진행되어 열에너지를 만드는 반면, 전지 반응은 산화 환원 반응이 따로따로 진행되며 전기 에너지를 만듭니다. 연료 전지도 화학 반응을 이용하지만, 연료와 산소를 각각의 전극으로 계속해서 공급한다는 점에서 일반적인 전자와는 차이가 있습니다. 다만 산화와 환원 반응이 분리되어 진행되고, 전기 에너지를 얻는 것은 전지와 똑같습니다. 자동차를 움직일 정도의

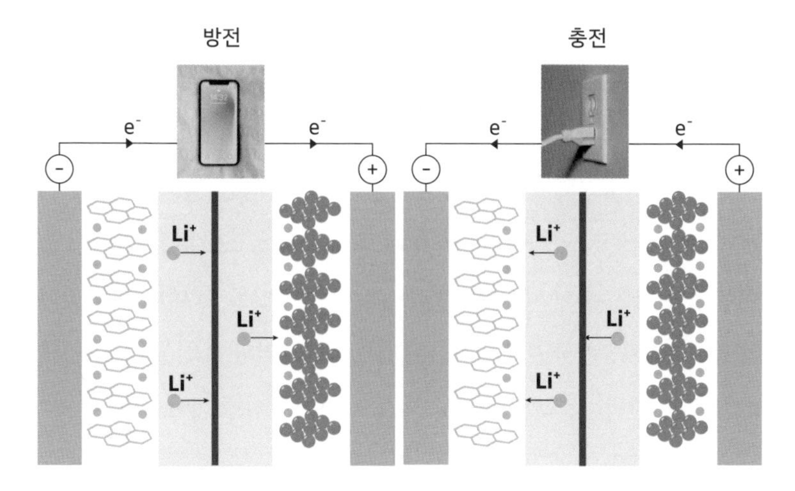

그림 7.2. 리튬 이온 전지의 충방전. 방전(전화기 사용)과 충전(전원에 연결)은 휴대 전화 사용자 모두가 실행하는 화학 반응이다. 리튬 이온은 방전과 충전 시 모두 애노드에서 캐소드로 이동한다.

큰 전기 에너지를 생산하는 수소 연료 전지는 수소를 연료로 사용합니다. 한쪽 전극에서 수소가 산화되고, 다른 전극에서는 산소가 환원되면서 전기 에너지를 생산하는 전지가 바로 연료 전지입니다.

휴대 전화의 이차 전지는 전기 에너지를 생산할 수 없을 때, 전지 내부의 물질을 화학 반응이 자발적으로 진행될 수 있는 상태로 되돌리면 다시 사용할 수 있습니다. 그런 과정을 우리는 **'충전**(charge)**'**이라고 부릅니다. 충전은 전지 내부에 전기 에너지를 공급하는 일이며, 전기 에너지를 받은 전지의 내부 용기에서는 화학 반응이 진행됩니다. 따라서 충전을 마친 전지 내부의 화학 물질은 처음 상태로 되돌아가며 기기에 연결하는 순간 자발적 화학 반응을 진행하면서 전기 에너지를 생산합니다. 스마트폰을 비롯한 휴대 기기에 필요한 전원은 결국 화학 반응에서 발생하는 전기 에너지이며, 전지를 충전기에 연결하는 일은 자발적인 반응의 역반응 진행에 필요한 에너지를 전기 에너지 형식으로 공급하는 것입니다. 그렇다면 청소년을 비롯한 성인 대부분이 하루에 한 번은 화학 반응에 능동적으로 참여하는 셈입니다. 말 그대로 전 국민의 화학 반응입니다. 그러나 자신들이 매일 화학 반응을 진행시킨다는 사실을 모르고 있는 사람이 많습니다.

화학 반응과 열에너지

난방과 요리에 필요한 열에너지도 화학 반응에서 나오는 것입니다. 연탄이나 프로판 가스 같은 탄소 화합물 연료가 산화되고 산소의 환원이 진행되면(연소) 이산화탄소(CO_2)와 물이 만들어집니다. 그때 발생하는 에너지는 집의 온도를 올리고, 음식을 익히는 데 사용됩니다. 연료는 충분하지만 산화제(산소)가 부족하면 불완전 연소가 되면서 이산화탄소보다 일산화탄소(CO)가 더 많이 만들어집니다. 밀폐된 공간에서 연료를 태울 때와 담배 피울 때 일산화탄소의 농도는 증가합니다. 일산화탄소는 매우 위험한 독성 분자입니다. 일산화탄소의 헤모글로빈 친화력은 산소의 헤모글로빈 친화력보다 약 200배 이상 높습니다. 그 결과 허파의 모세혈관에서 혈액과 기체가 배위 공유 결합하는 화학 반응은 산소보다는 일산화탄소 결합이 우선되고 결합도 강합니다. 그렇게 일산화탄소를 많이 흡입하게 되면 혈액 내 산소가 부족해서 세포에서 필요한 화학 반응들이 진행되지 않습니다. 그 정도가 심해지면 죽음에 이르기도 합니다.

겨울에 흔히 사용하는 **휴대용 손난로**도 화학 반응을 이용한 것입니다. 작은 용기에 휘발유나 등유 같은 연료를 채우고 불을 붙이면, 연료와 산소의 화학 반응(연소)으로 열이 발생합니다. 주머니 안에 넣을 수 있게 디자인된 작은 손난로에는 불꽃은 직접 닿지 않으면서 산소는 통과시키는 구멍이 뚫린 마개가 있습니다. 연료 혹은 산소의 공급량을 바꾸면 열량과 사용 시간을 조절할 수 있습니다.

철 분말이 담긴 부직포 주머니가 밀봉된 구조로 이루어진 **일회용 손난로**도 있습니다. 사용하려면 공기를 차단하는 겉면의 테이프를 떼어내고 약간 흔들어 주면 열이 나면서 제법 뜨거워집니다. 부직포에 담긴 쇳가루는 환원 상태의 철 분말로, 테이프를 떼는 순간 산소와 화학 반응을 일으킵니다. 그 결과 철은 산화철(녹)이 되고, 산소는 환원되어 물이 되면서 열이 발생하는 것입니다. 주머니에는 철의 산화를 촉진하는 소금, 반응에 필요한 물을 공급하기 위해 물을 머금은 흑연 가루도 함께 들어 있습니다. 결국 일회용 손난로에서 발생하는 열은 철이 산화철로 되는 자발적 반응에서 발생하는 에너지인 것입니다. 이때 산소는 환원 반응이 진행됩니다. 그런 산화 환원 반응은 내연 기관에서 진행되는 산화 환원 반응과 차이가 없습니다. 내연 기관에서는 연료가, 손난로에서는 철이 산화된다는 식으로 차이만 있습니다.

화학 물질의 물리적 변화가 진행될 때 발생하는 열에너지를 이용한, 반복 사용이 가능한 손난로도 있습니다. 카복실산 소듐염 ($CH_3COO^-Na^+$) 포화 용액에 자극을 주면 고체 염이 형성됩니다. 그때 반응계로부터 에너지가 방출되는데, 그것으로 용액의 온도를 제법 올릴 수 있습니다. (약 50℃ 이상) 그러나 고체가 석출되는 것을 중간에 멈출 수 없으므로 반응이 시작되면 열이 계속 발생합니다. 일단 한번 반응이 시작되면 반응이 끝나기를 기다려야 합니다. 반응이 다 끝난 후에 용기에 담겨 있는 고체 염에 에너지를 넣어서 녹이면 다시 포화 용액이 됩니다. 그것은 마치 전지 충전처럼 에너지를 넣어서 처음 상태의 물질로 되돌리는 것과 같습니다. 다른 점은 전지 충전은 화학 변화이고, 손난로의 충전은 물리 변화라는 점입니다.

화학 반응과 빛과 소리 에너지

하나의 화학 반응에서 여러 종류의 에너지가 한꺼번에 발생할 때도 있습니다. 빛, 소리, 열에너지가 한꺼번에 분출하는 것인데, 어둠을 밝히는 횃불과 조명탄이 그 경우에 해당됩니다. 횃불은 기름을 흡수한 솜 혹은 짚 뭉치에 불을 붙여 진행하는 연소 반응입니다. 그것은 주로 열보다는 빛 에너지를 활용하려는 목적입니다. 기름은 물론 솜과 짚 자체도 연료가 됩니다. 일단 불이 붙으면 횃불의 연소 반응은 연료가 다 소비될 때까지 계속됩니다. 만약 산소가 충분하지 않으면 불완전 연소로 숯 검댕이 형성됩니다. 검은 연기에는 수 마이크로미

그림 7.3. 사진 촬영용 조명. 마그네슘 분말과 산소가 반응해 산화 마그네슘을 형성하면서 밝은 빛을 낸다.

터(㎛) 크기의 작은 탄소 알갱이가 뭉쳐 있는 물질이 함께 들어 있습니다. 연소 반응이 완결된다면 탄소 알갱이 대신 오로지 이산화탄소와 물만 형성될 것입니다.

촛불도 파라핀 연료와 산소가 반응해서 빛과 열에너지를 방출하는 연소 반응입니다. 횃불처럼 주로 빛 에너지를 활용합니다. **파라핀**은 탄소와 수소로만 이루어진 탄화수소(C_xH_y) 화합물의 한 종류이며, 탄소의 수가 20~40개 정도 되는 유기 화합물로 상온에서 고체입니다.

1950~1960년대 우리나라 사진관에서 사진을 찍을 때 필요한 빛은

화학 반응으로 즉석에서 만들어서 사용했습니다. 마그네슘(Mg) 분말에 불을 붙이는 순간 산소(O_2)와 반응해 산화 마그네슘(MgO)이 형성됩니다. 그때 화학 반응과 함께 발생하는 에너지는 매우 밝고 강하기 때문에 사진의 조명으로 충분합니다. 다만 냄새가 나고, 소리도 매우 큽니다. 당시 촬영된 가족 사진을 보면 아이들이 놀란 표정이 무척 많습니다. 빛과 큰 소리에 놀라서 소위 '놀란 토끼눈'이 순간 포착된 것입니다.

밤하늘에 멋진 광경을 연출하는 불꽃놀이도 화학 반응을 이용한 것이며, 빛과 소리의 형태로 에너지가 분출합니다. 형형색색의 빛은 가시광선으로 파장에 따라 색이 다르게 보입니다. 불꽃놀이에서 다양한 빛을 볼 수 있는 이유는 화학 반응의 종류와 방출하는 빛의 파장이 다르기 때문입니다. 추진 장약으로 화학 물질을 하늘로 쏘아 올리면서 진행되는 폭발 반응의 에너지는 함께 쏘아 올린 화학 물질(금속 분말 혹은 여러 종류의 화합물이 배열된 상태)이 공중에서 반응하거나 들뜬 상태로 변하는 데 필요한 에너지로 사용됩니다. 동시에 물리적 변화도 진행됩니다. 예를 들어 폭발 반응의 열에너지가 화학 물질에 전달되면 분자, 원자, 이온의 전자들은 아주 짧은 순간 들뜬 상태가 됩니다. 들뜬 전자들은 즉시 본래 상태로 돌아가거나 혹은 들뜬 상태의 화합물이 화학 반응을 통해서 다른 화합물로 변하게 됩니다. 이때 빛 에너지가 방출됩니다. 그때 방출되는 여러 종류의 빛이 총천연색입니다. 물질은 특성과 종류에 따라 배열된 모양을 유지한 채로 공중으로 퍼지고, 열과 빛 에너지가 동시에 방출되는 화학 반응이 진행됩니다. 한

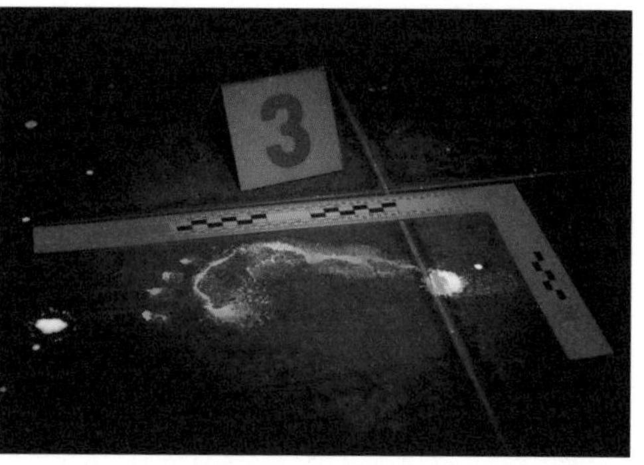

그림 7.4. 왼쪽 사진에서 반딧불이가 내는 빛은 생물 화학 발광이다. 오른쪽에서 범죄 현장에서 혈흔 확인에 이용되는 루미놀 반응은 화학 발광이다.

편 고체 폭약 화합물이 화학 반응으로 순식간에 기체로 변하면서 부피가 순식간에 증가합니다. 이는 곧 폭발음의 원인이 됩니다.

과학 수사 드라마에서 수사관들이 범죄 현장에 액체를 뿌리고 관찰하는 장면을 자주 볼 수 있습니다. 그것은 혈흔이 남았다고 생각되는 장소에 루미놀 용액을 뿌리고 푸른 빛(파장 425nm)이 나오는지 살펴보는 작업입니다. **루미놀** 분자가 혈액 속 헤모글로빈의 철 이온을 촉매로 화학 반응이 진행되면 빛 에너지가 발생합니다. 아주 적은 양, 오래된 혈액이라도 철 이온이 있다면 빛을 낼 수 있습니다. 이처럼 화학 반응 결과 빛을 방출하는 것을 **화학 발광**(chemiluminescence)이라고 합니다. 밤에 반딧불이가 내는 빛 역시 화학 발광의 한 종류입니다. 루미놀 반응처럼 빛을 내는 것은 같지만, 반응하는 물질의 종류가 다를 뿐입니다. 그런 반응은 **생물 화학 발광**이라고 합니다. 진행되는 곳이 비커에서 생물체로 변한 것일 뿐, 기본적으로 빛 에너지를 방출하는 화학 반응인 것은 마찬가지입니다.

열역학과 열화학

열역학은 관심 대상이 되는 계에서 온도, 압력, 부피, 물질의 상변화에 따른 열에너지와 계가 주고받는 일의 상관 관계를 다루는 과학의 한 분야입니다. 따라서 과학 및 공학을 전공하는 대학생에게 열역학은 필수 과목입니다. 물리 변화 외에 화학 물질의 종류 및 양의 변화가 더해지면 열역학의 범위는 더 넓어집니다. 화학에서 열역학은 화학 반응 전과 후에 발생하는 자연 변수(온도, 압력, 부피, 엔트로피)와 에너지의 변화를 다루고 있습니다. 그러므로 열역학을 이해하면 화학 반응의 진행 여부 및 에너지 변화를 예상할 수도 있습니다.

예를 들어 연소 반응이 진행되는 계에서 발생된 열에너지가 물체를 움직이는 운동 에너지로 사용되었을 때 열에너지와 운동 에너지의 상관 관계 및 그에 따른 조건 변화(온도, 압력, 부피) 등을 열역학으로 알아볼 수 있습니다. 화학 반응 결과로 발생되는 에너지의 변화, 온도, 압력, 부피의 변화, 계의 무질서 정도를 나타내는 엔트로피 변화, 화학 물질량의 변화 등이 모두 관심의 대상입니다. 또한 열역학 및 열화학에서는 계를 정의하는 조건(온도, 압력, 부피 및 화학 물질의 양)이 명확하며, 그 조건의 변화에 따른 에너지 변화를 측정하거나 예측합니다. 계를 정의하는 여러 조건을 한꺼번에 바꾼다면 계의 변화 및 그에 따른 에너지 변화의 원인이 무엇이었는지를 알 수 없게 됩니다. 따라서 여러 조건으로 잘 정의된 계에서 오직 하나의 조건(변수) 변화에 따른 에너지 변화를 관찰해야 그 조건이 계의 에너지에 미치는 영향을 파악할 수 있습니다.

열역학 기본 용어 및 특성: 크기 성질과 세기 성질

크기 성질(extensive property)이란 양이 증가 혹은 감소하면 그것의 물리적 크기도 비례해서 증가 혹은 감소하는 것을 말합니다. 질량, 부피, 에너지, 엔트로피 등은 크기 성질을 띠고 있습니다. 크기 성질을 띤 것들은 물질의 양에 따라 그것들의 크기도 함께 변하는 특성이 있습니다. 예를 들어 2g의 화학 물질이 반응할 때 발생되는 혹은 흡수되는 에너지는 1g의 화학 물질이 반응할 때 에너지의 2배가 됩니다. 결국 양에 따라 물리량의 크기가 변하는 특징이 크기 성질입니다.

반면에 **세기 성질**(Intensive property)은 양이 증가하거나 감소해도 크기가 변하지 않고 그대로 유지되는 특성이 있습니다. 온도, 압력, 밀도, 농도 등은 세기 성질을 나타내므로 양에 따라 측정값이 변하지 않습니다. 예를 들어 25℃ 물 1g과 25℃ 물 2g을 섞으면 온도는 25℃가 됩니다. 물의 양은 3g이지만, 온도는 그대로 25℃입니다. 그러므로 온도는 세기 성질이고, 질량은 크기 성질입니다. 농도 역시 세기 성질입니다. 예를 들어 1M의 소금 용액 1L와 1M의 소금 용액 1L를 합치면 크기 성질인 부피는 2L가 되겠지만, 세기 성질인 농도는 1M로 변함이 없습니다.

한편 화학 반응에서 에너지를 나타낼 때 사용되는 엔탈피의 단위를 kJ로 표시하면 그 에너지의 크기는 앞서 설명한 것처럼 화학 물질의 양에 따라 크기가 변하는 크기 성질이 됩니다. 그러나 엔탈피 단위를 kJ/mol로 표시하면 그것은 물질의 양에는 관계가 없고, 반응의 종류에 따라 달라지는 세기 성질을 띠게 될 것입니다.

열역학 기본 용어 및 특성: 가역 과정과 비가역 과정

열역학에서 **가역 과정**은 대상이 되는 계와 주위가 자연 변수를 비롯한 여러 조건(온도, 압력 등)을 조절한다면 본래의 상태로 변함없이 되돌아갈 수 있는 것을 말합니다. 예를 들어 물이 얼음으로, 혹은 얼음이 물로 변화하는 것을 가역 과정이라 볼 수 있습니다. 물이 수증기로 되었다가 다시 물로 되는 것 역시 가역 과정입니다. 물은 온도 변화에 따라 상태가 가역적으로 변하는 계인 것입니다.

비가역 과정은 계와 주위가 한번 변화를 겪으면 이전의 상태로 되돌아갈 수 없는 것을 말합니다. 비가역 화학 반응을 통해 화학 물질이 한번 다른 물질로 변하면 되돌리기가 '거의' 불가능합니다. 예를 들어 달걀은 일단 달걀프라이가 된 후에는 다시 달걀로 되돌아갈 수 없습니다. 그런 면으로 볼 때 인간의 삶이야말로 대표적인 비가역 과정이라 하겠습니다.

열역학 기본 용어 및 특성:
열역학의 자연 변수 및 열역학 함수

열역학에서 사용되는 자연 변수는 온도(T), 압력(P), 부피(V), 엔트로피(S)입니다. 자연 변수는 계의 에너지 변화를 규정하는 에너지 함수 4종류(E, H, G, A)의 특징과 의미를 명확하게 정의하는 데 필요한 조건들입니다. 따라서 에너지 함수와 함께 흔히 사용되는 자연 변수의 변화량(ΔT, ΔP, ΔV, ΔS)과 그것에 대한 단위, 관련 상수, 조건의 변화에 따른 에너지 변화를 아는 것은 열역학을 이해하는 지름길이 될 것입니다.

자연 변수 1: 절대 온도

열역학에서는 온도 단위로 절대 온도(T)를 사용합니다. 보통 켈빈 온도라 부르며, 단위는 K(kelvin, 켈빈)입니다. 생활에서 주로 사용하는 섭씨 온도(℃)와의 차이는 273.15(K = 273.15 + ℃)입니다. 절대 온도 0.0K(−273.15℃)는 이론상으로 존재하는 온도이며, 그때 계의 에너지는 최소이고, 유일한 상태로 규정됩니다. 현재 우주의 평균 기온은 2.73K로 알려져 있으며, 실험실에서 액체 헬륨(He(l))을 사용하면 온도를 약 4.15K까지 낮출 수 있습니다. 액체 헬륨의 압력을 낮추는 방법으로 더 낮은 온도를 만들어 낼 수도 있지만, 절대 온도에는 미치지 못합니다. 물의 3종류 상(고체, 액체, 기체)이 공존하는 **삼중점**(triple point)의 온도는 절대 온도로 273.15K입니다.

볼츠만 상수는 기체 원자 1개에 대한 평균 에너지와 관련된 비례 상수이며, 그 크기는 1.38×10^{-23}J/K입니다. 계의 엔탈피를 절대 온도로 나눈 값이 엔트로피($\Delta S = (\frac{\Delta H}{T})$)이며, 그것은 볼츠만 상수와 차원이 같습니다. 열역학에서 엔트로피를 나타내는 함수, $S = k\log W$에서 S가 엔트로피이고, W는 경우의 수이며, k는 볼츠만 상수입니다. 오스트리아 물리학자인 루트비히 볼츠만(Ludwig Boltzmann, 1844~1906년)의 묘비에는 이 식이 적혀 있습니다.

기체 원자의 양을 1mol로 확대하면 볼츠만 상수는 8.314J/mol K가 됩니다. 여기서 1mol의 원자 개수, N은 아보가드로수(6.022×10^{23})이며, 아보가드로수와 볼츠만 상수를 곱한 것($N \times k$)이 곧 기체 상수(R)입니다. 그러므로 기체 상수 R는 1mol의 원자에 대한 볼츠만 상수와 같은 차원입니다. 이상 기체 원자 1mol에 대한 상태 방정식은 $PV = NkT$이며, 기체 원자의 양이 nmol이라면 이상 기체 상태 방정식은 $PV = nNkT = nRT$가 됩니다.

자연 변수 2: 압력

압력(P)은 단위 면적에 작용하는 힘이며, 국제 단위계에서 사용하는 표준 단위는 파스칼(Pa)입니다. 1Pa은 m^2당 1N의 힘이 가해지는 압력을 말합니다. 일상 생활에서 많이 사용하는 단위인 대기압(1atm)은 101,325Pa입니다. 1바(bar)는 10만(10^5) Pa입니다. 압력을 나타낼 때 atm과 bar를 혼용하지만, 둘은 약간의 차이가 있습니다.(1atm = 1.013bar) 일기 예보에서 대기압은 흔히 헥토파스칼(hPa, 1atm = 1,013.25hPa) 단위로 나타냅니다. 헥토는 10^2을 나타내는 접두사입니다. 그러므로 대기압은 101,325Pa이며, 그것은 약 1,013hPa입니다. 이것보다 압력이 작으면 저기압이며, 한반도를 지나가는 태풍의 기압이 950hPa 정도면 초대형 태풍, 열대성 저기압으로 간주됩니다. 일상에서 사용하는 압력 단위로 mmHg가 있습니다. 예를 들어 혈압을 측정해 130/80mmHg 이상이면 고혈압 판정을 받습니다. 대기압은 모세관에 채운 수은의 기둥 높이를 760mm까지 올리는 압력과 같기 때문에 760수은주밀리미터(mmHg)입니다. (760토르(torr)라고도 합니다.)

자연 변수 3: 부피

부피(V)의 표준 단위는 세제곱미터(m^3)입니다. 그런데 화학에서는 보통 리터(L, $1L = \frac{1}{1,000} m^3$) 단위와 세제곱센티미터(cm^3,

$1cm^3, = \frac{1}{1{,}000}L$) 혹은 밀리리터(mL, $1mL = 1cm^3$) 단위도 많이 사용합니다. 열역학에서 계의 부피 변화에 따른 에너지의 변화를 계산하다 보면 부피 단위를 m^3 혹은 다른 단위로 변경해야 할 때가 종종 있습니다. 한 단위로 표시된 부피를 다른 단위의 부피로 변환하는 일은 어렵지 않습니다. 기존 단위를 새로운 부피 단위로 변경하려면 '×1'($= [\frac{1m^3}{10^3L}], 1 = [\frac{10^3L}{m^3}]$) 계산을 하면 원하는 부피 단위로 쉽게 변경할 수 있습니다.

예를 들어 5L는 ×1($[\frac{1m^3}{10^3L}]$)을 하면 $5 \times 10^{-3}m^3$($5L \times [\frac{1m^3}{10^3L}]$)가 되며, $5m^3$는 ×1($[\frac{10^3L}{1m^3}]$)을 하면 5×10^3L가 됩니다. 또한 1mL는 '×1' 계산을 2번($[\frac{1L}{10^3mL}] \times [\frac{1m^3}{10^3L}]$) 한다면 $1 \times 10^{-6}m^3$가 됩니다.

'×1' 계산을 할 때 원칙은 원하는 단위는 분자에, 변경되는 단위는 분모에 두는 방식으로 1을 만들고, 그것을 원하는 단위가 될 때까지 계속해서 1을 곱하면 됩니다. 아무리 여러 번 1을 곱한다 해도 본래 그 값의 크기는 변하지 않겠지요?

자연 변수 4: 엔트로피

엔트로피는 온도, 부피, 압력과는 또 다른 특성의 자연 변수입니다. 예를 들어 같은 온도에 있는 종류가 다른 기체를 혼합하면 일정 시간이 흐른 후에는 기체(원자, 분자, 화합물)가 자연스럽게 섞여 서로 구분할 수 없게 될 것입니다. 마찬가지로 일정 온도의 물에 소금을 넣으면 자연스럽게 녹아서 이온이 되고 나중에는 균일한 소금 용액으로 변합니다. 또한 방귀를 뀌면 몸을 움직이지 않아도 냄새의 원인이 되는 분자는 공간에 자연스럽게 퍼집니다. 이 현상들의 공통점은 한마디로 자연스럽게 무질서한 방향으로 흘러간다는 것입니다. 이때 무질서 정도를 나타내는 자연 변수가 **엔트로피**입니다.

계가 가능하다면 에너지를 낮추어 더 안정된 상태로 가려는 것은 자연스러운 일입니다. 계의 처음 상태보다 나중 상태의 에너지가 작다면(혹은 낮다면) 그 상태로 저절로 옮겨 가는 일이 자연스럽다는 말입니다. 그런 면에서 볼 때 얼음이 녹는 것은 신기한 일입니다. 왜냐하면 0℃에 있는 얼음(계)은 주위에서 열을 흡수하므로 계의 에너지는 처음 상태의 에너지보다 큼에도 그 과정은 저절로 진행되기 때문입니다. 이때 계는 고체에서 액체로 변합니다. 그것은 얼음의 물 분자보다 액체의 물 분자가 훨씬 활발하게 움직이는 상황으로 변경된 것입니다. 즉 계가 훨씬 더 무질서한 상황으로 변하는 것입니다. 그러므로 단순히 에너지를 낮추어 안정시키는 방향이 아닐지라도 계의 무질서가 증가하는 방향이라면 자연스럽게 안정된 상태로 옮겨 갈 수 있습니다.

이들의 공통점은 계의 온도 변화는 없는 상태에서 열을 흡수하더라도, 혹은 열은 그대로 고정되어 있더라도 저절로 무질서한 상태로 변해 간다는 것입니다. 즉 무질서 정도가 계를 자연스럽게 안정된 방향으로 끌고 가는 원동력으로 작용합니다. 그것이 엔트로피를 무질서 정도에 비유하고, 결국 엔트로피가 증가하는 방향으로 계의 상태가 옮겨 간다고 표현하는 이유입니다.

엔트로피의 단위는 J/K이며, 앞서 설명한 기체 원자의 평균 에너지와 관련된 비례 상수인 볼츠만 상수(1.38×10^{-23}J/K)와 차원이 같습니다. 엔트로피 변화(ΔS)가 계가 흡수한 열(ΔH)을 그 계의 온도(T)로 나눈 값과 동등하다는 것과도 일맥상통하는 결과입니다. 계의 엔트로피가 증가하려는 방향은 계의 에너지를 낮추는 방향과 일치할 수도 있지만, 반드시 그렇지 않을 수도 있다는 것입니다.

열역학 제1법칙: 에너지 보존 법칙

우리에게 건강 관리라는 단어는 음식 조절과 운동, 다이어트라는 단어와 자연스럽게 연결됩니다. 자신의 체형에 대한 평가는 각자 개인차가 있을 것입니다. 일반적으로 여성은 아무리 날씬해도 자신을 뚱뚱하다고 보고, 남성은 살을 전부 근육이라고 착각하는 경향이 있다고 합니다. 그런데 과학자의 입장에서 볼 때 다이어트는 매우 간단한 문제입니다. 왜냐하면 다이어트는 먹는 음식에 담긴 에너지와 활동에 사용되는 에너지의 균형을 맞추는 일이기 때문입니다. 활동에 필요한 에너지는 남녀노소 모두 다르며, 연령과 성이 같아도 천차만별입니다. 열린계(몸)로 들어오는 총 에너지(음식, 산소, 물)와 계 밖으로 나가는 총 에너지(각종 활동)가 같다면 계의 내부에 쌓일 에너지(근육 혹은 지방)는 없습니다.

음식에는 다양한 화학 물질이 들어 있으며 소화 과정에서 여러 종류의 분자 및 화합물로 변하게 됩니다. 그것들은 우리 몸의 화학 공장(세포)에서 사용되는 원료가 됩니다. 여러 분자가 세포에서 화학 반응을 일으키면 여러 종류의 기능성 물질과 단백질, 효소, 에너지를 낼 수 있는 분자들이 만들어집니다. 필수 영양소라고 불리는 탄수화물, 지방, 단백질 중에서 탄수화물과 단백질은 각각 4kcal/g, 지방이 9kcal/g의 열량을 낼 수 있습니다. 에너지 변환 효율이 좋은 유전자를 물려받은 사람은 그렇지 못한 사람보다 음식을 적게 먹더라도 필요한 에너지를 충분히 얻을 수 있습니다.

열역학 제1법칙은 계의 내부 에너지 변화(ΔE)는 계가 흡수한 열에너지(Q)와 계가 외부에 한 일(W)의 차이($\Delta E = Q - W$)라는 것입니다. 예를 들어 몸을 하나의 계로, 몸을 제외한 나머지를 주위라고 한다면 피부는 경계가 될 것입니다. 계로 들어오는 에너지(Q)에서 활동(정신 혹은 육체 노동)으로 소비하는 에너지(W)의 차이가 곧 몸의 내부 에너지(ΔE)에 해당됩니다. 음식 에너지는 성인이 될 때까지는 계의 범위를 늘리고 활동할 때 사용됩니다. 그러나 성장이 멈춘 후에는 음식의 화학 물질은 활동에 필요한 에너지를 만들고 동시에 낡은 세포를 교체하는 데 사용됩니다. 그래도 남는 에너지는 물질(주로 지방)로 몸에 축적되어 몸의 체형을 변화시킵니다. 그때 사용하고 남은 물질, 즉 에너지를 보관하고 있는 몸이 계인 것입니다.

결국 우리 몸의 범위는 음식으로 흡수하는 물질 에너지와 활동하면서 사용되는 에너지의 크기에 따라 바뀌게 됩니다. 다시 말해서 (그것이 활동 에너지이든 물질로 쌓인 몸의 일부이든) 몸의 내부 에너지는 몸으로 들어오는 에너지와 몸 밖으로 나가는 에너지의 상대적인 크기에 따라 증가할 수도 혹은 감소할 수도 있습니다. 사용량보다 더 많은 에너지가 계로 들어온다면, 혹은 몸으로 들어온 에너지보다 더 적은 에너지를 사용한다면 내부 에너지와 몸무게가 증가합니다. 반대로 사용량보다 더 적은 에너지가 계로 들어오면, 혹은 들어온 에너지보다 더 많은 에너지를 사용한다면 내부 에너지와 몸무게의 감소로 이어집니다.

실제 자기 몸으로 열역학 제1법칙을 실증한 사람도 있습니다. 캔자스 주립 대학교의 영양학 교수인 마크 하브(Mark Haub)는 10주에 걸쳐 약 12kg 이상을 감량하는 데 성공했습니다. 그는 상점에서 쉽게 구입할 수 있는 부드러운 과자를 먹으며 몸에 채우는 에너지의 크기를 하루 약 1,800kcal로 줄였습니다. 성인 남성의 하루 권장량보다 적게 몸에 넣은 것입니다. 당연히 모자라는 에너지는 그동안 근육과 지방에 저축해 놓았던 에너지로 채워졌을 것입니다. 계로 들어오는 입력 에너지보다 사용하는 출력 에너지가 더 크므로 내부 에너지는 감소할 수밖에 없습니다.

열역학 제1법칙이 정확하게 적용될 수 있는 다이어트를 위한 선택은 두 가지뿐입니다. 식사량을 유지하고 싶다면 지금보다 더 활동해서 사용 에너지를 키우든가, 일과 생활, 운동에 사용하는 에너지를 늘리고 싶지 않다면 거꾸로 먹는 양을 줄이는 것입니다. 그러면 계의 내부 에너지는 저절로 줄어들어 다이어트가 성공할 것입니다. 그러나 하브 교수의 방식으로 칼로리만 고려해서 먹는 양을 줄인다면 오래가지 않아 신체 리듬이 망가지거나 건강을 해칠 수 있습니다. 내부 에너지를 간직하고 유지하는 몸은 다양한 필수 화학 물질을 재료로 독특한 방식으로 운영되는 열린계이므로 단순히 에너지의 덧셈 뺄셈만으로는 계산할 수 없기 때문입니다. (그림 7.5)

열역학 제1법칙은 경제, 공부 등으로 확대 적용해 보아도 잘 들어맞습니다. 예를 들어 통장 잔고를 계의 에너지에, 수입을 계로 들어오는 에너지에, 지출을 계에서 빠져나가는 에너지에 비유한다면 결국 통장의 잔고(에너지)를 유지하는 방법은 수입을 늘리든가, 혹은 지출을 줄이는 것입니다. 일정한 시점에서 수입이 작아도, 그보다 지출이 더 작다면 결국 통장 잔고는 늘게 될 것입니다. 공부도 마찬가지입니다.

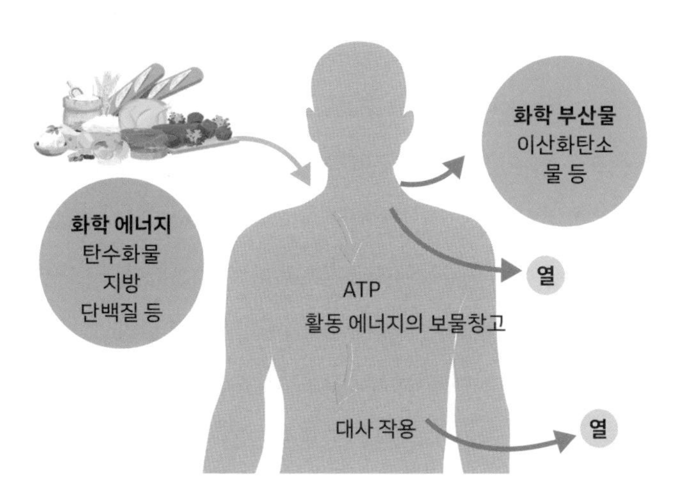

그림 7.5. 에너지와 인체. 음식의 화학 에너지는 활동 에너지로 변환되며, 필요한 분자를 제외하고는 모두 밖으로 배출된다.

공부한 양(계로 들어오는 열)과 잊어 버리는 양(계가 하는 일)의 차이가 결국 남아 있는 기억(계의 에너지)이 될 것이기 때문입니다.

열역학 제2, 제3법칙

유리컵에 든 물에 잉크 한 방울을 떨어뜨리면 젓지 않아도 잉크 분자($C_{37}H_{29}N_3O_9S_3$)가 물 전체로 분산되어 물은 잉크 빛으로 물들게 됩니다. 그러나 용액에서 잉크 분자가 저절로 물과 분리되어 한곳으로 뭉치는 일은 일어나지 않습니다. 이런 예는 수도 없이 많습니다. 예를 들어서 월요일에 잘 정돈했던 책상이 금요일에는 바닥이 보이지 않을 정도로 어지럽혀 있고, 아침에 빗은 머리카락이 한 시간도 되지 않아서 헝클어지는 현상도 경험할 수 있습니다. 이처럼 어떤 상황이 무질서하게 변하는 정도를 나타낼 때 우리는 엔트로피가 증가한다고 합니다. 계의 엔트로피는 물질의 상에 따라서도 차이가 납니다. 동일한 온도에서 고체 상태의 엔트로피는 액체 상태의 엔트로피보다 작고, 기체 상태의 엔트로피는 액체 상태의 엔트로피보다 큽니다. 따라서 동일한 성분의 화학 물질이 같은 온도에 있더라도 엔트로피 크기는 상에 따라서 다르며, 고체, 액체, 기체 순으로 증가합니다.

엔트로피는 관심의 대상이 되는 계의 무질서 정도를 나타내는 하나의 잣대이며, 수학으로 정의되는 열역학 함수입니다. 열역학 제2법칙을 표현하는 여러 문장 중 가장 유명한 것으로 "우주의 엔트로피는 증가한다."가 있습니다. 엔트로피(S)는 무질서 상황에 대한 경우의 수(W)를 로그 함수 값(S = klogW, k(볼츠만 상수): 1.38×10^{-23}J/K)으로 나타낸 것입니다. 경우의 수를 간단히 생각해 보면 다음과 같습니다. 예를 들어 손님 1명이 영업용 5인승 택시를 타면 운전석을 제외한 4개의 좌석 어디든 앉을 수 있습니다. 그때 손님이 앉을 좌석의 경우의 수는 4입니다. 손님 4명이 탔을 때 경우의 수를 같은 식으로 따져 보면 24가 됩니다. 또 다른 예를 생각해 봅니다. 동전 1개를 위로 던지면 땅에 떨어졌을 때 앞면 혹은 뒷면이 나올 것이므로 경우의 수는 2가 됩니다. 동전 2개로 똑같은 행동을 하면 경우의 수는 4가 될 것입니다. 동전을 4개로 늘리면 경우의 수는 16이 됩니다. 만약에 동전을 분자로 생각하고, 그 양을 1mol로 확대한다면 경우의 수는 엄청나게 늘어, 무질서라는 단어와 잘 어울립니다.

엔트로피 식(S = klogW)은 경우의 수(W)가 1일 때 엔트로피 값이 0이 된다는 사실을 말해 주고 있습니다. 만약 물질의 온도가 절대 온도 0K에 이르면 경우의 수는 1이 되며, 그때 엔트로피는 0이 됩니다. 그것이 곧 열역학 제3법칙입니다. 계의 온도가 내려가면 분자의 상은 액체에서 고체로 변할 것입니다. 고체의 온도가 더 내려가서 절대 온도 0K에 이르면 고체에서 원자 배열 상태의 가능한 경우의 수가 1이라는 것입니다. 액체에서 계의 온도가 내려가면 엔트로피의 변화(ΔS)는 마이너스입니다. 계의 온도가 낮을 때 분자의 무질서도(움직임 방향과 속도)는 온도가 높았을 때 분자의 무질서도보다 작을 것입니다. 무질서도가 엔트로피이므로, 낮은 온도의 작은 엔트로피 값에서 처음 상태의 큰 엔트로피 값을 빼면 당연히 마이너스가 됩니다.

계가 기체 분자로 되어 있다면 온도가 내려가면 분자의 움직임(운동)은 온도가 높을 때보다 훨씬 줄어듭니다. 즉 경우의 수가 작아지는 것과 같은 효과입니다. 온도에 따라 분자의 움직임이 줄어드는 현상은 쉽게 관찰할 수 있습니다. 상온에서 공기를 꽉 채운 풍선은 빵빵합니다. 그 풍선을 냉장고에 잠시 넣어 두고 조금 후에 꺼내 보면 쭈글쭈글해집니다. 그것은 공기 분자의 움직임이 둔해져서 풍선 내부의 압력이 줄어들었기 때문입니다. 엔트로피가 줄어든 경우입니다.

자연은 엔트로피가 증가하는 방향으로 변해 간다는 것은 열역학 제2법칙의 또 다른 표현입니다. 다시 말하자면 무질서해지는 방향으로 옮겨 가는 것이 자연스럽다는 것입니다. 자연스러운 방향의 반대로 간다면 어떻게 될까요? 당연히 어렵고 힘이 들며, 그때 에너지가 필요합니다. 예를 들어 자연스럽게 어지럽혀진 책상을 정리할 때, 흐트러진 머릿결을 정리할 때는 노력이 필요하고 그것은 곧 에너지를 사용하는 일입니다. 마찬가지로 인간이 죽고 난 후에는 몸을 구성하고 있었던 각종 화학 물질이 결국에는 원자로 돌아갑니다. 잘 정리되어 있던 화학 물질이 수많은 원자로 변한 것이니 무질서도(엔트로피)가 엄청나게 증가한 것입니다. 따라서 인간의 죽음은 엔트로피가 증가하는 매우 자연스러운 일이며, 열역학 제2법칙을 만족하는 하나의 예입니다.

열역학 제3법칙과 에너지 변화

열역학 제3법칙을 발견한 발터 네른스트(Walter Nernst, 1864~1941년)는 1920년 노벨 화학상을 받은 독일의 화학자입니다. 그가 발표한 열역학 제3법칙은 한마디로 "어떤 경로를 거치든지 유한한 과정을 통해서 절대 온도 0도에 이르기란 불가능하다."였습니다. "계의 엔트로피는 절대 온도 0도에서 0이다.", "온도가 절대 온도 0도에 근접하면 엔트로피는 일정한 값으로 수렴한다.", 또는 "절대 온도 0도에서 계의 경우의 수는 오직 하나이다."처럼 같은 내용을 다르게도 표현을 합니다.

사실 네른스트와 동시대에 활약했던 많은 과학자가 깁스 자유 에너지와 엔탈피를 연결하는 적합한 '상수'는 무엇일까 많은 고민과 토론을 했습니다. 즉 열역학 함수의 연결 고리를 찾고자 노력했습니다. 그들 중에는 자신의 실험 자료로부터 이론을 이끌어 내려고 제자들과 함께 실험 자료를 수집한 시어도어 리처즈(Theodore Richards, 1868~1928년)도 있었습니다. 그는 여러 실험실에서 온도 변화에 따른 엔탈피 및 깁스 자유 에너지 변화를 관찰한 실험 자료들을 수집하고 정리하고 발표까지 했습니다. 그러나 그 자료에 담겨 있는 열역학 제3법칙을 도출하지는 못했습니다.

그 자료 그림(그림 7.6)을 보면 두 종류의 열역학 함수(ΔG와 ΔH)가 온도가 낮아지면서 한 점으로 수렴된다는 사실을 알 수 있습니다. 결국 온도가 절대 온도 0도로 접근하면 반응(계)에 대한 깁스 자유 에너

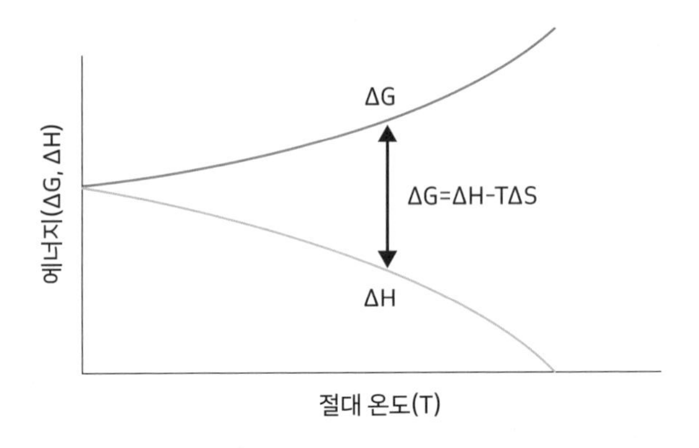

그림 7.6. 열역학 제3법칙을 도출할 수 있었던 자료. 시어도어 리처즈가 실험 자료를 정리한 것으로 온도에 따른 ΔG와 ΔH의 변화를 보여 준다.

지 변화(ΔG)와 엔탈피 변화(ΔH)는 같아지므로 그 온도에서는 엔트로피 변화는 0으로 수렴이 될 수밖에 없음이 확실하게 드러납니다. 즉 열역학 함수 식($\Delta G = \Delta H - T\Delta S$)에서 두 함수가 같다면($\Delta G = \Delta H$) 결국 $-T\Delta S$가 0이어야 하며, 그것은 절대 온도 T는 0보다 크고, 그것이 0이 아니라면 결국 ΔS가 0이어야 된다는 결론이 얻어집니다.

다른 연구자가 발표한 연구 논문과 자료를 읽고서 직관으로 열 이론 법칙(결국 열역학 제3법칙)을 제창한 네른스트는 천재 과학자였음에 틀림없습니다. 한편 자신이 수집한 자료로 열역학 제3법칙을 발표했더라면 노벨상을 받을 수도 있었던 시어도어 리처즈는 그후 원자의 정확한 원자량 측정과 연구에 대한 공로를 인정받아서 1914년 노벨 화학상을 수상했습니다. 그는 노벨 화학상을 받은 최초의 미국인이었습니다.

열역학 함수: 자유 에너지

화학 반응이 진행될 때 발생하는 에너지의 일부는 유용한 일에 사용될 수 있습니다. 그것을 계의 자유 에너지라고 합니다. 자유 에너지는 미국의 물리학자 및 화학자인 조사이어 윌러드 깁스(Josiah Willard Gibbs, 1839~1903년) 교수의 이름이 붙은 **깁스 자유 에너지(G)**도 있고, 독일 물리학자 헤르만 헬름홀츠(Hermann Helmholtz, 1821~1894년)의 이름이 붙은 **헬름홀츠 자유 에너지(A)**도 있습니다.

깁스 자유 에너지와 헬름홀츠 자유 에너지의 차이는 화학 반응이 진행되는 계의 조건에 있습니다. 깁스 자유 에너지가 일정한 온도와 압력($\Delta T = 0$, $\Delta P = 0$)에서 진행된 화학 반응에 대한 것이라면, 헬름홀츠 자유 에너지는 일정한 온도와 부피($\Delta T = 0$, $\Delta V = 0$)에서 진행된 화학 반응에 대한 것입니다. 많은 화학 반응이 일정한 온도(25℃)와 압력(1atm)에서 진행되므로 그때 함께하는 에너지는 깁스 자유 에너지와 관련이 있습니다.

그러나 전지에서 진행되는 화학 반응(산화 환원 반응)은 일정한 온도와 부피에서 진행되므로 헬름홀츠 자유 에너지와 관련이 있다고 생각할 수도 있습니다. 그렇지만 전지 반응일지라도 반응물 혹은 생성물이 기체라면 부피 변화가 있게 되므로 헬름홀츠 에너지를 정확하게 적용하지 못하는 경우가 많습니다. 일반적으로 전지에서 진행되는 반응은 일정한 온도와 압력에서 진행되는 것이므로, 깁스 자유 에너지를 적용할 수 있습니다. 자유 에너지는 일을 할 수 있는 능력이므로 평형 상태에서는 깁스 자유 에너지와 헬름홀츠 자유 에너지는 모두 0입니다. 자유 에너지가 0이라는 것은 여분으로 사용할 수 있는 에너지가 없다는 사실을 의미합니다.

열역학 함수: 엔탈피

엔탈피(H)는 반응계의 내부 에너지 변화(ΔE)와 일정한 압력에서 부피 변화(PdV)에 따른 일로 이루어진 에너지입니다. 그것은 일정한 압력에서 진행되는 화학 반응계의 에너지 변화에 대한 것입니다. 사실 많은 화학 반응들이 일정한 압력(1atm)에서 진행되는 것이 보통이므로 엔탈피는 흔히 이용됩니다. 엔탈피 변화(ΔH)를 실험으로 측정하는 것은 그리 힘든 작업이 아닙니다. 또한 그것은 계의 처음과 나중 상태에만 의존하는 상태 함수라는 특징이 있습니다. 따라서 일정한 압력에서 처음과 나중 상태의 물리량 변화(내부 에너지 변화(ΔE))와 부피 변화(ΔV)를 측정하면 계의 엔탈피 변화($\Delta H = \Delta E - PdV$)를 알 수 있습니다. 대기압(1atm)에서 화학 반응의 엔탈피 변화를 측정하면 계에서 열이 나오는 반응(발열 반응, $\Delta H = -$)인지 혹은 계로 열이 들어가야 하는 반응(흡열 반응, $\Delta H = +$)인지 구분을 할 수 있습니다. 엔탈피는 또한 열역학 제2법칙에서 설명한 엔트로피 변화(dS)와 직접적 관계가 있는 에너지 함수($\Delta H = TdS$, $dS = \frac{\Delta H}{T}$: 일정한 압력 조건)이기도 합니다. 열역학 제2법칙의 또 다른 표현은 균일하고 가역적인 반응 조건에서 일정한 온도(T)에서 계가 흡수한 열(ΔH)을 온도로 나누면($\frac{\Delta H}{T}$), 그것이 곧 엔트로피 변화(dS)와 같다는 것입니다.

열역학 함수: 내부 에너지

내부 에너지(E)는 분자들의 움직임 및 상호 작용에 대한 에너지입니다. 화학 반응이 진행되면 반응물과 생성물의 화학 물질에 대한 정보 및 그에 따른 에너지 변화를 알 수 있습니다. 분자, 원자, 이온의 움직임은 우리가 볼 수 없지만, 그것들은 병진, 회전, 진동 운동도 하고 정전기적 상호 인력도 작용하기 때문에 에너지는 분명히 있습니다. 일정한 온도에 있는 물($H_2O(l)$)을 예로 들자면 물 분자들은 그 안에서 자체 진동은 물론 이동, 회전, 수소 결합의 형성과 분해, 이웃 물 분자와 정전기적 상호 작용 등 무수히 많은 일을 겪고 있습니다. 즉 모든 분자들의 활동 에너지를 계의 내부 에너지(운동 에너지 + 퍼텐셜 에너지)라고 생각할 볼 수 있습니다. 따라서 일정한 압력에서 계의 내부 에너지 변화(ΔE)는 계가 흡수한 열(ΔH 혹은 q, 흔히 열을 기호 q로 나타냄.)과 계가 주위에 한 일(PdV)의 차이입니다. 식으로 나타내면 다음과 같이 될 것입니다.

$\Delta E = \Delta H - PdV$ 혹은 $\Delta E = q - PdV$

계의 내부 에너지는 계가 흡수한 열(q)에서 계가 주위에 한 일(PdV)을 빼고 남은 에너지라는 열역학 제1법칙의 표현을 기억한다면 내부 에너지 개념은 더욱 명확해집니다. 그런데 화학에서 계의 내부 에너지는 화학 물질의 변화와 관련된 모든 에너지로 정의하고 있습니다. 각 화학 물질의 내부 에너지의 절댓값은 알 수 없지만, 다른 종류의 에너지 변화로부터 계의 내부 에너지 변화를 간접적으로 알 수 있습니다. 계가 주위에 하는 일, PdV는 에너지입니다. 왜냐하면 압력은 단위 면적당 힘(F/m^2)이며, 그것에 그것에 부피(m^3) 변화를 곱한 것은 차원이 에너지와 같기 때문입니다. 예를 들어 대기압(1atm)에서 부피가 0.01L 변할 때 그에 따른 에너지는 1.01325J입니다.

$$1atm(P) \times 0.01L(dV) =$$

$$\{1atm \times [\frac{101{,}325Pa}{1atm}] \times [\frac{(\frac{1J}{1m^3})}{1Pa}]\} \times \{0.01L \times [\frac{1m^3}{10^{-3}L}]\} = 1.01325J$$

$$1Pa \times 1m^3 = 1J$$

$$\{\frac{[1kg \times m/s^2]}{m^2}\} \times m^3 = 1kg \times m^2/s^2 = 1J$$

(일정한 압력(P)) (부피 변화(dV)) (에너지(E))

열역학 함수의 기억법

열역학을 배울 때 수많은 열역학 함수의 관계식이 나옵니다. 그것을 일일이 외우기란 불가능하며, 그렇게 할 이유도 없습니다. 다음 도표를 기억하고 있다면 열역학에서 주로 사용되는 열역학 함수들 사이의 관계식, 맥스웰 관계식 등이 필요할 때마다 쉽게 유도해 낼 수가 있습니다. 도표와 열역학 함수를 함께 기억하는 방법은 제가 대학생 때 백운기 교수님 강의 시간에 배운 내용입니다. (그림 7.7)

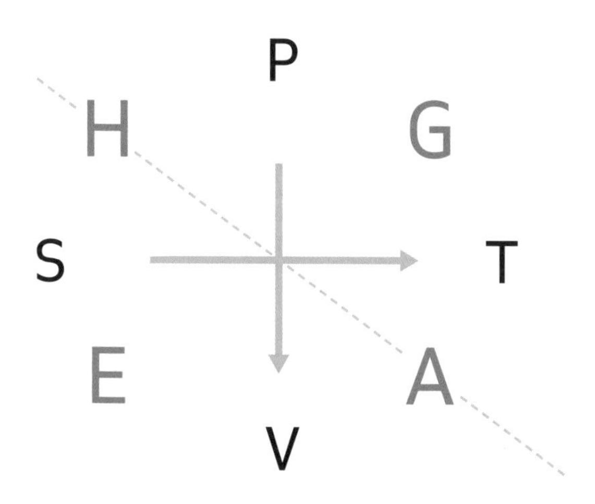

그림 7.7. 열역학 함수를 기억하기 위한 도표.

에너지 함수와 자연 변수

그림 7.7의 도표에서 빨간색 영어 알파벳은 각각 내부 에너지(E), 엔탈피(H), 헬름홀츠 에너지(A), 깁스 에너지(G)를 나타내는 기호입니다. 내부 에너지를 U로, 헬름홀츠 에너지를 F로 표기하는 경우도 있습니다. 헬름홀츠 에너지의 A 표기는 독일어 단어 일(Arbeit)의 첫 글자에서 따온 것이라고 할 수 있습니다. 검은색 알파벳은 각각 압력(P), 부피(V), 엔트로피(S), 온도(T)를 나타내는 기호이며, 자연 변수입니다. 자연 변수는 앞서 설명한 것처럼 에너지 함수를 나타낼 때 그것을 규정하는 변수들입니다. 자연 변수들은 실험으로 직접 측정하거나 혹은 간접적으로 알아낼 수 있습니다. 또한 에너지(E, A, G, H)는 경로에 무관하고 처음과 나중 상태에만 의존하는 상태 함수들입니다.

이제 에너지 함수와 자연 변수의 관계를 나타내는 도표를 이용해 열역학에 관한 각종 함수식을 생각해 낼 방법을 설명하겠습니다. 첫째로 도표에서 내부 에너지(E)는 엔트로피(S)와 부피(V)의 함수, 엔탈피(H)는 엔트로피(S)와 압력(P)의 함수, 헬름홀츠 에너지(A)는 부피(V)와 온도(T)의 함수, 깁스 에너지(G)는 압력(P)와 온도(T)의 함수를 표시한 것입니다. 각 에너지 함수(빨간색 알파벳)의 양편에 위치한 것이 각각 그 에너지를 규정하는 자연 변수(검은색 알파벳)입니다. 왜냐하면 해당 에너지 변화는 에너지 함수 양편에 있는 자연 변수 2개의 조건 변화와 밀접한 관련이 있기 때문입니다.

빨간색 에너지 함수의 변화((dE, dA, dG, dH)는 양쪽에 검은색으로 나타낸 2종류의 자연 변수 변화로 나타낼 수 있습니다. 예를 들어 내부 에너지 변화(dE)는 각각 엔트로피 변화(dS)와 부피 변화(dV)의 함수이므로 일단 $dE = adS + bdV$라고 쓸 수 있습니다. 여기서 a와 b를 도표를 이용해 찾으면 내부 에너지의 변화식을 얻을 수 있습니다. 내부 에너지의 자연 변수 S에서 화살표를 따라가면 T가 있고, 자연 변수 V로부터 화살표를 따라가면 P가 있습니다.

그런데 자연 변수로부터 화살표를 따라갈 때 화살촉의 방향이 맞으면 플러스를 붙이고, 화살촉의 방향이 역이면 마이너스를 붙이는 것입니다. 이 규칙에 따라 T 앞에는 플러스가 붙고, P 앞에는 마이너스가 붙습니다. 따라서 식 $dE = adS + bdV$에서 a는 T, b는 $-P$가 되어 내부 에너지 변화 식은 $dE = TdS - PdV$가 됩니다.

같은 방법을 사용해서 다른 종류의 에너지 변화를 유추해 본다면 에너지에 대한 열역학 함수식 ($dH = VdP + TdS$, $dG = VdP - SdT$, $dA = -PdV - SdT$)을 외우지 않고도 기억해 낼 수 있습니다.

여기서는 열역학에서 사용되는 에너지 함수의 기억법만을 소개하며, 그것들의 르장드르(Legendre) 변환($(\frac{\partial E}{\partial S})_V = +T$, $(\frac{\partial E}{\partial V})_S = -P$, $(\frac{\partial H}{\partial S})_P = +T$, $(\frac{\partial H}{\partial P})_S = +V$, $(\frac{\partial G}{\partial P})_T = +V$, $(\frac{\partial G}{\partial T})_P = -S$, $(\frac{\partial A}{\partial T})_V = -S$, $(\frac{\partial A}{\partial V})_T = -P$)에 대한 수학은 생략하도록 하겠습니다. 예를 들어 편미분 $(\frac{\partial E}{\partial S})_V = +T$는 일정한 부피(식의 괄호 밖에 쓴 아래 첨자 기호, v)에서 엔트로피 변화(식의 분모, ∂S)에 대한 내부 에너지 변화(분자, ∂E)의 값이 곧 온도(T)임을 식으로 표현한 것입니다. 식 $dE = TdS - PdV$에서 부피가 일정하면($dV = 0$이므로) 식은 $dE = TdS$가 될 것이고, 이때 dE를 dS에 대해서 미분한 결과

는 T입니다.

도표로 기억하는 법은 다음과 같습니다. E의 편미분에서 괄호 다음의 아래 첨자(S 혹은 V)는 E의 자연 변수입니다. 여기에서도 미분 변수로 사용된 자연 변수로부터 화살표를 따라갈 때 화살촉의 방향이 맞으면 플러스를 붙이고, 화살촉의 방향이 역이면 마이너스를 붙이며, 화살표를 따라가서 만나는 변수가 곧 편미분 값입니다. 다른 종류의 르장드르 변환식도 같은 방법으로 확인해 보기 바랍니다. 도표의 유용성을 바로 깨닫게 될 것입니다.

화학에서는 열역학 함수를 수학으로 변형하는 과정을 이해하기보다는 화학 물질의 상태 및 반응성과 에너지 변화를 이해하는 편이 훨씬 중요하기 때문에 관계식 자체를 유도하거나 암기하기보다는 필요할 때마다 관계식을 생각해 내고, 그것을 이용해 계의 상태를 점검하는 일이 더욱 중요하다는 것을 강조하고 싶습니다.

깁스 자유 에너지와 엔탈피의 관계 및 깁스 자유 에너지와 헬름홀츠 자유 에너지의 관계는 자연 변수를 이용해 열역학 함수로 나타내면 각각 $G = H - TS$, $G = A + PV$입니다. 이것도 도표를 이용하면 쉽게 기억해 낼 수 있습니다. 도표를 보면 깁스 에너지(G)의 왼쪽에는 엔탈피(H)가 있고, 깁스 에너지(G)의 아래쪽에는 헬름홀츠 에너지(A)가 있습니다. 그런데 깁스 에너지에서 엔탈피로 향할 때 파란색으로 나타낸 화살촉은 역방향으로 되어 있으며, 화살촉과 함께 표기된 자연 변수는 T와 S인 것을 알 수 있습니다. 또한 깁스 에너지에서 아래쪽에 있는 헬름홀츠 에너지를 향할 때 파란색의 화살촉은 정방향이며 화살축과 함께 표기된 자연 변수는 P와 V입니다.

깁스 에너지(G)에서 왼쪽으로 향하면 엔탈피(H)가 있고, 화살촉 방향은 역방향이므로 마이너스를 붙여서 식을 써 보면 $G = H - TS$입니다. 같은 방식으로 깁스 에너지(G)에서 아래쪽으로 향하면 헬름홀츠 에너지(A)가 있고 화살촉 방향은 정방향이므로, 플러스를 붙여서 식을 써 보면 $G = A + PV$라고 적은 것입니다. 엔탈피(H)에서 오른쪽으로 향하면 깁스 에너지(G)가 있습니다. 규칙에 적용해 보면 엔탈피(H)와 깁스 자유 에너지(G)의 관계는 $H = G + ST$로 적을 수 있습니다. 왜냐하면 엔탈피에서 깁스 자유 에너지 방향으로 향하면 화살촉 방향은 정방향이므로 플러스가 되며, 그것을 $H = G + ST$로 기억할 수 있기 때문입니다. 결국 도표를 활용하면 모든 종류의 열역학 함수 사이의 관계와 자연 변수가 어떤 관계인가를 나타내는 함수식들을 어렵지 않게 기억해 낼 수 있습니다.

$H = E + PV$

$E = H - VP$

$G = A + PV$

$A = G - VP$

$A = E - TS$

$E = A + ST$

이것을 이용하면 변형된 열역학 함수도 쉽게 알 수 있습니다. 예를 들어 $G = H - TS$ 함수를 미분하면 $dG = dH - TdS - SdT$가 될 것입니다. 그런데 만약에 일정한 온도 조건이라면 $dT = 0$이므로, 일정한 온도에서 깁스 자유 에너지 변화와 엔탈피 변화의 관계는 $dG = dH - TdS$가 됩니다. 같은 방법을 다른 열역학 함수에도 적용해 볼 수 있습니다. $H = E + PV$ 식을 미분하면 $dH = dE + PdV + VdP$입니다. 따라서 일정한 압력($dP = 0$) 조건이라면 엔탈피 변화와 내부 에너지 변화의 관계는 결국 $dH = dE + PdV$라는 사실도 금세 알게 됩니다. 깁스 자유 에너지를 나타내는 2종류의 식($dG = dH - TdS$ 혹은 $dG = VdP - SdT$)은 같으므로 $dH - TdS = VdP - SdT$가 될 것입니다. 만약 일정한 온도와 일정한 압력 조건이라면 dP 및 dT가 0이 되므로 결국 $dH - TdS = 0$를 얻습니다. 그것은 $dS = \frac{dH}{T}$이므로 일정한 온도에서 엔탈피 변화를 온도로 나눈 값은 계의 엔트로피 변화와 같다는 사실을 알 수 있습니다. 이것은 앞서 설명한 열역학 제2법칙을 식으로 나타낸 것입니다.

맥스웰 관계식과 자연 변수

열역학을 공부할 때 나오는 **맥스웰 관계식**(Maxwell relations)도 도표를 이용하면 기억하기 쉽습니다. 제임스 클러크 맥스웰(James Clerk Maxwell, 1831~1879년)은 전기와 자기의 상관 관계를 기술하는 **맥스웰 방정식**(Maxwell's equations)을 세운 스코틀랜드의 물리학자입니다. 지금

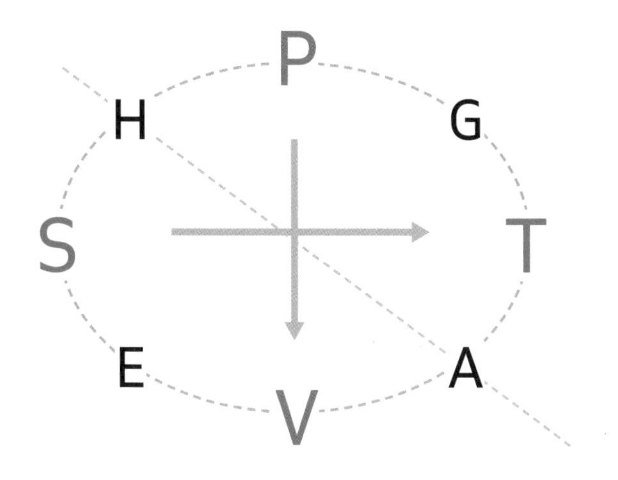

그림 7.8. 맥스웰 관계식을 기억하기 위한 도표.

부터 열역학에서 맥스웰 관계식의 필요성과 도표로 기억하는 방법을 설명하려 합니다. (그림 7.8)

열역학에 맥스웰 관계식이 왜 필요할까요? 맥스웰 관계식을 이용하면 일정한 조건에서 한 자연 변수의 변화에 따른 또 다른 자연 변수의 변화를 실험으로 측정할 수 없을 때, 그것을 실험으로 측정 가능한 자연 변수의 변화로 변환할 수 있습니다. 다시 말해 맥스웰 관계식을 이용하면 실험으로 측정하기 힘든 변수를 실험으로 측정 가능한 변수로 변경하는 것이 가능합니다. 자연 변수 변화(예: dP, dT 등)에 따른 엔트로피 변화(dS) 값을 실험으로 결정하기란 쉽지 않습니다. 예를 들어, 일정한 온도(T)에서 압력 변화(dP)에 따른 엔트로피의 변화

($(\frac{\partial S}{\partial P})_T$) 값을 측정하는 것 같은 일들입니다. 그런데 맥스웰 관계식을 적용하면, 이것은 일정한 압력(P)에서 온도 변화(dT)에 따른 부피 변화($(\frac{\partial V}{\partial T})_P$)와 크기는 같고 마이너스 부호를 붙인 것($-(\frac{\partial V}{\partial T})_P$)과 동일한 값입니다. 일정한 압력에서 온도 변화에 따른 부피 변화를 측정하기는 어렵지 않습니다. 일정한 기압(P)에서 계의 온도를 변화시키면서(dT), 그에 따른 부피 변화(dV)는 실험으로 측정할 수 있는 물리량이기 때문입니다. 또 다른 예로 일정한 온도(T)에서 부피 변화(dV)에 따른 엔트로피 변화($(\frac{\partial S}{\partial V})_T$)를 측정하기는 어렵지만, 일정한 부피(V)에서 온도 변화(dT)에 따른 압력 변화값($+(\frac{\partial P}{\partial T})_V$)을 측정하는 일은 어렵지 않습니다. 이것을 맥스웰 관계식으로 나타내면 다음과 같습니다.

$$(\frac{\partial S}{\partial P})_T = -(\frac{\partial V}{\partial T})_P$$

$$(\frac{\partial S}{\partial V})_T = (\frac{\partial P}{\partial T})_V$$

그림 7.8의 도표를 이용해 맥스웰 관계식을 유추하고 기억하는 방법은 다음과 같습니다. 그것은 도표에서 빨간색 영어 알파벳 S, P, T, V를 이용하는 방법입니다. 편미분 식($(\frac{\partial S}{\partial P})_T$)에 사용된 자연 변수를 도표에서 시곗바늘이 도는 방향 순서로 적으면 S-P-T입니다. 왼쪽에서 오른쪽 방향으로 회전함을 알 수 있습니다. 그런데 시계 방향으로 한 번 더 나아가면 자연 변수 V가 있습니다. 이제 그것을 출발점으로 해서 시계 방향의 역으로 회전하면 자연 변수의 순서는 V-T-P가 될 것입니다. 순서대로 편미분 식으로 적으면 $(\frac{\partial V}{\partial T})_P$입니다.

여기서 주의할 것은 식에 적힌 순서를 따라서 회전하고, 다시 역방향으로 회전할 때입니다. 진행 방향으로 한 번 더 나아갈 때 도표에 있는 점선을 가로질렀으면, 편미분 결과 식 앞에 − 기호를 붙이고, 점선을 가로지르지 않았으면 + 기호를 붙이는 것입니다. 지금의 예에서는 한 번 더 나아갈 때 (T에서 V로) 점선을 가로질렀으므로 − 기호를 붙여야 하므로 $-(\frac{\partial V}{\partial T})_P$로 적습니다. 이것으로부터 맥스웰 관계식은 $(\frac{\partial S}{\partial P})_T = -(\frac{\partial V}{\partial T})_P$을 얻습니다.

도표를 보면서 지금까지 설명한 규칙을 따르면 다른 종류의 맥스웰 관계식, $(\frac{\partial S}{\partial V})_T = +(\frac{\partial P}{\partial T})_V$도 어렵지 않게 유추할 수 있을 것입니다. 이 경우에는 편미분 식을 따라서 자연 변수의 순서대로 S–V–T 순서 (시곗바늘의 역방향)로 회전했으며, 한 번 더 같은 방향으로 회전할 때 도표의 점선을 가로지르지 않았으므로 + 기호를 붙이며, 방향을 변경해 역으로 되돌아오는 순서는 P–T–V이므로 $(\frac{\partial P}{\partial T})_V$로 적을 수 있습니다. 다음과 같은 다른 맥스웰 관계식들도 이런 방법으로 유추하면 기억하기 쉽습니다.

$$(\frac{\partial T}{\partial V})_S = -(\frac{\partial P}{\partial S})_V$$

$$(\frac{\partial T}{\partial P})_S = (\frac{\partial V}{\partial S})_P$$

$$(\frac{\partial P}{\partial T})_V = (\frac{\partial S}{\partial V})_T$$

$$(\frac{\partial V}{\partial T})_P = -(\frac{\partial S}{\partial P})_T$$

자발적인 반응과 깁스 에너지, 엔탈피, 엔트로피 변화

자발적인 화학 반응이란 반응이 진행되는 조건(온도, 압력, 부피, 화학 물질의 양)에서 반응물보다는 생성물로 가는 경향이 있다는 것이며, 생성물의 에너지 상태가 더 안정된 경우라고 볼 수 있습니다. 이는 에너지만을 고려할 때 그렇다는 것이며, 실제로는 엔트로피 변화(ΔS)까지 생각해야 합니다. 예를 들어 경사면 위에 놓인 구슬은 마찰이 없다면 경사면을 따라 아래로 구르는 것이 자발적인 사건(반응)입니다. 화학에서 물질을 태우는 연소 반응, 전지가 방전될 때 전지 내부에서 진행되는 산화 환원 반응 등이 자발적 반응의 예입니다. 그러나 연소 반응도 저절로 진행되는 것이 아니라 일단 연료에 불을 붙여야 하며, 전지 반응도 전자 기기의 스위치를 켜야 반응이 진행됩니다. 화학 반응이 진행되는 속도와 안정된 에너지 상태로 가려는 경향은 반드시 일치하지 않습니다. 자발적 반응은 속도와 상관없이 안정된 상태로 가려는 화학 반응을 말하며, 그 진행 속도는 반응마다 차이가 있습니다.

메테인의 연소에서 생성물은 이산화탄소($CO_2(g)$)와 수증기($H_2O(g)$)이며, 그 계에서 열에너지가 발생합니다. 만약 내연 기관에서 유기 화합물로 된 액체 연료를 연소한다면 반응물은 액체이지만 생성물은 모두 기체가 됩니다. 그때 열에너지가 발생하고, 엔트로피는 증가합니다. 열역학 함수로 생각해 보면 연소 반응은 발열 반응이므로 엔탈피 변화(ΔH)는 마이너스이며, 엔트로피는 증가하므로 엔트로피 변화(ΔS)는 플러스입니다. 그런 조건에서 깁스 자유 에너지($\Delta G = \Delta H - T\Delta S$)는 마이너스가 됩니다. 자유 에너지는 일을 할 수 있는 능력을 의미하므로 계의 자발적 반응에서 나오는 열에너지는 외부에 일을 할 수 있는 능력이 있습니다. 결국 자발적 반응은 깁스 자유 에너지가 마이너스이며, 그것은 일을 할 수 있는 능력(자유 에너지)이 있다는 것입니다.

발열 반응(ΔH = −)이며 엔트로피가 감소하는 반응(ΔS = −)은 온도에 따라 깁스 자유 에너지(ΔG)가 플러스일 수도, 마이너스일 수도 있습니다. 예를 들어 영하(0℃, 273.15K)에서 물은 얼음이 됩니다. 액체에서 고체로 변하므로 엔트로피는 감소하며, 물에서 에너지가 빠지는 것이므로 발열 반응입니다. 발열 반응이면서 엔트로피가 감소하지만 낮은 온도에서는 자발적으로 진행된다는 사실을 알 수 있습니다. ΔH 값도 마이너스이고, ΔS 값 역시 마이너스이지만 깁스 자유 에너지가 마이너스이므로 자발적 반응이 된다고 보는 것입니다.

얼음이 녹거나 물이 수증기가 되려면 계로 열에너지가 들어가야 하므로 흡열 반응(ΔH = +)이며, 고체가 액체로, 액체가 기체로 변할 때 엔트로피는 증가(ΔS = +)합니다. 이런 반응들은 흡열 반응이면서 자발적으로 진행됩니다. 결국 자발적 반응의 여부는 엔탈피, 엔트로피, 반응 온도를 변수로 하는 깁스 자유 에너지로 판단해야 정확합니다. 계가 안정되려고 에너지를 방출(발열, ΔH = −)하는 것이 자발적 화학 반응을 일으키는 원동력이 될 수 있지만, 그것만으로는 충분하지 않다는 것입니다. 생성물이 형성될 때 엔트로피가 증가(ΔS = +)하는 것도 자발적 화학 반응의 원동력이 될 수 있기 때문입니다. 이처럼 화학 반응의 자발적, 비자발적 여부를 깁스 자유 에너지로 판단하며, 각

표 7.1. 자발적 반응(ΔG=-)과 비자발적 반응(ΔG=+)에 대한 엔탈피(ΔH)와 엔트로피(ΔS)의 영향.

ΔH	ΔS	ΔH와 $-T\Delta S$의 비교	ΔG	반응 종류
-(발열)	+(증가)	모든 온도에서 ΔH와 $-T\Delta S$ 값이 -	-	자발적
-(발열)	-(감소)	낮은 온도에서 $\Delta H > -T\Delta S$	-	자발적
-(발열)	-(감소)	높은 온도에서 $\Delta H < -T\Delta S$	+	비자발적
+(흡열)	+(증가)	낮은 온도에서 $\Delta H > -T\Delta S$	+	비자발적
+(흡열)	+(증가)	높은 온도에서 $\Delta H < -T\Delta S$	-	자발적
+(흡열)	-(감소)	모든 온도에서 ΔH와 $-T\Delta S$ 값이 +	+	비자발적

경우에 해당되는 것을 표 7.1로 나타냈습니다.

평형 상수와 깁스 자유 에너지

평형 상태에서는 반응물이 생성물로 변하는 속도와 생성물이 반응물로 변하는 속도가 같습니다. 반응 속도가 똑같아서 농도 변화는 없는 것처럼 보이지만, 계에서는 화학 물질의 생성과 소멸이 계속되고 있는 상태입니다. 이른바 동적 평형입니다. 특정 화학 반응의 깁스 자유 에너지가 마이너스 값이라는 것은 그 순간에 생성물이 형성되는 방향으로 화학 반응이 진행되는 것이 우선임을 의미합니다. 반대로 화학 반응의 깁스 자유 에너지가 플러스 값이라는 것은 비자발적 반응이므로 반응은 진행되지 않고 반응물 상태로 남아 있게 될 것입니다. 결국 평형 상태는 화학 반응의 깁스 자유 에너지(ΔG)가 0일 때입니다.

한편 반응물과 생성물이 모두 표준 상태에 있을 때 깁스 자유 에너지(ΔG)를 표준 깁스 자유 에너지(ΔG^o)라고 합니다. 열역학에서 위첨자(^{o})를 붙인 에너지 변화는 반응에 참여하는 화학 물질이 모두 표준 상태에 있음을 의미합니다. 일반적으로 화학 물질의 표준 상태는 기체의 경우는 대기압(1atm), 액체, 고체는 순물질, 용액은 농도가 1M(mol/L)일 때입니다. 실제 화학 반응이 진행될 때 특별한 경우가 아니면 표준 조건에서 진행되는 경우는 매우 드뭅니다. 따라서 일반 조건에서 진행되는 화학 반응에 대한 깁스 자유 에너지(ΔG)와 표준 깁스 자유 에너지(ΔG^o)는 반응 지수(Q)와 관계가 있으며, 식으로 나타내면 다음과 같습니다.

$$\Delta G = \Delta G^o + RT \ln Q$$

평형에서 깁스 자유 에너지(ΔG)는 0이며, 반응 지수(Q)는 평형 상수(K)이므로, 이 식은 $0 = \Delta G^o + RT \ln K$가 됩니다. 식을 정리하면 $\Delta G^o = -RT \ln K$라는 평형 상수와 표준 깁스 자유 에너지의 관계식을 얻을 수 있습니다. 이 식에서 R는 기체 상수(1.98cal/mol K 혹은 8.314J/mol K)이며, T는 켈빈 온도(K = 273.15 + ℃)입니다.

화학 퍼텐셜과 깁스 자유 에너지

화학 퍼텐셜(chemical potential)은 화학 물질이 지니고 있는 에너지입니다. 화학 반응에서 원자들의 결합이 끊어지고, 재배열되고, 새로운 결합을 형성할 때 발생하는 화학 퍼텐셜은 다른 일을 할 수 있거나 혹은 열에너지로 변환이 가능합니다. 즉 화학 퍼텐셜은 화학 물질의 변화(상변화 포함) 및 생성과 함께 하는 에너지입니다. 지금까지 설명했던 깁스 자유 에너지($dG = VdP - SdT$ 혹은 $dG = dH - TdS$)는 엔탈피 변화(dH) 및 자연 변수의 변화(dP, dT, dS)에 대한 영향을 다루었으며, 화학 물질의 변화에 따른 깁스 자유 에너지의 변화는 설명하지 않았습니다. 그러나 화학 반응이 진행되면 화학 물질이 가진 에너지(화학 퍼텐셜)는 당연히 깁스 자유 에너지와 상관 관계가 있을 것입니다. 그런 면에서 볼 때 화학 퍼텐셜의 역할은 매우 중요합니다. 화학 퍼텐셜은 일 혹은 열에너지로 변환될 수 있는 잠재력이 있는 에너지이지만, 관례에 따라 화학 에너지로 부르기보다는 화학 퍼텐셜이라고 부릅니다. 따라서 화학 퍼텐셜은 일정한 온도와 압력에서 화학 물질의 변화에 따른 깁스 자유 에너지의 변화라고 할 수 있습니다. 계의 에너지는 압력과 온도 변화에 따른 깁스 자유 에너지($dG = VdP - SdT$)와 화학 물질의 양에 따른 깁스 에너지 변화를 모두 합친 것입니다. 그것을 식으로 나타내면 $dG = VdP - SdT + \Sigma\mu_i dn_i$입니다. 여기서 μ_i는 화학 반응에 참여하는 특정한 화학종(i)에 대한 화학 퍼텐셜이며, 모든 성분의 화학 퍼텐셜의 합은 $+\Sigma\mu_i dn_i$로 나타낼 수 있습니다. 각각의 화학 물질(1, 2, ⋯, i, j⋯)의 양이 변화(dn_i)할 때 동반되는 깁스 자유 에너지의 변화가 곧 화학 퍼텐셜입니다.

일정한 압력과 온도 조건에서 깁스 자유 에너지 식의 dP와 dT는 0이 되므로 결국 $dG = +\Sigma\mu_i dn_i$가 됩니다. 이 식이 의미하는 것은 한 화학종(i)의 화학 퍼텐셜이란 화학 물질이 포함된 계의 온도와 압력이 일정할 때, 화학종 i를 제외한 다른 화학종의 양은 변함이 없고, 오직 관심 대상의 화학종 i의 mol 변화(dn_i)에 대한 깁스 자유 에너지의 변화를 말합니다. 그것을 편미분 기호로 나타내면, $(\frac{\partial G}{\partial n_i})_{P,\,T,\,n(j\neq i)} = \mu_i$입니다. $(\frac{\partial G}{\partial n_i})$의 아래 첨자로 나타낸 기호들($_{P,\,T,\,n(j\neq i)}$)은 자연 변수(P, T) 및 화학종 i를 제외한 나머지 화학종(j)의 양이 일정하다는 조건을 나타낸 것입니다.

계의 화학 퍼텐셜은 화학 반응 및 상변화를 겪는 모든 화학 물질의 화학 퍼텐셜을 합친 것이 될 것입니다. 또한 깁스 자유 에너지에서 화학 퍼텐셜을 유추한 방식과 마찬가지로 화학 물질의 양에 따른 다른 종류의 에너지 변화(dH, dE, dA)에서 같은 유형의 편미분 식을 얻을 수 있습니다. 그러므로 화학 퍼텐셜은 일정한 압력과 온도에서 특정 화학종(i)의 단위 mol 변화에 따른 깁스 자유 에너지의 변화로 표현한 것처럼, 일정한 부피와 온도에서 특정 화학종(i)의 단위 mol 변화에 따른 헬름홀츠 에너지의 변화로도 나타낼 수 있습니다. 또한 다른 종류의 에너지(H, E)에 대해서 자연 변수 2개가 일정한 조건에서 단위 mol 변화에 따른 에너지의 변화가 곧 화학 퍼텐셜입니다. 이것을 표로 정리한 것이 표 7.2입니다.

표 7.2. 열역학 함수와 화학 퍼텐셜.

에너지 이름(기호)	화학 퍼텐셜이 포함된 에너지 변화	자연 변수(P, S, V, T) 조건과 화학 퍼텐셜(μ_i)
엔탈피(H)	$dH = VdP + TdS + \sum \mu_i dn_i$	일정한 P, S에서 $\mu_i = (\frac{\partial H}{\partial n_i})_{P, S, n(j \neq i)}$
내부 에너지(E)	$dE = -PdV - TdS + \sum \mu_i dn_i$	일정한 V, S에서 $\mu_i = (\frac{\partial E}{\partial n_i})_{V, S, n(j \neq i)}$
깁스 자유 에너지(G)	$dG = VdP - SdT + \sum \mu_i dn_i$	일정한 P, T에서 $\mu_i = (\frac{\partial G}{\partial n_i})_{P, T, n(j \neq i)}$
헬름홀츠 자유 에너지 (A)	$dA = -PdV - SdT + \sum \mu_i dn_i$	일정한 V, T에서 $\mu_i = (\frac{\partial A}{\partial n_i})_{V, T, n(j \neq i)}$

에너지의 상호 변환과 계산

에너지는 종류가 달라도 계산을 통해서 크기를 서로 비교할 수 있습니다. 예를 들어서 물을 끓이는 데 필요한 열에너지를 전기 에너지로 변환할 수도 있고, 숨을 쉬는 데 필요한 에너지는 음식(예: 탄수화물)의 화학 에너지로 변환할 수 있습니다. 그러므로 종류가 다른 에너지들은 비교를 위해서 같은 단위로 환산할 수 있으며, 그것을 이용하면 단위가 다르게 표기된 에너지의 크기를 비교할 수 있습니다. 일반적으로 에너지의 크기는 에너지에 따라 관습적으로 사용하는 단위가 정해져 있습니다. 예를 들어 음식 에너지는 칼로리(cal) 단위를, 전기 에너지는 킬로와트시(kWh) 단위를 사용합니다.

호흡 에너지

숨을 쉴 때도 에너지는 필요합니다. 대기압(P, 일정한 기압)에서 폐의 부피 변화(dV)를 일으키는 데 필요한 에너지가 곧 숨 쉴 때 필요한 에너지입니다. 열역학 용어로 이것을 흔히 **압력-부피 일**(PV work)이라고 합니다. 그것은 에너지의 한 종류이며 atm × L 단위를 갖습니다. 그런데 압력은 단위 면적당 작용하는 힘($P = F/m^2$)이므로, 압력에 부피(m^3)를 곱하면($PV = (F/m^2) \times m^3 = F \times m$), 결국 힘 곱하기 거리가 됩니다. 그것은 물체를 1N의 힘으로 1m 움직이는 데 필요한 에너지와 같은 차원으로, 물체의 운동에 필요한 기계 에너지와 같습니다. 예를 들어 1kg의 물체를 $1m/s^2$의 가속도로 움직일 때 드는 힘($F = kg \times m/s^2$)이 1N이고, 1N의 힘(F)으로 물체를 1m 이동시킬 때 필요한 운동 에너지($F \times m$)는 1J이기 때문입니다. 결국 숨을 쉴 때 필요한 압력-부피 일은

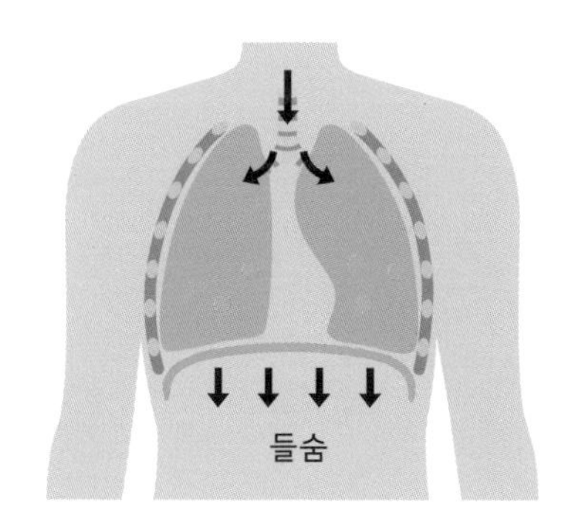

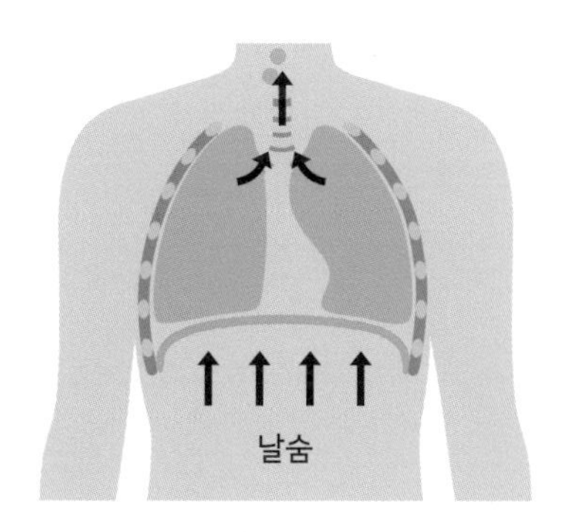

그림 7.9. 성인이 한 번 숨쉴 때, 0.5L 정도의 부피 변화가 발생한다.

물체의 운동 에너지(F × m)와 같은 차원을 갖는 에너지라는 것입니다. 그러므로 숨을 쉴 때 필요한 압력-부피 일은 주울(J)로 나타낼 수 있습니다. 또한 1J은 4.2cal이므로 열량 단위(cal)로 변환할 수 있습니다. 결국 숨을 쉴 때 필요한 기계(운동) 에너지의 크기는 열량을 표시할 때 많이 사용하는 단위인 칼로리로 나타낼 수 있다는 것입니다.

하루 동안 숨쉬기 위해 필요한 에너지를 계산해 보면 다음과 같습니다. 성인이 한 번 숨쉴 때의 부피 변화를 뜻하는 1회 호흡량(tidal volume)은 약 0.5L이며, 대기압은 1atm이므로 압력-부피 일은 1atm × 0.5L가 됩니다. 이것은 숨 쉬는 과정을 일정한 압력에서 부피

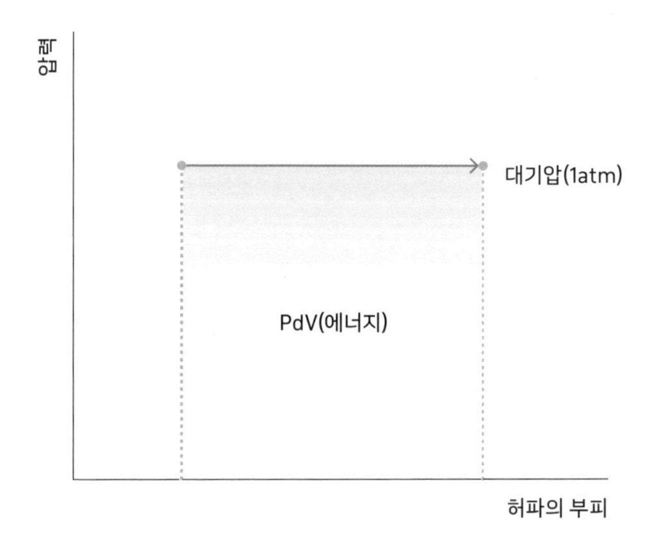

그림 7.10. 호흡 에너지는 일정한 압력(P)에서 허파의 부피 변화(dV)에 필요한 에너지에 비유할 수 있다.

가 변하는 것이라고 단순히 가정해 계산한 결과입니다. 그러나 숨을 유지하는 에너지 이외에도 세포의 대사 작용으로 에너지가 사용됩니다. 실제 자료에 따르면 아무 일도 하지 않고 숨만 쉬어도 하루 권장 열량의 절반 정도가 소비되는 것으로 알려져 있습니다.

$$1.0\text{atm} \times 0.5\text{L} =$$

$$\{1.0\text{atm} \times [\frac{101{,}325\text{Pa}}{1\text{atm}}] \times [\frac{\left(\frac{1\text{J}}{1\text{m}^3}\right)}{1\text{Pa}}]\} \times \{0.5\text{L} \times [\frac{1\text{m}^3}{10^{-3}\text{L}}]\}$$

$$= 50.6625\text{J} \times [\frac{1\text{cal}}{4.184\text{J}}]$$

$$= 12.109\text{cal}$$

$1\text{atm} = 101{,}325\text{Pa};\ 1\text{Pa} = 1\text{J/m}^3;\ 1\text{m}^3 = 10^3\text{L};\ 1\text{cal} = 4.184\text{J}$

$$\frac{12.109\text{cal}}{1\text{회}} \times [\frac{28{,}800\text{회}}{\text{하루}}] \times [\frac{1\text{kcal}}{1{,}000\text{cal}}] = 348.7\text{kal/하루}$$

성인 호흡수: 분당 16~20회

하루: 1,440분

하루 호흡수: 23,040~28,800회(예: 16회/분 × 1,440분 = 23,040회)

그러므로 성인이 하루 동안 호흡에 사용하는 에너지는 약 278~348kcal입니다. 성인의 1일 권장 열량이 약 2,500kcal라고 한다면, 숨을 쉬는 데 사용되는 에너지는 그중에서 약 11~14%가 됩니다.

전기 에너지와 하루 열량

와트(watt, W)로 표기되는 일률(power)은 단위 시간 동안 사용할 수 있는 에너지를 나타내는 물리량으로, 단위는 J/sec입니다. 그러므로 와트(W)와 시간(1hour)을 곱한 물리량, 와트시(Wh)는 에너지 단위인 주울(J)과 같은 차원입니다. 일률을 나타낼 때 사용되는 또 하나의 단위, 마력(horse power)은 말이 75kg의 물체를 1초에 1m만큼 수직으로 들어올리는 일률이며, 그것은 약 746W입니다. 그러므로 말이 일을 할 때 필요한 에너지는 일률에 일한 시간(sec)을 곱해야 합니다. 아무리 힘이 센 말이라고 해도 움직이지 않았다면(t = 0), 말이 사용한 에너지는 0입니다.

가정에서 사용하는 전기 에너지의 단위는 킬로와트시(kWh)입니다. 우리나라는 에너지를 많이 사용할수록 더 비싼 요금을 지불하는 전기 요금 체계를 사용합니다. 가정용 전기 사용료의 기본 요금은 100kWh마다 구분되고, 사용한 양에 따라 기본 요금이 증가합니다. 즉 전기 사용료는 kWh의 크기로 구간을 정하고, 전기 사용량이 한 구간에서 다른 구간으로 증가하면 기본 요금도 달라지는 식입니다. 그런데 2018년 기준으로 서울의 가구당 한달 평균 전기 에너지 사용량은 약 200kWh이며, 요금은 2만 원 정도입니다. 성인의 1일 권장 에너지 섭취량 2,500kcal를 전기 요금으로 계산해 보면 약 290.5원이고, 그것을 한 달 전기 요금으로 환산하면 8,715원 정도입니다. 이런 계산은 다소 엉뚱해서 크게 의미를 두기는 힘들지만, 에너지 단위의 상호 변환과 계산이 어렵지 않다는 것, 한 에너지에서 다른 에너지로 변환이 가능하다는 사실을 알려 주는 하나의 예입니다. 다음은 성인의 하루 에너지 사용량(2,500kcal)을 전기 요금으로 계산하는 것으로 단위(kcal/하루)을 다른 단위(원/하루, 혹은 원/달)로 변환하는 과정입니다.

$$2{,}500\text{kal/하루} \times [\frac{1{,}000\text{cal}}{1\text{kcal}}] \times [\frac{4.184\text{J}}{1\text{cal}}] \times [\frac{1\text{Wh}}{3{,}600\text{J}}] \times$$

$$[\frac{1\text{kWh}}{1{,}000\text{Wh}}] \times [\frac{20{,}000\text{원}}{200\text{kWh}}] = 290.5\text{원/하루}$$

$$290.5\text{원/하루} \times [\frac{30\text{일}}{1\text{달}}] = 8{,}715\text{원/달}$$

대괄호의 값은 모두 분모 분자가 같은 양(예: 1,000cal = 1kcal)이므로 그 값은 1입니다. 계산 과정에서 많은 종류의 1을 곱한 것이며, 어떤 양에 1을 곱하면 그 양은 변화가 없다는 원리를 적용했습니다. 즉 이 계산은 처음 단위(kcal/하루, 하루 에너지 사용량)를 최종적으로 원하는 단위(원/달, 한 달 전기 요금)로 변경하기 위해 여러 종류의 1을 곱한 것뿐입니다.

빛 에너지

모든 생명에게 제일 중요한 에너지는 빛이라고 할 수 있습니다. 식물은 빛을 이용하고 이산화탄소와 물만으로 탄수화물(포도당)과 산소를 합성해, 자신은 물론 동물, 심지어 미생물에게도 먹거리를 나누어 줍니다. 광합성을 위해서는 빛 에너지가 꼭 필요합니다. 식물이 만들어 내는 화학 물질은 종류가 매우 다양합니다. 탄수화물 이외에도 약은 물론 독이 되는 분자도 있으며, 다양한 색소 또한 식물에서 모두 얻을 수 있습니다. 물질의 색은 그 물질이 흡수하는 특정 파장 혹은 일정한 범위의 파장을 제외하고 남은 파장들이 만들어 낸 혼합된 색입니다.

빛 에너지의 크기는 파장에 반비례합니다. 즉 파장이 짧으면 에너지는 크고, 파장이 길면 에너지는 작습니다. 그것을 식으로 나타내면 $E = h\nu = \frac{hc}{\lambda}$이며, h는 플랑크 상수($6.626 \times 10^{-34} J \times sec$), ν는 주파수(sec^{-1}), c는 빛의 속도($3.0 \times 10^{8} m/sec$), λ는 파장(m)입니다.

예를 들어 나뭇잎의 초록색은 약 550×10^{-9}m(550nm) 범위의 파장들의 색입니다. 즉 초록색을 띠는 빛의 파장의 세기는 약 550nm에서 최대이며, 그 파장을 중심으로 그것보다 세기가 약한 일정한 범위의 파장들이 혼합된 것입니다. 그러므로 나뭇잎이 초록색으로 보이는 이유는 클로로필이라 불리는 색소 분자가 초록색에 해당되는 파장 범위를 제외한 나머지 파장들을 흡수하기 때문입니다. (그림 7.11) 즉 초록색은 나뭇잎이 다 흡수하지 못한 빛(파장)의 혼합으로 만들어진 색인 것입니다. 다양한 종류의 빛 에너지(파장)는 화학 물질의 분석에도 이용됩니다. 분석 대상을 자극하는 수단으로 빛 에너지를 사용하거나, 분석물이 (열에너지, 화학 에너지 같은) 다른 에너지에 자극을 받아서 방출

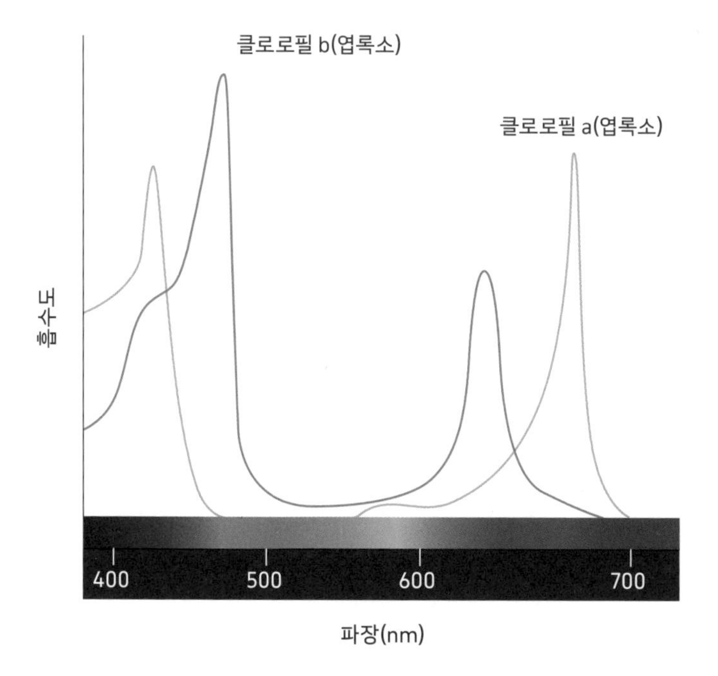

그림 7.11. 클로로필 a(청색)와 클로로필 b(적색)의 흡수 스펙트럼과 파장의 색.
나뭇잎의 초록색은 엽록소가 초록색 파장을 흡수하지 못하기 때문이다.

하는 빛 에너지와 성분(파장 종류 및 세기)을 측정해 분석물의 특성을 파악하기도 합니다. 그것을 **분광 분석**(spectroscopic analysis)이라고 합니다.

전자의 에너지와 파장

전자는 입자와 파동의 성질을 동시에 갖고 있습니다. 전자 1개의 에너지는 1eV이며, 그것을 파장으로 변환하는 계산 과정은 다음과 같습니다. 전자의 에너지, 파장과 에너지의 상관 관계($E = \frac{hc}{\lambda}$)를 이용하고 플랑크 상수 및 빛의 속도 상수들로 계산하면 1eV의 에너지는 1,242nm 파장이 갖는 빛 에너지와 같다는 것을 알 수 있습니다.

$$\frac{hc}{\lambda} = E$$

$$\frac{6.626 \times 10^{-34}(J \times sec) \times 3.0 \times 10^{8} m/sec}{\lambda(m)} = 1.60 \times 10^{-19} eV$$

$$6.626 \times 10^{-34}(J \times sec) \times 3.0 \times 10^{8} m/sec = 1.60 \times 10^{-19} eV \times \lambda(m)$$

$$eV \times \lambda(m) = \frac{6.626 \times 10^{-34}(J \times sec) \times 3.0 \times 10^{8} m/sec}{1.60 \times 10^{-19}} = 1.242 \times 10^{-6}$$

$$eV \times \lambda(m) = 1.242 \times 10^{-6}$$

$$eV \times \lambda(m) \times [\frac{10^{9} nm}{1m}] = 1.242 \times 10^{-6}$$

$$\Rightarrow eV \times \lambda(nm) = 1{,}242 \text{ (혹은 } E(eV) \times \lambda nm = 1{,}242)$$

즉 파장(λ(nm))과 전자 에너지(eV)를 곱한 값은 1,242입니다. 따라서 이 식은 파장을 전자 에너지로, 혹은 전자 에너지를 파장으로 환산할 때 편리합니다. 이 식을 이용하면 초록색 파장(550nm)은 약 2.26eV의 에너지에 해당합니다. 빛을 전기 에너지로 변환할 때 필요한 반도

표 7.3. 빛 에너지(eV)와 파장(λ(nm))의 상호 변환.

E(eV) × λ(nm) = 1,242					
eV	1.0	2.0	3.0	4.0	5.0
λ(nm)	1,242	621	414	310.5	248.4

체에서 반도체의 띠 간격 에너지와 일치하는 파장은 이 식으로 쉽게 구할 수 있습니다.

띠 간격(band gap)이란 반도체에서 반도체의 결합 전자들이 형성하는 **원자가 띠**(valence band) 에너지와 빛 에너지 등 각종 에너지를 받아서 탈출한 결합 전자들이 이루는 **전도띠**(conduction band)의 에너지 차이에 해당되는 간격을 말합니다. 즉 반도체가 전기 전도성을 나타내려면 원자가 띠에서 전도띠로 탈출하는 전자들이 반드시 있어야 합니다. 반도체에서 띠 간격의 크기(그것과 일치하는 에너지(파장))는 반도체의 특징을 결정하는 중요한 물리량의 하나입니다.

띠 간격 에너지에 맞는 파장의 빛을 반도체에 쪼이면 전자가 원자가 띠에서 전도띠로 이동하기 때문에 반도체는 전도성을 띱니다. 따라서 반도체의 띠 간격과 일치하는 빛의 파장을 아는 것은 중요한 일입니다. 예를 들어 반도체 물질인 텔루륨화 아연(ZnTe)의 띠 간격은 약 2.26eV입니다. 그것은 549.55nm 파장에 감응하는 반도체이며, 이

식을 이용하면 띠 간격 에너지와 일치하는 에너지의 파장을 계산할 수 있습니다.

$$1{,}242 = 2.26\text{eV} \times x\,\text{nm},\ x = 549.55\text{nm}$$

상변화에 필요한 에너지

에너지를 강의할 때 저는 가끔 학생들에게 "왜 아이스커피는 뜨거운 커피보다 비쌀까?"라는 질문을 던지곤 합니다. (MZ 세대 학생이라면 그것들의 줄임말인 "아아"와 "뜨아"가 더 익숙할지도 모르겠습니다.) 아이스커피에 에스프레소 샷을 더 넣기 때문이라는 대답도 있었습니다. 제 질문의 의도는 얼음을 만들 때의 필요한 에너지와 물을 끓일 때의 에너지를 비교하는 것을 생각해 보자는 것이었습니다. 어떤 과정에서 더 많은 에너지를 필요한가를 계산하기 전에 학생들의 관심을 끌기 위한 질문입니다.

커피 컵에 담는 물의 부피를 약 250mL라 하고, 물의 온도를 25℃에서 100℃까지 끓일 때 필요한 에너지와 25℃ 물을 0℃ 얼음으로 만드는 데 필요한 에너지를 비교해 봅시다. 앞서 설명한 것처럼 물은 비열(4.184J/g ℃ = 1cal/g ℃)이 큰 물질입니다. 물의 밀도를 약 1.0g/cm^{3}으로 잡으면 250mL는 250g입니다. 그러므로 물을 끓이는 데 필요한 에너지는 약 78,450J입니다. 계가 에너지를 받는 흡열 반응이므로 열에너지(엔탈피)의 부호는 플러스입니다.

물을 끓이는 데 필요한 에너지

$mc\Delta T = 250g \times 4.184J/g℃ \times (100 - 25)℃ = 78,450J$

한편 물로 얼음을 만들 때는 1차로 물을 25℃에서 0℃로 낮추는 데 필요한 에너지와 2차로 0℃ 물을 0℃ 얼음으로 상변화할 때 필요한 에너지의 합이 될 것입니다. 그때는 계가 에너지를 잃으므로 발열 반응이고, 마이너스 기호가 붙어야 합니다. 그러므로 물을 얼음으로 만들 때 필요한 에너지의 크기는 약 109,650J입니다.

물을 얼음으로 만드는 데 필요한 에너지

물 250g을 25℃에서 0℃로 낮출 때 에너지:

$$250g \times 4.184J/g℃ \times (0 - 25)℃ = -26,150J$$

0℃ 물을 얼음으로 상변화시킬 때 필요한 에너지:

$$334J/g \times 250g = -83,500J$$

총 에너지: $-109,650J$

물을 끓이는 데 드는 에너지를 전력 요금으로 계산한 결과

$$78,450J \times [\frac{1Wh}{3,600J}] \times [\frac{1kWh}{1,000Wh}] \times [\frac{20,000원}{200kWh}] = 2.18원$$

얼음을 만드는 데 드는 에너지를 전력 요금으로 계산한 결과

$$109{,}650\text{J} \times [\frac{1\text{Wh}}{3{,}600\text{J}}] \times [\frac{1\text{kWh}}{1{,}000\text{Wh}}] \times [\frac{20{,}000\text{원}}{200\text{kWh}}] = 3.05\text{원}$$

두 종류의 에너지를 효율을 생각하지 않고 단순히 각각 가정용 전력 요금으로 계산해 보면 별 차이가 없음이 확인됩니다. 그러나 얼음 보관에 필요한 에너지 비용을 생각하면 요금의 차이는 더 날 수 있을 것이라 예상할 수 있습니다.

열에너지 전달과 냉동 고기 녹이기

마이크로오븐이 없을 때 냉동실에서 꺼낸 고깃덩어리를 빨리 녹이려면 어떻게 해야 할까요? 고기를 철 프라이팬 또는 가능한 한 넓은 면적의 금속 냄비와 접촉시켜 두면 됩니다. 냉동된 고기가 금속 그릇과 접촉된 부분이 공기와 접촉된 부분보다 훨씬 빨리 녹는 모습을 볼 수 있습니다. 그것은 열에너지의 전달 속도에서 차이가 나기 때문입니다.

공기에 포함된 에너지가 고기에 직접 전달되는 경우와 철 프라이팬에 전달된 다음 고기에 전달되는 경우로 구분해서 생각해 볼 수 있습니다. 공기의 에너지로 고기와 철 프라이팬의 온도는 증가할 것입니다. 그런데 철의 비열(0.449J/g ℃)과 고기의 비열(냉동 고기: 2.01J/g ℃,

표 7.4. 각종 물질의 비열 크기.

물질	공기	철	고기(냉동)	고기(냉장)	물	얼음
비열 (J/g°C)	1.005	0.449	2.01	2.85	4.184	2.04

냉장 고기: 2.85J/g ℃)을 비교해 보면 고기의 비열이 5배에서 6배 정도 큽니다. 그러므로 같은 양의 공기 에너지가 각각 철과 공기로 전달된다면 철의 온도가 고기의 온도보다 많이 올라갈 것이고, 그런 이유로 철과 고기 사이의 온도 차이는 공기와 고기 사이의 온도 차이보다 훨씬 큽니다. 에너지 차이가 커서 열 전달 속도가 높아지므로 빨리 녹게 됩니다.

예를 들어 냉동 고기 100g의 온도를 1℃ 올리는 데 필요한 열에너지는 약 201J입니다. 그것과 같은 크기의 열에너지가 철판으로 전달되었다면 철판의 온도는 약 4.48℃ 증가합니다. 더구나 냉동 고기와 함께 있는 물의 비열(4.184J/g ℃)과 녹음열(0℃에서 334J/g)까지 생각한다면 공기의 열에너지로 변화되는 철판과 고기의 온도 차이는 더 벌어질 것입니다.

깁스 자유 에너지와 전기 에너지

계의 자유 에너지는 계가 주위에 할 수 있는 일을 말합니다. 앞서 설명한 것처럼 자발적으로 진행되는 화학 반응에서 깁스 자유 에너지(ΔG)는 마이너스입니다. 전지 내부에서 진행되는 화학 반응도 자발적으로 진행되는 화학 반응에 대한 하나의 예입니다. 용기에 담긴 화학 물질이 한쪽 전극에서는 산화 반응, 다른 쪽 전극에서 환원 반응이 진행되면 화학 에너지가 전기 에너지로 변환됩니다. 전지를 연결한 기기의 스위치를 켜면, 마치 물이 높은 곳에서 낮은 곳으로 흐르는 것처럼 자발적 산화 환원 반응이 진행되어 전기 에너지가 발생하는 것입니다. 계의 깁스 자유 에너지 변화가 − 값이라는 것은 주위에 일을 할 수 있는 능력이 있다는 의미입니다. 따라서 전지 내 화학 반응계에서 발생하는 에너지는 주위에 일을 할 수 있는 능력이 충분히 있습니다.

전기 에너지와 열역학 함수를 이용해 깁스 자유 에너지(ΔG)와 전지가 하는 일(W_e)을 정리하면 다음과 같습니다. 열역학 함수 조건에서 일정한 압력(일정하다는 것은 변화가 없는 것이므로 $dP = 0$)에서 엔탈피와 내부 에너지의 관계는 $dH = dE + PdV$입니다. 열역학 함수, $H = E + PV$를 미분하면 $dH = dE + PdV + VdP$이고, 일정한 압력 조건이므로 $dH = dE + PdV$가 됩니다. 한편 「열역학 함수의 기억법」 절에서 설명했던 도표(그림 7.7)를 참고하면 자연 변수의 변화에 따른 엔탈피는 $dH = VdP + TdS$입니다. 이 식은 일정한 압력 조건에서

$dH = TdS$가 됩니다. 이제 두 식($dH = dE + PdV$, $dH = TdS$)을 결합하면 $TdS = dE + PdV$, 혹은 $dE = TdS - PdV$가 됩니다. 도표를 활용하면 이 식도 금세 알아낼 수 있습니다.

함수식 $TdS = dE + PdV$에서 계의 열에너지(dH)는 계의 내부 에너지(dE)와 계가 주위로부터 받은 일(PdV)입니다. 계로 에너지가 들어온 경우는 $+PdV$이며, 계가 주위에게 일을 하는 경우는 $-PdV$입니다. 또한 $dE = TdS - PdV$는 곧 열역학 제1법칙을 나타낼 때 흔히 사용하는 식($dE = q - PdV$)과 같다는 것을 알 수 있습니다. 왜냐하면 내부 에너지 변화(dE)는 계가 흡수한 열(q)에서 계가 주위에 한 일($-PdV$)의 차이이기 때문입니다. 몸을 하나의 계라고 보면 음식을 통해서 들어온 열량(q, 에너지)보다 생활에 사용된 에너지($-PdV$)가 많다면 계의 내부 에너지(dE)는 마이너스가 될 것입니다. 즉 그것은 에너지를 담고 있는 물질의 질량(체중)이 줄어드는 것입니다.

만약 계(전지)가 외부에 할 수 있는 일이 압력-부피 에너지(PdV)와 전기 에너지(W_e)로 구성이 되어 있다면 그 일은 $-PdV - W_e$로 나타낼 수 있습니다. 그런 경우에 전지 내부 에너지는 $dE = dH - PdV - W_e$가 될 것입니다. 지금까지 설명한 내용을 식으로 정리하면 다음과 같습니다.

$$G = H - TS \rightarrow \text{미분} \Rightarrow dG = dH - TdS - SdT$$

$$H = E + PV \rightarrow \text{미분} \Rightarrow dH = dE + PdV + VdP$$

$$dG = dH - TdS - SdT = [dE + PdV + VdP] - TdS - SdT$$

$$= dE + PdV + VdP - TdS - SdT$$

($dE = TdS - PdV$, 전기 에너지가 포함된 dE는 $dE = TdS - PdV - W_e$)

$$= [TdS - PdV - W_e] + PdV + V\cancel{dP}^{0} - TdS - S\cancel{dT}^{0}$$

(일정한 온도 → $SdT = 0$, 일정한 압력 → $VdP = 0$)

$$= - W_e$$

결국 일정한 압력($dP = 0$)과 온도($dT = 0$)에서 전지의 화학 반응에 대한 깁스 자유 에너지는 전지가 주위에 하는 전기적인 일($-W_e$)과 같습니다. 전지는 대부분 압력과 온도가 일정한 조건에서 사용하므로, $dP = 0$와 $dT = 0$ 조건은 타당한 것입니다.

전지 반응에서 발생하는 전자(e^-)의 에너지(W_e)는 두 전극의 전위 차이(전압, $E = E_2 - E_1$)와 전하를 곱한 양이므로 결국 $e^- \times E$입니다. 전자 1mol의 전하량은 패러데이 상수(F)이므로, 그것의 에너지는 FE가 되고, 전자가 nmol이면 그것은 nFE가 됩니다. 결국 전지의 깁스 자유 에너지와 전지의 전압의 관계는 $\Delta G = -nFE$가 됩니다. 자발적인 반응의 ΔG는 마이너스이고, n과 F는 플러스이므로 전지의 전압 E는 플러스입니다. 전지는 화학 에너지를 전기 에너지로 변환하는 도구입니다. 그 전기 에너지의 크기는 화학 반응에서 발생한 전자의 전하량과 두 전극 사이의 전위 차이(전지의 전압)를 곱한 물리적인 양입니다. 화학 반응계가 주위(전기 에너지가 필요한 곳, 예, 휴대 전화)에 일을 할 수 있도록 만든 것이 전지입니다. 전지를 사용할 때 자발적인 산화 환원 반응이 진행되면 계로부터 전기 에너지가 나오며, 그것을 전지가 방전이 된다고 표현합니다. 즉 전지를 사용할 때 사용되는 전기 에너지는 자발적인 화학 반응에서 발생한 것입니다.

깁스 자유 에너지가 전기 에너지로 100% 변환되는 것은 아니며, 그중 일부분은 열에너지로 사용될 것입니다. 왜냐하면 전체 에너지는 일 에너지와 열 손실에 따른 에너지를 합한 것이기 때문입니다. 사실 일부 전지를 제외하고는 오래 사용해도 온도가 별 차이가 없는 것으로 보아 열에너지로 빼앗기는 비율이 높지는 않을 것입니다. 그렇지만 열이 많이 나는 전지에는 열을 분산시키는 기능이 있어야 전지의 안정성을 높일 수 있습니다. 사용 가능한 에너지가 모두 일 에너지로 변환된다면 그때 에너지 효율은 100%이지만, 그런 예는 거의 없다고 보아도 됩니다. 전지 내부(계)의 부피가 변하지 않고($dV = 0$), 일정한 온도라면 깁스 자유 에너지와 헬름홀츠 자유 에너지는 크기가 같은 물리량이 됩니다.

$G = A + PV$

$dG = dA + PdV + VdP$(일정한 부피, $dV = 0$, 일정한 압력(대기압), $dP = 0$)

dG(깁스 자유 에너지) $= dA$(헬름홀츠 자유 에너지)

열에너지와 발전 효율

화력 발전소에서 만든 전기 에너지의 최종 효율은 약 32~33%라고 알려져 있습니다. 발전소에서 1차로 연료를 태워서(연소 반응) 발생하는 열에너지로 물을 끓여 수증기를 만들고, 그 수증기로 발전기의 터빈을 돌리면 열에너지는 기계 에너지로 변환됩니다. 그 에너지로 발전기의 전자석을 회전시켜 전기 에너지를 생산합니다. 처음 화학 에너지에서 마지막 전기 에너지까지 변환되려면 여러 단계를 거치므로 효율이 낮아질 수밖에 없을 것입니다. 아울러 발전소에서 전기가 필요한 곳까지 운반할 때도 손실이 발생합니다.

현재 내연 기관이 낼 수 있는 최대 열효율은 50% 정도이며, 그것은 선박용 디젤 엔진에서 연료를 태워 얻은 열에너지가 기계 에너지로 사용될 때입니다. 동일한 연소 반응이지만 형식이 다른 연료 전지 반응의 최대 효율은 약 83%까지도 가능하다고 알려져 있습니다. 화학 반응을 이용하는 것은 같지만, 변환되는 에너지의 형식에 따라 그 효율이 제각각입니다. 에너지를 얻는 데에는 예외 없이 비용이 들어갑니다. 특히 전기 에너지는 돈이 많이 드는 에너지인 것은 틀림없습니다.

알루미늄 재활용

알루미늄($Al(s)$)을 재활용하지 않고 폐기하면 환경이 오염됩니다. 알루미늄이 산성비에 녹으면 이온($Al^{3+}(aq)$)이 되어 물에 녹습니다. 알츠하이머성 치매 환자의 뇌에 있는 알루미늄 농도가 정상인의 그것보다 높다는 연구 자료도 있습니다. 한편 알루미늄은 생산할 때 에너지가 엄청 많이 들어가는 반면, 재활용할 때 드는 비용은 생산 비용의 단지 몇 %에 불과합니다. 에너지를 사용해서 물질을 생산하는 것 자체가 환경에 부담을 주는 일입니다. 에너지 절약 차원에서 생각해 보면 알루미늄 재활용은 환경의 부담을 줄이는 대단히 좋은 예입니다.

알루미늄 1kg 생산에 필요한 전기 에너지와 재활용할 때 필요한 열 에너지를 비교해 보면 왜 알루미늄 재활용이 반드시 필요한지를 깨닫게 됩니다. 알루미늄 광석을 녹여서 만든 용액에 있는 알루미늄 이온(Al^{3+})은 전극에서 환원 반응($Al^{3+}(aq) + 3e^- \rightarrow Al(s)$)을 거쳐서 알루미늄이 됩니다. 일반적으로 알루미늄 1kg의 생산에 들어가는 전기 에너지는 약 13kWh라고 알려져 있습니다. 전기 분해법으로 알루미늄을 생산할 때 직류 전기(전압: 4.0~6.0V, 전류: 100~300kA)가 필요합니다. 알루미늄 1kg의 생산에 필요한 에너지를 이론적으로 계산하면 약 11.91kWh입니다. 실제 생산 과정에서 에너지가 더 많이 드는 것은 다른 곳(부반응, 열 반응)에 전기 에너지의 일부를 빼앗기기 때문이라고 짐작할 수 있습니다. 앞서 설명했던 가정용 전기 요금을 적용해서 알루미늄 1kg의 생산 비용을 계산해 보면 약 1,200원입니다.

$$1\text{kg Al} \times \left[\frac{1{,}000\text{g}}{1\text{kg}}\right] \times \left[\frac{1\text{mol}}{27\text{g}}\right] = 37.04\text{mol Al}$$

$$37.04\text{mol Al} \times \left[\frac{3\text{mol e}^-}{1\text{mol Al}}\right] = 111.12\text{mol e}^-$$

$$111.12\text{mol e}^- \times \left[\frac{96{,}485\text{C}}{1\text{mol e}^-}\right] = 1.072 \times 10^7\text{C}$$

그림 7.12. 알루미늄의 생산에는 에너지가 많이 든다. 환경과 비용 절감을 위해서 알루미늄은 반드시 재활용되어야 한다.

$$1.072 \times 10^7\text{C} \times 4.0\text{V} = 4.29 \times 10^7\text{J}$$

$$4.29 \times 10^7\text{J} \times [\frac{1\text{Wh}}{3{,}600\text{J}}] \times [\frac{1\text{kWh}}{1{,}000\text{Wh}}] = 11.91\text{kWh}$$

$$(\text{혹은 } 4.29 \times 10^7\text{J} \times [\frac{1\text{kWh}}{3.6 \times 10^6\text{J}}] = 11.91\text{kWh})$$

$$11.91\text{kWh} \times [\frac{20{,}000\text{원}}{200\text{kWh}}] = 1{,}191\text{원}$$

반면 알루미늄(녹는점: 660.3℃, 비열: 0.9℃ J/g ℃) 1kg을 녹여서 다시 활용될 수 있는 알루미늄 덩어리를 만든다면 그때 필요한 열에너지 비용은 약 16원입니다.

$$1\text{kg Al} \times [\frac{1{,}000\text{g}}{1\text{kg}}] \times [0.9℃\ \text{J/g}\ ℃] \times (660.3 - 25)℃ = 5.72 \times 10^5\text{J}$$

$$5.72 \times 10^5\text{J} \times [\frac{1\text{Wh}}{3{,}600\text{J}}] \times [\frac{1\text{kWh}}{1{,}000\text{Wh}}] = 0.16\text{kWh}$$

$$0.16\text{kWh} \times [\frac{20{,}000\text{원}}{200\text{kWh}}] = 16\text{원}$$

전기 에너지, 전압×쿨롱

$$\begin{aligned} J &= W \times \sec \\ &= [V \times I] \times \sec \\ &= V \times [C/\sec] \times \sec \\ &= V \times C \ (= \text{전압} \times \text{쿨롱}) \end{aligned}$$

1mol 전자의 총 전하량

$$\frac{96{,}485\text{C}}{1\text{mol}} = [\frac{1.60 \times 10^{-19}\text{C}}{1\ e^-}] \times [\frac{6.02 \times 10^{23}\ e^-}{1\text{mol}}]$$

$$1 = [\frac{1\text{mol}\ e^-}{96{,}485\text{C}}] = [\frac{96{,}485\text{C}}{1\text{mol}\ e^-}]$$

계산 과정에서 [ ] 안의 값은 분모와 분자의 물리량 혹은 화학량이 같은 1입니다. 만약에 분모와 분자를 서로 맞바꾸어도 그 값은 역시 1입니다. 단위 변환을 위해서 '×1' 계산 방법을 사용한 것이며, 자세한 내용은 9장에서 여러 종류의 예를 들어 설명할 예정입니다.

종류가 다른 에너지의 크기를 서로 비교하려면 비교 대상이 되는 에너지의 단위를 통일해야 합니다. 에너지 단위의 변환은 표 7.5와 같은 변환표를 이용하고, ×1 계산법으로 원하는 단위로 고치면 단위가 다른 에너지의 크기를 하나의 단위로 통일할 수 있습니다. 표에서 첫 번째 가로줄은 1cal가 4.184J, 1.162×10^{-3}Wh, 2.611×10^{19}eV,

표 7.5. 에너지 단위의 변환표. P(압력): atm, V(부피): L, N(힘): kg×m/sec^2, V(전압): voltage, e(전하): coulomb, m(길이): meter, h(시간): hour.

	cal	J	Wh	eV	Nm	PV
1cal	1	4.184	1.162×10^{-3}	2.611×10^{19}	4.184	4.129×10^{-2}
1J	0.239	1	2.778×10^{-4}	6.242×10^{18}	1	9.869×10^{-3}
1Wh	860.421	3,600	1	2.247×10^{22}	3,600	35.529
1eV	3.829×10^{-20}	1.602×10^{-19}	4.451×10^{-23}	1	1.602×10^{-19}	1.581×10^{-21}
1Nm	0.239	1	2.778×10^{-4}	6.241×10^{18}	1	9.869×10^{-3}
1PV	24.217	101.325	2.815×10^{-2}	6.325×10^{20}	101.325	1

4.184Nm, 4.129×10^{-2}PV와 동등함을 나타낸 것이며, 마찬가지로 두 번째 가로줄은 1J이 0.239cal, 2.778×10^{-4}Wh, 6.242×10^{18}eV, 1Nm, 9.869×10^{-3}PV와 동등하다는 것을 의미합니다. 예를 들어 성인의 1일 권장 열량인 2,500kcal는 다음과 같이 계산하면 2,905Wh(2.905kWh)와 같다는 것을 알 수 있습니다. 그것을 전기 요금으로 환산하면 290.5원이라는 것을 재확인할 수 있습니다.

$$2{,}500\text{kcal} \times [\frac{1{,}000\text{cal}}{1\text{kcal}}] \times [\frac{1.162 \times 10^{-3}\text{Wh}}{1\text{cal}}] = 2{,}905\text{Wh}$$

$$2{,}905\text{Wh} \times [\frac{1\text{kWh}}{1{,}000\text{Wh}}] = 2.905\text{kWh}$$

$$2{,}905\text{kWh} \times [\frac{20{,}000\text{원}}{200\text{kWh}}] = 290.5\text{원}$$

No
3

8장 반응 속도

8장에서는 화학 반응 속도의 종류와 의미에 대해서 설명합니다. 화학 반응의 속도를 이해하는 것은 화학 물질의 특성을 이해하는 하나의 방법입니다. 또한 화학 반응의 경제적 가치를 높이려면 에너지를 적게 사용하면서 반응은 빨리 진행시키는 것이 필요합니다. 8장은 화학 물질의 온도와 압력은 물론, 촉매의 역할과 그것들이 반응 속도에 미치는 영향에 대해서 설명과 계산을 포함하고 있습니다.

반응 속도의 의미

반응 속도(reaction rate)란 화학 반응이 진행될 때 반응물이 사라지거나 또는 생성물이 만들어지는 속도를 말합니다. 속도는 일정 시간 동안 변화된 물리량을 시간으로 나눈 값으로, 숫자로 나타냅니다. 예를 들어 자동차가 이동한 거리를 운행한 시간으로 나누면 자동차의 평균 속도를 알 수 있습니다. 이처럼 화학 반응에서 일정한 시간 동안 변화된 반응물(R) 혹은 생성물(P)의 양을 측정한다면 평균 속도를 계산할 수 있습니다. 화학 물질은 주로 반응 용기에 담겨 있으므로 반응물의 몰 농도([R])와 생성물의 몰 농도([P])를 시간에 따라 측정한다면 특정 시각에서 반응 속도와 평균 반응 속도를 계산할 수 있습니다.

$$\text{반응 속도} = (-)\frac{([R]_{\text{최종}} - [R]_{\text{처음}})}{t_{\text{최종}} - t_{\text{처음}}} = (+)\frac{([P]_{\text{최종}} - [P]_{\text{처음}})}{t_{\text{최종}} - t_{\text{처음}}}$$

$[R]_{\text{최종}}$: 반응물의 최종 농도, $[R]_{\text{처음}}$: 반응물의 처음 농도

$[P]_{\text{최종}}$: 생성물의 최종 농도, $[P]_{\text{처음}}$: 생성물의 처음 농도

$t_{\text{최종}}$: 반응이 끝난 시각, $t_{\text{처음}}$: 반응이 시작된 시각

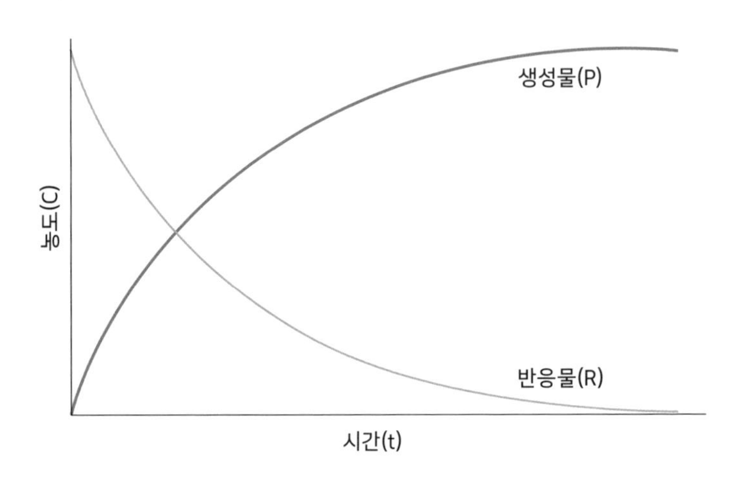

그림 8.1. 시간에 따른 반응물과 생성물의 농도 변화.

반응 속도를 반응물의 농도 변화로 나타낼 때 마이너스 기호가 붙는 이유는 반응물의 최종 농도가 처음 농도보다 작아서 분자가 항상 음수가 되기 때문입니다. 그런데 반응 속도는 항상 양수이므로, 마이너스 기호를 붙여 주어야 물리적으로 의미가 맞습니다. 생성물의 경우에는 최종 농도가 처음 농도보다 항상 크므로 문제가 없습니다.

평형 상수와 반응 속도 상수

일정한 온도에서 화학 반응이 진행되고 시간이 흐른 후 정반응과 역반응의 속도가 같아졌을 때, 우리는 그 계가 평형에 이르렀다고 합니다. 따라서 평형을 이루고 있을 때 반응물과 생성물의 관계를 나타내는 **평형 상수**(equilibrium constant, K)는 정반응 속도 상수($k_{정반응}$)와 역반응 속도 상수($k_{역반응}$)의 비율로 표시할 수 있습니다. 화학에서 평형 상수는 일반적으로 영어 대문자 K, 반응 속도 상수는 소문자 k로 나타냅니다.

반응 A → B

정반응 속도 $= k_{정반응}[A]$, 역반응 속도 $= k_{역반응}[B]$

평형에서

$$k_{정반응}[A] = k_{역반응}[B] \Rightarrow \frac{[B]}{[A]} = \frac{k_{정반응}}{k_{역반응}}$$

평형 상수

$$K(T) = \frac{k_{정반응}}{k_{역반응}} \text{ 혹은 } K(T) = \frac{[B]}{[A]}$$

평형 상태의 계는 겉으로는 아무 일도 없는 듯 보여도 실제로는 반응물은 생성물로, 생성물은 반응물로 끊임없이 변하고 있습니다. 즉 **동적 평형** 상태입니다. 계가 평형에 이르렀을 때 반응물과 생성물의 농도를 **평형 농도**라 하며, 평형 농도의 비는 곧 평형 상수와 같습니다. 화학 반응에 참여하는 반응물과 생성물은 여러 종류가 될 수 있습니다. 그때 생성물의 농도를 반응물의 농도로 나눈 것 역시 평형 상수입니다. 여러 종류의 반응물과 생성물이 있다면 그것들의 농도 곱이 이용됩니다. 한편 평형 상수는 단위가 없습니다. 반응물과 생성물의 평형 농도를 각각의 표준 농도(액체는 1.0M, 기체는 1.0atm)로 나눈 값이 평형 상수 계산에 이용되기 때문입니다.

다양한 화학 반응처럼 평형 상수 역시 종류가 많은데, 반응의 이름으로 부르기도 합니다. 예를 들어 가수 분해 상수, 산 염기 해리 상수, 용해도곱 상수, 화합물 형성 상수 등이 모두 평형 상수입니다. 따라서 평형 상수의 이름으로 반응의 종류를 알 수 있습니다.

화학 반응이 용액에서 진행되는 경우 평형 상수를 K_c로, 기체에서 진행되는 경우 K_p로 나타냅니다. 용액에서는 반응물과 생성물의 **농도비**(concentration ratio)가, 기체는 반응물과 생성물의 부분 **압력비**(pressure ratio)가 사용됩니다. 평형 상수를 계산할 때 화학 물질의 상태를 반영하기 때문입니다. 아래 첨자 c는 농도, p는 압력을 의미합니다. 표준 상태의 농도는 1mol/L이며, 압력은 1bar(바)입니다. (1bar = 10^5파스칼(Pa), 1atm = 1.01325bar, 1bar = 0.986923atm)

반응 A+B → C+D

용액일 때 평형에 있는 화학 물질들의 농도비($\frac{[mol/L]}{[1mol/L(표준 상태)]}$)

$$평형\ 상수\ K_c = \frac{[C][D]}{[A][B]}$$

기체일 때 평형에 있는 화학 물질들의 압력비($\frac{[기체\ 압력\ atm]}{[1atm]}$)

$$평형\ 상수\ K_P = \frac{P_C P_D}{P_A P_B}$$

용액의 평형 상수와 기체의 평형 상수의 관계

$$K_P = K_c \times (RT)^{\Delta n}$$

Δn: 생성물과 반응물(기체)의 mol 변화

R: 이상 기체 상수, T: 온도(K)

반응 속도와 반응 속도 상수

전체 반응 시간 동안 변화된 생성물 혹은 반응물의 농도를 반응 시

간으로 나눈 것이 **평균 반응 속도**입니다. 반응물의 농도는 반응이 막 시작될 때 최대이며, 시간이 흐를수록 처음보다 감소하고 대신 생성물의 농도가 증가할 것입니다. 반응 시간이 길어지면 반응물의 농도와 분자들의 충돌 횟수가 줄어들면서 반응 속도 역시 감소할 것입니다. 반응물의 양이 줄어들 것이므로 굳이 계산하지 않아도 반응 속도가 시간이 흐르면서 감소하리라 예상할 수 있습니다. 그러므로 초기

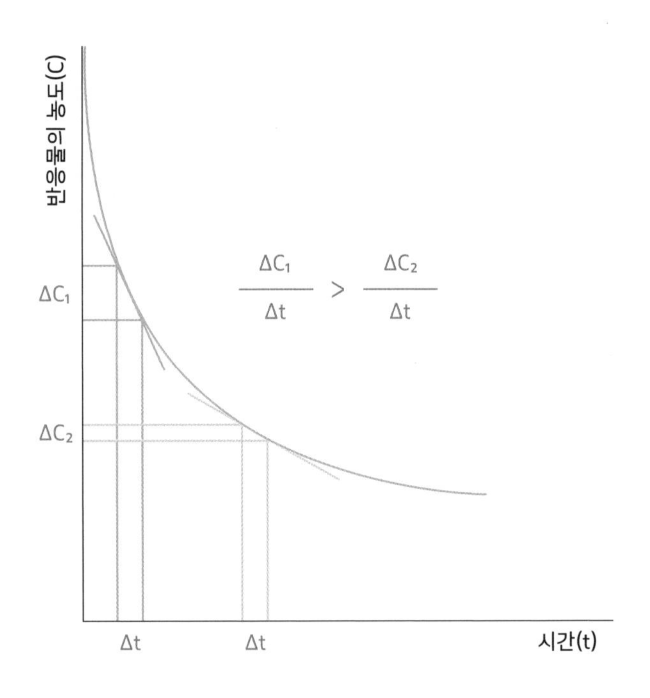

그림 8.2. 시간에 따른 반응 속도의 변화.

반응 속도는 늘 평균 반응 속도보다 큽니다. 만약 반응 속도를 반응물 농도 혹은 반응물 농도를 곱한 양으로 나눈다면 일정한 값이 되며, 그것이 곧 반응 속도 상수입니다. 하나의 화학 반응에 대한 반응 속도 상수는 1개지만 반응 속도는 측정하는 순간마다 다를 수 있습니다. 초기 반응 속도가 가장 크고, 시간이 흐를수록 반응 속도의 크기는 줄어듭니다.

반응 속도와 속도 상수는 반응물의 농도와 직접적인 관련이 있습니다. 반응 속도는 반응물의 농도에 비례하며, 비례 상수인 반응 속도 상수를 이용해 표현할 수 있습니다. 일반적으로 반응물 A와 B가 반응할 때 반응 속도는 비례 상수(k, 반응 속도 상수)와 반응물의 농도([A], [B])의 곱으로 나타냅니다.

$$\text{반응 속도} = k[A]^m[B]^n$$

여기서 m, n은 완결된 화학 반응식의 분자식 앞에 있는 반응 계수(화학 물질의 양(mol)을 나타낸 수))와 다른 종류이며, 흔히 반응 차수라고 부릅니다. 반응 차수는 반드시 정수일 필요는 없습니다. 앞의 식에서 만약 m이 0이라면 반응 속도는 반응물 A의 농도에 전혀 영향을 받지 않는다는 의미입니다. 그것을 0차 반응이라고 합니다. 반응 차수가 1이라면 1차 반응으로 반응 속도가 반응물의 농도에 직선으로 비례하며, 반응 차수가 2라면 2차 반응으로 반응 속도는 반응물 농도의 제곱에 비례함을 말합니다. 반응 차수는 전체 반응에서 반응물의 의존 정도를 알려 주는 지표입니다. 이것을 이용하면 반응 속도 및 반감기와 같은 세부 내용을 파악할 수 있습니다.

화학 물질의 특성과 반응 속도

화학 반응 속도는 기본적으로 화학 물질의 속성 및 그것의 물리적 상(기체, 액체, 고체)에 따라 차이가 납니다. 예를 들어 물과 소듐 금속($Na(s)$)의 반응성은 물과 철($Fe(s)$)의 반응성보다 엄청나게 큽니다. 그러므로 소듐의 반응 속도는 철의 반응 속도보다 매우 크며, 형성되는 생성물의 특징도 다릅니다. 그에 비해 금, 백금과 같은 귀금속이 물과 반응하는 속도는 거의 0에 가깝습니다. 기체 반응은 주로 기체 분자들의 충돌로 진행됩니다.

또한 고체인 탄산 칼슘($CaCO_3(s)$)을 액체인 산성 용액에 넣으면 화학 반응이 진행되어 이산화탄소 기체($CO_2(g)$)가 발생합니다. 서로 다른 상의 화학 물질이 접촉해도 반응이 진행될 수 있다는 것입니다. 물론 같은 상에 있는 화학 물질이 반응해 같은 상 혹은 다른 상의 물질이 형성되기도 합니다. 반응물들이 접촉한 후에 화학 반응이 시작되며, 그때부터 반응물이 사라지는 혹은 생성물이 만들어지는 정도를 나타낸 것이 반응 속도입니다. 고체가 기체로 변하는 반응 속도는 거의 한순간에 진행될 정도로 매우 빠른 경우가 대부분입니다. 예를 들어 자동차가 충돌했을 때 터지는 에어백에 포함된 아자이드화 소듐

($NaN_3(s)$)이 질소 기체($N_2(g)$)로 변하는 반응 속도는 무척 빠릅니다.

공기 중 78%를 차지하는 질소($N_2(g)$)는 대부분의 화학 물질과 반응을 하지 않습니다. 즉 반응 속도가 거의 0이라고 볼 수 있습니다. 반면 21%를 차지하는 산소($O_2(g)$)는 많은 화학 물질과 쉽게 반응하며 속도도 대체로 빠릅니다. 산소는 다른 물질과 반응해 자신은 환원되고, 다른 물질을 산화시키는 대표적인 산화제입니다. 물 혹은 산소와 즉시 반응하는 화학 물질을 분석하거나 혹은 물과 산소에 매우 민감한 반응물을 이용해서 합성 혹은 분석을 하려면 물과 산소가 없는 환경

그림 8.3. 비활성 환경 상자. 수분과 산소에 예민하게 반응하는 화학 물질을 보관, 취급, 실험하는 상자로, 내부는 비활성 기체로 채워져 있다.

이어야 합니다. 실험실에서는 주로 비활성 환경 상자(glove box)를 이용합니다. (그림 8.3) 질소($N_2(g)$)와 아르곤($Ar(g)$) 기체로 채워진 비활성 환경 상자는 민감한 화학 물질을 보관하고, 물과 수분에 민감한 반응의 분석과 합성 실험에 이용됩니다.

같은 화학 물질이라도 반응 조건에 따라 반응 속도는 달라집니다. 한 예로 과산화수소($H_2O_2(l)$)를 몸에 난 상처에 떨어뜨리면 산소($O_2(g)$)가 눈에 보일 정도로 급격하게 발생하는 모습을 직접 눈으로 확인할 수 있습니다. (그림 8.4) 그러나 상처가 없는 피부 혹은 깨끗한 유리 위에 떨어뜨리면 아무 일도 일어나지 않습니다. 상처 부위에 있는 효소(촉매)가 과산화수소를 엄청나게 빠른 속도로 분해하기 때문에 바르는 순간 생성물인 산소가 발생하는 것입니다. 빛 에너지는 과산화수소

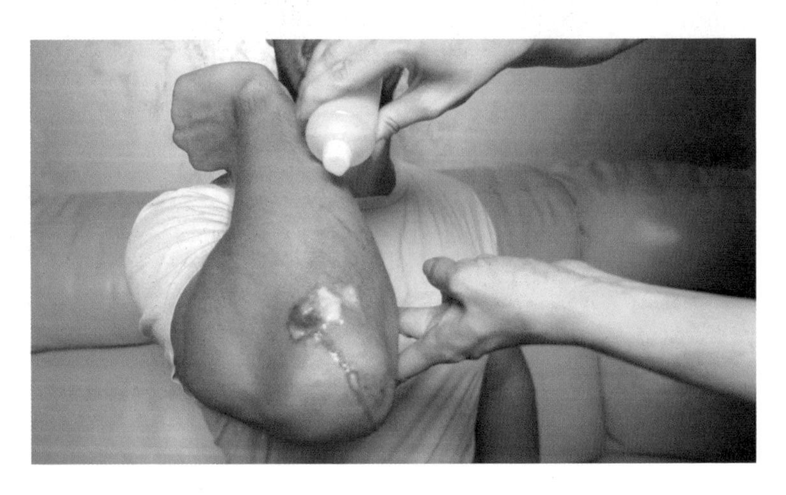

그림 8.4. 상처의 소독. 과산화수소에서 산소를 발생시켜 병원균을 사멸시킨다.

분해를 촉진하기 때문에, 깨끗한 유리라도 빛이 비춰지고 있다면 반응 속도는 분명히 빨라질 것입니다.

반응 속도와 온도

화학 반응에서 온도의 영향은 매우 큽니다. 특히 기체는 온도가 높을수록 반응하기에 충분한 에너지를 지닌 분자의 비율이 높아져서 화학 반응 속도가 증가합니다. 그 이유는 활발하게 운동하는 기체 분자들은 서로 충돌할 확률이 커지기 때문입니다. 일정한 온도에서 분자량이 작은 기체 분자들은 더 활발하게 움직이며, 그것은 곧 분자의 운동 에너지가 크다는 사실을 의미합니다. 반응 진행에 충분한 에너지를 갖는 분자들의 수가 많을수록 반응은 빠른 속도로 진행될 것입니다. 분자들이 반응을 일으키기 위한 최소 에너지를 **활성화 에너지**(activation energy)라고 합니다. (그림 8.5) 활성화 에너지보다 큰 에너지를 가진 분자의 비율이 높아질수록 반응은 더 빨리 진행됩니다. 기체 상태 방정식($PV = nRT$)을 보면 기체의 에너지(PV)는 온도(T)에 비례함을 알 수 있습니다. (이와 관련된 계산 과정은 9장에 있습니다.)

기체뿐만 아니라 액체와 고체도 낮은 온도에서는 반응성이 떨어집니다. 건전지를 습기가 스며들지 않도록 밀봉해서 냉장고에 보관하는 것도, 장기 보존을 위해 음식을 냉장고보다 냉동고에 보관하는 까닭도 화학 반응의 속도를 줄이기 위한 것입니다.

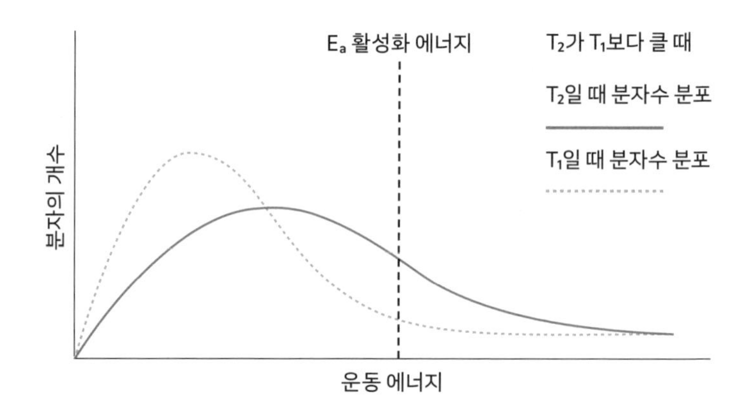

그림 8.5. 분자의 운동 에너지 크기에 따라 변하는 분자 수의 분포도. 온도가 높을수록 활성화 에너지 이상의 에너지를 가진 분자의 수가 늘어난다.

발열 반응과 온도 영향

암모니아 합성은 질소($N_2(g)$)와 수소($H_2(g)$)가 반응해 암모니아($NH_3(g)$) 기체가 만들어지는 대표적 기체 반응의 하나입니다.

$$N_2(g) + 3H_2(g) \rightarrow 2NH_3(g) \qquad \Delta H = -91.8kJ/mol$$

이 반응은 발열 반응이고, 반응물의 압력(1 + 3 = 4)이 생성물의 압력(2)보다 높습니다. 평형에 이른 반응에 자극(온도, 압력, 부피, 분자)을 주면 반응은 그 자극을 완화하는 방향으로 진행된다는 르 샤틀리에의 원리를 따르면, 계의 온도를 낮추어야 암모니아가 합성되는 방향으로 반응이 진행될 것입니다. 그런데 온도를 낮추면 반응 속도가 감소하기 때문에 암모니아 생성 속도가 오히려 떨어집니다. 또한 압력을 높여 주면 르 샤틀리에의 원리에 따라 암모니아가 생성되는 방향으로 반응이 진행될 것입니다. 반응물 기체의 압력이 생성물 기체의 압력보다 크므로, 압력을 높이면 그것을 완화하는 방향(암모니아 형성)으로 반응이 진행될 것이기 때문입니다. 실제로 암모니아는 적절한 온도(400~650℃)와 높은 압력(200~400atm) 조건에서 질소와 수소의 기체 반응으로 생산되고 있습니다.

반응 속도의 조절

7장에서 설명했던, 겨울철 손난로에서 일어나는 발열 화학 반응을 더 자세히 살펴봅시다. (그림 8.6) 손난로 내부의 부직포에는 철 분말, 고분자 물질, 활성탄(activated charcoal, 숯), 소금 등이 포함되어 있습니다. 부직포의 겉면 테이프를 떼어 내면 내부에서 화학 반응이 진행됩니다. 이때 진행되는 반응은 철과 산소가 반응해 산화철(FeO 혹은 Fe_2O_3)이 되는 것입니다. 손난로는 최고로 높은 온도가 50~60℃인 상태로 12시간 정도 지속되도록 화학 물질의 양과 비율을 조절합니다. 포함된 물질 중에서 소금은 반응 속도를 조절하는 역할을 합니다. 앞서 설명한 것처럼 철로 만든 제품이나 구조물이 바닷가에서 쉽게 녹이 스는 이유도 바닷물의 염화 이온(Cl^-)이 원인입니다. 물이 있는 환경과 염화 이온이 있을 때 철의 부식 속도는 증가합니다. 한편 철의 산화로 형성되는 산화막은 철과 산소의 접촉을 방해하게 됩니다. 그러므로 손난로에서 소금의 역할은 계속해서 염화 이온을 공급해 산화막의 부식을 유도하는 것입니다. 산화막의 부식으로 철 표면이 새롭게 노출되면 산소와 접촉이 원활해지기 때문에 반응 속도는 다시 증가할 것입니다. 그것은 결국 철 표면을 계속 만들어 산소와 반응할 수 있는 환경을 조성하는 것과 같습니다. 그러므로 적절한 양의 염화 이온과 배합 비율을 조절하는 것은, 곧 손난로의 지속 시간을 조절하는 것과 같습니다.

그림 8.6. 손난로. 내용물의 성분을 변화시켜 온도와 사용 시간을 조절한다.

반응 속도의 조절과 촉매

반응 속도를 조절하는 변수로는 표면적, 농도, 압력 및 온도, 촉매가 있으며, 그중에서도 촉매의 역할이 제일 크고 중요합니다. 반응의 성격을 반응물과 생성물의 상에 따라 균일 반응과 불균일 반응으로 구분합니다. 반응물과 생성물의 상이 같으면 균일 반응이고, 다를 경우에는 불균일 반응입니다. 전기 화학 반응은 불균일 반응의 대표적인 예입니다. 전기 화학 반응에서는 용액에 녹은 화학 물질이 고체 혹은 기체 생성물이 되어서, 반응물과 생성물의 상이 다를 때가 많습니다. 한편 가정에서 요리나 난방을 할 때 프로판 가스와 산소가 연소 반응을 하면 이산화탄소와 수증기가 생성됩니다. 그것은 반응물과 생성물이 모두 기체이므로 균일 반응이라 할 수 있습니다. 촉매는 반응 속도 조절에서 제일 큰 역할을 하며, 이 역시 균일 촉매와 불균일 촉매로 구분할 수 있습니다. 예를 들어 용액 반응에서 동일한 용액에 잘 섞인 상태로 녹아 있는 수소 이온($H^+(aq)$)이 촉매로 이용된다면 그것은 **균일 촉매**입니다. 그러나 연료 전지 반응에서 수소 기체의 산화 반응에 사용되는 고체인 백금($Pt(s)$)은 **불균일 촉매**입니다.

반응 속도 결정 단계

화학 반응은 한 단계로 진행되는 경우도, 여러 단계를 거쳐서 진행되는 경우도 있습니다. 만약 여러 단계를 거쳐서 반응이 완성된다면 가장 느린 단계의 반응 속도가 전체 반응 속도를 좌우하게 됩니다. 그 단계를 **속도 결정 단계**(rate-determining step)라고 합니다.

화학 반응의 경로를 학생들이 강의를 들으려고 한 강의실에서 다른 강의실로 이동하는 과정에 비유해 봅시다. 나가는 문이 좁아서 학생들이 다음 강의실까지 이동하는 시간이 그 문을 빠져나가는 시간에 달려 있다면, 그 문을 통과하는 속도는 학생 전체의 이동 속도에 가장 크게 영향을 미칠 것입니다. 즉 문을 빠져나가는 단계가 곧 속도 결정 단계인 것입니다. 자동차라면 전체 이동 경로 중에서 병목 현상이 일어나는 경로가 곧 속도 결정 단계가 될 것입니다. (그림 8.7)

반응 속도와 활성화 에너지

화학 반응이 진행되려면 온도, 압력, 에너지 등 여러 조건이 맞아야 합니다. 그 결과로 더 안정한 상태의 물질로 변하는 것은 자연스러운 일입니다. 만약 생성물의 에너지가 반응물의 에너지보다 낮다면, 반응계에서 에너지 방출이 있어야 합니다. 그런 반응의 엔탈피($\Delta H_{반응}$)는 마이너스 값이 될 것이며, 발열 반응입니다. 앞서 설명했듯이 반응이 진행될지 말지를 판단할 때 필요한 깁스 자유 에너지(ΔG)는 엔탈피(ΔH)와 엔트로피의 변화(ΔS)가 포함된 식, $\Delta G = \Delta H - T\Delta S$을 이용합니다. 발열 반응의 엔탈피는 마이너스이고, 반응에서 엔트로피가 증가한다

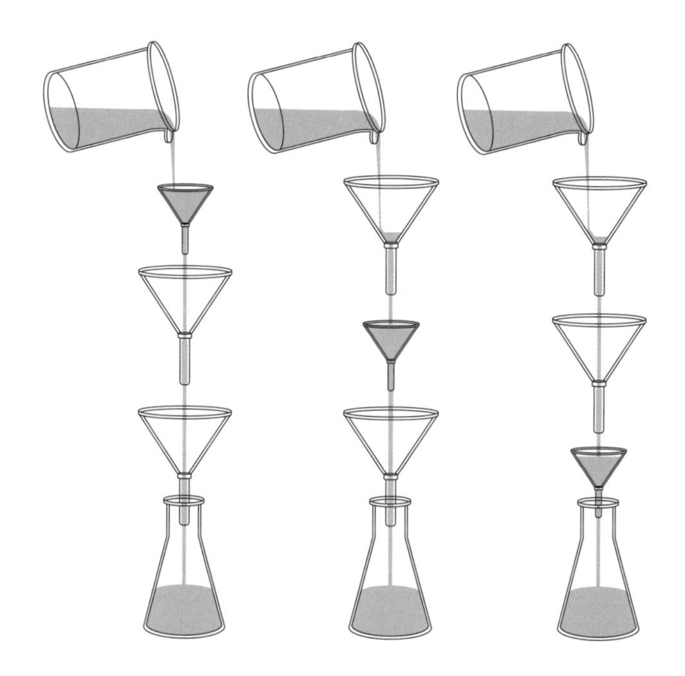

그림 8.7. 위의 교통 체증 그림에서 알 수 있듯이 전체 반응 속도는 가장 느린 단계의 반응 속도에 달려 있다. 아래 그림에서도 가장 작은 깔대기가 물이 흘러내리는 속도를 결정한다. 왼쪽의 경우 첫 번째 단계가 반응 속도 결정 단계이고, 가운데의 경우 두 번째 단계가 반응 속도 결정 단계이고, 오른쪽의 경우 세 번째 단계가 반응 속도 결정 단계이다.

면 엔트로피 변화(ΔS)는 플러스가 될 것이므로 깁스 자유 에너지는 마이너스가 됩니다. 깁스 자유 에너지가 마이너스 값이면 반응은 생성물이 만들어지는 방향으로 진행될 것입니다.

그러나 생성물의 에너지가 반응물의 에너지보다 높은 흡열 반응도 있습니다. 얼음이 녹는 반응이 우리 주변에서 쉽게 볼 수 있는 예입니다. 계가 열을 흡수하므로 생성물(물)의 에너지는 반응물(얼음)의 에너지보다 높은 상태이며 반응 엔탈피는 플러스입니다. 따라서 에너지가 낮은 상태로 반응이 진행되지만, 그것만이 유일한 추진력이 될 수는 없습니다. 반응을 진행하는 또 다른 힘, 엔트로피가 있습니다. 얼음에서 물로 변할 때 계의 엔트로피는 증가합니다. 한편 깁스 자유 에너지는 $\Delta G = \Delta H - T\Delta S$이고, 그 값이 마이너스일 때 반응은 생성물이 만들어지는 방향으로 진행됩니다. 그러므로 비록 엔탈피(ΔH)가 플러스가 되는 흡열 반응일지라도 엔트로피(ΔS)가 많이 증가하는 반응이라면 $-T\Delta S$가 $+\Delta H$보다 클 것이므로, 결국 깁스 자유 에너지는 마이너스가 됩니다. 흡열 반응임에도 얼음이 녹는 이유는 엔트로피의 증가가 더 크게 기여하기 때문입니다. 일반적으로 엔탈피와 엔트로피를 포함하는 깁스 자유 에너지(ΔG)는 반응의 평형(($\Delta G = 0$)은 물론 비자발적 반응($\Delta G > 0$)과 자발적인 반응($\Delta G < 0$)을 판단하는 기준이 됩니다.

활성화 에너지는 화학 반응이 진행될 때 반응계가 극복해야 할 최소 에너지입니다. 활성화 에너지를 반응이 진행되기 위한 에너지 장벽이라고 보는 이유입니다. 에너지 장벽을 넘어서야 비로소 반응물이 생성물로 변합니다. 예를 들어 실온에서 화학 반응이 진행될 때 반응물의 운동 에너지가 충분하지 않다면 반응물이 아무리 많고 서로 충돌해도 반응이 진행되지 않습니다. 그러나 온도를 올려서 운동 에너지가 일정 수준 이상이 되는 반응물이 많아지고, 그것들이 서로 충돌하면 반응이 진행됩니다. 그것의 예로 수소와 산소 기체가 반응해 물이 형성되는 반응($2H_2(g) + O_2(g) \rightarrow 2H_2O(l)$)은 실온에서 진행이 불가능하지만, 높은 온도에서는 두 기체의 반응이 진행되면 물이 형성됩니다.

화학 반응에서 매우 짧은 순간이지만 원자들이 매우 불안정한 결합을 이루는 상태가 있습니다. 그것은 반응물로 되돌아갈 수도 있고, 반응이 더 진행되면 생성물로 변할 수 있습니다. 그런 상태의 분자를 **활성화(착)물(activated complex)**이라 부릅니다. 불안정한 활성화물의 에너

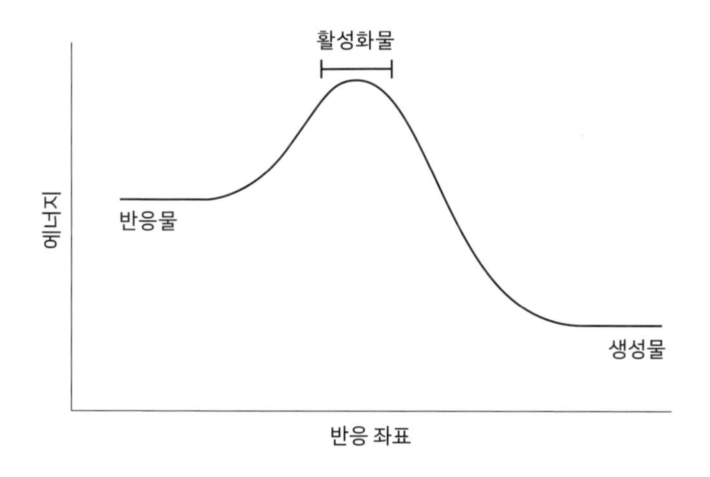

그림 8.8. 반응 좌표와 에너지. 일반적으로 활성화물은 반응물과 생성물보다 불안정하며, 생성물은 반응물보다 안정하다.

지는 반응물과 생성물의 에너지보다 높으며, 반응물이 생성물이 되려면 에너지 장벽을 극복해야 합니다. (그림 8.8)

반응 속도와 아레니우스 식

다음 아레니우스 식(arrhenius equation)은 반응 속도(k)와 활성화 에너지(E_a)의 관계를 나타내는 식입니다.

$$k = Ae^{-\frac{E_a}{RT}}$$

이 식을 이용하면 활성화 에너지를 알고 있는 반응의 속도를 계산할 수 있고, 반응 속도를 알고 있는 반응의 활성화 에너지를 계산할 수 있습니다. 아레니우스 식에서 R는 기체 상수(8.314J/mol K)이며, T는 절대 온도(K), A는 화학 반응이 진행될 때 일정한 시간 동안 분자들이 서로 충돌하는 횟수 혹은 충돌할 때 분자들의 방향성을 나타내는 지표입니다. 충돌 횟수도 반응의 진행 여부에 중요한 변수이지만, 분자들의 충돌 방향이 맞아야 반응이 진행되므로 분자가 올바른 방향으로 충돌했는지도 중요합니다. A는 온도 변화가 크지 않다면 일정한 상수이고, 활성화 에너지와 반응 속도를 알면 아레니우스 식을 이용해 A를 계산할 수 있습니다. 한편 아레니우스 식을 로그 함수 형식으로 변경하면 다음과 같습니다.

$$\ln k = \ln A - \frac{E_a}{RT}$$

하나의 화학 반응에 대해서 온도(T)를 변화시키면서 반응 속도(k)를 측정합니다. 측정한 반응 속도의 자연 로그 값(ln k)을 y축으로, 절대 온도의 역수($\frac{1}{T}$)를 x축으로 해 그래프를 만들면 일직선이 됩니다. 따라서 그래프의 y절편(ln A)에서 A를, 그래프의 기울기($-\frac{E_a}{R}$)에서 활성화 에너지(E_a)를 계산하는 것이 가능합니다. (그림 8.9)

한편 아레니우스 식의 $e^{-\frac{E_a}{RT}}$ 값은 일정한 온도에서 분자의 평균 운동 에너지(RT)와 활성화 에너지(E_a)의 비율입니다. 활성화 에너지보다 큰 운동 에너지($RT > E_a$)를 가진 분자들은 생성물로 변하며, 그 변

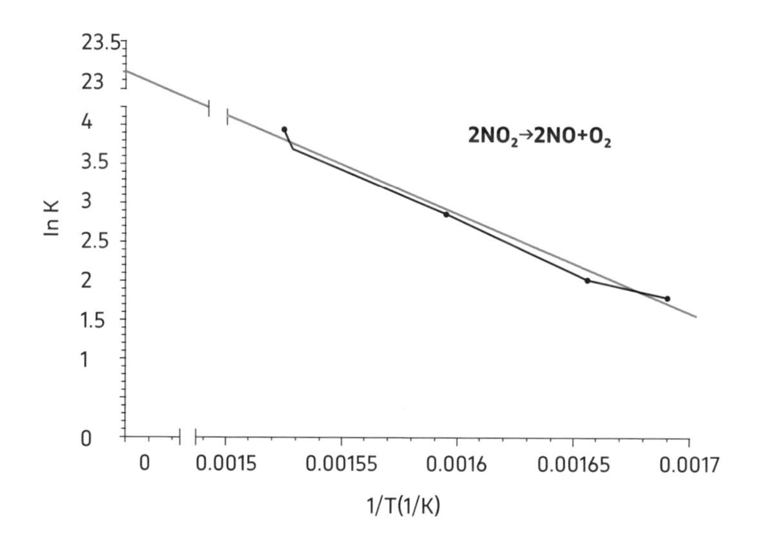

그림 8.9. 이산화질소(NO_2) 분해 반응의 활성화 에너지를 구하기 위한 그래프.

환 속도가 곧 반응 속도(k)입니다. 따라서 아레니우스 식의 $e^{-\frac{E_a}{RT}}$ 값은 일정한 온도에서 진행되는 반응에서 활성화 에너지보다 큰 분자의 비율을 의미하는 것입니다. 활성화 에너지보다 큰 에너지를 가진 분자가 많을수록 반응은 잘 진행될 것이고, 그것은 곧 반응 속도가 크다는 것을 의미합니다. 예를 들어 하나의 화학 반응에서 반응 온도를 10℃ 올리면 일반적으로 반응 속도가 2배 증가하는 것을 실험으로 관찰할 수 있습니다. 다시 말해서 아레니우스 식의 지수항($e^{-\frac{E_a}{RT}}$)에 활성화 에너지, 기체 상수, 온도 등의 조건을 넣고 계산하면 반응 속도가 약 2배 증가하는 것을 확인할 수 있습니다. 예를 들어 어떤 반응의 활성화 에너지가 60kJ/mol일 때 온도를 20℃에서 30℃로 올리면 반응 속도가 약 2.25배 증가하는 것으로 계산이 됩니다.

활성화 에너지의 크기가 큰 반응일수록 온도 효과가 더 뚜렷이 나타나는 것을 표 8.1을 통해 알아봅시다. 20℃에서 촉매를 사용해 활성화 에너지를 처음 크기의 3분의 2로 줄이면(40kJ/mol) 반응 속도는 약 3,670배, 활성화 에너지 크기를 처음 크기의 절반으로 줄이면(30kJ/mol) 반응 속도가 약 22만 배 증가하는 것이 계산으로 확인됩니다. 따라서 동일한 온도에서 진행되는 반응이라면 활성화 에너지의 크기가 작을수록 반응 속도가 더욱 빨라진다는 것을 자료를 보면 금방 알 수 있습니다. 즉 활성화 에너지의 크기가 반응 속도에 미치는 효과가 제일 크다는 것입니다.

화학 물질의 상이 변하면 온도에 따른 아레니우스 식의 A값도 변화하리라고 예상할 수 있습니다. 온도가 증가하면 분자들의 운동 에

표 8.1. 활성화 에너지 및 온도 변화에 다른 반응 속도의 변화.

온도(°C)	온도(°K)	활성화 에너지(J)	$e^{-\frac{Ea}{RT}}$	반응 속도(증가 비율)
활성화 에너지가 같을 때 온도가 10°C 증가하면 반응 속도는 약 2배 증가한다.				
20	293.15	60,000	2.03×10^{-11}	1
30	303.15	60,000	4.58×10^{-11}	2.25
온도가 같을 때 활성화 에너지가 줄어들면 반응 속도가 증가한다.				
20	293.15	60,000	2.03×10^{-11}	1
20	293.15	40,000	7.45×10^{-8}	약 3,669
20	293.15	30,000	4.51×10^{-6}	약 220,000
활성화 에너지 40,000J이고 온도가 10°C 증가할 때 반응 속도의 변화.				
20	293.15	40,000	7.45×10^{-8}	1
30	303.15	40,000	1.28×10^{-7}	1.72
활성화 에너지 50,000J이고 온도가 10°C 증가할 때 반응 속도의 변화.				
20	293.15	50,000	1.23×10^{-9}	1
30	303.15	50,000	2.42×10^{-9}	1.97
활성화 에너지 70,000J이고 온도가 10°C 증가할 때 반응 속도의 변화.				
20	293.15	70,000	3.36×10^{-13}	1
30	303.15	70,000	8.67×10^{-13}	2.58
40	313.15	70,000	2.11×10^{-12}	6.28

너지가 커지고, 일정한 시간 동안에 분자들이 충돌하는 횟수가 증가할 것이기 때문입니다. 충돌 횟수가 늘어나면 분자가 반응이 진행되기 위한 적절한 방향으로 배열되는 기회도 그만큼 증가할 것입니다. 따라서 반응 속도는 온도와 촉매의 영향은 물론 반응물의 농도(액체의 경우), 압력(기체의 경우), 표면적(고체의 경우), 물질의 특성에도 영향을 받을 것으로 예상할 수 있습니다. 특히 표 8.1의 계산 결과에서 보듯이 활성화 에너지를 낮추는 것이 반응 속도의 증가에 제일 크게 영향을 미친다는 것을 알 수 있습니다.

반응물 및 생성물의 변화 측정하기

적합한 방법과 도구를 사용해서 반응물 또는 생성물의 농도를 시간에 따라 측정할 수 있습니다. (그림 8.10) 그리고 측정된 반응물 또는 생성물의 농도를 반응 시간으로 나누면 반응 속도를 계산할 수 있습니다. 화학 반응의 종류는 다양하므로, 그에 맞추어 최적의 물리량 측정 방법을 선택해야 합니다. 예를 들어 과산화수소 분해 반응은 생성물인 산소의 압력을 측정해 반응 속도를 측정합니다. 또한 과산화수소는 240nm 파장의 빛을 흡수하므로 과산화수소의 흡광도(A)를 측정하면 그 농도를 알 수 있습니다. 흡광도는 화학 물질의 농도에 비례하며, **베르-람베르트 법칙**(Beer-Lambert law)을 따릅니다. 흡광도는 물질의 농도(C), 빛이 통과한 거리(b), 물질의 흡광 계수(ε)에 비례하기에 그 법

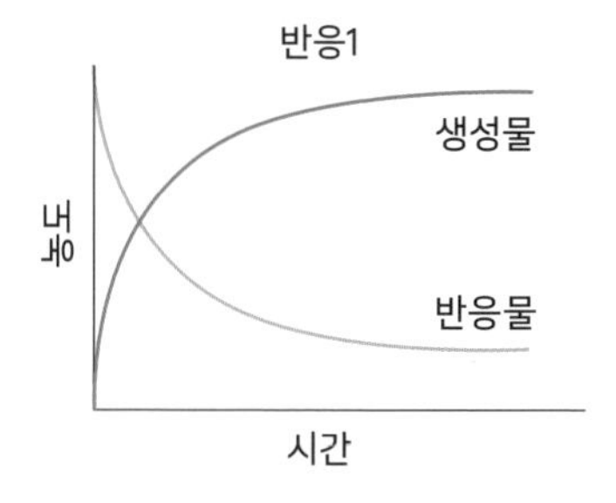

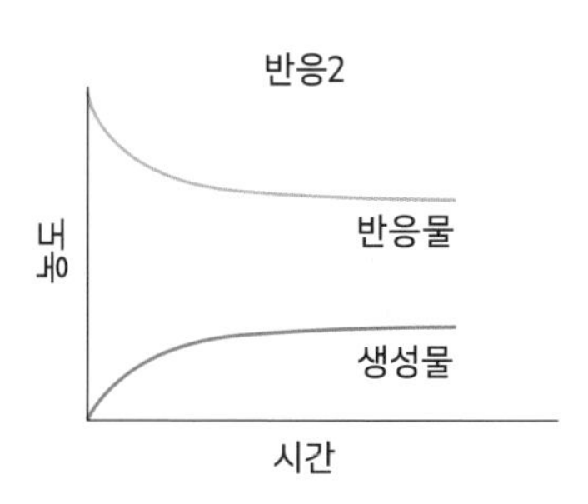

그림 8.10. 반응 시간에 따른 반응물과 생성물의 농도 변화. 반응 종류에 따라 농도 변화 모습이 다르다.

칙은 흔히 $A = \varepsilon bC$ 식으로 나타냅니다. 즉 εb가 일정하다면 흡광도는 결국 농도에 비례한다는 것입니다.

과산화수소 농도를 흡광도 측정으로 간접적으로 알아내는 방법도 있습니다. 과산화수소가 철 2가 이온(Fe^{2+})과 반응해 형성되는 철 3가 이온(Fe^{3+})의 양을 알아내는 것입니다. 철 3가 이온은 지시약인 자일레놀 오렌지(xylenol orange)와 반응해 560nm 파장을 흡수하는 착물(complex)을 형성합니다. 따라서 적절한 반응 조건에서 560nm 파장의 흡광도를 측정하고, 베르-람베르트 법칙을 이용하면 과산화수소 농도를 계산할 수 있습니다. 이처럼 화학 물질의 농도를 측정하는 방법은 여러 가지가 있으며 실험의 민감성, 재현성, 가능성 등을 감안해서 적절한 방법으로 시간에 따라 측정하면 반응 속도의 계산이 가능합니다.

색 변화를 이용해 반응 속도를 측정하는 또 다른 예가 있습니다. 브로민($Br_2(l)$) 용액은 특유의 붉은빛이 섞인 갈색을 띠는데, 브로민이

에틸렌과 반응해 형성되는 생성물은 색깔이 없습니다. 따라서 반응이 진행됨에 따라 묽어지는 브로민의 색 변화(흡광도 변화)를 측정하면 그것으로부터 반응물의 양을 측정할 수 있고, 그 자료를 이용하면 반응물이 사라지는 속도도 계산할 수가 있습니다.

반응 차수

반응 차수는 반응물 농도가 반응 속도에 비례하는 정도를 나타내는 것으로 많은 경우에 정수이지만, 분수일 때도 있습니다. 예를 들어 완결된 화학 반응(A + B + C → 생성물)의 반응 속도를 반응 속도 상수(k)와 반응 차수를 사용해서 적은 반응 속도식이 다음과 같다고 가정합시다.

반응 속도 $= k[A]^2[B]$

반응 속도는 물질의 농도에 의존하는 물리량이지만, 반응 속도 상수는 물질의 농도와 상관이 없습니다. 반응 속도식에서 반응물 농도([A], [B]) 오른쪽에 있는 위 첨자가 반응 차수입니다. 따라서 이 반응에 대한 총 반응 차수는 3차입니다. 그것은 A의 반응 차수 2와 B의 반응 차수 1을 더한 것입니다. (관례에 따라 반응 차수가 1일 경우에는 표기하지 않습니다.) 한편 C는 반응물임에도 불구하고 식에 나타나지 않음을 알

표 8.2. 반응 속도식, 반응 계수 및 반응 차수. 반응 차수와 반응 계수는 상관 관계가 없다.

<table>
<tr><th colspan="4">반응식: A + B + C → 생성물
반응 속도 = $k[A]^2[B]$</th></tr>
<tr><th>반응물</th><th>반응 계수</th><th>반응 차수</th><td rowspan="4">반응 속도식에서 C는 0차 반응이므로 식에서 나타나지 않는다.
B는 1차 반응이므로 위첨자 1은 표시하지 않는다.</td></tr>
<tr><td>A</td><td>1</td><td>2</td></tr>
<tr><td>B</td><td>1</td><td>1</td></tr>
<tr><td>C</td><td>1</td><td>0</td></tr>
</table>

수 있습니다. 그것은 C가 반응에는 참여하지만, C의 농도는 반응 속도와 상관이 없다는 사실을 의미합니다. 또한 반응 차수는 완결된 반응식에서 볼 수 있는 각각의 반응물 계수(A는 1, B는 1, C는 1)와는 상관이 없습니다. (표 8.2)

반응 차수의 결정

한 종류의 반응물이 하나 혹은 여러 개의 생성물로 변하는 분해 반응도 있지만, 보통은 2개 이상의 반응물이 화학 반응에 참여합니다. 반응물의 반응 차수를 구하는 데는 반응물의 농도 변화에 따라 초기 반응 속도를 측정하는 방법이 주로 사용됩니다. 반응 속도는 시간에 따라 변하므로, 일정한 시각으로 측정하는 것이 중요합니다.

2개 이상의 반응물로 진행되는 화학 반응에서 한 반응물의 반응 차수를 구하려면 다른 반응물의 농도는 일정하게 유지한 상태에서 반응 차수를 구하려는 반응물의 농도만을 변화시키면서 반응 속도를 측정합니다. 즉 반응 차수를 구하려는 반응물만 농도 변화를 주고 다른 실험 조건(온도, 압력, 다른 종류의 반응물 농도 등)은 똑같아야 합니다. 만약 한꺼번에 2종류의 반응물 농도에 변화를 주고 반응 속도를 측정한다면, 변화된 반응 속도가 어떤 반응물 때문이었는지 알 수 없습니다. 따라서 다른 조건은 그대로 둔 채 반응 차수를 알고 싶은 반응물의 농도만 변화를 주고 반응 속도를 측정해야 그 반응물의 반응 차수를 결정할 수 있습니다.

반응 차수를 결정하는 과정은 표 8.3에 있는 실험 자료를 이용해 살펴보면 쉽게 이해할 수 있습니다. 실험 #1과 비교할 때 실험 #2는 반응물 B와 C의 농도는 그대로 두고, A의 농도를 2배로 증가한 후에 반응 속도를 측정한 것입니다. 그 결과 반응 속도는 4배로 증가했습니다. 그러므로 반응 속도는 A 농도의 제곱에 비례하므로 $[A]^2$로 표시하며, 그때 A의 반응 차수는 2입니다. 또한 실험 #1과 실험 #3를 비교하면 반응물 B의 농도를 2배로 했을 때 반응 속도가 2배가 되므로 반응물 B의 반응 차수는 1입니다. 실험 #1과 실험 #4를 비교하면 반응물 C의 농도를 2배로 했을 때 반응 속도는 변함이 없습니다. 따라서 C의 반응 차수는 0입니다. 결국 화학 반응($A + B + C \rightarrow$ 생성물)에 대한 반응 속도식은 반응 차수를 포함해 $k[A]^2[B]$로 나타낼 수 있습니다.

반응 차수가 마이너스라면 그것은 반응물이 화학 반응 속도를 비

표 8.3. 반응 차수 결정을 위한 실험 조건과 초기 반응 속도. 3종류의 농도([A], [B], [C]) 가운데 2종류는 일정하게 유지하고 1종류의 농도를 변화했을 때 반응 속도의 변화를 관찰한다.

실험 번호	반응물의 종류 및 농도(M)			초기 반응 속도(M/min) M: mol/L
	[A]	[B]	[C]	
#1	0.1	0.1	0.1	1×10^{-3}
#2	0.2	0.1	0.1	4×10^{-3}
#3	0.1	0.2	0.1	2×10^{-3}
#4	0.1	0.1	0.2	1×10^{-3}

교 대상의 반응 속도보다 느리게 하는 것으로 해석할 수 있습니다. 반응 차수가 분수라면, 반응이 다소 복잡한 단계를 거쳐서 진행되는 것으로 이해할 수 있습니다.

반응 속도식과 반감기

화학 반응에서 반응물의 반응 차수를 안다면 그것을 이용해 반응 속도 상수(k) 및 반감기($t_{1/2}$)를 구할 수 있습니다. 반응물 A의 반응 차수가 각각 0차, 1차, 2차인 반응의 반응 속도식은 다음과 같이 나타냅니다.

0차인 경우 $-\frac{d[A]}{dt}=k$

1차인 경우 $-\frac{d[A]}{dt}=k[A]$

2차인 경우 $-\frac{d[A]}{dt}=k[A]^2$

d[A]는 반응물의 농도 변화($[A]_t-[A]_0$)입니다. 그런데 반응 속도를 측정하는 시각에서 반응물의 농도($[A]_t$)는 초기 농도($[A]_0$)보다 항상 작게 마련입니다. 따라서 측정 시각의 농도에서 처음 농도를 뺀 값은 항상 마이너스입니다. 그런데 반응 속도는 항상 플러스이므로 반응 속도식에 − 기호를 붙여야 반응 속도가 플러스가 되어 물리적으로 의미가 있게 됩니다. − 기호와 물리적 의미의 관계는 앞서 설명을 했습니다. **반감기(half life)**는 반응물의 농도가 처음 농도의 반으로 줄어드는 데 걸리는 시간을 말하며, 보통 $t_{1/2}$로 나타냅니다.

0차 반응

0차 반응의 반응 속도 식($-\frac{d[A]}{dt}=k$)을 변형하면 $d[A]=-kdt$가 됩니다. 이것을 처음 반응부터 측정 시각(t)까지 적분한 결과는 $[A]_t-[A]_0=-kt$입니다. $[A]_t$는 측정 시각에서 A의 농도이고, $[A]_0$는 반응을 시작할 때 A의 농도입니다. 만약 시간(t)에 따라 A의 농도([A])를 측정한 후에 시간을 x축, 농도를 y축으로 그래프를 그리면 기울기가 $-k$인 일직선이 됩니다. 따라서 그래프로부터 0차 반응의 반응 속도 상수(k)를 알 수 있습니다. 반감기($t_{1/2}$)는 반응물의 농도가 처음 농도의 반으로 줄어드는 데 걸리는 시간이므로, 그때 A의 농도($[A]_t$)는, $[A]_t = \frac{1}{2}[A]_0$ 입니다. 그것을 0차 반응식에 넣어 정리하면 반감기($t_{1/2}$)는 $\frac{[A]_0}{2k}$가 됩니다. 즉 0차 반응의 반감기는 초기 농도에 비례하며, 반응 속도 상수에 반비례합니다.

$$[A]_t - [A]_0 = -kt$$

$$\Rightarrow \frac{1}{2}[A]_0 - [A]_0 = -kt_{1/2}$$

$$\Rightarrow t_{1/2} = \frac{[A]_0}{2k}$$

0차 반응의 예

높은 온도로 가열된 백금 표면에서 아산화질소($N_2O(g)$)는 질소($N_2(g)$)와 산소($O_2(g)$)로 분해됩니다. 분해 반응은 백금 표면에 아산화질소가 흡착된 후에 진행됩니다. 그러므로 분해 반응은 아산화질소의 압력(농도)이 아니라 아산화질소가 흡착할 수 있는 백금 자리의 수에 의존하게 됩니다. 다시 말해서 이 반응은 아산화질소의 농도와 상관없이 진행되는 0차 반응인 것입니다.

$$2N_2O(g) \rightarrow 2N_2(g) + O_2(g)$$

아산화질소는 질산 암모늄(NH_4NO_3)을 가열해 만들 수 있습니다. 질산 암모늄으로 아산화질소를 처음으로 합성한 사람은 조지프 프리스틀리(Joseph Priestley, 1733~1804년)였습니다. 그는 산소의 발견자로도 유명한 영국의 화학자입니다. 아산화질소 기체는 통증에 대한 마취 효과가 있습니다. 또한 반도체 제조용 화학 증착 용기의 내부를 청소할 때도 사용됩니다.

아산화질소가 분해되어 만들어지는 **라디칼(radical)**은 강력한 산화제로서, 용기 내부 벽에 흡착된 각종 불순물을 산화시켜 분해합니다. 아산화질소 가스가 반도체 공정에서 사용되는 이유입니다. 라디칼이란 화학 물질에서 쌍을 이루지 않는 전자를 포함하는 화학종을 말합니다. 라디칼이 강력한 산화제인 이유는 전자쌍을 만들기 위해서 다른 물질로부터 전자를 빼앗기 때문입니다. 라디칼은 전자를 얻었으니 환원된 것이고, 전자를 빼앗긴 물질은 산화가 된 것입니다. 다른 물질은 산화시키고 자신은 환원이 되는 물질이 산화제입니다. 우리가 일상에서 비교적 자주 듣는 '활성 산소'도 라디칼의 한 종류이며, 강력한 산화제입니다. 몸에 있는 활성 산소는 필요한 생리 활성 물질을 산화시켜 제 기능을 발휘 못 하게 하는 악역도 하지만, 병원균을 죽이는 좋은 역할도 맡고 있습니다.

아산화질소의 분해에 대한 완결된 반응식에서 반응물 앞에 있는 반응 계수와 반응 차수는 관계가 없다는 사실을 다시 확인할 수 있습니다. 또 다른 0차 반응의 예로는 반응물이 결합할 수 있는 효소의 활성화 위치의 수 혹은 효소의 수로 제한을 받는 반응들입니다. 예를 들어 알코올 분해 속도는 알코올 농도와는 상관이 없고 알코올 분해 효소의 양에 따라 달라집니다. 알코올 농도가 분해 효소의 능력 이상으로 높을 경우에 그 반응은 알코올 농도와는 관계가 없는 0차 반응이 될 것입니다.

화학 반응에 2개의 반응물이 관여하는 경우에도 0차 반응이 가능합니다. 만약 하나의 반응물 농도가 다른 반응물의 농도보다 엄청나게 큰 화학 반응은 농도가 큰 반응물의 농도에 상관없이 진행될 것입니다. 따라서 이런 종류의 반응 속도식에는 농도가 큰 반응물은 나타나지 않으며, 그것은 그 반응물에 대한 반응 차수가 0이라는 것을 의미합니다.

1차 반응

1차 반응의 반응 속도식($-\frac{d[A]}{dt}=k[A]$)을 변형하면 $\frac{d[A]}{[A]}=-kdt$가 됩니다. 이것을 시간에 대해 적분하면 $\ln[A]_t-\ln[A]_0=-kt$가 됩니다. 만약 시간(t)에 따라 A의 농도를 측정한 후에 시간을 x축, 농도의 자연 로그 값($\ln[A]$)을 y축으로 그래프를 그리면 일직선이 얻어지고, 그것의 기울기는 $-k$가 됩니다. 1차 반응에 대한 반응 속도 상수 역시 그래프를 이용해 구할 수 있습니다.

1차 반응에서 초기 농도의 절반이 되는 조건($[A]_t = \frac{1}{2}[A]_o$)인 반감기($t_{1/2}$)는 $\frac{\ln 2}{k}$입니다. 이것은 1차 반응의 반감기가 반응물의 초기 농도와 관련이 없다는 것을 의미합니다. 0차 반응의 반감기가 반응물의 초기 농도의 절반($\frac{1}{2}[A]_o$)에 비례하는 것과 대비가 됩니다. 참고로 다음에 설명할 2차 반응의 경우 반감기는 반응물 초기 농도에 역비례($\frac{1}{[A]_o}$)합니다.

$$\ln[A]_t - \ln[A]_o = -kt \Rightarrow \ln(\frac{1}{2}[A]_o) - \ln[A_o] = -kt_{1/2}$$
$$\Rightarrow t_{1/2} = \frac{\ln 2}{k}$$

1차 반응의 예

과산화수소(H_2O_2)의 분해 반응은 과산화수소의 농도에 대해서 1차 반응입니다. 따라서 과산화수소의 농도에 대한 자연 로그 값을 시간의 함수로 나타낸 그래프의 기울기($-k$)로부터 반응 속도 상수 k를 구할 수 있습니다. (그림 8.11)

$$2H_2O_2 \rightarrow 2H_2O + O_2$$

6장에서 설명했던 항암제 시스플라틴(배위 결합)의 가수 분해 반응이 1차 반응으로 알려져 있습니다. 즉 시스플라틴의 농도에 비례해

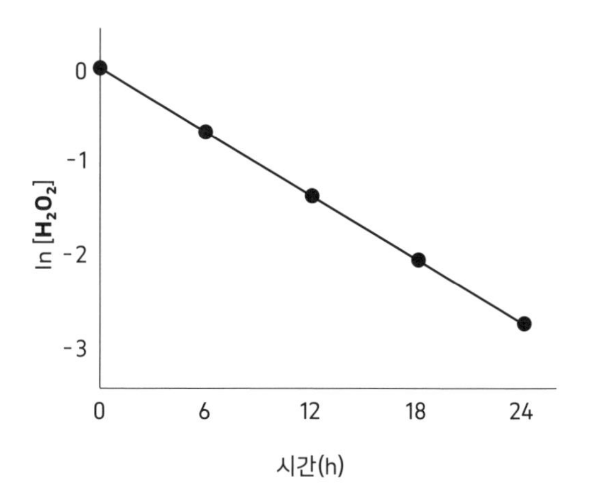

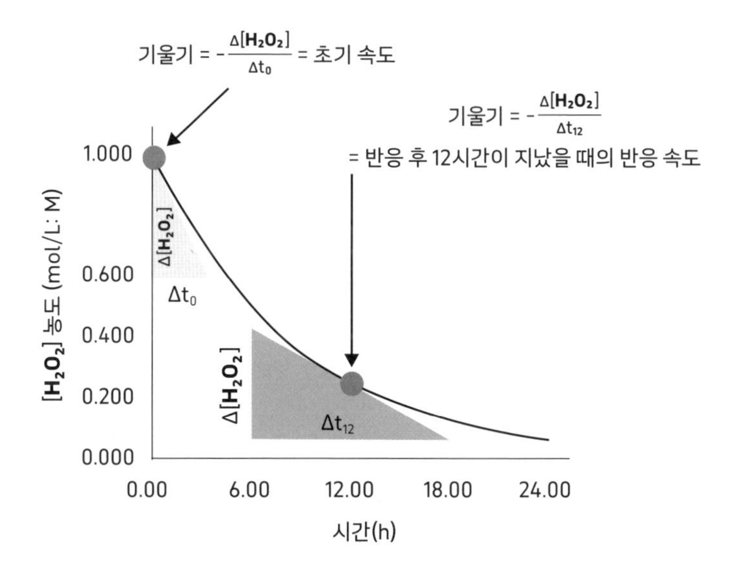

그림 8.11. 위: 과산화수소 분해 반응 속도를 구하기 위한 그래프. 아래: 과산화수소 분해 반응 속도(접선 기울기)는 매순간 다르다.

반응 속도가 증가하는 것입니다. 시스플라틴에 있는 2개 염소 원자 가운데 1개가 물로 치환되어야 DNA와 결합할 수 있어서 항암 효과를 낸다는 사실이 밝혀졌습니다. 여기서 치환 반응이 1차 반응입니다.

1차 반응의 종류는 수도 없이 많습니다. 특히 방사성 동위 원소가 방사선을 방출하고 다른 화학종으로 변하는 반응이 대표적인 1차 반응입니다. 그러나 엄밀히 분석해 보면, 방사선이 방출되는 핵분열 반응은 원소가 변하는 것이므로 전통적인 화학 반응과는 다릅니다. 화학 반응은 분자 혹은 원자들이 원자핵 변화 없이 전자들의 활약으로 원자 사이의 결합 형성과 분해를 통해서 새로운 분자 혹은 화합물을

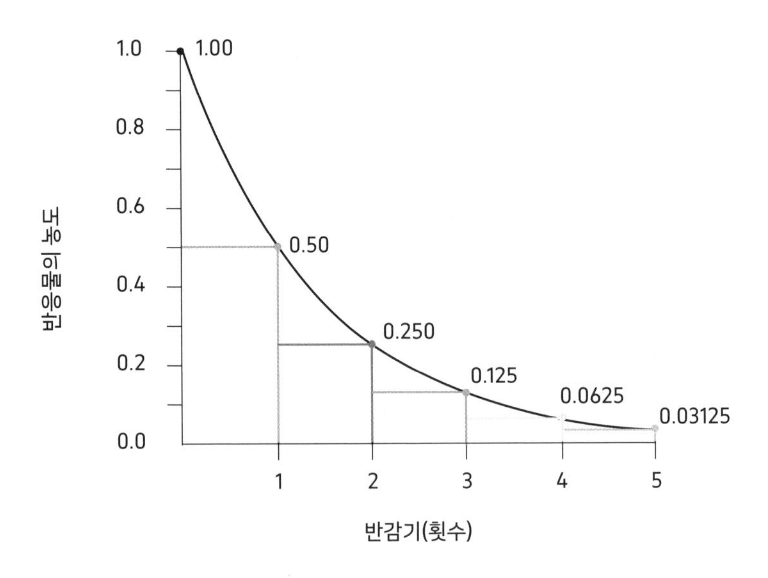

그림 8.12. 반감기와 농도 변화. 반감기마다 농도는 반으로 줄어든다.

형성하는 것이기 때문입니다. 1차 반응의 중요한 특징 중 하나는 반감기가 반응물의 농도와 상관이 없으며, 반감기($t_{1/2}$)를 측정하면 반응 속도(k)를 알 수 있다는 것입니다. (그림 8.12)

방사성 연대 측정법

탄소의 동위 원소는 여러 종류가 있습니다. 원자 번호가 6번인 탄소는 원자핵에 6개의 양성자가 있습니다. 양성자의 수가 6개로 같으면서 중성자의 수가 다른 탄소의 동위 원소는 종류가 약 15가지나 됩니다. 그렇지만 대부분 ^{12}C(양성자 6개, 중성자 6개, 비율은 약 98.9%)와 ^{13}C(양성자 6개, 중성자 7개, 비율 약 1.1%)입니다. 2종류의 탄소 동위 원소들의 원자핵은 안정하기 때문에 방사성 붕괴가 진행되지 않습니다. 많은 자료에 있는 탄소의 원자량은 12.00이 아닌 12.01인데, 탄소의 동위 원소 비율을 감안해서 원자량을 계산했기 때문입니다. (그림 8.13)

일반적으로 불안정한 방사성 동위 원소들은 알파선, 베타선, 감마선을 방출하면서 다른 원소로 변합니다. 알파선은 헬륨(He) 원자의 원자핵(He^{+})이며 양(+)전하를 띠고 있고, 베타선은 전자(e^{-})이며 음(−)전하를 띠고 있습니다. 감마선은 전하를 띠지 않지만, 방사선 가운데 에너지가 제일 큽니다.

공기에 있는 질소(^{14}N)가 중성자와 반응하면 불안정한 탄소 동위 원소(^{14}C)가 만들어집니다. (그림 8.14) **우주선**(cosmic ray)이라고 불리는,

외계에서 지구로 날아드는 고에너지 입자들은 대기와 충돌하면서 중성자를 만들어 냅니다. 우주선은 에너지가 매우 큰 원자핵 혹은 양성자로 빛의 속도로 우주 공간을 떠도는 입자들을 말합니다. 질소와 중성자가 반응해 지구 전체에서 생산되는 ^{14}C의 양은 1년에 7kg 정도로 추정됩니다.

그렇게 형성된 탄소 동위 원소(^{14}C, 양성자 6개, 중성자 8개)는 안정한 탄소 동위 원소(^{12}C와 ^{13}C)와는 달리 베타선을 방출하는 방사성 원소입니다. 그것의 농도는 일조분율(parts per trilliton, ppt)로 매우 작지만, 원자 개수(약 3.5×10^{26})는 엄청나게 많습니다. 그런데 방사성 탄소도 다른 탄소와 마찬가지로 산소와 반응해 이산화탄소($^{14}CO_2$)를 형성합니다. 그러므로 식물이 광합성 반응에 이용하는 이산화탄소는 대부분

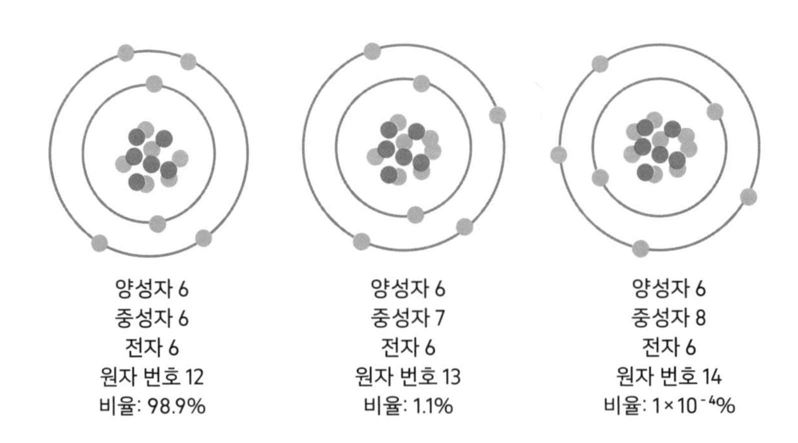

그림 8.13. 탄소 동위 원소(^{12}C, ^{13}C, ^{14}C)의 원자핵과 비율. 동위 원소는 양성자와 전자의 수는 같고, 중성자의 수가 다른 원소이다.

$^{12}CO_2$이지만, $^{14}CO_2$도 반응에 참여하는 것입니다. 그 결과 살아 있는 식물에서 탄소 동위 원소의 비율(^{12}C와 ^{14}C의 비율)은 공기에 있는 $^{12}CO_2$와 $^{14}CO_2$의 비율과 같으며, 식물이 살아 있는 동안 그대로 유지됩니다. 그러나 식물이 죽으면 동화 작용이 멈추게 되며, 따라서 식물의 탄소 순환은 정지됩니다. 식물이 죽은 후에는 식물에 있었던 안정한 동위 원소(^{12}C)의 양은 그대로 유지가 되지만, 방사선을 방출하고 붕괴하는 불안정한 동위 원소(^{14}C)는 시간이 지나면서 점차 양이 줄어듭니다. 왜냐하면 베타선을 방출하고 안정한 질소(^{14}N, 양성자 7개, 중성자 7개)로 되돌아가기 때문입니다. 그것이 죽은 식물의 탄소 동위 원소 비율($\frac{^{14}C}{^{12}C}$)이 시간이 흘러가면서 줄어드는 이유입니다. 따라서 목재에 남

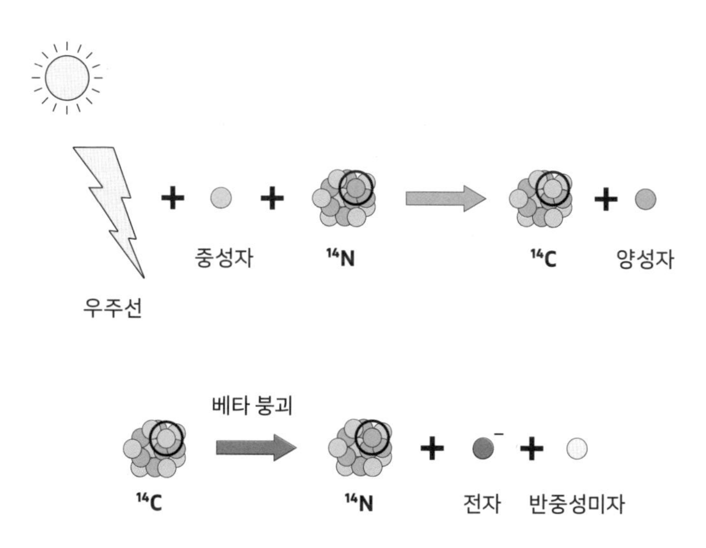

그림 8.14. 탄소 동위 원소(^{14}C)의 생성(위)과 소멸(아래).

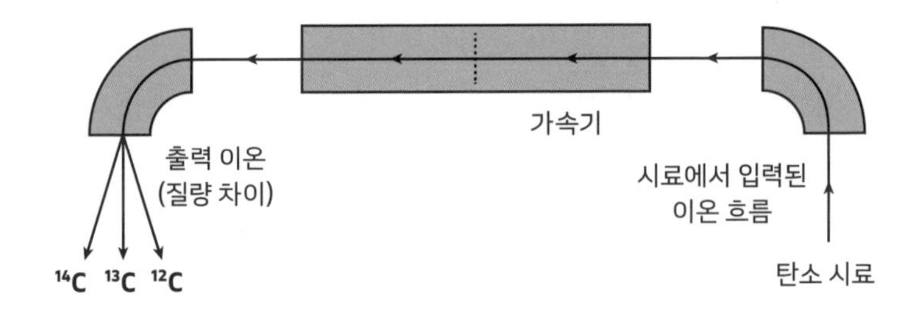

그림 8.15. 탄소 방사선 동위 원소(^{14}C)의 측정을 위한 질량 분석기의 개략도.

아 있는 방사성 탄소(^{14}C)의 양과 반감기를 이용하면 그 목재가 된 식물이 살아 있었던 시간대를 추정할 수 있는 것입니다. (그림 8.15)

반감기와 연대 측정

방사성 동위 원소 ^{14}C의 반감기는 약 5,730년입니다. 반감기는 해당 원소의 처음 양이 2분의 1로 줄어드는 데 걸리는 시간을 말합니다. 예를 들어 ^{14}C 1g은 5,730년이 지나면 0.5g이 되고, 다시 5,730년이 지나면 0.25g으로 줄어듭니다. 그러므로 n번의 반감기가 지난 후에 탄소 ^{14}C의 양은 처음 양의 $\frac{1}{2^n}$로 줄어들게 됩니다. 측정할 수 있는 양과 반감기를 감안하면 ^{14}C를 이용해 최대 5만 년에서 6만 년 전까지 거슬러 연대 측정을 할 수 있습니다.

방사성 탄소를 이용한 연대 측정법은 대기에 있는 ^{14}C의 양과 생물이 흡수하는 양의 비율이 일정하다는 가정에 기반을 두고 있습니다. 사실 지구에서 생성되는 ^{14}C의 양 혹은 대기에서 차지하는 비율은 일정하게 유지됩니다. 그것은 석유에 포함된 탄소 화합물이 연소(자동차의 엔진 연소 반응도 포함)하며 배출되는 CO_2에는 $^{14}CO_2$가 없기 때문입니다. 석유는 식물이 죽고 난 후에도 ^{14}C의 반감기보다 몇백 배 이상 되는 세월이 흐른 후에 만들어지기 때문에, 동식물에 포함되었던 ^{14}C는 이미 방사성 붕괴가 끝난 상태입니다. 인간의 활동으로 배출되는 이산화탄소(CO_2)에 방사성 동위 원소 ^{14}C는 없지만, ^{12}C와 ^{14}C의 비율은 변화가 있을 수 있습니다. 핵 실험을 했을 때 혹은 우주선이 일시적으로 많이 쏟아지는 시기에는 ^{14}C의 양이 증가합니다. 따라서 방사성 탄소를 이용한 연대 측정의 오차를 줄이기 위해서는 이런 종류의 영향과 효과를 정확하게 검토할 필요가 있습니다.

2차 반응

2차 반응의 반응 속도 식($-\frac{d[A]}{dt} = k[A]^2$)을 변형하면 $\frac{d[A]}{[A]^2} = -kdt$가 됩니다. 이것을 시간에 대해 적분하면 $\frac{1}{[A]_t} - \frac{1}{[A]_0} = kt$입니다. 시간(t)에 따라 A의 농도를 측정한 후에 시간을 x축으로, 농도의 역수($\frac{1}{[A]_t}$)를 y축으로 그래프를 그리면 기울기가 k인 일직선을 얻을 수 있습니다. 즉 그래프의 기울기로부터 반응 속도 상수(k)를 구할 수 있습니다. 한편 2차 반응의 반감기 역시 초기 농도의 절반이 되는 조건($[A]_t = \frac{1}{2}[A]_0$)이므로 그것의 반감기($t_{1/2}$)는 $\frac{1}{k}[A]_0$입니다. 따라서 2차 반응의 반감기는 1차 반응과는 달리 반응물의 초기 농도에 역비례합니다. 식으로 정리하면 다음과 같습니다.

$$\frac{1}{[A]_t} - \frac{1}{[A]_o} = kt$$

$$\Rightarrow \frac{2}{[A]_o} - \frac{1}{[A]_o} = kt_{1/2}$$

$$\Rightarrow t_{1/2} = \frac{1}{k}[A]_o$$

2차 반응의 예

산(H^+)과 염기(OH^-)가 반응하면 물이 형성($H^+ + OH^- \rightarrow H_2O$)됩니다. 그것은 산의 농도와 염기의 농도에 대해서 각각 1차 반응이므로 전체 반응의 반응 차수는 2차입니다. 반응 속도식으로 나타내면 다음과 같습니다.

$$-\frac{d[H^+]}{dt} = -\frac{d[OH^-]}{dt} = k[H^+][OH^-]$$

그런데 같은 반응이지만, 염기를 산으로 적정하는 반응의 속도는 산의 농도에 대해 1차 반응이 될 것입니다. 염기는 반응하기에 충분한 양이 있으므로 반응 속도에 영향을 미치지 않습니다. 따라서 이런 종류의 적정 반응에서 염기 농도에 대한 반응 차수는 0이 되므로 반응식은 다음과 같습니다.

$$-\frac{d[H^+]}{dt}=k[H^+]$$

한편 분자의 분해 반응이 2차 반응인 경우도 있습니다. 예를 들어 아이오딘화 수소(HI(*g*))는 분해 반응($2HI \rightarrow H_2 + I_2$)이 진행되어 아이오딘($I_2(g)$)과 수소($H_2(g)$)를 형성합니다.

$$-\frac{d[HI]}{dt}=k[HI]^2$$

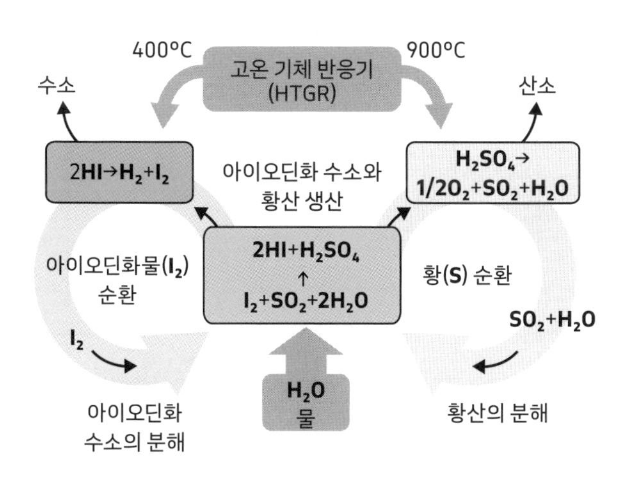

그림 8.16. 아이오딘(I_2)과 이산화황(SO_2)을 이용한 물 분해.

표 8.4. 반응 종류에 따른 속도 식, 속도 상수(k), 반감기($t_{1/2}$). [A]: 반응물의 농도, $[A]_t$: t 시각에서 반응물의 농도, $[A]_0$: 반응물의 처음 농도

반응 속도 \ 반응 종류	0차 반응	1차 반응	2차 반응
반응식	$-\frac{d[A]}{dt}=k$	$-\frac{d[A]}{[A]}=k[A]$	$-\frac{d[A]}{[A]}=k[A]^2$
미분 형식	$d[A]=-kdt$	$\frac{d[A]}{[A]}=-kdt$	$\frac{d[A]}{[A]^2}=-kdt$
적분 형식	$[A]_t-[A]_0=-kt$	$\ln[A]_t-\ln[A]_0=-kt$	$\frac{1}{[A]_t}-\frac{1}{[A]_0}=kt$
그래프 모양	$[A]_t$ vs. t $[A]_t$ (농도) 기울기 = -k t(시간)	$\ln[A]_t$ vs. t $\ln[A]_t$ (농도 로그 값) 기울기 = -k t(시간)	$\frac{1}{[A]_t}$ vs. t $\frac{1}{[A]_t}$ (농도의 역수) 기울기 = k t(시간)
반응 속도 상수	-k	-k	k
반감기($t_{1/2}$)	$\frac{[A]_0}{2k}$	$\ln 2/k$	$\frac{1}{k}[A]_0$

이 분해 반응은 발전소에서 발생하는 열을 이용하고, 몇 단계의 화학 반응을 거치면 대량으로 수소를 생산할 수 있는 반응입니다. 장점은 지구 온난화의 원인인 이산화탄소를 형성하지 않고도 수소를 대량으로 생산할 수 있다는 것입니다. (그림 8.16)

$$I_2 + SO_2 + 2H_2O \rightarrow 2HI + H_2SO_4 \qquad (120℃)$$

$$H_2SO_4 \rightarrow SO_2 + H_2O + \frac{1}{2}O_2 \qquad (830℃)$$

$$2HI \rightarrow I_2 + H_2 \qquad (450℃)$$

결론적으로 반응 종류(0차, 1차, 2차 반응)에 따른 반응 속도식, 반응 속도 상수를 구하는 법을 정리하자면 표 8.4와 같습니다.

반응 중간체와 활성화물

중간체(intermediate)는 화학 반응에서 반응물로부터 생성되었지만, 생성물로 변환되기 전 잠시 머물고 있는 분자(이온)를 나타내는 용어입니다. 그것은 매우 안정된 것일 수도, 라디칼처럼 불안정한 것일 수도 있습니다. 반응 메커니즘을 제안하기 위한 상상의 분자일 수도 있고, 아주 정밀한 실험으로만 실체가 확인되는 유사 분자일 수도 있습니다. 그러므로 반응 중간체는 완결된 화학 반응식에는 표시되지 않습니다.

한편 **활성화(착)물**은 반응 도중에 형성되는, 에너지가 제일 높은 상태에 있는 유사 분자 구조를 하고 있습니다. 활성화물은 수명이 짧고 불안정한 구조 때문에 확인이 불가능한 경우가 대부분입니다. 그러나 반응 중간체는 활성화물보다 수명이 길며 반응 중간 단계에서 형성되는 독립된 개체로 볼 수 있습니다. (그림 8.17)

예를 들어 메테인(CH_4)의 수소 원자가 모두 염소 원자로 치환되는 반응($CH_4 + 4Cl_2 \rightarrow CCl_4 + 4HCl$)이 완결되면 사염화탄소($CCl_4$)가 형성됩니다. 반응이 진행될 때 메테인의 수소 원자가 염소 원자로 치환된 3 종류의 분자(CH_3Cl, CH_2Cl_2, $CHCl_3$)는 모두 반응 중간체에 해당되지만, 완결 반응식에는 표시되지 않습니다. 단계별 반응식을 정리하면 다음과 같습니다.

$$CH_4 + Cl_2 \rightarrow CH_3Cl + HCl$$
$$CH_3Cl + Cl_2 \rightarrow CH_2Cl_2 + HCl$$
$$CH_2Cl_2 + Cl_2 \rightarrow CHCl_3 + HCl$$
$$CHCl_3 + Cl_2 \rightarrow CCl_4 + HCl$$

중간체: CH_3Cl, CH_2Cl_2, $CHCl_3$

전체 반응: $CH_4 + 4Cl_2 \rightarrow CCl_4 + 4HCl$

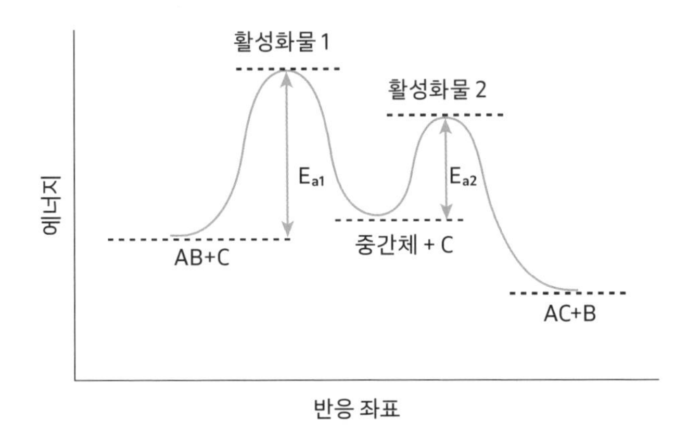

그림 8.17. 반응 좌표에 따른 에너지 변화. 활성화물과 중간체의 에너지는 다르다. 첫 번째 단계: AB+C → 중간체+C. 두 번째 단계: 중간체 + C → AC+B. E_{a1}: 첫 번째 단계 활성화 에너지, E_{a2}: 두 번째 단계 활성화 에너지

균일 촉매와 불균일 촉매

촉매(catalyst)는 화학 반응에 참여해 반응 속도를 증가시키지만, 그 자체는 화학 변화를 겪지 않는 물질을 말합니다. 따라서 화학 반응식에는 표시되지 않습니다. 다만 촉매의 역할을 나타내고 싶을 때 단계별 반응식에 표시하기도 하고, 완결된 화학 반응식에서는 반응 진행 방향을 표시하는 화살표의 위 혹은 아래에 작은 기호로 표시하기도 합니다. 촉매는 아주 적은 양일지라도 반응 속도를 높여 주므로 대량으로 화학 물질을 생산할 때는 꼭 필요한 화학 물질입니다. 선택적 촉매를 사용하면 원하는 생성물 이외의 부산물이 형성되지 않으므로 더

욱더 좋습니다. 화학 반응에서 함께 생성되는 부산물은 분리하는 번거로움이 따르며 시간과 비용도 많이 듭니다. 그러므로 반응에 적합하며 선택성이 뛰어난 촉매는 화학 반응의 경제성과 반응 효율을 높일 수 있습니다. 촉매는 크게 균일 촉매와 불균일 촉매로 구분됩니다.

균일 촉매(homogeneous catalyst)는 반응물과 같은 상으로 반응에 참여합니다. 반응물이 기체인 반응에서 촉매가 기체일 때, 또는 용액에서 진행되는 반응에서 용액에 녹아 있는 촉매는 모두 균일 촉매입니다. 예를 들어 성층권에서 오존 감소 반응에 참여하는 질소 산화물(NO_x)과 클로로플루오로탄소(CFC, 예: CCl_3F) 등은 기체로서 오존과 혼합된 상태에서 촉매 역할을 하므로 균일 촉매입니다. 그림 8.18은 오존(O_3)의 분해 반응을 나타낸 것입니다. 반응식으로 나타내면 다음과 같습니다.

$CFCl_3 \rightarrow CFCl_2 + Cl$ (자외선 광반응, Cl 생성)

$Cl + O_3 \rightarrow ClO + O_2$

$ClO + O \rightarrow Cl + O_2$

$O_3 + O \rightarrow 2O_2$

CFC 기체 분자는 자외선 광반응(첫 번째 반응)으로 염소 원자를 형성하고 그것은 오존과 반응합니다. (두 번째 반응) 그다음 단계 반응(세 번째 반응)에서 염소 원자는 다시 생성되며, 그것은 두 번째 반응의 반응물 역할을 합니다. 염소 원자는 반응 과정에서 소비되지 않고 수명이 다할 때까지 남아 있는 촉매인 것입니다. 결국 염소 원자는 반응을 촉

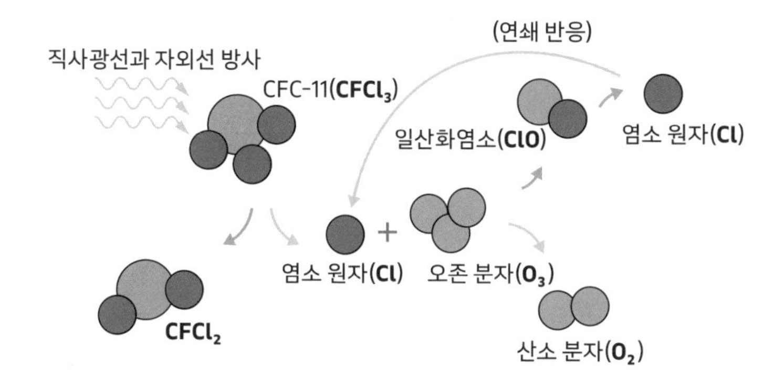

그림 8.18. 오존의 분해. 반응 첫 단계에서 생성된 염소 원자는 촉매로 작용한다.

진하는 균일 촉매입니다. 염소 원자 1개가 약 10만 개의 오존 분자를 파괴하는 것으로 알려져 있습니다. 성층권에서 오존이 사라지면 해로운 자외선이 더 많이 지구에 도달하고, 많은 동식물에 피해를 준다는 사실은 이미 밝혀진 내용입니다.

불균일 촉매(heterogeneous catalyst)는 반응물과는 다른 상으로 촉매 역할을 하는 물질입니다. 고체 촉매의 표면에서 기체 반응 혹은 액체 반응의 반응 속도가 증가하는 경우가 있습니다. 예를 들어 에틸렌에 수소를 첨가해 에탄올을 만드는 과정에 니켈 금속이 촉매로 사용됩니다. 에틸렌 기체와 수소 기체의 반응은 매우 느리지만, 니켈 금속이 촉매로 사용되면서 반응 속도는 엄청나게 증가합니다. 전극 촉매 반응도 대표적인 불균일 촉매 반응입니다.

촉매는 활성화 에너지를 크게 낮추어서 반응 속도를 증가시킵니다. 활성화 에너지 감소에 따른 반응 속도의 증가는 실로 엄청난 효과가 있다는 것을 앞선 계산에서 보았습니다. 「반응 속도와 아레니우스 식」에서 설명한 표 8.1을 보면 실온(25℃)에서 활성화 에너지가 60kJ/mol인 반응의 반응 속도를 1로 했을 때 활성화 에너지의 크기를 3분의 2로 줄이면(40kJ/mol) 반응 속도는 약 3,670배 증가하며, 활성화 에너지의 크기를 2분의 1로 줄이면(30kJ/mol) 반응 속도는 약 22만 2000배 증가합니다. 이것은 아레니우스 식에 임의의 활성화 에너지 값을 넣고 계산한 결과입니다. 온도를 10℃ 올릴 때 증가하는 반응 속도(약 2배)와 비교해 보면 촉매가 반응 속도에 미치는 영향이 엄청나다는 사실을 쉽게 이해할 수 있습니다.

균일 촉매 반응

균일 촉매 반응은 반응물과 촉매가 동일한 상(phase)에서 진행됩니다. 예를 들어 용액에 녹아 있는 아이오딘 이온(I^-)과 과황산 이온($S_2O_8^{2-}$)의 반응($S_2O_8^{2-} + I^- \rightarrow 2SO_4^{2-} + I_2$)은 균일 촉매인 철 이온($Fe^{2+}$ 또는 Fe^{3+})을 사용해 반응 속도를 높일 수 있습니다. 이 반응은 과황산소듐 이온의 농도를 분석하는 간접 아이오딘법(iodometry)에서 사용됩니다. 간접 아이오딘법은 분석하려는 화학 물질과 아이오딘 이온(I^-)이 반응해 아이오딘(I_2)을 형성하면, 아이오딘 농도를 다른 화학 물질을 사용해 적정을 합니다. 처음에 분석하려 했던 화학 물질의 농도를 적정 실험 자료를 이용해 계산하는 과정을 거쳐 분석 물질의 양을 결정하는 분석법입니다.

반응식을 보면 음이온끼리 충돌을 해서 반응이 진행되는 관계로 반응 속도가 매우 느릴 것으로 예측할 수 있습니다. 정전기적 반발을 고려하면 음이온끼리 부딪히는 빈도가 매우 낮을 것이기 때문입니다. 그런데 용액에 철 이온(Fe^{2+})을 소량 넣으면 1차로 과황산 소듐 이온과 반응해 철 이온이 산화(Fe^{3+})됩니다. 그렇게 산화된 철 이온은 아이오딘 이온(I^-)과 반응해 아이오딘(I_2)과 철 이온(Fe^{2+})이 됩니다. 촉매로 사용되었던 철 이온(Fe^{2+})은 소모되지 않고 두 번째 단계에서 재생산되어 첫 번째 단계에 다시 계속 사용할 수 있습니다. 결국 완결 반응식에는 촉매로 사용된 철 이온은 표시되지 않지만, 반응이 계속 진행되어도 촉매는 변하지도 줄어들지도 않는다는 사실을 알 수 있습니다. 반응을 촉진할 뿐 그 자신은 줄어들거나 없어지지 않는다는 촉매의 특징을 잘 보여 주는 반응입니다.

$$S_2O_8^{2-} + 2Fe^{2+} \rightarrow 2SO_4^{2-} + 2Fe^{3+}$$
$$2Fe^{3+} + 2I^- \rightarrow 2Fe^{2+} + I_2$$
$$\overline{S_2O_8^{2-} + 2I^- \rightarrow 2SO_4^{2-} + I_2}$$

산화수가 다른 철 이온(Fe^{3+})을 촉매로 사용해도 진행 순서만 바뀌고 반응 속도는 여전히 빨라질 것으로 예상할 수 있습니다.

$$2Fe^{3+} + 2I^- \rightarrow 2Fe^{2+} + I_2$$

$$S_2O_8^{2-} + 2Fe^{2+} \rightarrow 2SO_4^{2-} + 2Fe^{3+}$$

$$S_2O_8^{2-} + 2I^- \rightarrow 2SO_4^{2-} + I_2$$

그 외에도 산과 염기, 유기 금속, 효소 등이 균일 촉매로 사용됩니다. 촉매는 결합을 약하게 하거나, 또는 결합 극성의 변화를 일으켜 반응 속도를 높이기도 합니다. 특히 **효소 촉매**는 반응물의 방향과 거리를 조절해 활성화 에너지를 낮추어 반응 속도를 높입니다. 활성화 에너지가 낮아지고, 반응물과 충돌하는 방향마저 꼭 들어맞는 반응이라면 활성화물의 농도가 증가할 것입니다. 활성화물의 농도 증가는 결국 생성물로 전환되는 확률도 커진다는 것을 의미합니다. 즉 반응 속도가 증가하는 결과를 낳게 됩니다.

불균일 촉매 반응

불균일 촉매 반응은 반응물의 상과 촉매의 상이 다른 화학 반응입니다. 예를 들어 반응물은 기체 혹은 액체이지만, 촉매는 고체인 반응을 말합니다. 질소($N_2(g)$)와 수소($H_2(g)$)가 반응하면 암모니아($NH_3(g)$)가 형성됩니다. ($N_2 + 3H_2 \rightarrow 2NH_3$) 그 반응에서 철 산화물은 촉매 역할을 합니다. (그림 8.19) 철 표면에 질소와 수소가 흡착되고 해리된 후에 질소와 수소 원자들이 결합하면 암모니아가 형성됩니다. 질소와 수

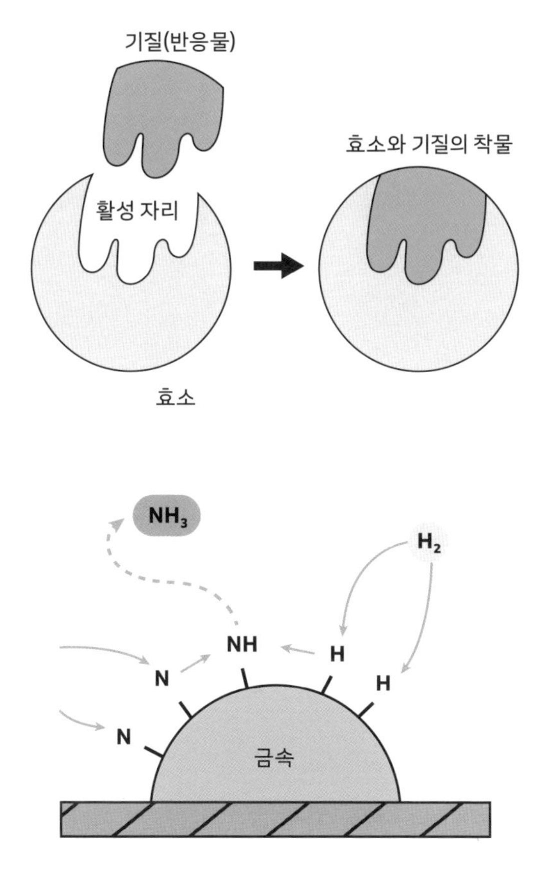

그림 8.19. 위: 불균일 촉매의 활성 자리. 아래: 활성 자리에서 반응물의 흡착과 생성물의 탈착이 진행된다.

소는 철 표면에 흡착이 잘 되는 반면 암모니아는 잘 흡착되지 않으므로 형성되자마자 철 표면에서 분리가 일어납니다. 암모니아가 떨어져나간 철 표면의 빈자리에 질소와 수소가 다시 흡착하며 반응은 계속

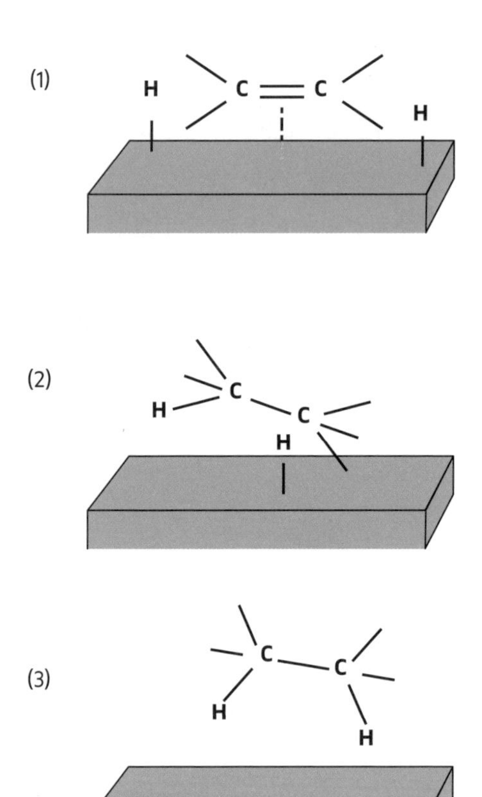

그림 8.20. 니켈 촉매를 이용한 에틸렌의 환원 반응. (1) 흡착, (2) 결합, (3) 탈착.

해서 진행됩니다. 반응물의 흡착이 잘 되는 촉매의 특정한 부분을 **활성 자리**(active site)라고 부릅니다. 반응물은 잘 붙어 있고(흡착), 생성물은 잘 떨어져 나가는(탈착) 특징이 있습니다. 맨눈으로 보면 매끈한 금속 결정면도 원자 수준에서 보면 울퉁불퉁한 굴곡과 모서리가 있게 마련입니다. 그런 자리들이 활성 자리 역할을 합니다. 불균일 혹은 균일 촉매로 사용되는 효소에도 활성 자리가 있습니다.

불포화 유기 화합물은 이중 결합을 포함하고 있습니다. 니켈 금속을 촉매로 이중 결합의 탄소 원자에 수소 원자를 결합하는 반응이 진행되면 포화 유기 화합물이 됩니다. (그림 8.20) 이런 반응은 불포화 지방이 포함된 식용유를 사용해 마가린을 만들 때 이용됩니다. 수소화 반응으로 이중 결합이 사라지면 탄소 분자 그룹들이 서로 겹쳐지고 접촉해 상호 작용이 활발해집니다. 실온에서 이중 결합이 포함된 식용유는 액체이지만, 포화 유기 화합물로 변환된 후에는 고체로 변합니다. 이중 결합의 비율을 조절하면 상온에서 마가린의 굳기 정도를 조절하는 일도 가능합니다.

전극 촉매 반응 역시 불균일 촉매 반응의 한 종류입니다. 전해질 용액에 녹아 있는 전기 활성 물질인 반응물은 전극 표면에서 산화 혹은 환원이 됩니다. 이때 반응물과 생성물은 용액에 녹아 있고, 전극 표면(금속)은 고체이면서 촉매이기 때문에 불균일 촉매 반응입니다. 전극 재질의 변화 혹은 전극 표면을 개질해 반응 속도를 높이는 연구가 많이 진행됩니다. 연료 전지 반응에서 산소의 환원 반응에 대한 전극 촉매 연구는 매우 광범위하게 이루어지고 있습니다.

수소의 산화 반응 속도는 백금 촉매를 사용하면 매우 빠르게 진행되지만, 산소의 환원 반응 속도는 매우 느리기 때문에 산소 환원 반응의 효율을 높여서 경제성이 있으려면 적합한 촉매가 있어야 합니다. 연료 전지 반응이 완성되려면 두 종류의 반응이 동시에 빠르게 진행되어야 하므로 산소의 환원 반응 속도를 높이는 일이 그래서 중요합니다. 산소의 환원은 쉽지도 않고, 설령 잘 된다고 하더라도 촉매의 가격 경쟁력이 없다면 상업화하기가 쉽지 않습니다. 따라서 산소 환원 반응에 사용할 저렴하고 반응이 잘 진행되는 적합한 촉매를 찾아내는 것은 꼭 필요한 일로 미래 화학자의 도전 분야이기도 합니다. (그림 8.21)

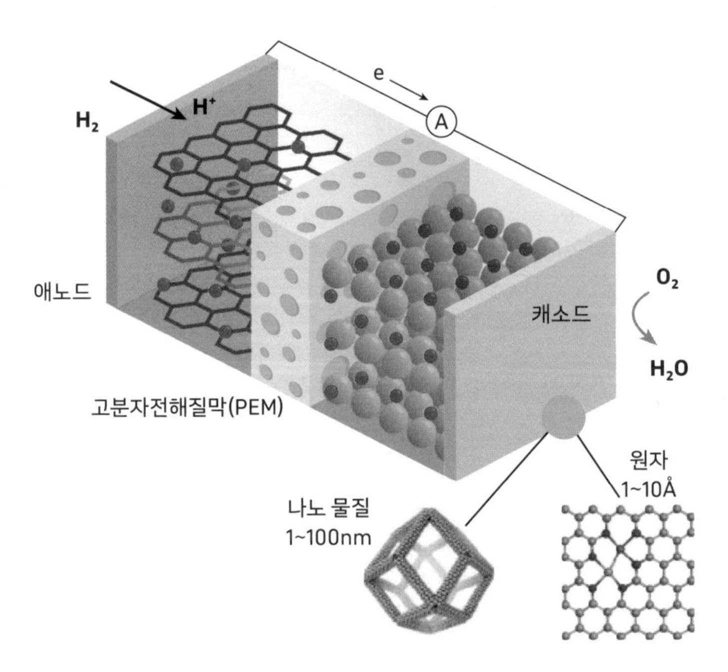

그림 8.21. 연료 전지 반응과 장치. 반응 속도 증가를 위해 촉매는 반드시 필요하다. (1nm=10Å)

촉매독

촉매로 사용되는 활성 자리에 반응물보다 더 강한 흡착이 일어난다면 활성 자리는 반응에 쓸모가 없어집니다. 자동차 엔진에서 불완전 연소로 발생한 일산화탄소 및 각종 질소 산화물이 매연 저감 장치(머플러)를 통과하는 상황을 생각해 봅시다. 이런 물질을 더 안전한 화학 물질로 변환할 때 금속(팔라듐(Pd), 백금(Pt), 로듐(Rh)) 촉매가 사용됩니다. 자동차 배기 가스의 일부가 금속 촉매의 활성 자리에 강력하게 흡착된다면, 그 자리는 더는 촉매 역할을 할 수 없게 됩니다. 그런 기체들이 곧 **촉매독(catalyst poison)**의 역할을 합니다. (그림 8.22)

예를 들어 일산화탄소 기체는 백금 표면에는 흡착이 매우 잘 됩니다. 일산화탄소는 연료 전지 반응에서 백금 전극의 표면, 혹은 암모니아 합성 반응에서 철 촉매의 표면에 매우 잘 흡착되기에 촉매독 역할을 합니다. 일단 촉매 자리에 일산화탄소가 흡착이 되면 활성 자리가 가려지게 되므로 더 이상 촉매 역할을 할 수가 없습니다. 그것은 반응 속도가 현저하게 감소하는 결과를 낳습니다.

촉매와 효소 반응

알코올 분해 반응의 촉매는 효소입니다. 금속 촉매에서 활성 자리에 흡착된 반응물이 반응한 후 생성물이 되면 그 자리로부터 분리되

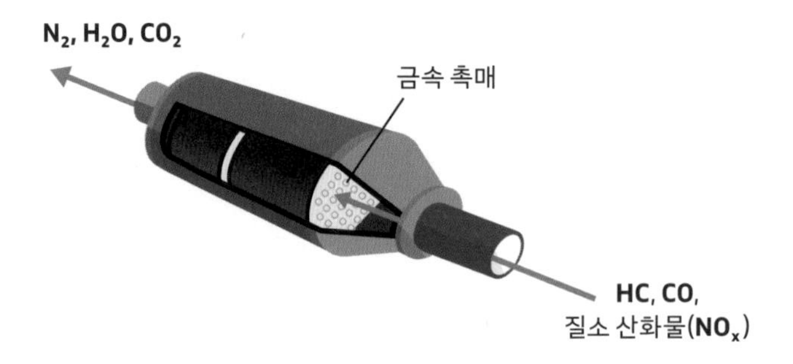

그림 8.22. 촉매 활성 자리에 강력하게 흡착된 불순물 기체는 촉매 역할을 할 수 없게 한다.

는 것처럼, 효소 촉매 반응도 효소의 활성 자리를 통해서 흡착과 탈착 과정으로 진행되는 것이 일반적입니다. 수많은 아미노산이 펩타이드 결합한 거대 단백질이 효소로 사용되기도 합니다. 촉매로 사용되는 효소는 주로 효소에 결합한 금속 이온 주위가 활성 자리 역할을 하는 경우가 많습니다.

술은 에탄올과 물이 혼합된 용액입니다. 에탄올(CH_3CH_2OH)은 몸속에서 아세트알데히드(CH_3CHO)로 1차 산화가, 아세트산(CH_3COOH)으로 2차 산화가 됩니다. 산화는 수소를 잃거나, 산소를 얻거나, 또는 전자를 잃어서 산화수가 증가하는 경우를 말합니다. 따라서 여기서 1차 산화는 수소를 잃는 경우, 2차 산화는 산소를 얻는 경우에 해당됩니다. 각 단계에서 사용되는 효소의 종류도 다릅니다. (그림 8.23) 그것은 알코올 분해 효소와 아세트알데히드 분해 효소이며 촉매입니다. 에탄올이 효소의 일부분인 아연 이온(Zn^{2+})과 보조 효소(NAD^+)의 도움으로

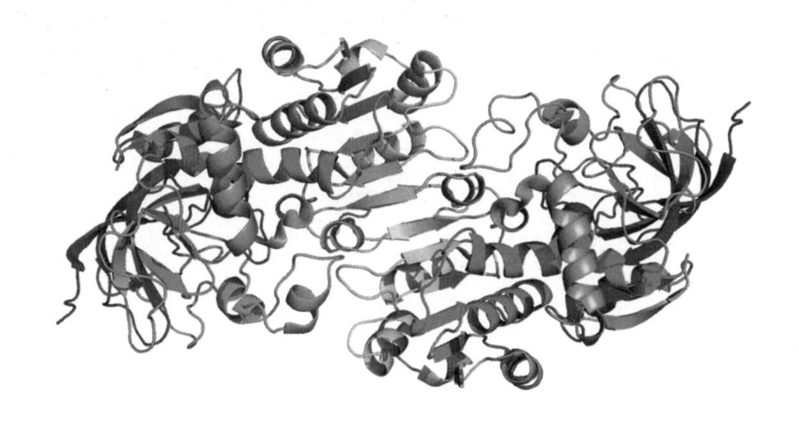

그림 8.23. 촉매로 작용하는 알코올 탈수소 효소 5(alcohol dehydrogenases 5, ADH5)의 구조.

산화되어 아세트알데히드로 변화된 후에 효소의 활성 자리에서 이탈하는 것입니다.

효소를 촉매로 사용하는 반응의 가장 큰 특징은 반응이 매우 선택적이라는 것입니다. 오직 특정한 효소에 적합한 반응만 촉매 효과를 나타내므로 그럴 수밖에 없습니다. 원하는 생성물만 만들어지고, 부산물은 없는 선택적 반응은 반응 효율이 매우 높습니다.

90
100
120
130
140
150
160
170
180
50
60
70
80

9장 계산 과정

9장에서는 화학에 필요한 계산 과정의 일부를 소개합니다. 자료를 정확하게 해석하는 것은 정확한 자료를 얻는 것 이상으로 중요한 일입니다. 적정 계산과 같은 실험 자료를 이용한 계산 및 농도 표현법 등을 소개합니다. 단위 변환을 위한 '×1' 계산법은 화학 계산이 어렵다는 학생들에게 많은 도움이 될 것입니다. 기체 상태의 화학 물질을 지배하는 법칙이 있습니다. 기체의 상태(양, 온도, 압력, 부피)는 기체의 조건(부피, 압력, 온도)에 따라 달라집니다. 일정한 조건에서 기체의 상태는 계산으로 미리 예측할 수 있습니다. 기체 법칙의 A(아보가드로), B(보일), C(샤를), D(돌턴), E(에너지)에 대해 설명합니다.

정확성, 정밀성, 유효 숫자

화학 물질을 실험으로 측정하고 그 값을 이용해 계산하면 숫자로 된 결과 자료를 얻을 수 있습니다. 자료의 정확성과 정밀성은 실험의 신뢰도를 결정하는 중요한 지표입니다. 일반적으로 '**정확성**(accuracy)'이란 실험값이 참값에 가까운 정도를, '**정밀성**(precision)'은 같은 실험 조건에서 여러 차례에 반복 측정한 값들의 편차가 작은 정도를 나타낸 것입니다.

정확성과 정밀성은 반드시 일치하지 않을 수 있습니다. 즉 실험에서 매번 똑같은 측정값을 얻는다(= 정밀성이 높다.)고 해도 반드시 참값과 일치하지 않을 수도 있습니다(= 정확성이 낮다.). 실험법이나 기구 등에 문제가 있어서 정확한 측정값은 얻지 못했지만, 정밀한 측정은 이루어졌다는 것입니다. 따라서 반복 실험과 측정으로 얻는 값은 정확성과 정밀성을 모두 갖추어야 합니다.

한편 실험 수치에 포함된 오차의 범위는 **유효 숫자**(significant figure)의 개수에 따라 차이가 나며, 그것에 따라 실험에 대한 신뢰도가 달라질 수 있습니다. 여러 차례의 실험과 측정으로 얻어진 수치를 우리는 보통 표 혹은 그래프로 나타냅니다. 이때 수치의 정확성과 정밀성을 담보할 유효 숫자의 자릿수(숫자의 개수)가 매우 중요합니다.

유효 숫자는 측정 혹은 계산값에서 믿을 만한 숫자의 개수입니다. 한편 모든 측정 자료에는 반드시 오차가 포함되어 있습니다. 일반적으로 측정값을 수로 나타낼 때 그 수의 마지막 자릿수에는 불확실성이 포함됩니다. 따라서 유효 숫자의 개수와 자료의 정확성은 매우 밀접한 관계가 있을 수밖에 없습니다. 예를 들어 사람들은 자신의 체중을 묻는 질문에 보통은 유효 숫자 2개와 kg 단위로 답을 합니다. 60kg이라고 답했다면 그것의 유효 숫자 자릿수는 2개입니다. 그때 60kg

의 마지막 자릿수 0에는 오차가 포함되며, 불확실성이 있다고 여겨집니다. 즉 몸무게의 참값이 59~61kg 범위에 있어, 이미 ±1kg의 오차가 포함되어 있다는 의미입니다. 만약 여러 번 몸무게를 측정하고 계산한 평균이 60.23456kg이라 해도 체중계의 측정 단위가 ±1kg이라면 그것은 유효 숫자 2개인 60kg이라고 표현해야 타당하다는 것입니다.

만약에 체중계의 측정 눈금이 ±0.1kg까지 구분 가능하고, 여러 번 측정했을 때 평균이 60.23456kg이라고 한다면, 그때는 몸무게를 60.2kg이라고 소수점 첫째 자리까지 나타낼 수 있습니다. 이때 유효 숫자는 3개이며, 마지막 자릿수 2에는 불확실성이 포함된 것으로 여겨집니다. 그러므로 자료의 정확성은 유효 숫자의 개수에 따라 달라질 수 있습니다.

몇 년 전에 코로나바이러스에 감염된 사람의 수를 하루 평균 560.4명이라고 발표하는 뉴스를 본 적이 있습니다. (유효 숫자 4개) 그러나 이것은 틀린 표현입니다. 왜냐하면 인원을 셀 때 최소 단위는 1명이므로 평균 계산 결과가 560.4라고 해도 560명이라고 나타내는 것이 적절한 표현이기 때문입니다. (0.4명은 있을 수 없습니다.) 평균 560명이라면 마지막 자릿수 0에는 불확실성이 포함된 것이므로 감염된 인원은 559명, 혹은 561명이라고 자료를 읽어야 합니다. 정확하게 나타낸다고 소수점 첫째 자리까지 수를 표시했지만, 사람을 셀 때 기본 단위는 1명이기에 560.4명이라는 표현은 올바르지 않은 것입니다.

단위 환산

슈뢰딩거 방정식을 풀거나 화학 반응의 모형화를 위한 계산 등을 할 때를 제외하면 화학 계산은 일반적으로 복잡하지 않습니다. 제일 많이 사용되는 계산 가운데 하나는 화학 물질의 양을 나타내는 몰(mol) 단위를 그램(g, 혹은 kg) 단위로, 혹은 g 단위를 mol 단위로 변경하는 계산입니다. 실험실에서 무게를 측정할 때는 g 단위를 사용하지만, 완결된 화학 반응식의 계수는 mol 단위이기 때문입니다. mol과 g은 모두 질량에 대한 것으로, 차원은 같지만 단위는 다릅니다. 반응물이 화학 반응을 통해서 생성물로 변할 때 반응식에 나타낸 계수는 각각 반응물과 생성물의 mol입니다. 따라서 화학 물질의 양을 g에서 mol로, 혹은 mol을 g으로 변환하는 것이 필요합니다. 또한 화학 물질로 원하는 농도의 용액을 만들고 싶다면, 그것의 질량과 농도의 관계를 알아야 하기 때문에 간단한 계산이 필요합니다. 만약 화학 물질이 기체일 경우에는 기체 상태 방정식을 이용해 그것의 양, 부피, 온도, 압력에 대한 정보를 알 수 있습니다. 그런 계산 역시 복잡한 것은 아닙니다.

몰을 질량으로, 질량을 몰로, 혹은 몰을 화학 물질의 수로 변환할 필요가 있을 때 ×1 계산법을 활용하면 편리합니다. 2장에서 ×1 계산에 대해 간략하게 이야기했지만, 이번에는 구체적인 사례를 통해서 ×1 계산법을 어떻게 활용하는가를 설명합니다. 이것을 이해하면 화학에서 필요한 계산과 단위 변환을 대부분 해결할 수 있습니다.

×1을 한다는 뜻은 1을 곱하는 것이며, 원하는 단위로 변경하는 것

입니다. 여기서는 대괄호([ ])를 사용하며 그 값은 1과 같습니다. 계산할 때 어떤 수에 1을 곱하면 그 수는 변하지 않습니다. 따라서 어떤 양을 다른 단위로 환산할 때 원하는 최종 단위가 되도록 [ ] 안의 분모와 분자의 위치를 변경해 ×1을 하는 것이 ×1 계산법입니다. [ ]에 있는 분자와 분모는 같은 값어치를 갖는 물리량이기 때문에 분모와 분자의 위치를 서로 교환해도 그 값은 1입니다. 결국 최초의 양에 곱하기 ×1을 해 원하는 단위의 최종 결과를 얻는 계산법입니다. 계산 과정에서 분자 단위가 원하는 최종 결과의 단위가 될 수 있도록 ×1을 여러 차례 할 수도 있습니다. 그렇지만 아무리 많이 곱해도 값에는 변함이 없으므로 문제는 없습니다. 만약 ×1 계산을 해서 최종 결과의 단위가 분모에 있다고 해도, 원하는 결과는 그것의 역수가 될 것이므로 역시 문제는 없습니다.

특히 화학 물질의 양과 아보가드로수의 관계는 특히 중요합니다. 다음의 예는 전자 1개의 전하량(1.60×10^{-19}C)을 이용하고, ×1 계산법으로 전자 1mol의 전하량을 계산한 결과입니다.

$$1 = \frac{1.60 \times 10^{-19}\text{C}}{1\text{개}} = \left[\frac{1\text{C}}{6.022 \times 10^{23}\text{개}}\right]$$

$$\left[\frac{1.60 \times 10^{-19}\text{C}}{1\text{개 } e^{-}}\right] \times \left[\frac{6.022 \times 10^{23}\text{개 } e}{1\text{mol}}\right] = 96{,}485\text{C/mol}$$

(전자 1개의 전하량) (전자 1mol의 개수) (전자 1mol의 전하량)

계산 결과 전자 1mol의 전하량은 96,485C입니다. 그것을 패러데이

상수라고 하며, 단순히 F라고 표기하기도 합니다. ×1 계산의 또 다른 예를 보겠습니다. 수소 분자(H_2, 분자량: 2g/mol) 0.2g이 몇 mol인가 혹은 몇 개의 분자인가를 계산해 봅시다.

$$0.2\text{g } H_2 \times [\frac{1\text{mol } H_2}{2\text{g } H_2}] = 0.1\text{mol } H_2$$

$$0.2\text{g } H_2 \times [\frac{1\text{mol } H_2}{2\text{g } H_2}] \times [\frac{6.022 \times 10^{23}\text{개}}{1\text{mol}}]$$

$$= 6.022 \times 10^{22}\text{개 } H_2$$

이번에는 3×10^{27}개의 수소 분자(H_2)는 몇 g이며, 몇 mol인가를 계산해 봅시다.

$$3 \times 10^{27}\text{개} \times [\frac{1\text{mol}}{6.022 \times 10^{23}\text{개}}] = 5 \times 10^3 (4.982 \times 10^3)\text{mol}$$

$$3 \times 10^{27}\text{개} \times [\frac{1\text{mol}}{6.022 \times 10^{23}\text{개}}] \times [\frac{2\text{g } H_2}{1\text{mol } H_2}]$$

$$= 1 \times 10^4 (9.963 \times 10^3)\text{g}$$

곱셈과 나눗셈 계산에서 최종 결과의 유효 숫자는 제일 작은 유효 숫자의 자릿수에 맞추기 때문에, 유효 숫자 1개로 나타냈습니다. 답에서 괄호 안의 숫자가 계산기에서 표시되는 결과라 할지라도 계산에 사용되는 유효 숫자 규칙을 적용하면, 5×10^3mol과 1×10^4g으로 나타내는 것이 올바른 표현입니다.

질산은 시약이 비싼 이유는?

대학 1, 2학년 실험실에서 많이 사용하는 질산은($AgNO_3$)은 비싼 시약입니다. 당연한 이야기지만 시약에 은(Ag)의 비율이 높기 때문입니다. 질산은 100g에 은이 몇 %나 될까 계산해 봅시다.

Ag의 원자량은 108g/mol, N의 원자량은 14g/mol, O의 원자량은 16g/mol이므로 $AgNO_3$의 분자량은 $108 + 14 + (3 \times 16) = 170$g/mol입니다. ×1 계산법으로 $AgNO_3$ 100g에 있는 은의 양은 63.53g이므로, 시약의 63.53%가 순수한 은(Ag(*s*))입니다.

$$100\text{g AgNO}_3 \times [\frac{1\text{mol AgNO}_3}{170\text{g AgNO}_3}] \times [\frac{1\text{mol Ag}}{1\text{mol AgNO}_3}] \times [\frac{108\text{g Ag}}{1\text{mol Ag}}] = 63.53\text{g Ag}$$

$$(\frac{63.53\text{g Ag}}{100\text{g AgNO}_3}) \times 100 = 63.53\%$$

여기서 첫 번째 $[\frac{1\text{mol AgNO}_3}{170\text{g AgNO}_3}]$은 100g $AgNO_3$를 mol로 변환하기 위한 '×1' 계산입니다. 이것은 저울로 측정한 화학 물질(원자, 분자, 화합물)의 질량(g)을 몰(mol)로 변환하기 위한 것입니다. 질량을 mol로 변환하는 것이므로 mol을 분자로, g을 분모로 ×1 계산을 한 것입니다. 분자와 분모는 동등한 양이기 때문에 어느 것을 분자 혹은 분모에 놓더라도 1이 되지만, 이 계산에서 원하는 단위는 mol이므로 ×1 계산을 할 때 분자에 mol이 있도록 했습니다.

두 번째 [$\frac{1mol\ Ag}{1mol\ AgNO_3}$]은 1mol $AgNO_3$에 1mol의 Ag가 포함되어 있다는 사실을 나타낸 것입니다. 첫 단계의 계산 결과는 $AgNO_3$ mol이고, 그것을 Ag mol로 변환하기 위한 ×1입니다. 만약 $AgNO_3$에 있는 산소의 mol을 계산하려면 [$\frac{3mol\ O}{1mol\ AgNO_3}$]이, 질소의 mol을 계산하려면 [$\frac{1mol\ N}{1mol\ AgNO_3}$]이 ×1이 됩니다.

마지막 단계 [$\frac{108g\ Ag}{1mol\ Ag}$]은 1mol Ag가 108g Ag(Ag 원자량: 107.868)와 동등한 양이므로 이것 역시 1입니다.

이처럼 순수한 화학 물질(ABC)을 측정한 질량이 Xg이고 그것이 Ymol이라고 한다면, 다음 식을 항상 만족해야 합니다.

$$Xg \times [\frac{1mol\ ABC}{ABC\ \text{분자량}\ g}] = Ymol$$

실험식 구하기

분자식은 분자를 구성하는 원자의 원소 기호와 원자들의 상대적인 양을 mol 단위의 정수로 표기한 것입니다. 예를 들어 물의 분자식은 H_2O인데, 그것은 수소 원자 2개와 산소 원자 1개로 형성된 분자이며, 물 분자 1mol에는 수소 원자 2mol과 산소 원자 1mol이 들어 있음을 의미합니다. 분자식을 보면 원자의 성분과 상호 간의 비율을 알 수 있습니다. 분자식에 있는 원자의 종류와 개수에 맞추어 모든 원자량을 합치면 분자의 분자량이 됩니다.

실험식은 분자를 구성하는 다른 원자들 사이의 비를 최소의 정수비로 나타낸 것입니다. 예를 들어서 N_2O_4 분자와 NO_2 분자의 실험식은 모두 NO_2입니다. (그림 9.1) 왜냐하면 N_2O_4 분자를 원자들의 가장 간단한 정수비로 나타내면 NO_2($2NO_2 \rightarrow N_2O_4$)이기 때문입니다. 두 종류의 분자는 서로 특성(NO_2는 갈색 기체이고, N_2O_4는 무색 기체입니다.)과 분자량(N_2O_4가 2배입니다.)이 다르지만, 최소의 정수비로 나타낸 실험식은 같습니다. 이처럼 동일한 실험식을 갖는 분자들의 분자식은 같을 수도, 다를 수도 있습니다. 그런데 실험식과 분자식이 같은 분자도 많이 있습니다.

또 다른 예를 들어 화학식을 구하는 과정을 자세히 알아봅시다. 그

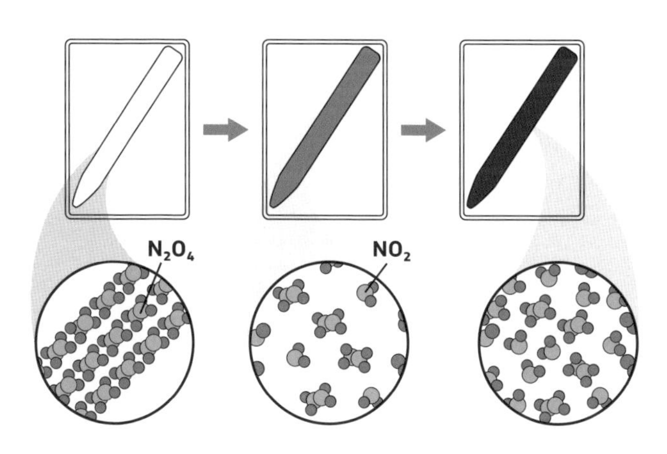

그림 9.1. 갈색 기체($NO_2(g)$)와 무색 기체($N_2O_4(g)$)는 실험식은 같지만 분자식이 다르다.

그림 9.2. 화학식과 분자식이 같은 산화철($Fe_2O_3(s)$).

림 9.2의 사진에서 보이는 철판에 형성된 녹 10g을 분석해서 철(Fe)이 7g, 산소(O)가 3g이라는 결과를 얻었습니다. 이 자료를 이용해 철과 산소의 mol을 계산하고, 그것을 이용해 철과 산소의 몰 비율을 계산하면 다음과 같이 됩니다.

$$7\text{g} \times [\frac{1\text{mol Fe}}{55.85\text{g Fe}}] = 0.1253\text{mol Fe}$$

$$3\text{g} \times [\frac{1\text{mol O}}{16.00\text{g O}}] = 0.1875\text{mol O}$$

산소와 철의 몰 비율

$$\text{O mol/Fe mol} = \frac{0.1875}{0.1253} = 1.496(=1.5) \rightarrow \text{FeO}_{1.5}$$

여기서 $FeO_{1.5}$는 철 1mol에 대해 산소는 1.5mol이라는 의미입니다. 따라서 원자들의 가장 간단한 정수비인 실험식을 얻으려면 산소의 mol(1.5)에 2를 곱하면 3이, 철의 mol(1)에 2를 곱하면 2가 됩니다. 따라서 실험식은 Fe_2O_3입니다. 이것은 녹(산화철)에 대한 실험식인 동시에 분자식이 됩니다.

유기 화합물의 실험식도 마찬가지 방법으로 구할 수 있습니다. 탄소, 수소, 산소 원자로 구성된 유기 분자들은 완전 연소가 되면 이산화탄소(CO_2)와 물(H_2O)로 변합니다. 예를 들어 그림 9.3과 같은 분자 구조를 가진 에탄올(밀도: 0.789g/cm^3 = (g/mL)) 10mL를 완전히 연소시킨 후에 생성물을 측정했더니 이산화탄소 15.09g과 물 9.26g이었습니다. 이 자료를 이용해 에탄올의 실험식을 계산해 봅시다.

생성물 이산화탄소를 구성하는 탄소 원자는 모두 에탄올에 있었던 것입니다. 따라서 이산화탄소의 질량으로 에탄올에 있었던 탄소의 질량을 구할 수 있고, 탄소의 질량으로 탄소가 몇 mol인가를 계산할 수 있습니다. 동시에 물의 질량으로부터 에탄올에 있었던 모든 수소의 질량을 구할 수 있고, 그것으로부터 수소의 mol을 계산할 수 있습니다. 에탄올에 있었던 산소는 이산화탄소의 산소와 물의 산소를 모두 합친 것과 같을 것입니다. 그런데 에탄올은 연소할 때 공기 중 산소와 반응하므로, 에탄올을 구성했던 산소의 질량은 에탄올 시료의 질량에서 탄소와 수소의 질량을 모두 뺀 나머지가 될 것입니다.

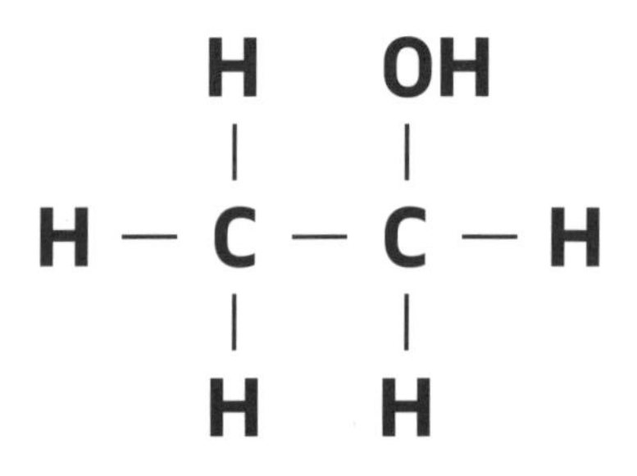

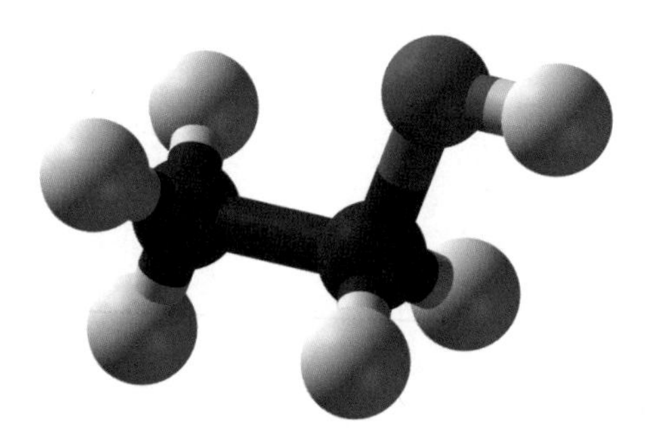

그림 9.3. 분자식은 C_2H_5OH이고, 구조식은 CH_3CH_2OH인 에탄올 분자의 구조.

탄소의 질량과 몰

$$15.09\text{g } CO_2 \times [\frac{1\text{mol } CO_3}{44.0\text{g } CO_3}] \times [\frac{1\text{mol C}}{1\text{mol } CO_2}] \times [\frac{12.0\text{g C}}{1\text{mol C}}] = 4.12\text{g C}$$

$$4.12\text{g C} \times [\frac{1\text{mol C}}{12.0\text{g C}}] = 0.343\text{mol}$$

수소의 질량과 몰

$$9.26\text{g } H_2O \times [\frac{1\text{mol } H_2O}{18.0\text{g } H_2O}] \times [\frac{2\text{mol H}}{1\text{mol } H_2O}] \times [\frac{1\text{g H}}{1\text{mol H}}] = 1.03\text{g H}$$

$$1.03g\ H \times [\frac{1mol\ H}{1.0g\ H}] = 1.03mol$$

산소의 질량과 몰

$$(10mL \times 0.789g/mL) - (4.12 + 1.03)g = 2.74g\ O$$

$$2.74g\ O \times [\frac{1mol\ O}{16.0g\ O}] = 0.171mol$$

$$\frac{C\ mol}{O\ mol}: \frac{0.343}{0.171} = 2.00$$

$$\frac{C\ mol}{O\ mol}: \frac{1.03}{0.171} = 6.02$$

실험식은 각 성분의 가장 간단한 정수비이므로, 산소가 1mol이라면 계산에 따라서 탄소는 2mol, 수소는 6mol이 됩니다. 따라서 에탄올의 실험식은 C_2H_6O이며, 분자식도 역시 C_2H_6O입니다. 각 원자의 결합 형식을 알 수 있는 에탄올 분자의 구조식은 CH_3CH_2OH입니다. 다이메틸에터는 실험식과 분자식도 에탄올과 같은 C_2H_6O이지만, 구조식은 CH_3OCH_3이며, 에탄올과는 전혀 다른 특성을 지닌 분자입니다.

이제 실험 자료(CO_2: 15.09g, H_2O: 9.26g)를 이용해서 생성물에 있는 모든 산소의 mol을 계산하면 다음과 같습니다.

산소의 몰

$$15.09g\ CO_2 \times [\frac{1mol\ CO_2}{44.0g\ CO_2}] \times [\frac{2mol\ O}{1mol\ CO_2}] \times [\frac{16.0g\ O}{1mol\ O}]$$

$$= 10.97\text{g O}$$

$$\Rightarrow 10.97\text{g O} \times [\frac{1\text{mol C}}{16.0\text{g O}}] = 0.69\text{mol}$$

$$9.26\text{g } H_2O \times [\frac{1\text{mol } H_2O}{18.0\text{mol } H_2O}] \times [\frac{1\text{mol O}}{1\text{mol } H_2O}]$$

$$\times [\frac{16.0\text{g O}}{1\text{mol O}}] = 8.23\text{g O}$$

$$\Rightarrow 8.23\text{g O} \times [\frac{1\text{mol C}}{16.0\text{g O}}] = 0.51\text{mol}$$

$$0.69\text{mol} + 0.51\text{mol} = 1.2\text{mol}$$

결국 에탄올 연소의 생성물에 포함된 모든 산소의 양이 1.2mol이라는 것을 알았습니다. 그런데 에탄올 시료(10mL)에 있는 산소의 양은 0.171mol이었습니다. 즉 반응물보다 생성물에 더 많은 산소가 들어 있음을 알 수 있습니다. 그것은 연소 과정에서 공기의 산소가 반응에 참여했기 때문입니다.

기체 법칙과 상태 방정식

일반적으로 화학 물질은 기체, 액체, 고체로 구분되며 그것들의 온도(T), 압력(P), 부피(V)와 같은 자연 변수를 조절하면 상변화가 일어납니다. 기체 화학 물질의 양(mol)은 압력, 온도, 부피에 따라 변합니다. 많은 화학 반응이 기체에서 진행되므로 기체의 양을 조절하는 조건 및 그에 따른 특성 변화를 파악하는 것은 중요한 일입니다. 따라서 기체의 상태 법칙은 특정한 조건(예를 들어 온도, 압력, 부피가 일정한 조건 혹은 두 가지 이상의 변수가 일정한 조건)에서 적용될 수 있습니다. 기체의 조건을 아는 경우에는 기체 법칙 및 기체 방정식을 이용해서 계산하면 기체의 특성들(부피(V), 압력(P), 온도(T), 물질량(mol))을 미리 예측하며 그 크기(값)를 결정할 수 있습니다. 그런 이유로 기체 법칙을 9장에서 설명합니다.

이상 기체(ideal gas)란 자체 부피도 없으며, 기체 상호 간에 끌어당기는 힘(인력)과 밀치는 힘(척력)도 없는 그야말로 이상적인 기체입니다. **실제 기체(real gas)**는 부피도 있고, 분자 간에 상호 작용도 있습니다. 그러나 기체의 양이 적다면 실제 기체일지라도 상호 작용이 거의 없고, 부피도 전체 부피에 비해서 무시할 정도로 작을 것입니다. 그러므로 농도가 낮은 실제 기체는 이상 기체와 거의 같은 특성을 보입니다.

기체 법칙: ABCDE 법칙

기체 법칙에는 여러 종류가 있는데, 편의상 ABCDE 법칙이라고 부르겠습니다. 각각 법칙을 발견한 과학자의 이름 첫 글자에서 따온 것으로 A는 아보가드로, B는 보일, C는 샤를, D는 돌턴입니다. 마지막

E는 에너지를 의미합니다. 기체의 에너지는 이상 기체 상태 방정식 (PV = nRT)으로 나타낼 수 있습니다. 압력과 부피를 곱한 양(PV)의 차원이 에너지이기 때문입니다.

A: 아보가드로의 법칙

이탈리아 과학자, 아메데오 아보가드로(Amedeo Avogadro, 1776~1856년)의 이름을 딴 아보가르도의 법칙(A)은 기체의 부피는 일정한 압력과 온도에서 기체의 양(mol)에 비례한다는 것입니다. (그림 9.4) 구체적으로는 기체가 이상 기체와 같은 특성을 나타낼 때 일정한 온도(273.15K = 0℃)와 압력(101,325Pa = 1atm)에서 기체 1mol의 부피는 22.4L입니다. 그러므로 반응물과 생성물이 모두 기체이고 100% 반응

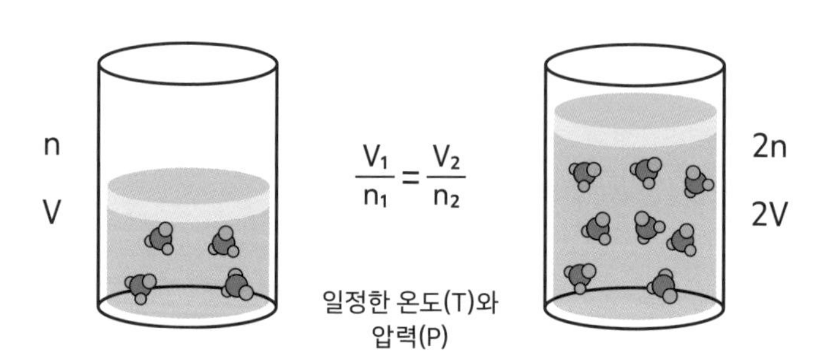

그림 9.4. 아보가드로 법칙. 일정한 온도(T)와 압력(P)에서 기체의 양(n, mol)은 부피(V)에 비례한다. ($\frac{V_1}{n_1}=\frac{V_2}{n_2}$)

이 진행되는 경우에 기체의 부피는 곧 기체의 mol과 같아서, 완결된 반응식의 분자식 앞에 있는 반응 계수는 기체의 부피 혹은 mol을 의미합니다. 왜냐하면 기체의 부피를 22.4L로 나누면 그 기체의 mol이 되기 때문입니다. 예를 들어 질소와 수소가 반응해 암모니아를 생성하는 반응에서 반응물과 생성물이 모두 기체이므로 반응식은 다음과 같습니다.

$$3H_2(g) + N_2(g) \rightarrow 2NH_3(g) \text{ (mol)}$$

$$3L\ H_2(g) + 1L\ N_2(g) \rightarrow 2L\ NH_3(g) \text{ (부피)}$$

B: 보일의 법칙

영국 과학자, 로버트 보일(Robert Boyle, 1627~1691년)의 이름을 딴 보일의 법칙(B)은 일정한 온도(T)에서 기체의 압력(P)과 부피(V)는 서로 반비례한다는 것입니다. (그림 9.5) 기체의 압력은 부피의 역수에 비례한다고 말해도 됩니다.

탄산 음료 캔의 내부 압력은 3atm 정도(2.7~4.8atm)인데, 뚜껑을 따는 순간 특유의 소리와 함께 캔의 내부 압력은 즉시 대기압(1atm)과 같아집니다. 기체(주로 이산화탄소 기체)의 압력이 줄어들기 때문에 부피가 늘어난 것입니다. 더 정확히 표현하면 $P_1V_1 = K = P_2V_2$입니다. 만약 탄산 음료의 부피를 0.5L라고 할 때 보일 법칙을 이용해서 계산

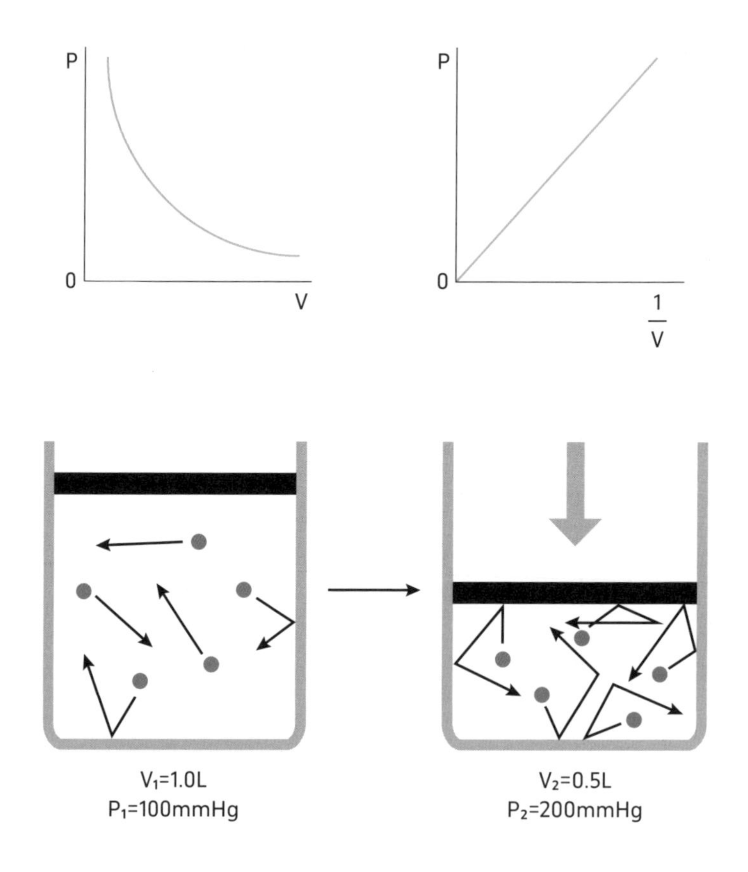

그림 9.5. 보일의 법칙. 일정한 온도(T)에서 기체의 압력(P)과 부피(V)는 반비례한다. ($P_1V_1=P_2V_2=K$)

(3atm × 0.5L = 1atm × [xL])한 최종 부피는 1.5L입니다. 부피가 갑자기 3배로 늘어나면서 액체를 함께 밀고 나오기 때문에 음료가 캔 밖으로 넘쳐흐르는 것입니다. 기체는 낮은 온도에서 더 많이 녹습니다. 따라

서 냉장고에서 방금 꺼낸 캔을 열었다면 이산화탄소가 녹은 상태를 유지할 수 있기에 음료가 넘치는 일은 일어나지 않습니다.

보일 법칙을 일상에서 경험할 수 있는 또 다른 사례도 있습니다. 과자 포장 봉지는 신선도와 유통 기한 유지를 위해 질소 기체로 충전됩니다. 그런 과자 봉지를 가지고 높은 산으로 올라가 보면 봉지가 팽팽하게 부풀어 올라 있습니다. 산 아래에서 봉지 내부의 압력은 대기압과 평형을 이룹니다. 그런데 산 정상에서 대기압은 봉지 내부의 압력보다 작아서 그만큼 봉지의 부피가 늘어나게 됩니다. 예를 들어 한라산 아래 제주도 바닷가에서 봉지가 받는 압력은 1,013.25hPa인데, 해발 1,950m 한라산 정상에서는 약 800hPa까지 줄어듭니다. 그런데 높은 산에서는 고도가 올라감에 따라서 온도가 함께 낮아집니다. 온도가 낮아지면 기체의 부피는 줄어들겠지만, 보통은 압력의 효과가 온도의 효과를 상쇄하기 때문에 봉지의 팽창을 경험할 수 있습니다. 그러나 시간이 어느 정도 흐른 후에는 온도의 영향이 더 커지면서 팽창의 효과가 줄어듭니다. 등산을 할 때 자연 법칙에 무관심한 지인이나 자녀에게 이런 현상을 직접 설명해 주면 몸으로 경험한 보일의 법칙을 평생 잊을 수가 없을 것입니다.

C: 샤를의 법칙

프랑스 과학자, 자크 샤를(Jacques Charles, 1746~1823년)의 이름을 딴

샤를의 법칙(C)은 일정한 압력(P)에서 기체의 부피(V)는 절대 온도(T)에 비례한다는 것입니다. 즉 $\frac{V_1}{T_1} = \text{상수} = \frac{V_2}{T_2}$ 입니다. (그림 9.6)

샤를의 법칙도 일상 생활에서 경험하며 실험도 할 수 있습니다. 바

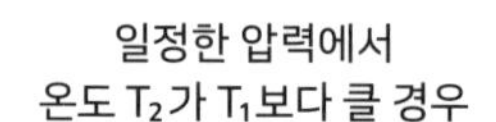

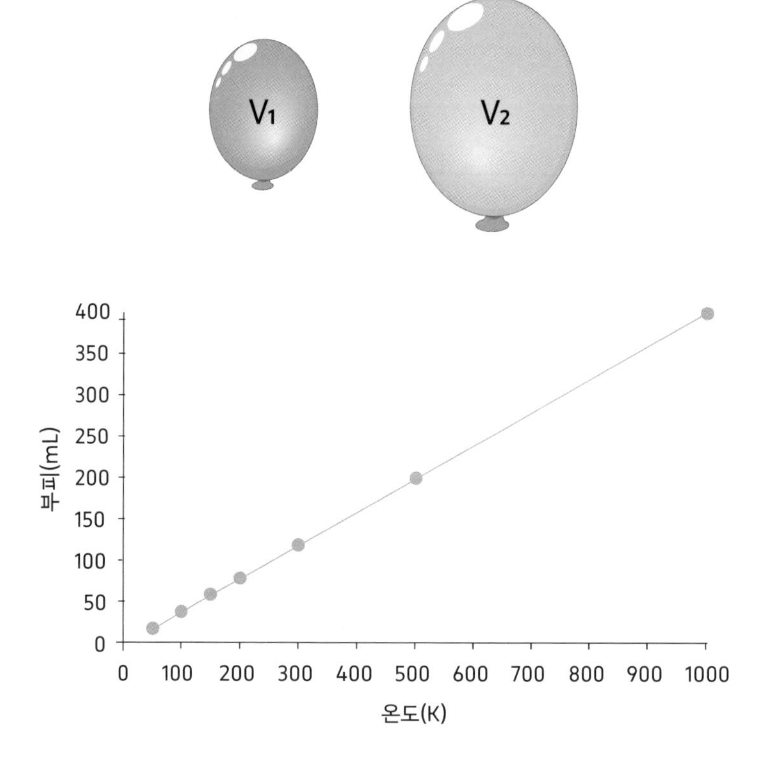

그림 9.6. 샤를의 법칙. 일정한 압력(P)에서 기체의 부피(V)는 절대 온도(T)에 비례한다. ($\frac{V_1}{T_1}$=상수=$\frac{V_2}{T_2}$)

람을 불어 넣어서 탱탱하게 만든 고무 풍선을 냉장고에 넣어 둔 후에 꺼내 보면 쭈글쭈글한 모양을 하고 있습니다. 기체의 운동은 온도가 내려가면 둔해집니다. 그 결과 일정한 시간 동안 고무 풍선 벽에 부딪히는 기체 분자의 수가 줄어듭니다. 즉 풍선 내부의 압력이 낮아져서 고무 풍선의 모습이 변하는 것입니다.

D: 돌턴의 법칙

영국 과학자, 존 돌턴(John Dalton, 1766~1844년)의 이름을 빌린 돌턴의 법칙(D)은 혼합된 기체의 전체 압력은 각 기체의 부분 압력을 산술적으로 더한 것과 같다는 것입니다. (그림 9.7) 즉 반응하지 않는 서로 다른 종류의 기체들이 혼합되어 나타내는 압력(P_{total})은 각 기체의 부

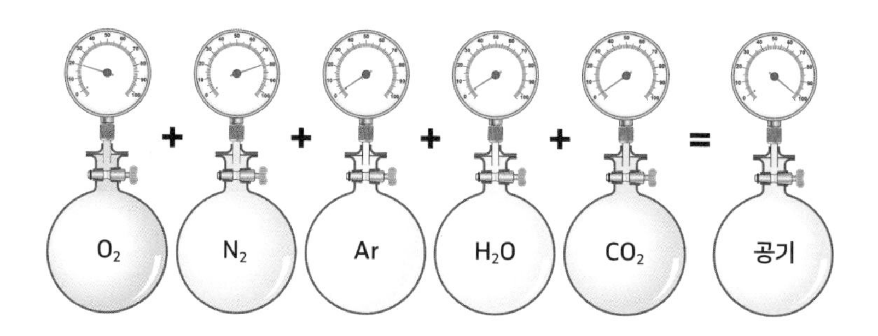

그림 9.7. 돌턴의 법칙. 혼합 기체의 전체 압력은 성분 기체의 부분 압력을 모두 합친 것과 같다.

분 압력($P_1, P_2, \cdots, P_n$)을 모두 합한 것과 같다($P_{total} = P_1 + P_2 + \cdots + P_n$)라는 뜻입니다. 이 법칙은 기체들이 서로 반응할 때는 적용할 수 없습니다. 다시 말해서 혼합 기체 각각이 이상 기체처럼 행동할 때 적용 가능합니다.

E: 이상 기체 에너지와 상태 방정식

지금까지 설명했던 기체 법칙들은 기체 상태 방정식으로 한꺼번에 정리가 됩니다. 이 방정식은 기체들이 서로 반응하지 않고, 자체 부피도 없는 이상 기체일 때 적용되는 것으로 $PV = nRT$입니다. 이 식으로 기체의 에너지 및 상태 변화를 설명할 수 있습니다. R는 기체 상수이며, 그 값은 단위에 따라 다릅니다. (8.3145J/mol K, 1.987cal/mol K, 0.08205L atm/mol K) 예를 들어 0℃, 1atm인 기체 1mol(부피: 22.4L)의 조건으로 기체 상수를 계산해 보면 0.08205L atm/mol K입니다.

$$R = \frac{PV}{nT}$$

$$= [\frac{1\text{atm} \times 22.4\text{L}}{1\text{mol} \times 273.15\text{K}}] = 0.08205\text{L atm/mol K}$$

7장에서 성인이 한 번 숨을 쉴 때 필요한 에너지(PdV)를 계산한 적이 있습니다. 여기서는 기체 상태 방정식을 적용해 숨을 한 번 쉴 때 허파로 들어오는 산소의 양을 계산해 보겠습니다. 한 번 숨을 쉬면 허파 부피가 약 0.5L 변한다고 할 때 그중 21%는 산소입니다. 성인이 1분에 약 16~20회 정도 호흡한다고 가정하면, 하루에 123mol의 산소가 필요합니다. 계산 과정은 다음과 같습니다.

1회 호흡할 때 산소의 부피

$$0.5L \times (\frac{21}{100}) = 0.105L\ O_2$$

1회 호흡할 때 산소의 양(mol)

$$n = \frac{PV}{RT}$$

$$= \frac{1atm \times 0.105L}{0.08205 \times 298.15} = 4.29 \times 10^{-3}mol$$

하루 호흡에 사용되는 산소의 양(mol)

$$[\frac{4.29 \times 10^{-3}mol}{1회}] \times [\frac{20회}{1분}] \times [\frac{1,440분}{하루}] = \frac{123mol\ O_2}{하루}$$

실제 기체의 상태 방정식

실제 기체는 이상 기체와는 다르게 분자들 사이에 상호 작용이 있고, 기체 자체의 부피도 있습니다. 분자 간에 인력이 작용하는 실제 기체의 압력은 이상 기체보다 작게 마련입니다. 기체의 압력은 기체 용기에 단위 시간에 부딪히는 기체 분자의 수에 의존하므로, 분자 간의 인력이 작용하면 부딪히는 기체의 수가 줄어들기 때문입니다. 따라서 $P(\text{실제}) = P(\text{이상}) - \frac{an^2}{V^2}$이 됩니다.

한편 실제 기체는 이상 기체와는 달리 일정한 크기의 자체 부피가 있습니다. 따라서 실제 기체의 부피를 이상 기체의 부피와 비교하면 $V(\text{실제}) = V(\text{이상}) + nb$입니다. 이때 n은 기체의 mol이며, a와 b는 기체의 종류에 따라 달라지는 상수입니다. 일반적으로 a와 b는 기체의 질량이 크고, 단원자 기체보다는 다원자 기체일 때 큰 값을 갖습니다.

$$P(\text{실제}) = P(\text{이상}) - \frac{an^2}{V^2}$$

$$\Rightarrow P(\text{이상}) = P(\text{실제}) + \frac{an^2}{V^2}$$

$$V(\text{실제}) = V(\text{이상}) + nb$$

$$\Rightarrow V(\text{이상}) = V(\text{실제}) - nb$$

따라서 이상 기체 상태 방정식에 각각 압력과 부피를 대입하면 실제 기체에 대한 상태 방정식은 다음과 같이 변합니다.

$$[(\frac{P + an^2}{V^2})] \times [(V - nb)] = nRT$$

결합 에너지와 이온화 에너지

미지의 시료에 포함된 원자 혹은 분자의 질량을 측정할 때 화학자는 질량 분석법을 사용합니다. 질량 분석의 첫 번째 단계는 유기 혹은 무기 화합물을 에너지가 매우 큰 전자와 충돌시켜 기체 이온을 만드는 것입니다. 생성된 이온들은 전기장을 통과하면서 이온의 질량과 전하 비율(m/z)에 따라 분리가 됩니다. 질량과 전하의 비율(m/z)을 x축으로, 그것에 대한 각각의 신호 세기를 y축으로 나타낸 그래프가 바로 **질량 스펙트럼(mass spectrum)**입니다. (그림 9.8)

이때 원자들과 분자들은 이온으로 변하는데, 에너지가 큰 전자와 부딪히면서 분자 결합이 깨져서 다양한 이온 조각이 형성됩니다. 따라서 질량 스펙트럼의 무늬 패턴(모습)을 분석하면 분자의 질량은 물론 분자의 구조까지도 밝힐 수 있습니다.

질량 분석기에서 사용하는 전자 빔의 에너지는 수십 eV 정도입니다. 이 정도의 에너지라면 원자를 이온으로 만드는 것은 물론 유기 화합물의 공유 결합도 충분히 파괴할 수 있습니다. 원자와 분자들이 이온이 되고 결합이 파괴되는 이유를 간단한 계산을 통해서 알아봅시다. 전자 빔의 에너지를 70eV라고 하면 그것은 6742.4kJ/mol에 해당합니다. 표 9.1과 그림 9.9를 보면 알 수 있는 것처럼 원자의 이온화 및 분자의 결합을 깨는 데는 그 정도의 에너지로 충분합니다. 계산 과정은 다음과 같습니다.

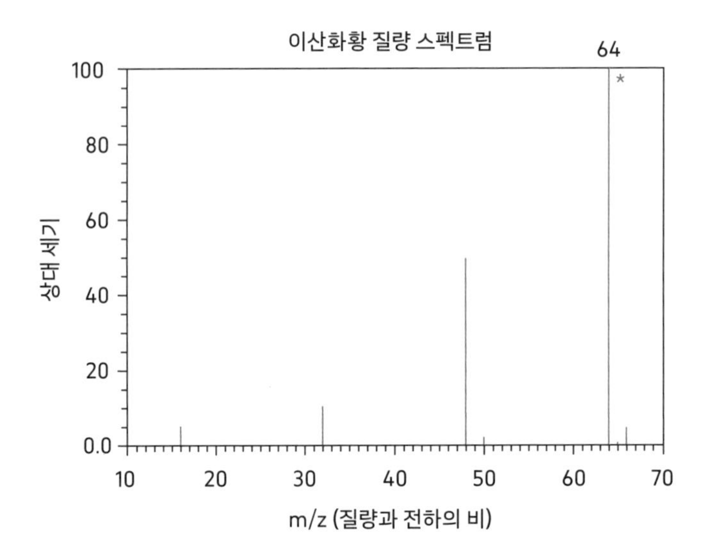

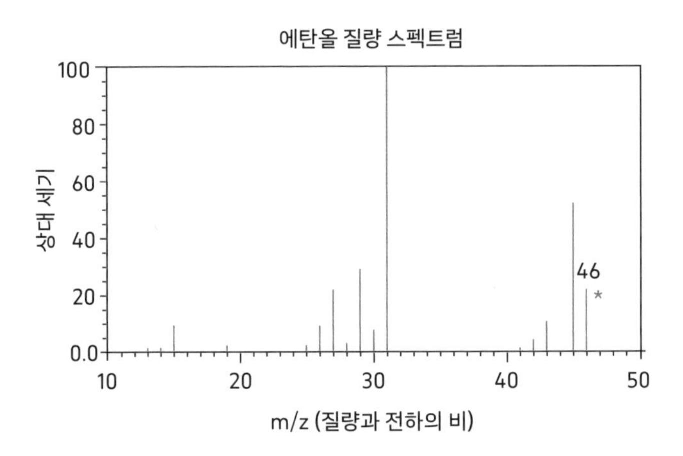

그림 9.8. 위: 이산화황(SO_2: 64g/mol)의 질량 스펙트럼. 아래: 에탄올(CH_3CH_2OH: 46g/mol)의 질량 스펙트럼.

$$1\text{eV} = 1.60 \times 10^{-19}\text{J}$$

$$\frac{70\text{eV}}{1\text{개}} \times [\frac{1.60 \times 10^{-19}\text{J}}{1\text{eV}}] \times [\frac{1\text{kJ}}{1{,}000\text{J}}] \times [\frac{6.02 \times 10^{23}\text{개}}{1\text{mol}}]$$

$$= 6742.4\text{kJ/mol}$$

표 9.1. 여러 종류의 결합과 결합 에너지.

결합 종류	결합 에너지(kJ/mol)
C-H	413
C-O	360
C-N	308
C-C	348
H-H	436
H-O	366
H-N	391
Si-O	445
Si-H	318
Si-C	318
Si-Si	222
O-O	195
O-H	366

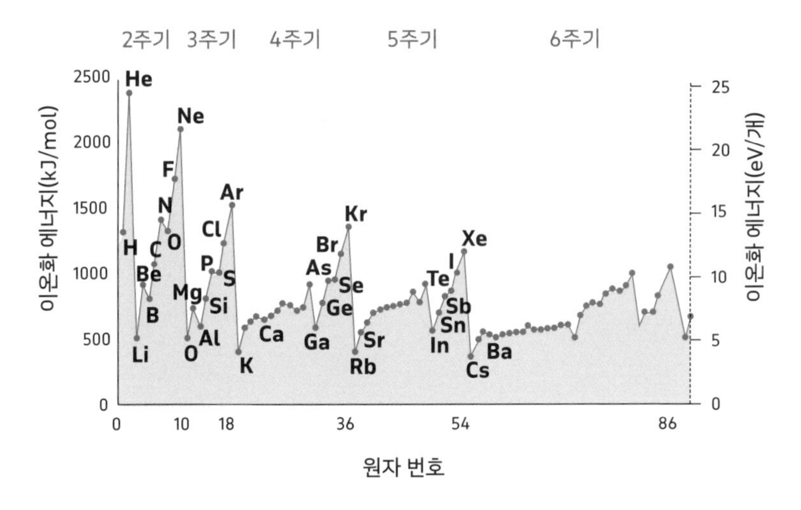

그림 9.9. 원자의 이온화 에너지 단위. (kJ/mol 또는 eV/개)

산성비의 기준

2021년 6월 측정된 지구 대기의 이산화탄소 농도는 약 419ppm입니다. 이산화탄소 기체($CO_2(g)$)는 물에 녹아서 수용성 이산화탄소($CO_2(aq)$)가 되며, 그 농도는 이산화탄소 기체의 양에 비례합니다. 왜냐하면 수용성 이산화탄소와 기체 이산화탄소가 평형 상태를 유지하기 때문입니다. 한편 물에 녹은 이산화탄소의 일부는 물과 반응해($CO_2(aq) + H_2O \rightarrow H_2CO_3$) 탄산($H_2CO_3(aq)$)을 형성합니다. 탄산은 약산입니다. 그러므로 탄산의 일부는 첫 번째로 수소 이온(H^+)과 탄산수소 이온(HCO_3^-)으로 해리되며, 이때 형성된 탄산수소 이온(HCO_3^-)은 또다시 수소 이온(H^+)과 탄산 이온(CO_3^{2-})으로 해리됩니다. 이런 일련의 반응이 이산화탄소가 물에 녹으면서 진행됩니다. 따라서 수용성 이산화탄소의 양은 이산화탄소의 압력에 따라 달라지며, 그 후에 연달아 진행되는 여러 반응 역시 이산화탄소 압력과 관계가 있습니다. 일정한 시간이 흐른 후에 이산화탄소가 녹아 있는 계는 평형에 이르게 됩니다.

물에 녹는 특정 기체의 농도는 물과 접촉하고 있는 공기에 포함된 그 기체의 부분 압력에 비례합니다. 이것을 헨리의 법칙이라고 합니다. 기체마다 비례하는 정도가 차이가 있으며(표 9.2) 일반적으로 기체의 농도와 부분 압력의 관계는 다음과 같은 식으로 나타낼 수 있습니다.

$$C = kP$$

여기서 C는 기체의 용해도(mol/L), k는 헨리 상수, P는 기체의 부분 압력(atm)입니다. 이산화탄소의 경우 헨리 상수, k는 3.92×10^{-2}[mol/L]/[atm]입니다. 따라서 헨리 상수를 이용하여 이산화탄소의 수용액 농도를 계산하는 것이 가능합니다.

이산화탄소의 헨리 상수가 크다는 것은 이산화탄소가 산소, 질소보다 물에 더 잘 녹는다는 사실을 의미합니다. 그러나 이산화탄소의 부분 압력(약 0.000419atm)은 질소 혹은 산소의 부분 압력(N_2: 약 0.8atm, O_2: 약 0.2atm)보다 훨씬 작아서 물에 있는 이산화탄소의 농도는 작습니다. 물에 잘 녹는 이유는 수용성 이산화탄소가 물과 반응해 탄산을

표 9.2. 기체의 헨리 상수. 기체의 용해도: $[H_2(aq)]$=1.6ppm, $[O_2(aq)]$=8.3ppm, $[CO_2(aq)]$=16.4ppm. 1atm=1.01325bar 또는 1bar=0.986923atm.

기체 종류	헨리 상수(mol/L atm)	헨리 상수(mol/kg bar)
He	3.9×10^{-4}	3.8×10^{-4}
Ne	4.7×10^{-4}	4.6×10^{-4}
N_2	7.1×10^{-4}	6.0×10^{-4}
H_2	8.1×10^{-4}	7.8×10^{-4}
O_2	1.4×10^{-3}	1.3×10^{-3}
Ar	1.5×10^{-3}	1.5×10^{-3}
CO_2	3.92×10^{-2}	3.4×10^{-2}

형성하고, 해리 반응이 진행되기 때문입니다. 단순히 물리적으로 녹아 있는 수소와 산소와는 다른 것입니다.

수용성 이산화탄소($CO_2(aq)$)의 농도는 공기에 있는 이산화탄소($CO_2(g)$)의 농도를 이용해 계산할 수 있습니다. 그런데 이산화탄소의 419ppm은 1atm을 기준으로 한 것이므로 이산화탄소의 부분 압력은 419×10^{-6}atm입니다. 따라서 이 정도 압력의 이산화탄소 기체가 녹아서 생성되는 수용성 이산화탄소의 농도는 1.64×10^{-5}M(mol/L)입니다. 헨리 상수와 이산화탄소의 부분 압력을 이용해 계산하면 다음과 같습니다.

$$[CO_2(aq)] = 3.92\times10^{-2}\text{mol/L atm}\times419\times10^{-6}\text{atm}$$

$= 1.64 \times 10^{-5}$mol/L

앞서 설명한 것처럼 물에 녹은 이산화탄소의 일부는 탄산으로, 탄산의 일부는 해리되어 수소 이온과 탄산수소 이온으로, 또한 탄산수소 이온의 일부는 수소 이온과 탄산 이온으로 해리되며 그것들은 하나의 환경에서 서로 평형 상태를 유지하고 있습니다. 반응식으로 정리하면 다음과 같습니다.

$CO_2(aq) + H_2O \rightarrow H_2CO_3$

$H_2CO_3 \rightarrow H^+(aq) + HCO_3^-$

$HCO_3^- \rightarrow H^+(aq) + CO_3^{2-}$

수용성 이산화탄소($CO_2(aq)$)의 농도(1.64×10^{-5}mol/L)는 물에 녹은 후에 탄산으로 변하는 것도 포함된 농도이므로, 그것의 농도는 $\{[CO_2(aq)] + [H_2CO_3]\}$으로 나타낼 수 있습니다. 탄산이 해리되어 형성되는 화학종(HCO_3^-, CO_3^{2-})의 농도 역시 매우 작습니다.

그러므로 반응식은 $CO_2(aq) + H_2CO_3 \rightleftharpoons H^+(aq) + HCO_3^-(aq)$로 정리되며, 평형에서 수소 이온 농도를 구하는 과정은 다음과 같습니다.

$$CO_2(aq) + H_2CO_3(aq) \rightarrow H^+(aq) + HCO_3^-$$

$$[1.64 \times 10^{-5} - x] \qquad [x] \qquad [x]$$

평형 상수를 이용해 x를 구하기 위한 식은 다음과 같습니다.

$$\frac{[x] \times [x]}{[1.64 \times 10^{-5} - x]} = 4.46 \times 10^{-7}$$

여기서 x는 H^+ 혹은 HCO_3^-를 나타내며, 해리되어 형성되는 두 화학종의 농도([x])는 같으므로 둘 다 x로 놓을 수 있습니다. 한편 HCO_3^-의 일부는 다시 해리되어 H^+와 CO_3^{2-}로 변하게 됩니다. 그런데 두 번째 해리 반응의 평형 상수는 첫 번째 해리 반응의 평형 상수에 비해서 무시할 정도로 작기 때문에 두 번째 반응의 원인이 되는 수소 이온(H^+)의 농도는 무시하고 계산해도 차이가 없습니다.

이렇게 탄산의 첫 번째 평형 상수 식을 풀어서 계산하면 x를 얻을 수 있습니다. 즉 수소 이온의 농도($[H^+]$)는 2.49×10^{-6}M입니다. pH는 수소 이온 농도에 대한 마이너스 상용 로그의 값($pH = -\log[H^+]$)이므로 $-\log[2.49 \times 10^{-6}]$)는 $pH = 5.60$이 됩니다. 결국 자연에서 공기의 이산화탄소가 녹아 있는 빗물의 pH는 이론적으로 5.60입니다. 그러므로 측정된 빗물의 pH가 5.60보다 작은 비를 **산성비**라고 부르는 것입니다.

산성비의 원인은 공장에서 정화되지 않고 배출되는 연기 및 자동차 배기 가스 등에 포함된 황산화물 혹은 질소 산화물이 물에 녹아서 아황산(H_2SO_3) 혹은 질산(HNO_3)으로 변하기 때문입니다. 그것의 농도는 낮더라도 강산이기 때문에 빗물에 섞이면 pH를 많이 낮춥니다. 그러므로 이런 화학종들이 섞여 있는 빗물의 pH는 5.60보다 훨씬 작은 값이 됩니다.

농도 계산: 백만분율

백만분율(ppm)은 미량의 농도를 나타낼 때 흔히 사용되는 단위입니다. 전체 양을 100만(10^6)으로 할 때 관심이 있는 화학 물질의 비율이 얼마나 되는지를 나타낸 것입니다. 예를 들어 쌀 한 톨의 무게는 약 20mg입니다. 그것은 제가 실험실에서 직접 측정한 값이므로 약간의 오차가 있을 수 있습니다. 그러므로 20kg들이 쌀 1포대에는 쌀 100만 톨이 들어 있습니다. (그림 9.10) 그것은 다음과 같은 계산으로 금방 알 수 있습니다.

$$\frac{20\text{kg}}{1\text{포대}} \times [\frac{1{,}000\text{g}}{1\text{kg}}] \times [\frac{1{,}000\text{mg}}{\text{g}}] \times [\frac{1\text{톨}}{20\text{mg}}]$$

$$= 1{,}000{,}000\text{톨/포대}$$

$$\frac{1\text{톨}}{20\text{mg}} \times [\frac{1{,}000\text{mg}}{1\text{g}}] \times [\frac{1{,}000\text{g}}{1\text{kg}}] \times [\frac{20\text{kg}}{1\text{포대}}]$$

$$= 1{,}000{,}000\text{톨/포대}$$

어떤 자료($\frac{20\text{kg}}{1\text{포대}}$, $\frac{1\text{톨}}{20\text{mg}}$)로 계산을 시작했더라도 최종 결과는 (1포대에 몇 톨인가를 나타낸) 톨/포대 단위가 되어야 합니다. 왜냐하면 원하는 결과는 20kg 들이 포대에 들어 있는 쌀의 개수이기 때문입니다. 따라서 그런 결과를 얻으려면 계산 과정 중간에 '×1', 즉 [ ]를 곱하면서 최종 단위를 맞추는 계산을 하면 됩니다. 어떤 수에 1을 곱해도 그 수는 변하지 않기 때문입니다.

20kg 들이 쌀 1포대에 보리 한 톨이 섞여 있다면, 보리의 농도는 1ppm입니다. 한편 ppm 단위를 거리 및 시간으로 확장하면 재미난 비유와 계산이 가능합니다. 시간으로 계산해 보면 11.5일에서 1초가 1ppm이며, 서울-부산을 왕복하는 거리는 약 1,000km = 10^6m입니다. 따라서 1m는 서울-부산 왕복 거리의 1ppm입니다. 또한 서울특별시 인구를 1000만 명이라고 하면 사람 1명은 0.1ppm이 됩니다.

$$\frac{1\text{명}}{10{,}000{,}000\text{명}} = \left(\frac{1}{10}\right) \times \left(\frac{1}{1{,}000{,}000}\right) = 0.1\text{ppm}$$

물에 포함된 무기질 이온의 양을 ppm 단위로 나타내기도 합니다. 이온의 양이 매우 적기 때문에 물의 밀도를 1g/cm^3(25℃ 기준 0.997g/

그림 9.10. 단위 환산. 20kg들이 쌀 1포대에는 약 100만(10^6) 톨의 쌀이 들어 있다.

cm^3)이라고 보아도 틀리지 않습니다. 무기질의 양이 워낙 적어서 순수한 물의 밀도와 무기질이 포함된 물의 밀도를 같다고 생각해도 되는 것입니다. 물에 있는 무기 이온(Na^+, Ca^{2+}, F^- 등)의 농도를 ppm 단위로 나타내면 다음과 같습니다.

$$1\text{ppm} = 1\text{g}/1{,}000{,}000\text{g}$$
$$= \frac{1\text{g}}{1{,}000{,}000\text{g} \times [\frac{1\text{cm}^3}{1\text{g}}] \times [\frac{1\text{L}}{1{,}000\text{cm}^3}]}$$
$$= \frac{1\text{g} \times [\frac{1{,}000\text{mg}}{1\text{g}}]}{1{,}000\text{L}} = \frac{1\text{mg}}{\text{L}}$$

즉 용액 1L에 1mg의 용질(무기 이온)이 포함된 용액의 농도가 1ppm입니다. 다시 말해서 물 1L에 녹아 있는 이온 1mg의 농도인 것입니다. 단위를 변경해 물 $1m^3$에 이온이 1g 있다면 그것 역시 1ppm입니다.

$$1\text{ppm} = \frac{1\text{mg} \times [\frac{1\text{g}}{1{,}000\text{mg}}]}{\text{L} \times [\frac{1\text{m}^3}{1{,}000\text{L}}]} = \frac{1\text{g}}{\text{m}^3}$$

더 작은 농도를 나타내는 단위인 **십억분율**(part per billion, ppb)는 10억분의 1을 나타냅니다. 같은 방법으로 계산해 보면 용액에 포함된 이온 1ppb는 1μg/L 혹은 $1mg/m^3$입니다. 국내 미세 먼지의 환경 기준은

그림 9.11. 버스 정류장의 안내판. 미세 먼지의 양이 일조분율(μg/m^3) 농도 단위로 표시되어 있다.

m^3(세제곱미터)당 100μg(마이크로그램) 이하입니다. 100μg은 0.1mg이므로 그 기준은 0.1mg/m^3입니다. 따라서 미세 먼지 기준은 0.1ppb임을 알 수 있습니다. 버스 정류장의 안내판 혹은 길거리 환경 정보를 표시하는 전광판에서 볼 수 있는 μg/m^3은 십억분율보다 1,000배 묽은 농도 단위인 일조분율(part per trillion, ppt) 단위입니다. (그림 9.11)

농도 계산: 몰 농도와 몰랄 농도

3장에서 이미 설명했던 몰 농도(M, mol/L)는 용액 1L에 포함된 용질의 양을 mol로 나타낸 것으로 화학 계산에 자주 나옵니다. 또한 몰랄 농도(m, mol/kg) 역시 용매 1kg에 포함된 용질의 mol입니다. 그러나 일반인에게는 % 농도가 가장 익숙할 것입니다. 몰 농도는 온도 변화에 따라 그 값이 달라지지만, 몰랄 농도는 온도와 상관없이 그 값이 유지됩니다. 부피는 온도에 따라 변하지만, 무게는 온도에 따라 변하지 않습니다. 대부분의 실험 조건에서는 몰 농도, M을 이용합니다. 구체적인 계산 과정은 바닷물에 녹아 있는 소금(NaCl)의 양에 대한 자료를 이용해서 설명합니다.

바닷물의 농도

바닷물의 염도는 지역마다 약간씩 차이가 있으나 평균적으로 약 3.5%입니다. 그것은 바닷물의 무게를 기준으로 한 값이므로, 바닷물 1kg에 모든 종류의 염이 약 35g 녹아 있다는 것입니다. 바닷물에는 소금(NaCl)을 비롯해 많은 종류의 염(salt)이 녹아 있으며, 해리된 이온으로, 이온쌍으로, 또는 녹지 않고 고체 형태로 있습니다. (그림 9.12)

만약 3.5% 되는 염이 모두 소금(NaCl, 58.44g/mol)이라면 그것의 농도를 몰 농도(M), 몰랄 농도(m), 백만분율(ppm)로 계산해 볼 수 있습니다. 바닷물의 밀도는 1.02~1.03g/cm^{3}으로 순수한 물보다 크지만, 편의를 위해서 1.0g/cm^{3}라고 가정했습니다.

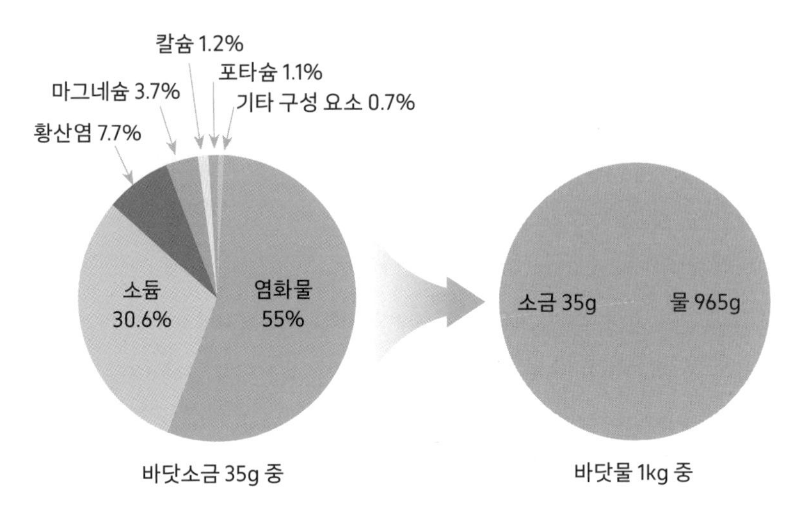

그림 9.12. 염의 성분 비율과 바닷물의 염 함량.

몰 농도(M, mol/L)

$$\frac{35\text{g} \times [\frac{1\text{mol}}{58.44\text{g}}]}{1\text{kg} \times [\frac{1{,}000\text{g}}{1\text{kg}}] \times [\frac{1\text{L}}{1{,}000\text{g}}]} = \frac{0.60\text{mol}}{\text{L}} = 0.60\text{M}$$

몰랄 농도(m, mol/kg(용매))

$$\frac{35\text{g NaCl} \times [\frac{1\text{mol}}{58.44\text{g}}]}{1\text{kg} - \{35\text{g} \times [\frac{1\text{kg}}{1{,}000\text{g}}]\}} = \frac{0.60\text{mol}}{0.965\text{kg}} = 0.62\text{m}$$

바닷물의 몰 농도(M)와 몰랄 농도(m)는 약간의 차이가 있습니다. 몰랄 농도를 계산할 때 바닷물 1kg에서 순수한 물(용매)의 무게를 계산하려면 용액의 무게에서 용질 무게를 빼야 하기$(1kg - \{35g \times [\frac{1kg}{1,000g}]\})$에 분모가 작아집니다. 따라서 몰랄 농도가 몰 농도보다 약간 큰 값을 갖습니다.

백만분율(ppm, mg/L)

$$\frac{3.5g\ NaCl \times [\frac{1,000mg}{1g}]}{1kg \times [\frac{1,000g}{1kg}] \times [\frac{1L}{1,000g}]} = \frac{3,500mg}{L}$$

계산을 통해 바닷물에서 소금의 농도는 3,500ppm임을 알 수 있습니다.

소주 농도와 혈중 알코올 농도

한국인이 사랑하는 술, 소주는 이제는 한국을 넘어 세계에서 가장 많이 팔리는 증류주가 되었습니다. 통계마다 조금씩 차이가 있지만, 2021년 기준으로 우리나라에서 20세 이상 성인 1명당 1년에 약 50병을 마신다는 결과도 있습니다. 처음 출시되었을 때 소주의 알코올 농도는 35%였지만, 지금은 대부분 20% 이하입니다. 20% 소주의 알코올(밀도: $0.789g/cm^3$) 농도는 mol 단위로 계산하면 3.43M이 됩니다.

$$360\text{mL} \times [\frac{20}{100}\%(\text{v/v})] = 72\text{mL}$$

$$72\text{mL} \times [\frac{1\text{cm}^3}{1\text{mL}}] \times 0.789\text{g/cm}^3 \times [\frac{1\text{mol}}{46.07\text{g}}] = 1.233\text{mol}$$

$$\frac{1.233\text{mol}}{360\text{mL} \times [\frac{1\text{L}}{1{,}000\text{mL}}]} = 3.43\text{mol/L} = 3.43\text{M}$$

소주의 도수를 나타낼 때 흔히 사용하는 퍼센트의 의미는 사실 %(v/v)로, 그것은 용액(분모)도 용질(분자)도 모두 부피(v)일 때 용질의 성분을 나타내는 단위입니다. 그런데 **혈중 알코올 농도**는 혈액의 부피(v)에서 에탄올의 양을 무게(wt)로 나타내기에 단위가 %(wt/v)입니다. 알코올의 양을 만약 부피로 나타낸다면 알코올의 부피가 정확하지 않을 수도 있습니다. 물과 에탄올을 섞으면 분자의 상호 작용으로 작은 양이지만 알코올의 부피가 줄어들 수 있기 때문입니다. 또한 부피는 온도에 따라 변할 수 있습니다. 무게를 사용한다면 그런 변화에 따른 오차를 줄일 수 있습니다. 비슷한 예로 기준값(110mg/dL)을 넘으면 당뇨병의 전단계로 간주되는 공복 혈당의 단위도 용질은 무게로, 용액은 부피로 표시되는 농도 단위인 %(wt/v)를 사용합니다.

운전 면허 취소 기준으로 삼는 혈중 알코올 농도는 0.08%입니다. 그것은 혈액 100mL에 에탄올(CH_3CH_2OH, 분자량: 46.07g/mol)이 0.08g이라는 말과 같습니다. 그것을 mol 단위로 변환하고, 전체 혈액의 양(성인 기준 4.5~5.7L)에 있는 알코올 양으로 계산해 보면 다음과 같습니다.

$$\frac{0.08g \times [\frac{1mol}{46.07g}]}{100mL \times [\frac{1L}{1,000mL}]} = 1.74 \times 10^{-2}M$$

$1.74 \times 10^{-2}mol/L \times 5.0L$(혈액의 총량) $= 8.68 \times 10^{-2}mol$

운전 면허 취소 기준인 0.08g의 에탄올은 20% 농도의 소주 약 101.4mL에 포함된 양입니다. 소주 1잔을 50mL로 보면, 2잔이 면허 취소 기준인 것입니다.

$0.08g \times [\frac{360mL}{0.284g}] = 101.4mL$

$101.4mL \times [\frac{1잔}{50mL}] =$ 약 2.0잔

알코올 분해 효소의 개인차, 음주 후 경과된 시간 등이 혈중 알코올 농도에 영향을 줄 것입니다. 그러나 술이 약한 사람은 두 잔이 기준이라고 생각해야 합니다. 제일 좋은 방법은 일단 술을 마셨다면 운전하지 않는 것입니다.

부피 적정

분석하려는 화학 물질(분석물) 용액을 비커에 넣고 그것과 반응하는

화학 물질 용액(적정액)을 뷰렛(buret)이라는 실험 기구로 첨가해 반응이 완결될 때까지의 과정을 **부피 적정**(volumetric titration)이라고 합니다. 이 실험으로 분석물의 부피 및 반응이 완결되는 시점까지 첨가된 적정액의 부피를 측정하고, 그것을 이용해 계산을 하면 분석물의 농도를 알 수 있습니다. 적정액의 농도는 적정 실험 전에 계산 혹은 실험으로 이미 알고 있어야 합니다.

부피 적정에서 사용되는 화학 반응의 종류는 산/염기, 침전, 산화 환원, 착물 형성 등이 있습니다. 분석물과 적정액의 반응이 완결되는 점을 **종말점**(end point)이라고 합니다. 그 점은 용액의 급격한 pH 변화, 지시약의 색 변화, 용액의 전위 변화 등으로 확인이 가능하며, 종말점까지 첨가된 부피는 뷰렛의 처음 부피와 최종 부피의 차이입니다. 분석물의 농도만 모를 뿐, 분석물 용액의 부피와 적정액의 농도는 측정 및 계산으로 알고 있습니다. 결국 부피 적정 실험에서 측정을 하는 자료는 적정액의 부피입니다. 참고로 종말점은 실험으로 결정되는 것이며, 이론적으로 반응이 완결되는 점은 **당량점**(equivalence point)이라고 합니다.

예를 들어 철광석에 있는 철의 함량을 적정 실험으로 결정할 수 있습니다. 적정 반응은 철 이온과 적정액의 이온이 반응하는 것이며, 반응의 종류는 산화 환원 반응입니다. 철광석을 녹여서 만든 용액에는 철 이온(Fe^{2+}와 Fe^{3+})이 있습니다. 적정하기 전에 철 이온의 산화 상태를 모두 2가 철 이온(Fe^{2+})이 되도록 조절합니다. 그 후 산성 조건에서 철 이온 용액을 과산화 망가니즈(MnO_4^-) 용액으로 적정해 종말점

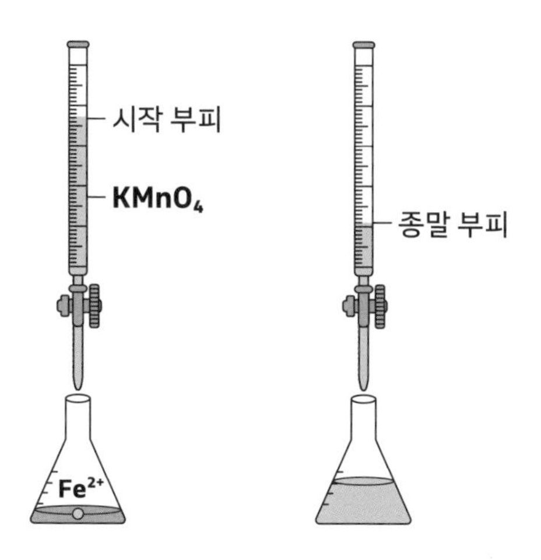

그림 9.13. 부피 분석의 예. 분석물(Fe^{2+})을 적정액(MnO_4^-)으로 적정해 반응이 완결되면 용액은 자주색으로 변한다.

까지 첨가된 적정액인 과산화 망가니즈의 부피를 측정합니다. 측정된 부피 자료를 이용해 계산하면 용액에 있는 철(이온)의 농도를 알 수 있고, 결국 철광석에 있는 철의 양을 계산할 수 있습니다. 이것과 관련된 완결된 적정 반응식은 다음과 같습니다.

$$5Fe^{2+} + 8H^+ + MnO_4^- \rightarrow 5Fe^{3+} + Mn^{2+} + 4H_2O$$

반응 계수를 맞추는 것은 이 책의 범위를 벗어나는 일이므로 생략하도록 하겠습니다. 그러나 반응식에서 반응 전과 후에 원자의 양과 전하는 그대로 보존된다는 사실을 기억하고 있다면, 이것이 완결된 화학 반응임은 금방 알 수 있습니다. 반응식 왼쪽과 오른쪽 총 전하는 각각 $+17$(반응물 전하: $5 \times 2 + 8 \times 1 - 1 = +17$, 생성물의 전하: $5 \times 3 + 2 = +17$)로 같습니다. 또한 철, 수소, 산소, 망가니즈 원자들의 mol도 반응 전과 후에 변함이 없습니다. 더구나 이 적정 반응은 지시약 없이도 종말점을 확인할 수 있습니다. 왜냐하면 종말점에서 용액의 색이 MnO_4^- 때문에 붉은 자주색으로 변하기 때문입니다. 반응 완결 전까지는 비커에 첨가된 MnO_4^-는 비커에 있는 철 이온(Fe^{2+})과 반응해 Mn^{2+}로 변하기에 용액의 색은 무색입니다. 그런데 반응이 완결되면 더는 반응할 철 이온(Fe^{2+})이 없어 첨가된 MnO_4^-는 그대로 비커에 남아 용액이 붉은 자주색으로 변하게 됩니다. 붉은색이 나타나는 그때가 곧 종말점이므로, 그때까지 첨가된 적정액(MnO_4^-)의 부피를 측정하고, 그 자료를 이용해 계산하면 철의 함량을 알아낼 수 있습니다.

예를 들어, 철광석으로 만든 철 이온(Fe^{2+}) 용액 10mL를 0.1M 과산화 망가니즈(MnO_4^-) 용액으로 적정했을 때 종말점까지 첨가된 과산화 망가니즈의 측정된 부피가 3mL였다고 합시다. 그때 비커에 있는 철 이온의 농도와 철의 무게를 구하는 계산은 다음과 같습니다. 이 반응의 완결 반응식에서 분자식 앞에 있는 반응 계수는 그 분자의 mol입니다. 한편 반응식을 보면 5mol의 Fe^{2+} 이온과 반응하는 MnO_4^- 이온의 양은 1mol입니다. 따라서 두 종류의 양은 화학적으로 동등한 것이므로 각각을 분모 분자로 사용($[\frac{5\text{mol } Fe^{2+}}{1\text{mol } MnO_4^-}]$ 혹은 $[\frac{1\text{mol } MnO_4^-}{5\text{mol } Fe^{2+}}]$) 한다면 그 값은 1입니다. 따라서 이것은 '× 1' 계산에 이용할 수 있습니다.

MnO_4^-의 양(mol)

$$0.1\text{mol/L} \times 3\text{mL} \times [\frac{1\text{L}}{1{,}000\text{mL}}] = 3.0 \times 10^{-4}\text{mol } MnO_4^-$$

Fe^{2+}의 양(mol)으로 변환

$$3.0 \times 10^{-4}\text{mol } MnO_4^- \times [\frac{5\text{mol } Fe^{2+}}{1\text{mol } MnO_4^-}]$$
$$= 1.50 \times 10^{-3}\text{mol } Fe^{2+}$$

Fe^{2+} 농도(M)

$$\frac{1.50 \times 10^{-3}\text{mol}}{10\text{ml} \times [\frac{1\text{L}}{1{,}000\text{mL}}]} = 1.50 \times 10^{-5}\text{mol/L(M)}$$

Fe 무게(g)

$$1.50 \times 10^{-3}\text{mol } Fe^{2+} \times [\frac{55.845\text{g Fe}}{1\text{mol } Fe^{2+}}] = 8.38 \times 10^{-2}\text{g Fe}$$

적정 실험과 계산을 통해서 철광석에 포함된 철의 무게(혹은 비율)를 알 수 있으며, 이런 자료는 철광석의 가격 결정에도 이용 가능합니다.

다른 적정 반응(산 염기, 침전, 착화합물 형성)도 적정액의 부피를 측정하고 그것을 이용해 분석물의 농도를 계산할 수 있습니다. 화학 물질의 특성 때문에 반응의 종류가 다르지만, 적정 반응을 통해서 적정액의 부피를 측정하고, 그 자료를 이용해 분석물의 농도를 알아낸다는 점에서 반응의 종류는 다르지만 같은 종류의 실험입니다.

50
40
30
20
10
PAST
PRESENT
FUTURE

10장 미래의 화학

10장에서는 화학의 현재와 미래에 대해서 생각해 봅니다. 화학의 긍정적인 면과 부정적인 면을 어떻게 해결할 것인지에 대해서 설명하고, 미래 화학자들이 도전할 무대에는 어떤 것이 있을까 저의 생각을 정리했습니다. 결국 삶은 화학 물질과의 소통이 될 수밖에 없습니다. 우주 만물이 주기율표에 들어 있으니 화학은 미래에도 반드시 필요합니다. 모든 것이 원자로 된 물질의 세계를 벗어나기 전에는 꼭 필요한 것이 화학이며, 화학과 케미 쌓기를 한다면 더 안전하고 건강한 삶을 누릴 수 있다고 생각합니다.

이 마지막 장에서는 화학이 향후 어디로 향할 것인지를 정리해 보려 합니다. 순전히 제 자신의 경험과 책에서 얻은 얕은 지식으로 정리했기 때문에 오류가 많이 있을 수 있습니다. 하지만 학계에 오래 몸담아 온 화학자로서 미래에 이 학문이 나아갈 방향을 상상하는 일이 너무나도 즐거웠기 때문에 이 장을 쓰는 일을 멈출 수 없었다는 점을 먼저 말씀드립니다.

수많은 시행착오를 겪으며 계속된 중세 시대 연금술사의 도전은 허황된 꿈에 가까웠던 연금술의 체계를 갖추고, 방법론을 정립하고 발전시켜 결국 물질을 다루는 분야에서 중심 역할을 하는 화학을 탄생시켰습니다. 화학도 여타의 자연 과학처럼 실험과 관찰을 통해 원리, 법칙, 이론을 완성합니다. 그러나 화학이 다른 점은 새로운 물질을 합성할 수 있고, 공학과 함께 실제 생활에서 많이 응용된다는 것입니다.

화학만의 특징인 새로운 물질의 합성은 다양한 방면에서 필요할 것입니다. 예를 들어 실리콘 재료를 뛰어넘고 고성능 반도체 제조를 가능하게 하는 새로운 화학 물질은 미래 인공 지능의 성능 향상에 필수입니다. 이와 함께 인공 지능의 바탕이 되는 다양한 빅 데이터 수집에 한몫할 감지 기술의 소형화와 그에 맞는 나노 화학 물질의 개발도 필요할 것입니다. 특히 감지기 물질의 개발은 화학 분야에서 새로운 도전입니다. 사람의 코와 혀를 대신해 맛과 냄새의 미세한 차이를 구별하게 하는 기능성 감지기에는 반드시 화학 물질이 필요합니다. 그러한 물질의 개발은 미래 화학자에게 새로운 도전 무대가 될 것입니다. 정확하고 정밀한 감지기 개발에는 화학을 비롯해 물리학, 수학과 같은 기초 과학이 더 중요해질 것으로 예상됩니다.

평균 수명이 증가하고 있는 최근 '인류의 적'으로 떠오른 암이나 치매를 진단하고 치료하기 위해서는 세상에 없는 신물질이 필요하며, 이 모두는 화학자들이 나서서 해결해야 할 미래 과제입니다. 구체적으로는 효율적인 약물 운반체, 특정 암을 찾아가서 오직 암하고만 감응하는 새로운 화학 물질과 그에 맞는 감지기의 개발 분야에 도전이 요구됩니다. 유전병에 대한 정밀하고 정확한 분석은 그것을 치료하기 위한 맞춤형 약의 합성으로 이어질 것입니다. 암 부위의 특정한 위치에 정확하게 약물을 전달할 수 있는 방법과 기능성 물질을 찾아내는 일과 더 뛰어난 성능의 암 치료제 개발은 미래의 화학자들이 활약할 무대가 될 것입니다. 그런 일들이 해결된다면 화학이 새로운 영역으로 한 단계 올라서는 사건이 될 것입니다. 또한 코로나바이러스 이후 등장할지 모를 인류를 위협하는 새로운 질병에 대해서도 신속한 진단과 처치 방법, 치료제 개발이 미래 화학자들의 무대가 될 것입니다.

화학은 새로운 분자(물질)를 만든다는 장점이 있습니다. 자연에 있는 물질이지만 인간의 욕구를 충족하기에는 부족하다면 실험실에서 만들어 자연 훼손을 줄일 수도 있습니다. 또한 자연에도 없는 물질이지만 인간 생활에 필요한 것은 만들어 낼 수 있습니다. 그런 면에서 볼 때 건강, 의약학, 미용, 환경과 직접 연결된 화학 물질의 개발과 응용은 점점 더 확대되리라 예상할 수 있습니다. 그것은 먹고사는 문제가 해결된 후에는 건강과 미용은 물론 인류가 훼손한 환경의 복원 등에 눈을 돌리기 때문입니다. 합성하는 방법 역시 지속 가능한 화학이라고도 불리는 '녹색 화학' 정신에 맞추어 가급적 친환경 재료를 이용할 것입니다. 일단 사용 후 재활용은 물론 자연 분해되는 특성을 갖춘 물질을 염두에 두고 합성하는 것이 필요할 것이고, 그것이 올바른 방향이라 생각합니다.

물질 분석 역시 기존의 성능을 개선한 혹은 새로운 분석법의 개발이 요구될 것입니다. 새로운 환경과 조건에서 합성된 신물질의 특성이 무엇이며 양이 얼마인지를 알아내는 작업이 필요하기 때문입니다. 새로운 분석법 역시 기존과 마찬가지로 비용이 절약되고 환경에 영향을 덜 줄 수 있는 합성법 개발에 필요한 기초 자료를 제공할 것이며, 분석 결과는 지금처럼 물질의 원가 계산, 법적 논쟁의 증빙 자료, 정책 추진의 판단 근거 자료로 활용될 것입니다. 신물질을 신속하고 정확하게 측정할 각종 맞춤형 감지기(센서) 개발 또한 필요한 부분입니다. 인공 지능의 시대에 맞는 화학 센서는 더 작지만 정확성과 정밀성을 갖춘 것들이 요구되므로, 물질을 분석하고 그 성격을 빠른 시간에 파악하는 일이 중요해질 것입니다. 그런 면에서 볼 때 나노 화학의 미래 역시 매우 밝습니다.

현재 인류 문명은 농담 삼아 '제2의 석기 시대', '실리콘 시대'라고 불릴 정도로, 규소를 이용한 반도체와 그것을 이용한 각종 전자 기기를 빼놓고 우리가 현재 누리는 문명의 혜택을 설명하기란 불가능할 정도가 되었습니다. 지금 이 순간에도 더 빠르고 성능이 향상된 컴퓨터가 속속 등장하며 인류는 인공 지능 시대를 향해 가고 있습니다. 반도체의 기본 재료인 실리콘이 응용 측면에서 갖는 가치는, 현대의 연금술사들이 마침내 찾아낸 황금이라 표현해도 될 정도입니다. 그러나 실리콘을 넘어선 새로운 황금을 찾기 위한 노력은 앞으로도 이어질 것입니다. 더 빠르고 강력한 컴퓨터가 필요한 인공 지능 시대에 새로운 기능과 특성을 갖춘 재료의 개발은 화학에게 주어진 과제 중 하나입니다.

녹색 화학

새로운 물질이 만들어지면 그것의 용도 또한 분명히 있습니다. 지금까지는 화학 물질의 사용과 활용에 중점을 두었지만, 앞으로는 생산에도 초점을 맞추어 최소의 에너지를 사용해야 하며, 이후에는 폐기물의 처리까지 생각해야 할 것입니다. 인류의 과도한 자원 소모는 지구와 자연에게 새로운 문제를 던져 주고 있습니다. 앞으로 화학 물질의 생산과 사용은 재활용을 우선하며, 버려지더라도 자연에 가장 짧은 기간 동안 가장 적은 피해를 주고 분해되어 자연으로 되돌아갈 수 있는 물질을 찾고 생산하는 일이 필요할 것입니다. 에너지는 적게 들면서 자연 재료를 이용해 환경에 부담을 대폭 줄이고 폐기된 후에도 자연에 스며드는 물질의 합성법이 더욱 요구될 것입니다. 그렇게 녹색 화학의 범위는 점점 확대될 것입니다. 녹색 화학의 범위에는 재

그림 10.1. 녹색 화학. 자연의 피해가 가장 적은 실험 방법과 화학 물질을 활용한다.

생 가능한 물질, 자연산 물질과 촉매, 친환경 용매를 비롯한 최소량의 물질을 사용한 합성법 등과 같은 내용과 전략이 포함됩니다.

에너지 화학

화학 물질의 크기는 앞으로 생활과 환경의 변화를 좌우할 중요한 요소입니다. 매우 작은(나노) 혹은 매우 큰(고분자) 화학 물질의 사용이 점차 늘어날 것입니다. 인류는 에너지 사용량이 점점 늘어나는 지금의 추세에 큰 부담을 느끼고 있습니다. 에너지 절약에 대한 대중의 의식과 교육도 필요하지만, 우리가 사용하는 편리한 용품 전부가 어떠한 형태로든 에너지를 사용해서 만든 것이라는 사실을 깨닫는 일도 중요합니다. 합당한 소비와 절약이 병행되지 않고는 지구의 에너지 문제는 해결되지 않습니다. 에너지를 가급적 적게 소모하며 생산할 수 있는 재료, 에너지 사용을 최소화하는 기구와 물품에 대한 욕구는 앞으로도 더욱 늘어날 것으로 예상됩니다.

에너지 문제는 미래 인류의 생존과 연결된 문제입니다. 연료 전지를 비롯한 고성능 전지를 위한 새로운 특성 물질은 물론, 태양의 빛 에너지를 효율적으로 전기 에너지로 변환해서 인류의 에너지 문제를 해결하는 일도 화학의 도전 영역입니다. 태양 에너지를 전기 에너지로 변환해 언제든지 활용할 수 있는 기술의 개발에 화학의 역할이 매우 큽니다. 저렴한 비용으로 생산되는 친환경 에너지 전력 기술 혹은 태양 빛으로 수소를 생산할 수 있는 기술과 재료들은 또 다른 도전 무대가 될 것입니다. 예를 들어 전지 성능을 높이기 위해 전극의 일부로 첨가되는 탄소 나노 튜브는 현재 서로 엉겨 붙어 침전되는 문제가 있습니다. 전지의 효율을 높여 주는 재료의 가격은 같은 무게의 금의 가격보다 적어도 5~6배에 달합니다. 재료의 물리적 화학적 특성 연구를 통해 특화된 재료들을 합성 혹은 발견해 내는 일 또한 미래 화학의 영역에 해당합니다. 현재 세상에 알려진 1억 7000만 종류의 화학 물질에서 인간이 만든 것은 14만여 개 정도 됩니다. 새로운 물질의 합성과 재료를 알아내는 새로운 분석 기술 또한 화학자의 손이 필요한 분야입니다.

환경 화학

이산화탄소는 지표면의 온도를 높이는 온실 가스 중 하나로 최근 중요해진 화학 물질입니다. 기본적으로 탄소는 지구뿐만 아니라 지구의 생명에도 없어서는 안 되는 중요한 자원입니다. 산업화 이후 인류가 에너지의 많은 부분을 화석 연료에서 충당한 까닭에 대기 중 이산화탄소 농도가 급격하게 증가했습니다. 여기에 지구의 활동으로 화산이 폭발해 다량의 이산화탄소가 발생합니다. 식물은 이산화탄소와 물을 가지고 빛 에너지를 활용해서 산소와 포도당을 만들어 인간과 동물에 돌려주는 자연 순환의 중심에 서 있습니다.

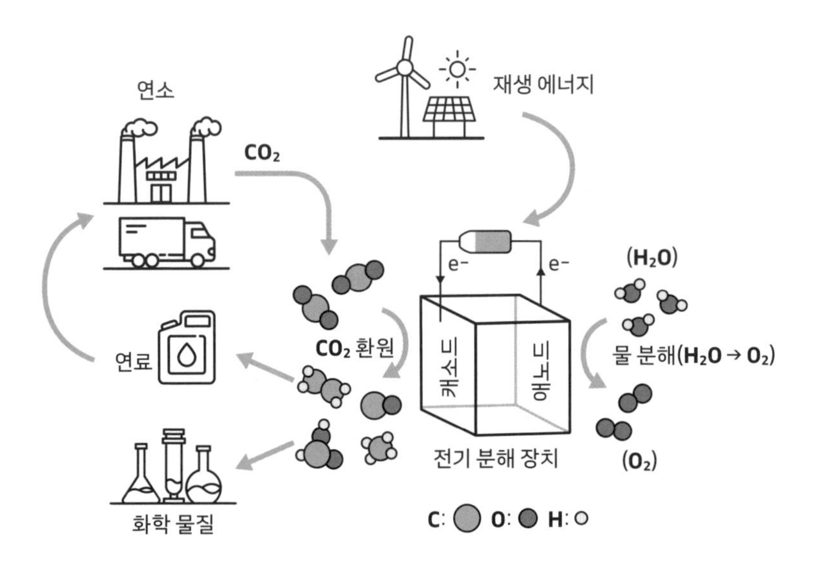

그림 10.2. 이산화탄소의 환원과 자연 순환에 대한 개념도.

이산화탄소가 포도당이 되는 것은 환원 반응입니다. 만약 미래 화학자들이 효율적인 방법과 기술로 이산화탄소의 환원에 성공한다면 새로운 탄소 순환의 시대가 열릴 것입니다. 그것은 에너지를 만들기 위해서 사용했던 화석 연료(석유 등)를 인간의 힘으로 재생하는 것과도 같습니다. 동물과 식물이 필요로 하는 질소의 순환을 공기에 있던 질소를 환원해서 암모니아 비료의 합성에 성공한 프리츠 하버와 같은 훌륭한 화학자가 미래에도 등장하리라 기대되는 이유입니다. 하버 이전에는 질소 순환을 위해 박테리아를 비롯한 미생물과 식물의 도움이 필요했습니다.

암모니아 비료의 개발은 식량 문제 해결에 도움이 되었지만, 비료를 필요 이상으로 사용해 환경에 부담을 주는 문제가 새롭게 발생하기도 했습니다. 환경의 복원과 교정 역시 미래 화학자들의 활약이 기대되는 분야입니다. 인간이 생산한 물질의 독성을 줄이거나 혹은 재활용 가능한 물질로 변환하는 것이 주요 과제가 될 것입니다. 이산화탄소 환원에 사용되는 에너지를 최소화하려면 효율이 뛰어난 촉매가 꼭 필요하며, 그것의 발견 역시 화학자의 실험 노트에서 시작될 것이라 예상할 수 있습니다.

생명 화학

단백질은 우리 몸에서 수많은 생체 반응의 촉매 역할을 하고, 세균과 바이러스 감염에서 목숨을 지키는 항체가 되는 등 실로 다양한 기능을 맡고 있는 다양한 크기와 종류가 있는 분자입니다. 또한 그 자체가 우리 일부이기도 합니다. 유전자의 지시에 따라 20가지 아미노산이 종류와 수를 달리하면서 결합해 다양한 단백질, 그리고 우리 몸에 사용되는 부품을 만들어 냅니다. 인간이 가진 단백질의 수는 정확히 밝혀지지 않았지만, 약 10만 개 내외로 추정되고 있습니다. 단백질은 분자의 크기와 구조가 다르면 기능도 완전히 달라지는 특징이 있습니다. 몸을 움직이는 근육이 단백질이고, 피부, 손발톱과 머리카락의 주성분인 케라틴도 단백질입니다. 단백질만 대상으로 삼아 종합 연구를 하는 **단백체학**(proteomics)은 앞으로 화학자들의 역할이 기대되는 분야입니다.

단백질을 구성하는 기본 성분인 아미노산은 몸에서 합성 가능한 것과 불가능한 것으로 구분되며, 후자를 우리는 음식으로 직접 섭취해야 하는 필수 아미노산이라 부릅니다. 유전자 지도대로 합성되는 단백질의 아미노산 조합을 예측해 그 순서를 안다고 해도, 3차원 구조와 세포에서 맡은 기능에 따라 단백질은 다양한 특성을 나타냅니다. 단백질의 정체를 완전하게 이해해 환경과 건강을 위한 산업으로 발전시키는 분야는 미래 화학이 다루어야 할 보물 창고 중 하나입니다. 생체에서 진행되는 각종 화학 반응의 촉매인 단백질로 맞춤형 화학 반응을 고안하고 활용하는 일도 매우 중요합니다. 단백질 촉매를 활용해 에너지를 절약하고 반응 효율을 높이는 방법을 개발하는 일은 새로운 화학 반응의 세계를 열어 줄 것입니다. 신약 합성과 질병 치료제 개발에 단백질 화학이 펼칠 미래 또한 정말로 기대됩니다.

단백질 구조를 분석해 특이성과 반응성을 높이는 문제도 화학자들의 도전을 기다리고 있습니다. 신경 세포에서 단백질 접힘의 방향과 개수가 어떻게 질병의 원인이 되는지, 잘못된 접힘은 어떻게 시작되는지, 어떤 영향을 받아 진행되고 복원은 가능한지 등 가능한 물음의 종류는 수도 없이 많을 것입니다. 치매를 일으키는 원인 중 하나로 알려진 베타 아밀로이드 단백질의 형성과 구조 변이를 일으키는 변수에 관한 연구도 100세 시대를 뛰어넘어 인간의 행복 지수를 높이는 일과 깊은 연관이 있습니다.

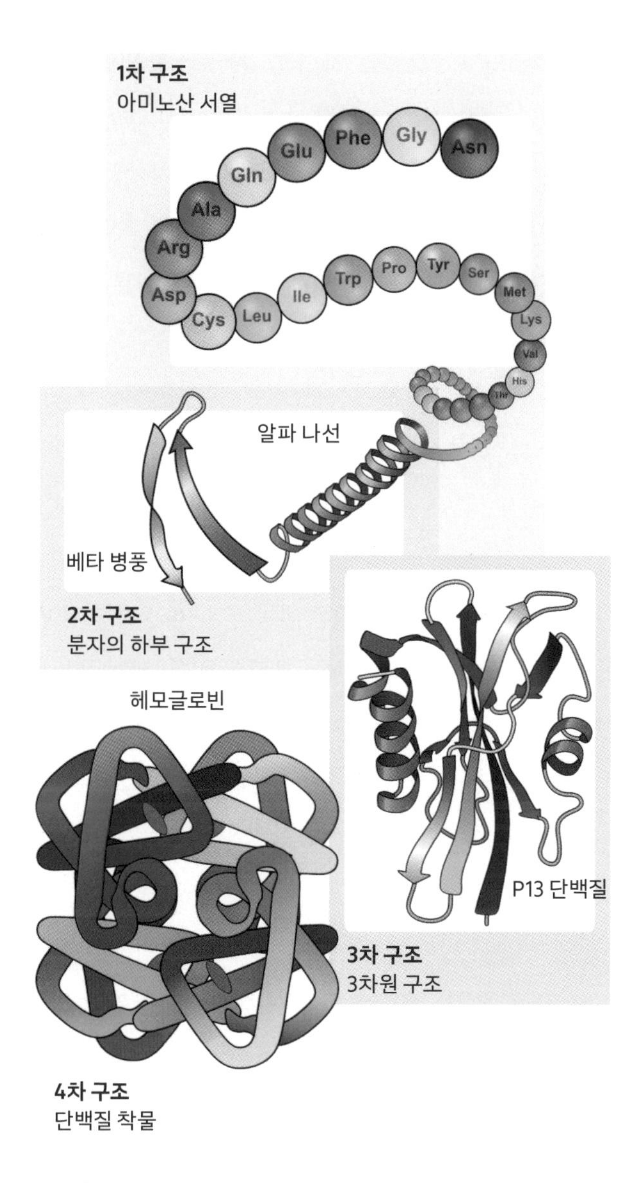

그림 10.3. 분자 수준의 생물학. 인간을 포함한 모든 생물은 화학 물질의 범위에서 벗어날 수 없다.

최근 화제가 되고 있는 또 하나의 분야는 **합성 생물학**(synthetic biology)입니다. 그것은 분자 수준에서 이루어지는 합성을 생물 구성 요소와 시스템으로 확대한 것으로, 화학자들이 기여할 수 있는 분야입니다. DNA나 촉매, 효소 같은 것도 모두 단위가 작은 분자에서 큰 분자로, 시험관에서 생물 세포로 확대된 것일 뿐 화학 물질이라는 큰 틀에서 벗어날 수 없기 때문입니다.

계산 화학

매우 위험한 과정을 통해 희귀한 반응물을 얻는 화학 반응은 이제 컴퓨터를 사용한 **모의 실험**(simulation) 과정을 미리 거칩니다. 컴퓨터를 마치 시험관처럼 활용하는 것입니다. 이렇게 화학 반응의 결과물, 수율, 생성물의 물리 화학적 특성 등을 모의 실험으로 예측할 수 있습니다. 그동안 축적된 수많은 정보와 그것을 적절하게 활용해 계산하는 일이 더 세분되고 전문화되리라 예상할 수 있습니다. 특히 생체 관련 약물 반응은 물론 단백질을 이용한 효소 반응과 같은 매우 선택적이고 특수한 반응까지도 계산을 통한 예측이 더 구체적이고 활발하게 이루어질 것으로 기대합니다. 양자 역학을 이용해 화학 반응을 예측하고 분자 동역학적 계산법도 계속 발전할 것입니다. 계산과 이론에 밝은 미래 화학자들의 앞에 열려 있는 분야이기도 합니다.

그림 10.4. 컴퓨터 실험실. 새로운 화학 물질의 설계, 구조와 특성의 예측에 도움을 줄 수 있다.

재활용 화학

자원이 한정된 지구에서 인류의 생활에 필요한 제품의 종류와 수는 엄청나게 늘고 있습니다. 이제 희토류 금속은 물론 귀금속과 같은 자원들까지 반드시 재활용되어야 합니다. 폐기물에서 희귀 금속을 효율적으로 추출하고 회수하는 방법 역시 화학자들이 관심을 기울여야 할 분야입니다. 구체적으로는 특정 금속과 결합하는 분자(리간드)의 개발과 연구로 효율적인 추출 방법을 찾아내는 것이 됩니다.

현재 자동차의 머플러는 질소 산화물의 환원 및 탄소 화합물의 산

A

흡착 효율성

0 10 30 50 80 90 100

주기 \ 족	1	2	3	4	5	6	7	8	9	10	11	12	13	14	15	16	17	18
1	1 H																	2 He
2	3 Li	4 Be											5 B	6 C	7 N	8 O	9 F	10 Ne
3	11 Na	12 Mg											13 Al	14 Si	15 P	16 S	17 Cl	18 Ar
4	19 K	20 Ca	21 Sc	22 Ti	23 V	24 Cr	25 Mn	26 Fe	27 Co	28 Ni	29 Cu	30 Zn	31 Ga	32 Ge	33 As	34 Se	35 Br	36 Kr
5	37 Rb	38 Sr	39 Y	40 Zr	41 Nb	42 Mo	43 Tc	44 Ru	45 Rh	46 Pd	47 Ag	48 Cd	49 In	50 Sn	51 Sb	52 Te	53 I	54 Xe
6	55 Cs	56 Ba	57 La	72 Hf	73 Ta	74 W	75 Re	76 Os	77 Ir	78 Pt	79 Au	80 Hg	81 Tl	82 Pb	83 Bi	84 Po	85 At	86 Rn
7	87 Fr	88 Ra	89 Ac	104 Rf	105 Db	106 Sg	107 Bh	108 Hs	109 Mt	110 Ds	111 Rg	112 Cn						

58 Ce	59 Pr	60 Nd	61 Pm	62 Sm	63 Eu	64 Gd	65 Tb	66 Dy	67 Ho	68 Er	69 Tm	70 Yb	71 Lu
90 Th	91 Pa	92 U	93 Np	94 Pu	95 Am	96 Cm	97 Bk	98 Cf	99 Es	100 Fm	101 Md	102 No	103 Lr

B

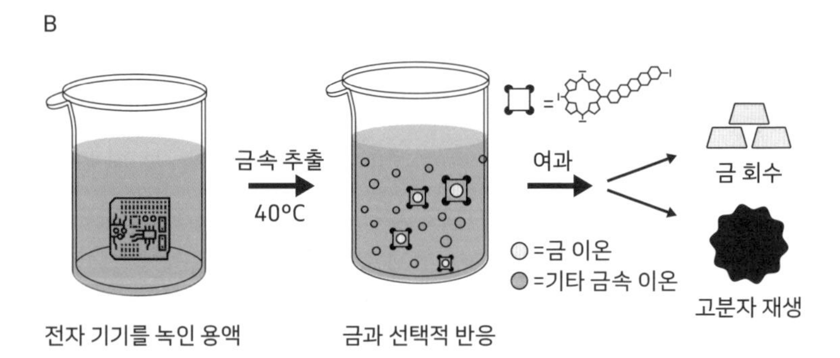

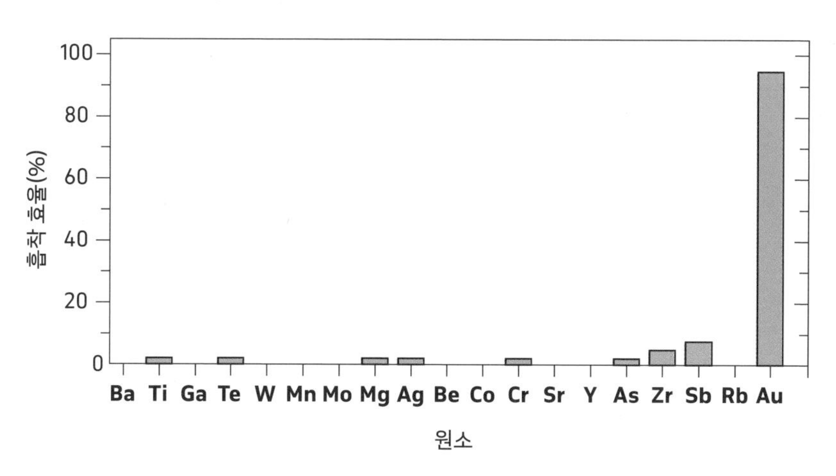

그림 10.5. 도시 광산. 희귀 금속의 회수 및 재활용에 미래 화학자의 역할이 기대된다. A: 나노 크기의 다공성 고분자 흡착제를 사용할 경우 각종 금속에 대한 흡착 효율들이 어떻게 달라지는지 주기율표에 표시했다. B: 전자 기판에 포함된 금속 중에서 흡착제로 금만을 추출하는 과정. C: 고분자 흡착체의 금에 대한 선택성은 다른 금속에 비해 뛰어나다.

화 반응에 팔라듐, 백금, 로듐 같은 금속 촉매를 활용하고 있습니다. 전기 자동차에 들어가는 전지의 전극 물질 혹은 수소 자동차에 필요한 연료 전지의 전극 재료에도 귀금속 및 각종 희귀 금속들이 사용됩니다. 재활용으로 얻을 수 있는 가격 경쟁력도 중요하지만, 폐기물에서 나오는 금속과 화합물이 환경에 주는 부담을 생각하면 꼭 경제적인 이유에서만은 아닙니다. 자동차 머플러, 컴퓨터, 휴대 전화 등에 포함된 금속을 재활용하려면 특정 금속 이온과 선택적으로 결합하는 집게 분자를 설계하고 고안하는 작업이 필요하며 이는 화학만이 할 수 있는 일입니다. 그것을 분리하고 정제하는 분자 수준의 기술도 화학의 도움이 꼭 필요한 분야입니다. 그것은 귀중한 자원을 재활용하면서 환경을 살리는 일석이조의 길이 될 것입니다. 미래의 화학자가 바닷물에서 리튬 이온(Li^+)만 선택적 반응을 하는 분자를 고안해 낸다면 현재 진행되는 리튬 광물의 가격 소용돌이도 잠재울 수 있지 않을까요?

촉매 화학

셀룰로스를 포도당으로 쉽게 바꿀 방법은 없을까? 화학 전공자라면 한 번쯤은 생각했을 법한 질문입니다. 녹말은 수많은 알파(α) 포도당 분자들이 결합해 형성되는 고분자입니다. 녹말은 인류의 주식인 밀, 쌀 등에 포함되어 있으며 분해 효소를 통해 포도당으로 변합니다. 즉 생존에 없어서는 안 될 귀중한 물질입니다. 한편 셀룰로스는 수많은 베타(β) 포도당 분자들이 결합된 고분자입니다. 그런데 베타 포도당 결합은 인간이 지닌 효소로 분해할 수 없어서 소화가 되지 않습니다. 그러므로 소화 기관을 통과해서 몸 밖으로 배출됩니다. 그러나 소나 말과 같은 초식동물들은 소화 기관에 살고 있는 미생물의 도움으로 셀룰로스를 소화해 에너지로 활용합니다. 나무를 먹고 사는 흰개미(Isoptera) 역시 같은 방법으로 셀룰로스를 음식으로 이용합니다. 미래 화학자들이 사람이 셀룰로스를 분해할 수 있게 하는 약을 개발한

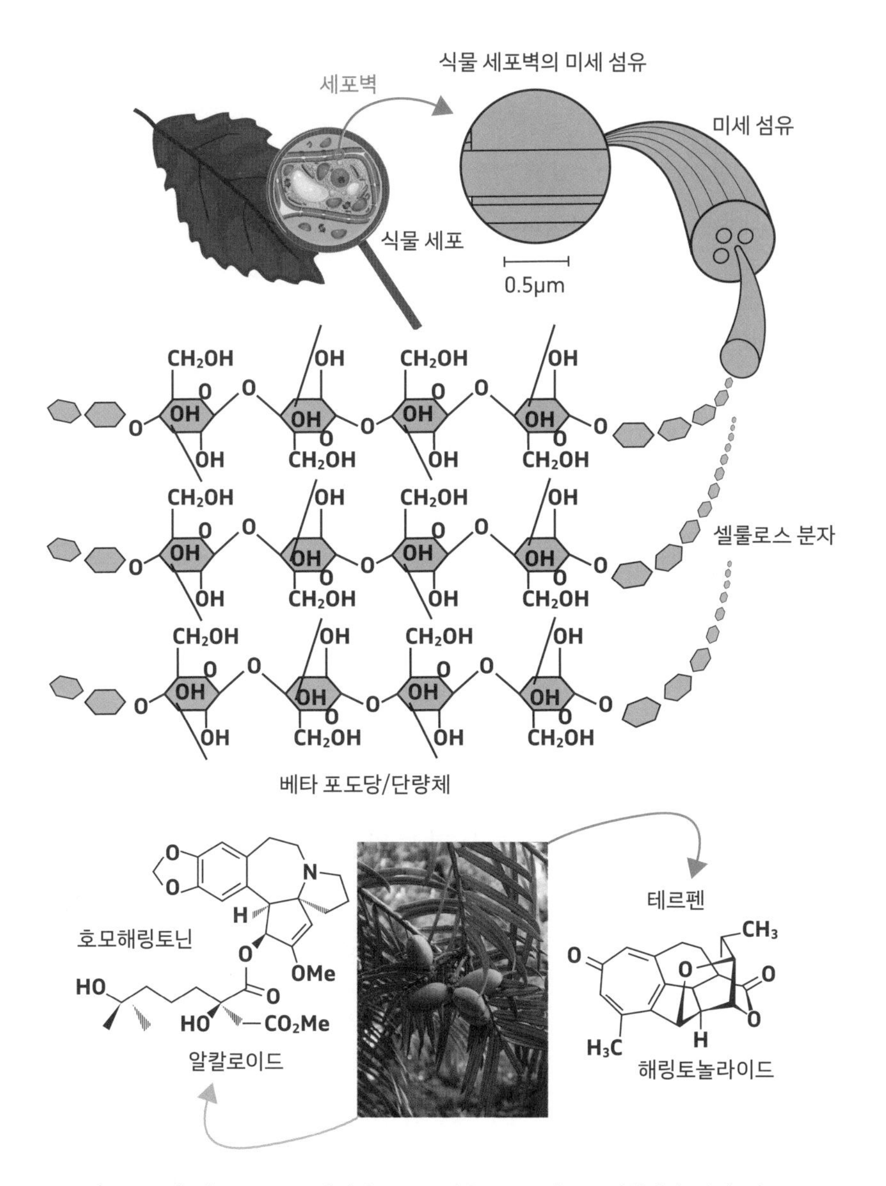

그림 10.6. 위: 셀룰로스를 분해한 후 β 포도당을 α 포도당으로 전환한다. 아래: 약으로 활용될 수 있는 화학 물질을 가진 식물도 있다.

다면 독성이 없는 풀을 먹고사는 일이 가능할 것입니다. 물론 아주 먼 미래에나 가능하겠지만, 그런 도전은 식량 생산을 늘리기 위해서 공기 중 질소를 비료로 만든 과학자들의 도전과 다르지 않습니다. 화학에는 화학자들의 상상에서 출발해서 현실이 된 과제들이 많습니다.

이처럼 자연에서 인간에게 유용한 화학 물질을 찾아내고 활용하는 일에는 한계가 없습니다. 한 예로 혈관에서 콜레스테롤을 만드는 효소를 억제해 지질의 양을 줄이는 고지혈증 치료제가 있습니다. 그 출발은 오렌지 껍질에 핀 푸른색 곰팡이에서 찾아낸 화학 물질(로바스타틴)이었습니다. 이 기능성 약물을 스타틴 계열 약물이라고 부르는 이유도 처음 발견된 화학 물질의 이름(컴팩틴, 후에 로바스타틴이라고 부름.)에서 비롯된 것입니다. 인간에게 필요하고, 약으로 사용될 수 있는 수많은 화학 물질이 세상 모든 곳(흙, 곰팡이, 식물)에서 과학자(화학자)들이 알아주기만을 기다리고 있습니다.

촉매는 자신은 변하지 않지만, 화학 반응 속도를 높여 적은 에너지로 원하는 분자를 만들 수 있게 하는 화학 물질입니다. 생체 촉매는 여기에 더해 반응의 선택성(selectivity)이라는 장점도 가지고 있습니다. 즉 다양한 분자가 섞인 매질에서도 원하는 분자의 반응만 선택적이고 효율적으로 진행하는 일이 가능합니다.

효율적이고 선택성이 있으며 값싼 산소 환원 촉매를 개발하는 일 역시 화학의 도움을 기다리고 있는 분야입니다. 산소는 환원되면 과산화수소 혹은 물로 변합니다. 산소의 환원 반응은 연료 전지에서 '수소의 산화 반응'과 함께 쌍을 이루는 주요한 반응입니다. 반응의 효율

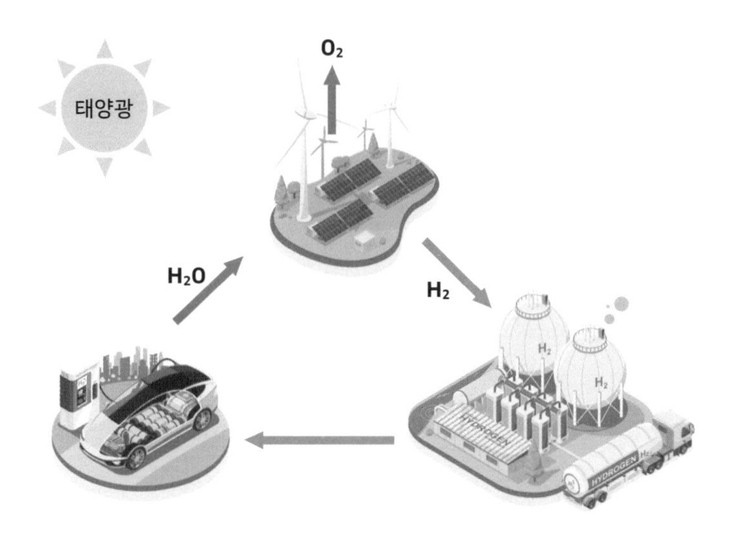

그림 10.7. 광촉매를 활용한 수소 생산. 태양 에너지를 이용한 효율적인 수소 생산은 환경과 경제에 도움이 된다.

과 속도를 높이는 일은 연료 전지의 효용 가치를 넓히는 데 결정적 역할을 합니다. 왜냐하면 산소의 환원이 연료 전지 전체 반응을 더디게 만들기 때문입니다. 오랫동안 활성이 유지되는 산소 환원 촉매는 연료 전지의 활용에 새로운 돌파구를 열 수 있을 것입니다.

수소의 산화 반응은 산소의 환원 반응에 비해서 잘 진행됩니다. 다만 지금의 연료 전지는 백금을 촉매로 사용하기 때문에 가격이 저렴하면서도 백금에 버금가는 효과를 낼 수 있는 촉매 개발이 필요합니다. 연료인 수소의 가격 경쟁력도 현 단계에서는 문제가 있습니다. 현재 생산되는 수소가 대부분 화석 연료에서 만들어지기 때문입니다.

생산 과정에 에너지도 많이 들어가며, 화석 연료를 사용한다는 점에서 친환경이라고 말하기 어렵습니다. 그런데 만약 전극과 햇빛만으로 물을 전기 분해해 수소를 얻을 수 있다면 수소 경제의 가격 경쟁력과 지구 환경에 기여할 수 있게 될 것입니다. 새로운 수소 발생 촉매의 개발이 절실한 이유입니다.

결국 미래의 인류와 지구를 구할 수 있는 해결책은 화학에 있습니다. 화학자들은 화학 반응에 사용되는 **용액**(solution)을 다루는 사람이기도 하지만, 인류의 한정된 자원 재료와 에너지의 위기에 대한 **해답**(solution)을 끊임없이 찾고 있는 사람들입니다.

그림 10.8. 화학자는 삶(Li Fe)의 해결책(S, O, Lu, Ti, O, N)을 손에 쥐고 있다.

맺음말

'화학의 맛'을 느끼고 즐기기 위해

『여인형의 화학 공부』의 집필을 시작하면서 어떤 내용을 어느 정도의 난이도로 쓸 것인가 고민을 계속했습니다. 쉬운 화학 입문서를 써 보겠다고 계획한 것까지는 좋았지만, 막상 집필에 들어가자 글을 정리하고 다듬는 일이 고되고 힘들어 몇 개월이 금방 흘렀습니다. 일상에서 흔히 접하는 물질, 자연 현상과 그 속에 담긴 화학 원리를 쉽게 풀어 쓰기가 얼마나 어려운지 이번에도 많이 깨달았습니다. 아직 많이 부족하지만, 그래도 뼈대는 어느 정도 갖추어진 듯해 그나마 다행입니다.

그동안 화학을 공부하며 수많은 문제와 부딪히면서도 간직해 왔던 생각이 하나 있습니다. '나는 누구인가?'라는 근원적 물음입니다. 저를 지금껏 버티게 하는, 물질과 그에 깃들어 있는 정신의 본질에 대한 의문입니다. 이 질문에 대한 제 대답은 '화학 물질'입니다. 그러나 그 답에 스스로 점수를 매기자면 50점도 안 됩니다. 왜냐하면 '화학 물질'이라는 답은 '나는 무엇인가?'라는 질문에 대한 답으로는 부분 점수라도 받을 수 있겠지만, '나는 누구인가?'라는 질문의 답으로는 적합하지 못하기 때문입니다. 나를 지탱해 주는 화학 물질의 종류와 성질을 대부분 알지 못하는 것까지 생각한다면 최종 점수는 30점도 받기 어려울 것입니다. 그나마 그 점수라도 받을 수 있는 까닭은 화학 물질과 소통하지 않으면 '생각하는 나'도 없어지기 때문으로, 화학 물질이라는 답으로 받을 수 있는 최대 점수는 그 정도라고 생각합니다.

저는 L-아미노산으로 만들어진 단백질과 효소로 구성된 몸으로 이렇게 삶을 이어가고 있습니다. 그렇다면 D-아미노산으로 만들어진 몸을 가진 거울상의 저는 어느 우주에 있는 것일까요? 우주에 놓인 그 거울은 또 어디에 있을까요? 질문은 또 다른 질문을 계속해서 만들어 냅니다.

사람의 수명을 100년으로 잡으면 약 30억 초에 해당합니다. 1년에 무려 3000만 초 이상을 흘려보내며 저는 무엇을 하는 것일까요? 먹고 자는 시간, 빈둥거리는 시간을 생각하면 우리가 지구에서 사용하는 수십억 초 가운데 상당 부분은 허공으로 무의미하게 낭비되는 것입니다. 평생 수많은 원자를 허비하며 우리는 무엇을 위해 어디로 가는 것일까요? 질문은 할 수 있지만, 답은 역시 모릅니다. 모르는 것이 인생이라지만, 그 답이 보일 듯 말 듯해 부지런히 찾아보려 애를 쓰지만 결국에는 답을 찾아서 헤맨 '노력'만 남을 뿐입니다.

그럼 정신은 무엇일까요? 뇌에 있는 도파민, 세로토닌, 옥시토신은 모두 생리 활성을 지닌 화학 물질로, 우리의 정신 감각과 균형을 잡아주는 고마운 존재들입니다. 옥시토신은 사랑, 세로토닌은 행복이라는 감정과 연관된 분자입니다. 이런 물질은 너무 많아도 안 되고 부족해도 안 됩니다. 도파민이 넘치면 조현병이 와서 정신을 못 차리고, 부족하면 파킨슨병이 와서 걷지도 먹지도 못하게 됩니다. 화학 물질의 균형이 맞지 않으면 몸도 정신도 소용이 없습니다. 바짝 긴장해서 아드레날린이 나오면 학문적, 예술적 성과를 조금은 끌어 올릴 수 있겠지만, 지속적인 효과를 누리지는 못합니다.

현대인의 적 중 하나인 우울증과 조현병도 화학 물질로 조절이 가능합니다. 정신 문제를 조절하고 치료하는 데 필요한 약에도, 나이가 들면서 자연스럽게 친구가 되는 고혈압, 당뇨, 고지혈증 같은 질병의 치료에도 모두 화학 물질을 이용하고 있습니다. 이 세상에서 화학 물질이 아닌 것이 있을까요? 만약 화학 물질이 없는 세상이 존재한다면 그것은 틀림없이 새로운 세계일 것입니다. 궁금할 따름입니다.

세상의 화학 물질에 대해서 알려고 하면 할수록 의문만 많아져서 책 읽기와 인터넷 검색이 끝도 없이 이어집니다. 화학을 배우고 가르치며 평생 함께 했지만, 화학에 대해 아는 게 너무도 없다는 것이 솔직한 고백입니다. 겸손이 아니라 정말 피부로 느끼는 감정입니다. 어느 날부터 아는 것보다 모르는 게 점점 더 많아지고 그 대상도 점점 범위가 넓어진다는 사실을 깨달았습니다. 그러다가 지천명(知天命)의 나이가 되어 우연히 접한 아인슈타인 선생님의 명언, "우리 지식의 고리가 늘어날수록, 그것을 둘러싸는 무지의 둘레도 그만큼 확대된다. (As our circle of knowledge expands, so does the circumference of darkness surrounding it.)"가 가슴속 깊이 와 닿았습니다. 그렇구나! 알면 알수록 무지가 커지는 것이 틀린 방향은 아니었구나! 그렇다고 그것이 제가 찾던 답은 아닙니다. 그저 올바른 방향을 향하고 있다는 사실만 확인했을 뿐입니다.

화학자의 입장에서 보면 죽음 또한 몸이 무수히 많은 원자로 변해서 우리의 고향, 지구별로 돌아가는 일입니다. 자연에는 매우 당연한 과정으로, 열역학 제2법칙에 들어맞는 하나의 예일 뿐입니다. 인간과 달리 자연에서는 정말 자연스러운 일만 일어납니다. 그러한 일들이 너무나도 당연해서 감탄하는 것도 사치일 수 있습니다. 삶을 유지하려고 사용했던 그 많은 화학 물질도 모두 원자로 돌아가는 것이 자연법칙이고, 우리는 거기에 맞는 존재일 뿐입니다.

물리학자 리처드 파인만은 모든 생명이 사라질 때 남기고 싶은 한 줄의 문장은 "모든 것은 원자로 되어 있다."라고 했습니다. 인간을 비롯한 모든 물질이 원자에서 시작해서 원자로 끝이 난다는 사실을 한마디로 요약한 명언입니다. 원자도 언젠가는 수명을 다할 때가 올 것인데, 그렇다면 그다음 세계는 무엇일까요? 물론 그 세계를 현재의 몸으로 구경할 수는 없지만, 그 세계에 대한 호기심은 몸이 원자로 분해될 때까지 놓을 수 없을 것입니다. 어차피 인간은 자신의 정체를 알 수 없는 한계가 정해진 움직이는 물체라는 것이 자연 법칙일까? 법칙이 아니라 자연 헌법에서 이미 그렇게 정해진 것일까?

책을 내면서 내 나름의 '화학 자기 소개서'를 쓴다고 자전적 이야기를 비롯해 이것저것 곁들여 많은 화학자가 이미 알고 있는 화학의 속살을 정리해 보았습니다. 그러나 화학의 너른 바다에서 겨우 물 한 바가지 퍼 올려서 소개하는 느낌이라서 '화학'에게 미안하다는 생각이 듭니다. 인류가 존재하는 한 화학과 화학 물질의 작용에 대한 이해를 높이려는 노력은 앞으로도 계속될 것입니다. 화학과 케미를 좋게 만드는 것과 화학 물질의 이해도를 높이는 공부는 그래서 더욱 중요합니다. 독자들이 화학의 맛을 함께하고 느끼길 기대합니다. 글을 읽는 독자들이 제 화학 자소서를 보고 더 노력해 보라고 격려하는 의미로 조금이라도 좋은 점수를 준다면 그야말로 다행스러운 일이 될 것입니다.

끝으로 좋은 분자를 물려주신 부모님과 그 분자를 잘 다듬어 주신 많은 존경하는 스승님, 더불어 사는 가족과 모든 친구들에게 고마움과 사랑을 전합니다.

참고 문헌

단행본

다니엘 해리스, 『분석화학 9판』(강용철, 여인형 외 옮김, 자유아카데미, 2017년).

다니엘 해리스, 『최신분석화학 5판』(박정학, 여인형 외 옮김, 자유아카데미, 2013년).

레이먼드 창, 『일반화학 8판』(화학교재연구회 옮김, 자유아카데미, 2006년).

로널드 브레슬로, 『화학의 현재와 미래』(여인형 외 옮김, 자유아카데미, 1997년).

로얼드 호프만, 『같기도 하고 아니 같기도 하고』(이덕환 옮김, 까치, 1995년).

빌 브라이슨, 『거의 모든 것의 역사』(이덕환 옮김, 까치, 2003년).

여인형, 『공기로 빵을 만든다고요?』(생각의 힘, 2013년).

여인형, 『퀴리부인은 무슨 비누를 썼을까?』(한승, 2007년).

여인형, 『퀴리부인은 무슨 비누를 썼을까? 2.0』(생각의 힘, 2014년).

여인형(공저), 『과학으로 보고 듣고 잡담하고』(원더북스, 2019년).

여인형(공저), 『전기 화학』(자유아카데미, 2021년).

절 워커, 데이비드 할리데이, 로버트 레스닉, 『일반물리학 10판』(범한서적, 2015년).

최무영, 『최무영 교수의 물리학 강의』(책갈피, 2008년).

피터 앳킨스, 『핵심물리화학 4판』(강춘형, 김영대 외 옮김, 교보문고, 2006년).

피터 앳킨스, 『화학이란 무엇인가?』(전병옥 옮김, 사이언스북스, 2019년).

Rumble, J. eds., *CRC Handbook of Chemistry and Physics*, 102nd edition, Taylor & Francis, 2021.

온라인 콘텐츠

네이버 지식 백과: https://terms.naver.com/.

네이버 프리미엄 콘텐츠 「화학과 캐미 쌓기」: https://contents.premium.naver.com/ihyeo55/knowledge.

wikipedia: https://www.wikipedia.org/.

Chemisty LibreText: https://chem.libretexts.org/Bookshelves.

저자 블로그: https:/blog.naver.com/ihyeo55.

도판 저작권

그림 1.1. Shutterstock; 그림 2.1. © ㈜사이언스북스; 그림 2.3. (BBQ 로고) Shutterstock; 그림 2.5. © ㈜사이언스북스; 그림 2.6. Shutterstock; 그림 2.10. Karl Gruber/CC BY-SA 3.0; 그림 2.16. (스펙트럼 부분) Shutterstock; 그림 2.23. Ponor/CC BY-SA 4.0; 그림 3.1. Shutterstock; 그림 3.2. Shutterstock; 그림 3.9. (왼쪽) Wellcome Images/CC BY 2.0; 그림 3.12. Shutterstock; 그림 3.13. Shutterstock; 그림 3.14. (사진) © ㈜사이언스북스; 그림 4.27. (오른쪽 사진) Jovus-1/CC BY 4.0; 그림 4.29. Shutterstock; 그림 5.2. (왼쪽) Charles J. Sharp/CC BY-SA 4.0; 그림 5.2. (가운데) Plath81/CC BY-SA 3.0; 그림 5.2. Shutterstock; 그림 5.5. Shutterstock; 그림 5.6. Shutterstock; 그림 5.9. Shutterstock; 그림 5.10. Bernhard138/CC BY-SA 4.0; 그림 5.11. Shutterstock; 그림 5.12. Shutterstock; 그림 5.13. Shutterstock; 그림 5.14. Shutterstock; 그림 5.15. Shutterstock; 그림 5.16. Shutterstock; 그림 5.17. (오른쪽 사진) Shutterstock; 그림 5.19. Shutterstock; 그림 5.20. PetrS./CC BY-SA 3.0; 그림 6.1. Shutterstock; 그림 6.3. (아래 사진) Shutterstock; 그림 6.4. Shutterstock; 그림 6.7. Shutterstock; 그림 6.8. Shutterstock; 그림 6.9. © 여인형; 그림 6.10. Shutterstock; 그림 6.11. Shutterstock; 그림 6.12. Shutterstock; 그림 7.1. Shutterstock; 그림 7.3. Race Gentry/CC BY-SA 2.0; 그림 7.4. Shutterstock; 그림 7.5. Shutterstock; 그림 7.9. Shutterstock; 그

림 7.11. Daniele Pugliesi/CC BY-SA 3.0; 그림 7.12. Shutterstock; 그림 8.3. Shutterstock; 그림 8.4. Shutterstock; 그림 8.6. Shutterstock; 그림 8.7. (위) Shutterstock; 그림 8.9. Zivilverteidigung, Matthias M./CC BY-SA 3.0; 그림 8.19. (위) Hottuna080/CC BY-SA 3.0, (아래) Rouwenhorst, K., Engelmann, Y., van 't Veer, K., Postma, R., Bogaerts, A., and Lefferts, L., "Plasma-driven catalysis. green ammonia synthesis with intermittent electricity," *Green Chemistry* 22, 2020, pp. 6258-6287에 수록된 도판을 재구성 (CC BY 3.0); 그림 8.20. Michael Schmid/CC BY-SA 4.0; 그림 8.21. Xiaoqian Wang, Zhijun Li, Yunteng Qu, Tongwei Yuan, Wenyu Wang, Yuen Wu, Yadong Li, "Review of metal catalysts for oxygen reduction reaction. from nanoscale engineering to atomic design," *Chem*, vol. 5, issue 6, 13 June 2019, pp. 1486-1511에 수록된 도판을 재구성; 그림 8.22. Laurenzi, M., Spigler, R., "Geometric effects in the design of catalytic converters in car exhaust pipes," *Mathematics-in-Industry Case Studies*, vol. 9(1), 2018에 수록된 도판을 재구성 (CC BY 4.0); 그림 8.23. Emw/CC BY-SA 3.0; 그림 9.2. Jonasfolmer/CC BY-SA 4.0; 그림 9.5. Hajhosseini, B., Kuehlmann, B. A., Bonham, C. A., Kamperman, K. J., Gurtner, G. C., "Hyperbaric oxygen therapy. descriptive review of the technology and current application in chronic wounds," *Plastic and Reconstructive Surgery*, Global Open, 25 Sep 2020, 8(9). e3136에 수록된 도판을 재구성; 그림 9.6. Shutterstock; 그림 9.7. Shutterstock; 그림 9.10. Shutterstock; 그림 9.11. © 여인형; 그림 9.12. Hannes Grobe/CC BY-SA 2.5; 그림 10.1. Náray-Szabó, G., Mika, L., "Conservative evolution and industrial metabolism in Green Chemistry," *Green Chemistry* 20, 2018, pp. 2171-2191에 수록된 도판을 재구성(CC BY 3.0); 그림 10.2. ⓒ㈜사이언스북스; 그림 10.3. ⓒ㈜사이언스북스; 그림 10.4. Shutterstock; 그림 10.7. Shutterstock; 그림 10.8. Shutterstock.

각 장 시작 부분 그림: 김라온 ⓒ㈜사이언스북스.

찾아보기

나

다

바

사

아

자

차

카

타

파

하

여인형의
화학 공부

1판 1쇄 찍음 2023년 11월 30일
1판 1쇄 펴냄 2023년 12월 15일

지은이 여인형
펴낸이 박상준
펴낸곳 (주)사이언스북스

출판등록 1997.3.24.(제16-1444호)
(06027) 서울시 강남구 도산대로 1길 62
대표전화 515-2000, 팩시밀리 515-2007
편집부 517-4263, 팩시밀리 514-2329
www.sciencebooks.co.kr

ISBN 979-11-92908-27-4 03430

추천의 말

여행지에서 마주치는 건축물, 예술품에 깃들여진 역사를 알면 여행이 훨씬 알차고 즐거움을 찾을 수 있다는 사실을 우리는 잘 알고 있습니다. 인생이라는 긴 여행에서 우리의 삶에서 분리할 수 없는 화학의 원리를 알고 있다면, 작게는 유사 과학에 속지 않을 수 있고 크게는 자연의 원리에서 벗어나지 않는 삶을 살 수 있는 이정표가 될 것 같습니다. 한 예로 저자는 열역학 제1법칙(에너지 보존 법칙)을 다이어트를 예로 들어 설명하고 있는데 이를 이해하면 다이어트에 성공할 수 있으리란 확신이 듭니다. 화학의 원리를 조금 더 깊이 있게 다루고 있지만, 독자의 관심에 따라서 일상 속의 화학 원리를 쉽게 이해하는 수준으로 읽을 수도 있고, 대학의 일반 화학 수준으로 심도 있게 읽을 수 있게 구성이 되어 있습니다. 화학 공부를 처음 시작하는 중 · 고등학생, 화학 전공 대학 신입생, 그리고 생활 속에서 많은 화학 물질을 마주치는 일반인에 이르기까지 이 책을 통해서 화학이라는 학문이 어렵게만 느끼지 않게 될 것 같습니다. 유머와 위트를 장착한 저자의 생생한 설명과 미래의 화학 발전을 위한 저자의 애정이 이 책을 읽는 독자들에게 전해지기를 기대해 봅니다. —장혜영(아주 대학교 화학과 교수)

중 · 고등학교 교실에서 학생들과 화학 공부를 할 때 가장 중요한 교재가 교과서이어야 하지만 현실은 그렇지 않은 경우가 많습니다. 학생들이 공부를 시작할 때의 첫 번째 단추는 교과서이고, 그 단추를 잘 꿰매려면 흥미와 호기심을 유발하는 것이 중요한데 교과서는 분량의 제한 때문인지 맥락상 단절된 문장들이 많아 잘 읽히지 않기 때문입니다. 그러니 화학 공부는 더욱 낯설고 어렵게 다가옵니다. 교사들은 이를 보완하기 위해 설명이 친절하고 잘 읽히는 과학책들을 찾아 학생들에게 열심히 추천합니다. 여인형 교수님의 책들은 우리 주변 세상 이야기를 통해 화학이라는 학문이 우리의 삶과 일상에 아주 밀접하게 연관되어 있음을 소개합니다. 학교 도서관에 비치하고 학생들에게 추천하기 좋은 책들이지요.

이 책은 공부 수준이 조금 높습니다. 화학을 조금 더 집중적으로 공부하려는 학생들에게 추천합니다. 흥미로운 이야기를 읽다 보면 개념뿐만 아니라 화학이라는 학문이 구체적으로 어떤 분야이며 인류의 문명 활동에 어떤 영향을 미치고 있는지를 이해할 수 있습니다. 나아가 진로 희망을 화학 분야로 결정하는 데 큰 도움이 될 것입니다. 이 책은 저처럼 화학을 가르치는 교사들에게 지도서처럼 활용할 것을 추천합니다. 곳곳에 화학 공부를 쉽게 할 수 있는 재치 있는 방법들이 있으며, 화학을 어려워하는 학생들에게 좀 더 친근하고 쉽게 접근할 수 있을 방법을 모색하는 데 도움을 받을 것입니다. —박해천(분당 서현 중학교 화학 교사)

추천의 말

과학을 좋아하는 국어 교사입니다. 고등학교를 이과로 졸업하였으며 '물, 화, 생, 지'로 불리는 4개 과목을 모두 공부했고 고등학교 때 일본에서 펴낸 「전파 과학 신서」 시리즈를 거의 모두 재미있게 열심히 읽었습니다. 하지만 잘하는 것과 좋아하는 것이 다르면 참 괴롭다는 것을 과학을 통해 깨달았습니다. 바꿔 말해, 잘하는 것과 좋아하는 것이 같으면 더 행복하다는 것을 우리 말과 글 덕분에 누리고 있는 시 전공자이기도 합니다.

이런 맥락에서 과학책들을 읽다 보면 당혹스러울 때가 적지 않습니다. 과학 전문가들은 이 정도는 상식이라 생각하여 대충 쓴 글을 확인할 경우입니다. 과학 지식만을 중심으로 생각하다 보니 독자들이 어떻게 읽을지에 대해 깊이 따지지 않는 것입니다. 반면에 과학에 대해 잘 모르는 독자들은 과학이란 원래 어려워서 자신이 잘 이해하지 못한다고 오해하는 경우가 많습니다. 심지어 대입 수능의 국어 영역에 나오는 과학 지문에서도 이렇게 정확하지 못한 서술들이 보여 과학 선생님들과 깊이 토론하는 경우도 있습니다. 이러한 경우들이야말로 과학 지식을 정확하고도 충분하게 전달하지 못할 뿐만 아니라, 독자들이 과학 자체에 대해 흥미와 관심을 잃게 만든다고 봅니다.

과학에 대한 흥미를 끌어내고 즐거움과 이로움을 강조하는 자세는 늘 중시해야 마땅합니다. 과학은 현대 문명과 국가의 운명을 좌우하기도 하지만 세상과 인간을 보는 눈을 좀 더 다양하고 심도 있게 만들기 때문입니다. 문학적 상상력과 과학적 상상력은 서로 자극하며 세상을 무한하게 확장하고 심도 있게 탐구하게 만듭니다.

과학의 대중화를 막는 걸림돌 가운데 하나는 정확하지 못한 문장으로 쓴 과학책들입니다. 과학적 지식으로 충분히 무장한 전문가들끼리야 서로 잘 알고 있으니 크게 문제가 되지 않을지라도 과학에 입문하거나 본격적으로 과학에 심취하려는 독자들에게는 과학을 평생 가까이하고 싶지 않은 미궁과 함정으로 오해하게 만들 수 있습니다.

예전에는 제대로 번역되지 않은 과학책들도 적지 않아 차라리 원서를 읽는 게 쉽다는 말까지 있었던 기억도 납니다. 요즘에는 많이 나아졌기는 하지만 대입 수능을 공부하는 학생들에게 제시되는 과학 지문들조차 아직까지도 우리말 문장이 부정확하여 과학에 대한 흥미와 관심을 잃게 만들고는 합니다.

여인형 선생님의 이번 책은 화학을 어떻게 하면 정확하고 자세하며 풍부하게 전할 수 있을까 표현에 많은 신경을 쓰고 있으셔서 좋았습니다. 극존칭의 대화체를 통해서 화학의 세계를 제대로 전달하고자 하는 저자의 의지가 곳곳에 가득했습니다. 가령 쉼표 하나만 해도 독자들이 이해하기 쉽도록 넘치거나 모자라지 않게 사용하고 있습니다. 가볍게 읽을 정도로 쉽지 않